TRAITÉ

DE

PHYSIOLOGIE

DE L'HOMME,

PAR

J. MULLER,

TRADUIT DE L'ALLEMAND,

PAR

A.-J.-L. JOURDAN ET E. DERBRE-CAUVET

TOME I.

PARIS,
J.-B. BAILLIÈRE, ÉDITEUR.

TRAITÉ

DE

PHYSIOLOGIE

DE L'HOMME,

PAR

J. MULLER,

PROFESSEUR D'ANATOMIE ET DE PHYSIOLOGIE A L'UNIVERSITÉ DE BERLIN, MEMBRE DES ACADÉMIES DE BERLIN, DE STOCKHOLM, DE SAINT-PÉTERSBOURG, DE TURIN, DE COPENHAGUE, DE GOETTINGUE, DE LONDRES, D'UPSAL, ETC., ETC.

TRADUIT DE L'ALLEMAND,

Sur la 4ᵉ Édition,

Par F. BERTET-DUPINEY et E. DUBREUIL-HÉLION.

Docteurs en Médecine de la Faculté de Paris.

TOME Iᵉʳ.

———

1ʳᵉ Livraison.

PARIS,

ALPHONSE LEVAVASSEUR, ÉDITEUR,

RUE JACOB, 14.

—

1845

1 fr. la livraison. — 12 fr. l'ouvrage complet.

LIBRAIRIE DE ALPHONSE LEVAVASSEUR,

RUE JACOB, 14.

TRAITÉ
DE PHYSIOLOGIE
DE L'HOMME,

PAR

J. MULLER,

PROFESSEUR D'ANATOMIE ET DE PHYSIOLOGIE A L'UNIVERSITÉ DE BERLIN,
MEMBRE DES ACADÉMIES DE BERLIN, DE STOCKOLM, DE SAINT-
PÉTERSBOURG, DE TURIN, DE COPENHAGUE, DE GOETTINGUE,
DE LONDRES, D'UPSAL, ETC., ETC.

TRADUIT DE L'ALLEMAND
Sur la 4e Édition,

PAR

F. BERTET-DUPINEY ET E. DUBREUIL-HÉLION.

Docteurs en Médecine de la Faculté de Paris.

En présentant au public une traduction *complète* du *Traité
de Physiologie de l'homme* par J. MULLER, professeur d'Anatomie et de Physiologie à l'Université de Berlin, nous sommes
dispensés de faire nous-mêmes l'éloge du livre que nous éditons.
En effet, sans rappeler ici les travaux si remarquables de
l'illustre professeur allemand, qui ont eu pour objet spécial la
Zoologie ou l'Anatomie comparée, il n'est personne dans le
monde savant qui ignore les innombrables services qu'il a ren-

dus à toutes les branches de l'Anthropologie. C'est à lui que nous devons de connaître la structure intime du tissu glandulaire ; c'est à lui que nous devons les recherches les plus exactes sur le sang ; c'est lui qui, depuis la découverte capitale de Charles Bell, a dévoilé les lois les plus importantes de la physique du système nerveux.

La physiologie de la voix et des sens, mais principalement de la vue et de l'ouïe n'est pas moins redevable au professeur Berlinois. A l'aide d'une multitude d'expériences ingénieuses il a résolu nombre de problèmes qui jusqu'à lui avaient été l'objet de recherches infructueuses. Les phénomènes organico-chimiques dont le corps humain est le théâtre, c'est-à-dire, les fonctions de la respiration, de la digestion et de la sécrétion nous sont beaucoup mieux connus depuis quelques années, et Müller est encore, au jugement des hommes les plus compétents, l'un des physiologistes qui ont le plus contribué aux progrès de cette branche de la science. Aussi habile à manier le microscope et les réactifs chimiques que le scalpel, à combiner des expériences de physique qu'à expérimenter sur les animaux vivants, Müller a émis sur toutes les parties de la science une foule d'idées neuves basées sur des expériences positives ou des inductions rigoureuses. L'Europe entière lui a rendu la justice qu'il mérite et l'a proclamé le plus grand anatomiste et le plus ingénieux physiologiste de l'époque.

Parmi les nombreux Traités de Physiologie qui existent soit en France, soit en Angleterre, soit en Allemagne, il n'en est pas un seul qui soit aussi complet, aussi succinct et aussi clair que celui de Müller. Toutes les questions y sont traitées. Tous les travaux de quelque valeur y sont exposés et jugés avec une impartialité et une bonne foi peu communes : car, assez riche de son propre fonds, le professeur de Berlin n'est jamais préoccupé de l'idée d'accroître ses titres et sa réputation aux dépens de ses contemporains ou de ses collaborateurs. Les recherches les plus récentes des physiologistes allemands, anglais, français et italiens se trouvent consignées dans cet ouvrage et presque toujours confirmées ou combattues par l'auteur d'après les expériences qui lui sont propres. Müller ne se contente pas de raconter : il vérifie et pose ensuite ses conclusions.

Quoiqu'allemand, Müller ne suit pas les errements de ses compatriotes. Il ne quitte pas un instant le terrain de l'expérience pure. Son livre ressemble, *sous le rapport de la forme,* à un traité français de Physiologie. Les matières y sont distribuées dans l'ordre le plus simple et le plus rationnel. Aussi les Anglais, qui, autant que nous, aiment à trouver une lucidité et une précision extrêmes dans les livres scientifiques, ont-ils accueilli avec la plus grande faveur la traduction donnée à Londres par le docteur Baly. Cette traduction publiée en 1841 a eu une seconde édition en 1842.

La traduction que nous donnons aujourd'hui a été faite sur la QUATRIÈME édition allemande dont la dernière livraison vient seulement de paraître. Elle mettra donc le lecteur au courant des travaux les plus récents sur les diverses branches de la science, et sous ce rapport encore aucun traité de physiologie ne peut lui être comparé.

Il nous a paru que le meilleur moyen de donner une idée de l'ordre que Müller a suivi dans son ouvrage était de transcrire ici le sommaire de la table des matières traitées dans la Physiologie de l'homme.

PROLÉGOMÈNES,

OU CONSIDÉRATIONS SUR LA PHYSIOLOGIE GÉNÉRALE.

PHYSIOLOGIE SPÉCIALE

LIVRE Ier.

DES FLUIDES CIRCULATOIRES, DE LEUR MOUVEMENT ET DU SYTÈME VASCULAIRE.

LIVRE II.

DES CHANGEMENTS ORGANICO-CHIMIQUES QUI S'OPÈRENT DANS LES FLUIDES ORGANIQUES ET DANS LES PARTIES ORGANISÉES.

LIVRE III.

PHYSIQUE DU SYSTÈME NERVEUX.

LIVRE IV.

DU MOUVEMENT, DE LA VOIX ET DE LA PAROLE.

LIVRE V.

DES SENS.

LIVRE VI.

DES FONCTIONS INTELLECTUELLES.

LIVRE VII.

DE LA GÉNÉRATION.

LIVRE VIII.

DU DÉVELOPPEMENT.

L'ouvrage formera deux beaux volumes in-octavo renfermant la matière de plus de *six volumes* ordinaires.

Il sera publié en 12 livraisons de plus de 120 pages d'impression, au prix de **UN FRANC** la livraison.

L'ouvrage complet : **12 FRANCS.**

Franc de port, par la poste, 4 fr. de plus.

Outre les gravures sur bois intercalées dans le texte où elle sont indispensables à son intelligence, notre édition sera accompagnée d'un atlas de *huit planches sur acier*, qui sera délivré gratis à nos souscripteurs avec la dernière livraison.

Il paraît une livraison tous les dix jours.

Les quatre premières livraisons sont en vente.

On souscrit :

A Paris chez { L'ÉDITEUR, rue Jacob, 14.
{ PAUL MASGANA, Galerie de l'Odéon.
A Lyon, chez CH. SAVY, quai des Célestins.
A Montpellier, chez SEVALLE.
A Toulouse, chez GIMET.

Imprimerie de Wittersheim, rue Montmorency, 8.

PROLÉGOMÈNES

OU

CONSIDÉRATIONS

SUR LA

PHYSIOLOGIE GÉNÉRALE.

§ 1er. — La physiologie est la science qui traite des propriétés des corps organiques, tant animaux que végétaux, des phénomènes qu'ils présentent et des lois qui régissent ces phénomènes.

La première question que nous ayons à résoudre en abordant l'étude de la physiologie, est celle de la distinction des corps en organiques et inorganiques. Les corps chez lesquels nous observons les phénomènes de la vie diffèrent-ils, par leur composition matérielle, des corps inorganiques dont les propriétés forment l'objet de la physique et de la chimie? La diversité si frappante que nous remarquons entre les phénomènes dont les corps organiques sont le siége, et ceux que nous présentent les corps inorganiques, résulte-t-elle d'une différence correspondante entre les forces qui déterminent ces deux ordres de phénomènes? Ou bien, au contraire, les forces desquelles dépendent les phénomènes de la vie organique, ne sont-elles que de simples modifications des forces physiques et chimiques?

SECTION Ire. — DE LA MATIÈRE ORGANIQUE.

CHAPITRE 1er. — *Composition chimique de la matière organique.*

§ 2. — Nous n'observons, dans les phénomènes physiques que nous offre le règne inorganique, rien qui ressemble à la sensation, à la nutrition et à la génération; et cependant tous les éléments qui constituent les corps organiques entrent également dans la composition des corps inorganiques. Nous trouvons, il est vrai, dans la matière organique des substances, *des principes immédiats* qui lui sont propres, et qu'aucun procédé chimique ne saurait produire artificiellement: telles sont la fibrine, l'albumine, la gélatine, etc.; mais l'analyse chimique réduit toutes ces substances ou principes immédiats en éléments simples identiques à ceux qui constituent la matière inorganique.

§ 3. — Les principes élémentaires essentiels des végétaux sont le carbone, l'hydrogène, l'oxygène, plus rarement l'azote. En outre, on y trouve parfois du phosphore et du soufre. Ces deux substances se rencontrent principalement dans l'albumine végétale et le gluten, surtout chez les plantes de la famille des tétradynames, où elles sont combinées avec de l'azote. Presque tous les végétaux contiennent du potassium et du calcium. Le sodium existe principalement dans les plantes marines. Les végétaux présentent rarement de l'aluminium, du silicium et du magnésium; mais ils contiennent plus fréquemment du fer et du manganèse; quelquefois encore on y trouve du chlore. Quant à l'iode et au brôme, on ne les rencontre que dans les plantes marines.

§ 4. — Tous ces matériaux, à l'exception de l'aluminium, se retrouvent dans le règne animal. Le sodium y est plus commun et le potassium plus rare que dans le règne végétal. On a rencontré de l'iode et du brôme dans quelques animaux qui vivent dans les eaux de la mer.

Les principes élémentaires qui constituent le corps de l'homme et des animaux supérieurs sont : l'oxygène, l'hydrogène, le carbone, l'azote, le soufre, qui se trouve principalement dans les poils, dans l'albumine et dans la substance cérébrale ; le phosphore, qui est surtout abondant dans les os, les dents et le cerveau ; le chlore, le fluor, le potassium, le sodium, le calcium, le magnésium ; ces six corps simples entrent dans la composition des os et des dents ; le manganèse, le silicium et le fer. Les poils donnent du manganèse et du silicium ; enfin, quant au fer, on l'obtient lorsqu'on analyse le sang, le pigment noir et le cristallin.

§ 5. — La première différence que nous présentent les corps organiques et les corps inorganiques consiste dans le nombre des éléments simples qui entrent dans leur composition. Car tous ceux qui se rencontrent dans le règne inorganique n'entrent pas dans la composition des corps organiques ; quelques uns même exercent une influence funeste sur les êtres organisés.

§ 6. — Le mode de combinaison de ces éléments primitifs constitue le second caractère distinctif des deux regnes. En effet, selon Fourcroy et Berzélius, il n'existe dans le règne inorganique que des combinaisons binaires ; ainsi, deux corps simples s'unissent ensemble, et ce composé binaire s'unit de nouveau avec une substance simple ou avec un autre composé binaire. L'acide carbonique, par exemple, est un composé binaire formé d'azote et d'oxygène ; l'ammoniaque est également un composé binaire formé d'azote et d'hydrogène ; l'acide carbonique et l'ammoniaque, en s'unissant ensemble, produisent le carbonate d'ammoniaque.

Oxygène.
Carbone.   } Acide carbonique.
Hydrogène.   Carbonate d'ammoniaque.
Azote.   } Ammoniaque.

Il paraît que la présence de la force organique, c'est-à-dire, en d'autres termes, que l'influence de la vie animale ou végétale est absolument nécessaire pour déterminer trois, quatre ou un plus grand nombre de corps simples à s'unir immédiatement entre eux, de telle sorte que chaque élément soit également uni avec chacun des autres. Ainsi, par exemple, l'oxygène, le carbone, l'hydrogène, l'azote, en se combinant binairement, produisent de l'ammoniaque ; et quand, au contraire, ils sont soumis à l'influence de la vie organique, ils produisent de la matière organique. Ces composés se nomment ternaires ou quaternaires, selon le nombre des éléments qui les constituent. Le mucus végétal, le sucre, la fécule, la graisse, sont des composés ternaires de carbone, d'oxygène et d'hydrogène. Le gluten, la fibrine, l'albumine, le mucus animal, le caséum sont des composés quaternaires ; car, outre le carbone, l'oxygène et l'hydrogène, ils contiennent de l'azote. Toutes les combinaisons chimiques de la nature organique sont binaires et se rangent en plusieurs classes, c'est-à-dire, qu'il existe des combinaisons binaires simples, formées par deux corps simples, des combinaisons d'un corps simple avec un composé binaire, des combinaisons d'un composé binaire avec un autre composé binaire.

Cette théorie de la composition des corps organiques par des combinaisons ternaires et quaternaires a été, il est vrai, contestée par quelques chimistes. Cependant jusqu'ici on n'est pas encore parvenu à démontrer que, parmi les substances qui entrent dans la composition des tissus végétaux et animaux, il en existe une seule qui résulte d'une simple combinaison binaire. Actuellement Berzélius considère les matières organiques comme des oxydes de radicaux composés qui sont formés en partie de deux éléments, carbone et hydrogène ou carbone et oxygène, et en partie de trois éléments, carbone, hydrogène et oxygène (1).

Quoiqu'il en soit, il faut admettre que, pour produire les corps organiques, les éléments simples se combinent d'une façon tout-à-fait particulière, et que les forces en vertu desquelles s'opèrent ces combinaisons sont également tout-à-fait spéciales. La chimie, en effet, a bien pu analyser les combinaisons organiques, mais elle a toujours été incapable d'en reconstituer une seule. Berard, Proust, Dœbereiner, Hatchett croient, il est vrai, avoir réussi à produire artificiellement des composés organiques, mais jusqu'à présent leurs assertions n'ont pas été confirmées. Les expériences de Wœhler sur ce sujet sont les seules qui méritent notre confiance. Suivant ce chimiste, au lieu de cyanure d'ammoniaque, on obtient de l'urée, lorsqu'on verse une dissolution de chlorure d'ammoniaque sur du cyanure d'argent tout récemment précipité; opération pendant laquelle le cyanure d'argent se transforme en chlorure d'argent. La décomposition du cyanure de plomb, au moyen de l'ammoniaque liquide, donne également de l'urée. La liqueur contient d'abord du cyanure d'ammoniaque; mais, en la faisant évaporer, ce sel se convertit en urée. Wœhler a encore trouvé que le gaz ammoniaque et la vapeur cyanique se condensent en cyanure d'ammoniaque, mais que ce cyanure d'ammoniaque se transforme en urée, soit quand on le fait fondre, soit quand, après l'avoir fait dissoudre, on fait bouillir la dissolution ou qu'on la laisse évaporer librement. Enfin, si l'on mélange de l'acide cyanhydrique avec de l'eau ou de l'ammoniaque liquide, il se forme d'abord du cyanure d'ammoniaque et ensuite de l'urée. Mais il ne paraît pas convenable de ranger l'urée parmi les substances organiques; car on doit plutôt la considérer comme un produit d'excrétion que comme une partie constituante du corps de l'animal.

§ 7. — Une autre distinction fondamentale établie par Berzélius est celle-ci : dans les combinaisons organiques, les poids atomiques ne suivent pas un rapport numérique aussi simple que dans les combinaisons inorganiques. Ainsi, par exemple, parmi le grand nombre d'espèces de graisses que Chevreul a étudiées, il en est plusieurs qui, d'après lui, ne diffèrent entre elles que par des nombres fractionnaires dans la proportion numérique des atomes.

En outre, les corps organiques, tant animaux que végétaux, sont principalement formés de substances combustibles. Ces substances, à l'exception des acides, contiennent de l'oxygène, de l'hydrogène et du carbone, mais en proportion telle que la quantité d'oxygène n'est pas suffisante pour convertir tout l'hydrogène en eau et tout le carbone en acide carbonique (2).

§ 8. — La matière organique qui constitue les corps organiques ne se conserve dans l'état qui lui est propre que sous l'influence de la vie; déjà même, pendant la vie, l'équilibre qui maintient ces éléments dans leur combinaison particulière peut être détruit par l'action de certains corps simples inorganiques, ou de certains composés binaires. C'est ainsi que la combustion opère la destruction des corps organiques. Tôt ou tard pourtant, cet équilibre cesse nécessairement et spontanément chez tout être vivant; à cette époque, la force qui conservait et transformait les combinaisons organiques s'affaiblit graduellement, jusqu'à ce qu'enfin elle ne soit plus capable de contrebalancer davantage la tendance de ces éléments constitutifs de la matière organique à former des composés binaires, soit

---

(1) BERZÉLIUS : *Thierchemie*, 3 Aufl., p. 5. — (2) Les caractères différentiels des corps qui appartiennent aux deux règnes se trouvent exposés fort au long dans les Traités de Chimie de Berzélius et de Gmelin, livres devenus classiques, ainsi que dans l'Anatomie de E.-H. Weber.; HILDEBRANDT *Handb. d. Anat. d. Menschen* 4 ausg.; von E.-H. WEBER, 1 Bd.

entre eux, soit avec les corps simples qui sont répandus dans le milieu ambiant. La matière organique périt, et avec elle l'être organisé. Non-seulement alors la matière organique ne nous offre plus les phénomènes propres à la vie, mais encore elle ne peut plus se conserver dans son état antérieur et tombe sous la puissance des lois chimiques qui déterminent les combinaisons binaires. C'est à ce moment que l'on voit se développer les phénomènes de la fermentation et de la putréfaction. Cette dernière exhale une odeur infecte, toutes les fois que la matière organique contient une quantité considérable d'azote. Les combinaisons inorganiques, comme le démontre l'expérience, sont déterminées par les propriétés intrinsèques et l'affinité des substances qui s'unissent pour former ces composés. Pour les corps organiques, au contraire, la force qui unit leurs éléments primitifs et maintient leurs combinaisons, ne doit pas être confondue avec les propriétés de ces éléments; elle est quelque chose de tout différent. En effet, non-seulement elle contrebalance les affinités chimiques, mais encore elle produit des combinaisons organiques, conformément aux lois de sa propre activité. La lumière, la chaleur, l'électricité influent sur la composition et la décomposition des corps organiques, comme sur celles des corps inorganiques; mais aujourd'hui rien ne nous autorise à regarder l'un ou l'autre de ces agents impondérables comme la cause prochaine des actes dont la matière organique vivante est le théâtre.

§ 9. — Dès que la vie a cessé, les substances organiques se décomposent, si les conditions nécessaires au développement des affinités chimiques se trouvent réunies. Voici, suivant Gmelin, quels sont les résultats de cette décomposition: les éléments, en se désassociant, se comportent diversement; ils se dégagent isolément, comme le gaz azote et hydrogène, ou bien se combinent de manière à former des composés inorganiques, tels que l'eau, l'acide carbonique, l'oxyde de carbone, l'hydrogène carboné, le gaz oléifiant, l'ammoniaque, le cyanogène, l'acide cyanhydrique, l'hydrogène phosphoré, l'acide sulphydrique. Dans certaines circonstances, ils se réunissent en d'autres proportions, pour donner naissance à un ou plusieurs composés organiques nouveaux : c'est ainsi que nous voyons la fécule se transformer en sucre. Quelquefois il se forme deux nouvelles combinaisons, l'une organique, l'autre inorganique.

§ 10. — Les matières organiques parfaitement desséchées ne se décomposent pas à la température ordinaire. Pour que la décomposition s'opère spontanément, la présence de l'eau est absolument nécessaire; souvent même l'influence de la lumière est également indispensable. Certaines substances organiques ne commencent pas à se décomposer immédiatement après la mort de l'animal ou de la plante: Gmelin explique ce fait par l'absence des conditions nécessaires au développement des affinités chimiques; c'est ainsi, fait observer ce chimiste, qu'il faut une température déterminée pour réduire certaines combinaisons inorganiques à leurs éléments simples. (1)

Les substances animales humides se décomposent lorsqu'elles sont à l'abri du contact de l'air, sous la cloche à mercure, par exemple; néanmoins l'air atmosphérique favorise singulièrement la putréfaction; il a même la propriété de la faire marcher plus vite que ne le fait l'oxygène pur. D'autre part, sans un certain degré de chaleur, il n'y a pas de décomposition possible.

§ 11. — Les produits que donne la putréfaction de la matière animale et spécialement du corps humain sont de l'acide carbonique, de l'azote, quelquefois de l'hydrogène, de l'hydrogène sulfuré, de l'hydrogène phosphoré et de l'ammoniaque. Il se forme également de l'acide acétique et parfois de l'acide nitrique.

---

(1) GMELIN : *Chemie,* III, 9.

Enfin, outre le detritus cadavérique, qui se décompose avec une lenteur extrême, il reste les parties constituantes solides, les terres, les oxydes, les sels, qui, avec le detritus organique, constituent l'*humus* (1).

Lorsque le cadavre d'un homme ou d'un animal a été plongé dans l'eau ou bien enseveli dans certaines fosses, même à l'abri du contact de l'air, on observe qu'un grand nombre de parties se sont transformées en une substance grasse nommée adipocire, ou gras de cadavre. Suivant Gay-Lussac et Chevreul, l'adipocire n'est pas autre chose que la graisse que contenaient les tissus frais, et qui reste encore après la destruction des autres substances organiques. Aussi, selon ces deux chimistes, on peut démontrer expérimentalement que les tissus animaux ne renferment pas une quantité de graisse inférieure à celle d'adipocire qui se trouve chez le cadavre après la putréfaction dans l'eau. Berzélius pense, au contraire, que ce n'est pas la graisse seule qui se convertit en adipocire, mais encore que la fibrine, l'albumine et la matière colorante du sang subissent réellement cette transformation (2).

§ 12. — Les principales différences que nous offre la composition de la matière organique paraissent dépendre des proportions suivant lesquelles y sont combinés les éléments oxygène, hydrogène, carbone et azote. Ainsi que nous l'avons dit, les combinaisons organiques sont toujours ternaires et quaternaires, jamais binaires. Mais sous quel état se trouvent les rares éléments minéraux que l'on rencontre dans les composés organiques? Forment-ils également des composés quaternaires et multiples? sont-ils combinés avec les substances animales à l'état simple ou à l'état d'oxydes, ou à celui de sels, ou bien encore se mélangent-ils avec la matière organique sous forme de composés binaires? cette question est de la plus haute importance. Il est évident que, dans un grand nombre de cas, les éléments minéraux s'unissent aux substances animales, tantôt à l'état simple, comme le soufre et le phosphore, tantôt à l'état d'oxydes et de sels. L'albumine nous en offre un exemple; dans l'albumine, suivant Mulder, la protéine, substance animale que cet auteur a découverte, se trouve combinée avec du soufre et du phosphore à l'état simple, et en même temps avec du phosphate de chaux. On trouve également dans la graisse cérébrale du phosphore à l'état simple. Dans les os, nous voyons un exemple de combinaison chimique d'un sel avec la matière animale. En effet, ainsi que E. H. Weber l'a démontré, le phosphate de chaux n'existe pas dans les os sous forme de phosphore, d'oxygène et de calcium; c'est sous forme de composé binaire qu'il s'unit à la matière animale des os. Ce fait est prouvé par les expériences dans lesquelles on nourrit des animaux avec de la garance, *Rubia tinctorum*. Leurs os se colorent en rouge, le sang leur abandonnant la matière colorante étrangère qu'il contient. Or, cette matière possède une grande affinité pour le phosphate de chaux, et n'en a aucune, soit pour la chaux, soit pour le calcium. D'autre part, personne n'ignore que plusieurs acides attaquent et enlèvent les sels de chaux dont les os sont pénétrés, sans détruire la trame organique de ces derniers et même sans altérer leur forme (3).

En outre, les liquides animaux de leur côté contiennent certains éléments minéraux sous forme d'oxydes et de sels. Quoique faisant partie essentielle de la composition de ces liquides, ces éléments s'y trouvent tout simplement à l'état de dissolution; nous citerons pour exemple le chlorure de soude contenu dans le sang. Cette observation explique le phénomène de la formation de petits cristaux microscopiques que donnent les liquides animaux que l'on se contente de

(1) *Voy.* E.-H. WEBER dans HILDEBRANDT's *Anatomie,* 4; Aufl., 1, 70. — (2) *Voy.* WEBER loc. cit. — (3) WEBER, loc. cit., p. 318, 340.

faire évaporer. Les liquides propres aux plantes et aux animaux dissolvent même des sels étrangers à leur composition normale ; mais chez les animaux, ces sels étrangers se séparent bientôt du sang et sont éliminés principalement par les voies urinaires.

Si l'on jette un coup-d'œil sur la composition des substances animales, en laisssant de côté les composés qui, dans quelques cas, sont des produits destinés à être éliminés ou même de simples produits de l'analyse chimique, on peut, avec le professeur E.-H. Weber, diviser en deux classes les composés binaires qui se rencontrent dans le corps des animaux et spécialement dans celui de l'homme.

La première classe contiendrait les composés binaires qui résultent uniquement d'éléments inorganiques : tels sont le phosphate de soude, le phosphate de chaux, le phosphate de magnésie, le carbonate de soude, le carbonate de chaux, le chlorure de potasse, le chlorure de soude, le fluate de chaux, la silice, l'oxyde de manganèse, l'oxyde de fer et la soude.

Dans la deuxième classe on rangerait les composés binaires formés par des éléments organiques et des éléments inorganiques ; ainsi l'on y placerait le composé que l'albumine forme avec la soude dans le sang ou l'albuminate de soude. A cette catégorie appartiendraient aussi les lactates, comme ceux de potasse et de soude.

CHAPITRE II. — *Formes de la matière organique.*

§ 13. — Nous avons maintenant à étudier les formes les plus simples sous lesquelles la matière organique se présente à notre observation.

Un grand nombre de fluides contiennent de la matière organique à l'état de dissolution tellement parfaite, qu'à l'aide même du microscope, on n'y peut découvrir de molécules visibles. C'est ainsi, par exemple, que dans le sérum du sang, il existe de la matière animale dissoute qui se forme en globules, dès que le sérum est soumis à l'action de la chaleur du galvanisme ou de différents agents chimiques. Une partie de la matière animale contenue dans la lymphe des vaisseaux lymphatiques s'y trouve également à l'état de dissolution.

§ 14. — La matière organique s'offre fréquemment à nous sous la forme de molécules arrondies et microscopiques. On doit les considérer comme des précipités déliés et encore amorphes qui s'opèrent dans les dissolutions de la matière organique. Ces corpuscules se produisent sous l'influence de la vie et ressemblent, du reste, singulièrement aux précipités déliés et globulaires que l'on obtient artificiellement au moyen des réactifs, dans les dissolutions de substances organiques. A cette forme de matière organique appartiennent les globules, qui constituent en partie le contenu des cellules végétales et animales, ainsi que les globules pigmentaires des cellules pigmentaires, etc. Lorsque ces particules si ténues et amorphes se trouvent suspendues dans un liquide, elles présentent le phénomène connu sous le nom de mouvement moléculaire, phénomène que Robert Brown a découvert. Ce mouvement consiste en une oscillation assez rapide, uniforme, continue, qui a lieu dans des limites très-bornées et que l'on peut apprécier au moyen du microscope. Il s'observe dans les molécules organiques privées de vie, et n'est pas même particulier à la matière organique solide réduite à un état d'extrême ténuité ; car les particules minérales très-finement pulvérisées qui sont suspendues dans un liquide présentent également ce phénomène. Jusqu'à présent nous en ignorons complétement la cause.

La matière organique, considérée dans son état primordial et de plus grande simplicité, soit dans les végétaux, soit dans les animaux, se présente toujours sous la forme d'une *cellule* (Schwann), qui contient ordinairement un noyau ou *nucleus* attaché à la paroi interne. La membrane de la cellule n'offre pas une structure compliquée ; elle est simple, et l'on n'y peut distinguer aucune aggrégation de particules plus petites. Le noyau est finement granulé, et souvent on y remarque un corpuscule un peu plus gros, c'est le *corpuscule du noyau* ou *nucléole*. D'après les découvertes de Schwann, la cellule constitue l'élément primordial de tous les tissus animaux. Les cellules se transforment pour engendrer les divers tissus ; ou bien elles s'allongent de manière à produire des filaments, ou bien plusieurs cellules se réunissent pour former une cellule secondaire. Jamais, au contraire, on ne voit une aggrégation de globules donner naissance à des fibres ou à un tissu quelconque. Déjà la théorie qui veut que les tissus animaux résultent d'une aggrégation de globules a perdu toute probabilité depuis les travaux d'Ehrenberg. Les globules dont il s'agit auraient un diamètre de plus de 1/2000 de ligne ; or, cet observateur a découvert que les Monades, qui n'ont qu'un diamètre de 1/2000 de ligne, présentent encore des organes composés. Parmi les cellules dont nous venons de parler, les unes nagent dans un liquide et sont indépendantes les unes des autres : tels sont les corpuscules rouges du sang et les globules du jaune ; les autres sont adhérentes entre elles et avec d'autres parties solides : telles sont les cellules que l'on observe dans les différents tissus de l'économie animale.

S — 15. Les solides vivants sont mous, et cet état de mollesse est exclusivement propre aux êtres organiques. C'est à l'eau qui constitue, suivant Berzélius, les quatre cinquièmes de leur poids, que les tissus doivent leur extensibilité et leur fléxibilité. Cependant on ne peut pas dire que les tissus soient humides, car ils ne mouillent pas d'autres corps en leur communiquant l'eau qu'ils contiennent. Cette eau semble, ainsi que Berzélius le fait observer, n'être pas combinée chimiquement avec eux ; car elle se perd lentement par l'évaporation et l'on peut l'enlever tout d'un coup, en comprimant fortement le tissu entre deux feuilles de papier-Joseph. Quand elle a été privée de son eau, la matière animale n'est plus succeptible de vie, à l'exception de quelques animaux inférieurs qui, de même que les plantes, reviennent à la vie, dès qu'on les humecte de nouveau (1).

Quoique les tissus animaux desséchés se laissent parfaitement pénétrer par l'eau salée, l'alcohol, l'éther, l'huile, etc., cependant, d'après Chevreul, l'eau pure est le seul liquide capable de leur donner le degré de mollesse qui les distingue.

Lorsqu'une substance soluble se trouve en contact avec les tissus animaux humides, elle se dissout dans l'eau qui remplit leurs pores invisibles ; si, au contraire, cette substance est déjà dissoute, elle se distribue à l'eau propre du tissu. Il en est de même pour les matières qui sont contenues à l'état de solution dans un tissu ; de là, elles pénètrent aisément dans les autres tissus qui peuvent les dissoudre. Les lois qui régissent l'attraction des substances à l'état de dissolution et de mélange, celles qui régissent la distribution et l'équilibre des fluides miscibles entre eux, s'appliquent donc également au cas de membranes animales humides. Ainsi, quand une membrane organique poreuse se trouve par chacune de ses faces en contact avec de l'eau, le niveau s'établit entre les deux moitiés du liquide à travers les pores du diaphragme ; alors les matières dissoutes dans chaque moitié du liquide traversent peu à peu la membrane, jusqu'à ce qu'elles soient également distribuées dans les deux liquides. Les gaz qui sont en contact avec des parties animales humides se comportent de la même manière. Dans le cas où le diaphragme qui sépare deux dissolutions différentes est formé par une mem-

____

(1) Berzélius : *Thierchemie*, 3 Aufl., p. 15.

brane organique, comme dans celui où il consiste en un corps inorganiqne poreux, la dissolution la plus dense reçoit plus de la solution moins dense que celle-ci ne reçoit de celle-là. Nous reviendrons plus loin sur cette loi remarquable. La faculté d'être perméable aux fluides n'appartient pas seulement aux tissus complexes, elles s'observe aussi dans les tissus les plus simples, dans la membrane des cellules élémentaires, soit végétales, soit animales. Le fluide pénètre dans l'intérieur de la cellule à travers ses parois, et l'inverse a lieu également. On doit même se représenter chaque globule qui nage dans un liquide comme pénétré et gonflé d'eau. Les atomes chimiques homogènes doivent dans ce cas être groupés de telle sorte, qu'il reste entre eux des intervalles qui permettent à l'eau d'y pénétrer.

CHAPITRE III. — *Origine de la matière organique et vivante.*

§ 16. — C'est uniquement dans les corps organiques que l'on observe la force particulière qui les anime. Cette force ne se manifeste que dans les combinaisons organiques produites par ces corps, et la matière organique ne résulte jamais de la simple aggrégation fortuite des éléments simples qui entrent dans sa composition. Fray., il est vrai, prétend avoir observé la formation d'animaux microscopiques ou infusoires dans de l'eau pure. Gruithuisen, de son côté, dit avoir vu une membrane gélatiniforme se produire dans des infusions de granit, de craie, de marbre, et enfin des animalcules infusoires apparaître dans cette membrane. Un fait analogue fort remarquable a été observé par Retzius (1). Cet auteur fit dissoudre du muriate de baryte dans de l'eau distillée, laissa cette dissolution renfermée pendant six mois dans un flacon bouché à l'émeri, et trouva, au bout de ce temps, qu'elle avait donné naissance à une espèce particulière de conferve; mais, dans ces cas extraordinaires, il est indubitable que, soit dans les vases, soit dans l'eau, il existait de la matière organique, quelque minime qu'en fût la quantité. Or, d'après les expériences de Schultze, la plus faible particule possible de matière organique placée dans des circonstances favorables suffit pour produire les phénomènes que l'on a regardés comme des exemples de génération équivoque ou spontanée d'Infusoires.

§ 17. — Les animaux eux-mêmes n'ont pas la faculté de fabriquer de la matière organique avec des éléments simples ou des composés binaires inorganiques; ils croissent en s'assimilant des matières déjà organisées, animales ou végétales. Ils ont simplement la faculté de maintenir la composition des substances organiques ainsi que de la transformer, sans pouvoir créer de la matière organique. Les plantes, au contraire, paraissent capables, non-seulement de s'assimiler les substances organiques animales et végétales, mais encore de produire de la matière organique avec des corps simples ou des composés binaires, tels que l'acide carbonique et l'eau. Toutefois, le sol où croissent les plantes doit nécessairement contenir une certaine quantité de matière organique. Il semble impossible de refuser aux végétaux le pouvoir de créer de la matière organique au moyen d'éléments inorganiques; sans cela, la quantité de matière nutritive nécessaire aux êtres vivants diminuerait de jour en jour sur la terre. En effet, les corps animaux et végétaux sont incessammeut réduits à l'état de composés binaires par la combustion, la putréfaction, etc.

La matière organique produite par les plantes, ou celle qui se trouve contenue dans les végétaux et les animaux, après avoir été transformée par eux, est encore susceptible de vivre, quand un être vivant se l'est appropriée et l'a soumise à la

(1) Dans FRORIEP's *Notizen*, v, 56.

force vitale qui lui est propre. C'est ainsi que toute substance organique répandue à la surface de la terre provient uniquement des organismes vivants. La mort, ou, en d'autres termes, l'extinction de la force qui crée et maintient les combinaisons organiques, anéantit l'individu, tandis que la matière organique qui formait cet individu reste encore, du moins tant qu'elle n'est pas réduite en composés binaires, susceptible de recevoir une nouvelle vie, c'est-à-dire, de pouvoir servir à la nutrition des corps vivants.

§ 18. En général, les êtres organiques naissent d'autres êtres de la même espèce, par le moyen d'œufs ou de gemmes. Mais cependant on se demande si la matière organique qui reste après la destruction d'un corps vivant peut, au milieu de certaines circonstances, donner naissance à des organismes d'une autre espèce; si elle est capable, non-seulement de nourrir des corps déjà vivants, mais encore de continuer sa propre vie sous une forme modifiée; si réellement cette matière organique peut, dans de certaines conditions, savoir, sous l'influence de l'air atmosphérique, de l'eau et de la lumière, se décomposer en petits animaux microscopiques, en Infusoires vivants, ou bien encore, dans quelques cas, revivre sous la forme de plantes inférieures, telles que moisissures, etc.

Les anciens, et entre autres Aristote, avaient admis dans un sens encore plus étendu la réalité de la génération équivoque ou de la production spontanée d'animaux. Ils croyaient, suivant en cela une antique tradition, que la putréfaction engendrait certains animaux inférieurs, des Insectes et des Vers. Cette opinion se maintint, au milieu des autres superstitions concernant l'histoire naturelle et la médecine, jusque dans le dix-septième siècle. A cette époque, Redi écrivit ses *Experimenta circà generationem insectorum*, dans lesquels il démontra la fausseté de tous les cas de génération équivoque qu'avaient admis les anciens, et prouva que tous les Vers et tous les Insectes étaient produits par des œufs qui avaient été déposés antérieurement dans la matière d'où ils semblaient naître. Ses arguments étaient sans réplique, et depuis lors pas un naturaliste instruit n'a cru à la fable de la génération par la putréfaction. Ainsi, la sentence omne vivum ex ovo conserva toute son autorité. Plus tard, cependant, survint Needham, qui prétendit que, si la putréfaction n'engendrait pas d'Insectes, il se produisait néanmoins durant cet acte des animalcules microscopiques inconnus jusqu'alors. Quand on verse de l'eau sur des substances animales ou végétales, et qu'on expose cette infusion à l'air et à la lumière, à la température ordinaire de l'été, la matière organique subit en quelques jours une décomposition partielle; une portion se convertit en d'autres substances organiques, une autre se réduit en globules, une troisième se dissout complétement. Alors on y voit apparaître des moisissures ou des animalcules microscopiques, chez lesquels Ehrenberg a découvert une organisation beaucoup plus compliquée qu'on ne l'avait imaginée avant lui.

Depuis Needham (1), à qui nous devons les premières observations sur la production des Infusoires, nos connaissances à cet égard se sont fort accrues, grâce aux recherches de Wrisberg, O. Fr. Müller, Ingenhouss, G. R. Treviranus, Gruithuisen et Schultze.

§ 19. — Wrisberg (2) a observé qu'il ne se produit pas d'animalcules dans une infusion de substance organique, lorsqu'on la met à l'abri du contact de l'air atmosphérique, quand, par exemple, on couvre sa surface d'une couche d'huile d'olive. Ils s'engendrent, au contraire, dans toute infusion de matière animale ou végétale qui ne contient rien d'acide ou de corrosif, en un mot, rien qui puisse

_____

(1) *Nouv. Observ. microscop.* — (2) *Observ. de Anim. infus.*

empêcher la putréfaction. Le développement des Infusoires commence aussitôt qu'il s'est opéré dans la matière organique un certain degré de décomposition avec dégagement de gaz. Dès cet instant on voit dans l'infusion une grande quantité de molécules microscopiques qui proviennent de la division de la matière organique, et qui tantôt sont disséminées, et tantôt forment une sorte de membrane à la surface du liquide.

Plusieurs naturalistes, et surtout Spallanzani (1), ont attaqué la théorie de la génération spontanée des Infusoires et ont expliqué leur apparition dans l'infusion, en admettant que celle-ci contient accidentellement des œufs d'animalcules qui s'y développent sous l'influence de l'eau, de l'air et de la lumière. Les expériences de Spallanzani nous apprennent que l'ébullition n'enlève pas aux substances organiques la propriété de produire des animalcules, et que l'eau distillée est aussi bonne que l'eau pure pour faire les infusions. Les recherches de ce physiologiste prouvent encore que l'air atmosphérique est nécessaire au développement des Infusoires, et que, si l'on fait chauffer au bain-marie, pendant une heure, à une température de 100° centig., des flacons remplis d'infusions et hermétiquement clos, ces infusions ne donnent plus d'animalcules. Spallanzani observa, en outre, que les Infusoires différaient de forme, suivant la nature de l'infusion. Suivant lui, dans les infusions de graines de pastèque, de courge, de chanvre et de millet, il se forme un plus grand nombre d'Infusoires quand le germe est en train de s'accroître, que pendant la période de la germination, et il diminue à mesure que la substance de la graine se consume.

Cet observateur expérimenta comparativement l'amidon et le gluten; il en fit deux infusions différentes. Dans celle d'amidon, il se produisit peu ou même point d'animalcules, tandis que celle de gluten fourmillait d'individus vivants. Dans des infusions d'orge, de maïs, de haricots, de lupin, de riz et de graines de lin, il ne se développa pas d'infusoires. Maintenant les genres et les espèces d'Infusoires sont aussi bien déterminés que ceux des classes animales plus élevées; mais comme Spallanzani n'a pas décrit les différences de formes de ses Infusoires, et comme d'ailleurs aujourd'hui on ne connaît pas encore les formes que présentent ces êtres aux divers degrés de leur développement, les expériences de Spallanzani perdent beaucoup de leur valeur, lorsqu'il prétend avoir découvert que les infusions de graines de courge, de camomille, d'oseille, de blé, d'épeautre donnent naissance à des animalcules tout-à-fait différents.

§ 20. — Les nombreuses et consciencieuses expériences auxquelles s'est livré Treviranus (2) ont donné beaucoup plus de crédit à l'hypothèse de la génération équivoque. Les observations suivantes servent de base à ses arguments :

1° Des substances organiques différentes, par exemple, du seigle et des graines de cresson, infusées dans la même espèce d'eau, donnent naissance à des animalcules différents.

2° La lumière exerce une influence considérable sur la génération équivoque. Ainsi, la matière verte de Priestley, qui est surtout remarquable par sa propriété d'exhaler de l'oxygène, se produit sous la seule influence de la lumière. Lorsqu'on met de l'eau, principalement de l'eau de source, dans des vases transparents, soit clos, soit ouverts, et qu'on l'expose ensuite à la lumière solaire, on voit apparaître cette matière de Priestley sous forme d'une couche verdâtre composée de granules ronds ou elliptiques. On voit d'abord dans cette substance des molécules isolées qui présentent un léger mouvement; mais, plus tard, on aperçoit des filaments transparents qui se meuvent irrégulièrement. Ces changements ont

____

(1) *Physical. und Mathem. Abhandl.* — (2) *Biologie*, II, p. 264—406.

été observés et décrits très-minutieusement par Ingenhouss (1). Suivant le professeur R. Wagner, la matière verte de Priestley est formée par les corps morts d'animalcules verdâtres, de l'*Euglena viridis* et d'autres infusoires. Dans ce cas, les filaments mobiles seraient des êtres indépendants, distincts de la matière verte, et Ingenhouss aurait commis l'erreur de prendre différentes espèces d'êtres simples pour des états différents des mêmes molécules.

3° Les Spermatozoaires qui se présentent à nous sous la forme de corpuscules à queue alongée, qui exécutent des mouvements spontanés et que l'on aperçoit à l'aide du microscope dans le liquide séminal, même chez les animaux invertébrés, semblent, ainsi que les Entozoaires, militer en faveur de la théorie qui admet que des êtres vivants naissent spontanément dans la matière organique.

4° Treviranus a trouvé que, sous l'influence de conditions d'ailleurs tout-à-fait semblables, il se forme dans des infusions différentes des êtres différents, savoir, des Infusoires ou des moisissures. Cette diversité de produits ne dépend pas de l'eau, mais des substances que l'on y a fait infuser.

5° Treviranus a remarqué que la même infusion, placée dans des conditions différentes, produit des animalcules différents ; ainsi, une infusion de feuilles d'iris dans de l'eau de source, qu'il avait mise dans un long vase recouvert d'une toile, et qu'il avait exposée au soleil, donna des animalcules infusoires. La même infusion, dans un autre vase et dans une situation différente, ne produisit que de la matière verte de Priestley. Deux infusions de seigle dans de l'eau de source donnaient des produits différents, lorsque Treviranus plaçait un morceau de fer dans l'une d'elles. Ce résultat paraît analogue à celui qu'obtint Gleditsch dans l'expérience suivante. Cet observateur prit des morceaux de melon, les recouvrit de mousseline et les plaça à des hauteurs différentes. Il trouva ensuite que divers produits vivants, moisissures, byssus, trémelles s'y étaient développés en proportions différentes. Aux faits précédents on peut encore ajouter que des infusions de pus et de mucus ont donné à Gruithuisen des animalcules tout-à-fait différents.

De toutes ces expériences, Treviranus a tiré les conclusions suivantes : Il existe dans toute la nature une matière organique absolument indécomposable et indestructible (?) qui jouit d'une activité constante, qui donne la vie à tout être vivant, depuis le byssus jusqu'au palmier, et depuis l'Infusoire microscopique jusqu'aux monstres des profondeurs de la mer. Cette matière est immuable dans son essence, mais variable dans sa forme, dont elle change incessamment. Elle est amorphe en soi, mais elle est susceptible de revêtir toutes les formes vivantes ; elle ne reçoit une forme déterminée que sous l'influence de causes extérieures, ne conserve cette forme qu'autant que l'action de ces causes persiste, et en revêt une autre, sitôt que d'autres causes agissent sur elle.

D'après Wrisberg et d'autres observateurs, les animalcules sont produits par les particules qui se détachent de la substance infusée elle-même, et qui peu à peu commencent à se mouvoir. Selon Gruithuisen (2), au contraire, ils ne paraissent dans l'infusion que lorsque la matière extractive du corps infusé a été dissoute par l'eau. Le professeur Schultze dit : « je n'ai jamais vu un globule de sang ou de lait, ou de substance cérébrale commencer à se mouvoir dans leurs infusions, comme une Monade, ou se changer en une Monade ; mais chaque globule isolé une fois dissous fournit de la matière pour la production de plusieurs centaines de monades (3). » Ehrenberg estime le diamètre de la plus petite Monade visible à

(1) *Vermischte Schriften phys. med. Inhalts.* — (2) *Beiträge zur Physiognosie und Eaulognosie.* München, 1812. — (3) C. A. S. Schultze, *Mikroskopische Untersuchungen über* R. Brown *Entdeckung lebender Theilchen in allen Kœrpern, und über Erzeugung der Monaden.* Carlsruhe, 1824.

1/2000 de ligne ou 1/24000 de pouce, tandis que celui des globules du sang humain est de 1/4000 à 1/5000 de pouce. Les globules du lait sont plus petits que ceux du sang (1).

§ 21. — Maintenant, si nous jugeons avec une critique sévère les expériences qui précèdent, nous verrons que la manière dont elles ont été instituées ne met à l'abri du doute aucun des résultats obtenus.

1° Dans les expériences faites avec de la matière organique bouillie à l'air libre, il n'est pas certain que les Infusoires ou les moisissures ne soient pas provenus d'animalcules desséchés ou de leurs germes flottant dans l'air comme de la poussière. Suivant la remarque d'Alexandre de Humboldt (2), quand les eaux se sont desséchées à la surface de la terre, il se peut que les vents enlèvent les germes des êtres organiques les plus simples, et qu'ensuite ces germes, en tombant dans un autre liquide sous forme de poussière, soient revivifiés, à l'exemple du Rotifère desséché que l'on ressuscite en l'humectant, phénomène qui a d'abord été observé par Spallanzani. Cette hypothèse, que la poussière qui flotte dans l'atmosphère contient des particules qui se gonflent, quand elles sont humectées, vient d'être appliquée par Schultze à l'explication de la production des Infusoires ; il considère ces particules comme des Infusoires desséchés (Monades) qui recouvrent la vie sous l'influence de l'humidité. Cependant il ne regarde pas ce mode de production des Infusoires, pour commun qu'il soit, comme le seul qui existe ; il admet encore la conversion des substances organiques en Protozoaires.

2° Les expériences pour lesquelles on s'est servi de matières organiques bouillies et d'eau commune, ne sont pas plus décisives en faveur de la théorie de la génération spontanée des Infusoires. En effet, l'eau peut avoir contenu des œufs d'Infusoires ou même des animalcules qui se seraient ensuite développés ou multipliés avec une extrême rapidité, aux dépens de la matière organique de l'infusion. L'emploi même d'eau parfaitement distillée ne serait pas une garantie positive ; car de l'eau distillée cinq fois de suite peut encore contenir des particules organiques.

3° Les observateurs qui ont expérimenté avec des substances organiques fraîches et de l'eau distillée ou même préparée artificiellement avec des gaz, ne peuvent pas prouver que la matière organique ne contenait pas de façon ou d'autre des animalcules ou du moins des œufs d'Infusoires. Nous ne connaissons, il est vrai, qu'un petit nombre d'animalcules microscopiques qui existent dans les tissus vivants, et les globules ordinaires des fluides organiques, comme les globules sanguins, ne jouissent certainement pas d'une vie indépendante ; cependant on trouve dans le mucus des animaux microscopiques. Ainsi, le mucus intestinal de la Grenouille, tout comme le sperme, contient des animalcules. Dans différentes parties du corps de la Moule, Baër a vu des particules microscopiques se mouvoir spontanément (3). Le grain du froment et de quelques agrostis renferment souvent des Vibrions qui, même après avoir été desséchés, reviennent à la vie, dès qu'on les humecte. Quelques animalcules encore que l'on rencontre chez d'autres animaux, mais surtout certaines espèces qui vivent sur d'autres animaux (Épizoaires), présentent cette espèce de résurrection au contact de l'eau.

4° Enfin, quoique quelques expérimentateurs aient employé à la fois des substances organiques soumises à une ébullition prolongée, de l'eau distillée et de l'air préparé artificiellement, il n'y a ni probabilité ni même possibilité que ces

---

(1) Outre les ouvrages de Treviranus, Gruithuisen, et C.-A.-S. Schultze, que nous avons cités, comp. BURDACH : *Physiologie*, t. trad. franç., t. ɪ, p. 11 et sqq. — (2) Dans ses *Ansichten der Natur*. — (3) Voy. *Nov. Act. nat. cur.*, 13, 2, p. 594.

précautions suffisent pour donner des résultats présentant la rigueur nécessaire dans ce genre de recherches, car les instruments employés pour changer l'eau devraient être absolument débarrassés de toute particule de matière organique, et chaque nettoyage est par lui même une source d'erreurs.

§ 22. Ces remarques ne prouvent pas la non-existence de la génération équivoque, elles montrent seulement qu'il est presqu'impossible de la prouver par l'expérimentation directe. Cependant, les recherches d'Ehrenberg, relatives à l'organisation des plantes et des animaux que l'on suppose être les produits de la génération équivoque, ont jeté de nouveaux doutes sur cette théorie. D'abord, Ehrenberg a découvert les germes réels des champignons et des moisissures (1). Il a déterminé le mode de propagation de ces corps organiques; il a fait voir qu'au moyen des semences de moisissures, on peut produire de nouvelles moisissures; ainsi, il a rendu probable que, lorsqu'il se produisait quelque part une moisissure inattendue, elle provenait tout simplement de semences qui étaient auparavant répandues dans l'atmosphère ou dans l'eau, et qui avaient alors trouvé les conditions nécessaires à leur développement. Quant aux animacules infusoires, c'est encore Ehrenberg qui, le premier, a découvert leur structure complexe. Il a montré que la Monade la plus petite, qui n'a que 1/2000 de ligne de diamètre, possède un estomac compliqué et que ses organes locomoteurs consistent en cils vibratiles. Chez d'autres, il a constaté l'existence d'œufs et la propagation de ces êtres par oviparité. Cette découverte a dû nécessairement faire naître des doutes sérieux sur l'exactitude des observations antérieures, où la structure compliquée de ces animalcules étant inconnue; on avait prétendu les voir naître immédiatement des particules de la matière organique de l'infusion. Ehrenberg n'a jamais réussi à obtenir des Infusoires qui différassent avec la nature de l'infusion qu'il employait; au contraire, en expérimentant autant que possible de la même manière, il voyait apparaître, tantôt une espèce d'animalcules, tantôt une autre. Ehrenberg croit que certaines espèces d'animalcules, dont le nombre est cependant limité, sont répandus d'une manière extrêmement générale. Il pense que des œufs ou des individus de ces espèces peuvent exister dans toutes les eaux et même dans quelques parties des végétaux, mais peut-être seulement dans les parties avariées de ces plantes. Enfin, il admet que, si c'est tantôt l'une et tantôt l'autre de ces substances qui se multiplie d'une manière extraordinaire, ce phénomène dépend uniquement de ce que ce sont des espèces d'œufs ou d'individus différents qui se trouvent contenues dans l'eau. La multiplication des Infusoires paraît se faire avec une rapidité prodigieuse. Un simple Rotifère, l'*Hydatina senta*, peut vivre plus de dix-huit jours; or, cet animalcule est capable de produire quatre individus dans l'espace de vingt-quatre ou trente heures, ce qui donnerait au bout de dix jours plus d'un million d'êtres vivants. Cet exemple explique jusqu'à un certain point le nombre extraordinaire d'Infusoires qu'on voit dans une goutte d'infusion. Ehrenberg n'a jamais rencontré d'animalcules dans l'eau de la rosée ou de la pluie. D'ailleurs, il a trouvé des Infusoires en Afrique, en Asie, aussi bien qu'en Europe; dans l'eau de mer comme dans l'eau de rivière, dans la profondeur de la terre comme à sa surface. Mais il paraît que durant la période de leur développement ces animaux présentent plusieurs formes différentes; aussi l'on peut aisément prendre pour des espèces distinctes, les formes qui dépendent des divers degrés de développement que parcourt un seul animalcule. De toutes ces observations, Ehrenberg conclut

(1) *Nova Act. nat. cur.*, t. x. *Voy.* aussi Nees von Esenbeck, *Flora*, 1826, p. 531; et Schilling dans Kastner's *Archiv.*, x, 429.

que les Infusoires, comme les autres animaux, se propagent au moyen d'œufs, *omne vivum ex ovo*; mais il laisse indécise la question de savoir si les œufs ne seraient pas en partie le produit réel d'une génération primitive (1). Wagner regarde comme indubitable la conversion des Infusoires en matière verte de Priestley, telle que l'ont décrite plusieurs observateurs. Cette matière n'est pas autre chose que les restes d'animalcules privés de vie, de l'*Euglena viridis*; mais Wagner révoque en doute, et cela avec raison, la transformation de cette matière verte en conferves, en ulves, en trémelles ou même en mousses.

§ 23. La théorie de la formation primitive de certains animaux par de la matière animale jusqu'alors non organisée puise ses meilleurs' arguments dans les faits relatifs aux Entozoaires. Une série complète d'arguments en faveur de la génération équivoque est basée sur l'impossibilité d'expliquer la production première d'Entozoaires, sans admettre qu'il y ait dans ce cas une véritable génération spontanée.

1° L'immense majorité des Vers intestinaux sont tout-à-fait distincts par leur organisation des êtres qu'on rencontre hors du corps animal. L'analogie que l'on a signalée entre quelques Distomes et les Planaires d'eau douce et salée n'est qu'apparente.

2° Il est rare que la même espèce de Vers intestinaux se rencontre dans plusieurs espèces d'animaux. Ainsi, les Tenias de l'homme sont tout-à-fait propres à l'espèce humaine; l'Hydatide du foie, *Distoma hepaticum*, au contraire, est commun à l'homme, au Lièvre, au Bœuf, au Chameau, au Cerf, au Cheval et au Cochon. Le Lombric, *Ascaris lombricoïdes* se rencontre chez l'homme, le Cochon, le Bœuf et le Cheval. La plupart des espèces animales ont chacune leurs Vers intestinaux particuliers, qui diffèrent de ceux que l'on trouve dans les autres animaux.

3° Beaucoup d'Entozoaires ne se rencontrent que dans des organes particuliers.

4° En général, les Vers intestinaux meurent quand ils sont expulsés du corps animal.

5° On en a observé jusque chez l'embryon.

6° Le fait que des animaux exclusivement herbivores ont néanmoins des Entozoaires propres à leur espèce, prouve que ces Entozoaires ou leurs germes ne peuvent pas s'introduire en eux avec leurs aliments. Chez les Carnivores, l'introduction d'Entozoaires provenant du déhors ne saurait être admise que dans des cas très-rares: tels sont ceux où l'on a trouvé l'*Échinorhynchus* du Mulot dans le Faucon, les Vers de la Grenouille dans les Serpents, la *Ligula* des Poissons, le *Bothriocephalus solidus* de l'Épinoche dans l'intestin des Palmipèdes et des Échassiers. Enfin, on rencontre un grand nombre d'espèces d'Entozoaires dans des organes autres que le canal intestinal, et où ne sauraient pénétrer des matières venant du dehors (2).

§ 24. Ehrenberg s'efforce d'atténuer les arguments invoqués en faveur de la génération équivoque des Entozoaires, et il penche vers l'ancienne opinion, qui faisait circuler les œufs de ces êtres avec les fluides dans toutes les parties du corps des animaux. Il prétend que les organes génitaux des Entozoaires contenant un grand nombre d'œufs, ces œufs sont charriés par la circulation dans toutes les parties du corps, de sorte que tous les fluides animaux sont, pour ainsi dire, infectés d'œufs d'Entozoaires qui se déposent et éclosent dans les organes où ils trouvent

(1) EHRENBERG dans POGGENDORFF's *Annal.* 1832, I. *Voy.* aussi R. WAGNER dans *Isis*, 1832, 383. — (2) BREMSER : *Ueber lebenden Wuermer in lebenden Menschen.* Wien., 1819.

réunies toutes les conditions nécessaires à leur développement. Suivant lui, le lait même qui sert d'aliment aux jeunes individus de la même espèce peut contenir et transmettre les œufs de ces vers, et l'embryon des Mammifères, chez lequel il existe déjà des Entozoaires, peut en avoir reçu les œufs par l'intermédiaire du sang de la mère. On a même rencontré des Entozoaires dans des œufs d'Oiseaux. Eschholz en a trouvé dans des œufs de Poule (1). Il est possible, en effet, qu'ils puissent s'y être introduits par l'intermédiaire des fluides de la mère; mais, en réalité, les hypothèses par lesquelles on cherche ici à réfuter la théorie de la génération équivoque sont tout aussi invraisemblables qu'elle. Les œufs des Entozoaires sont évidemment trop volumineux pour pénétrer dans les lymphatiques de l'organe dans lequel vivent les Vers. Ils sont beaucoup trop gros pour circuler dans les capillaires sanguins, dont le diamètre n'est que de 1/4000 de pouce, ou enfin pour passer dans les produits de sécrétion, comme le lait, ou le jaune de l'œuf. L'explication de la présence des Entozoaires par la transmission qui s'en ferait de la mère à l'enfant, chez les Mammifères herbivores, par exemple, est donc en contradiction complète avec les données expérimentales de la micrométrie, à moins d'admettre que la plus minime parcelle de la substance du germe formée par des Entozaires déjà existants, soit aussi capable de propager l'espèce que pourrait l'être l'œuf tout entier. Quant aux Spermatozoaires, Ehrenberg prétend que chaque animal les reçoit au moment de la fécondation.

De Baër (2) a observé, au sujet de la génération des Entozoaires, plusieurs faits tout-à-fait inexplicables. Les animaux qu'il nomme *Bucéphales* sont engendrés dans les ovaires filiformes des Moules. Bojanus et Baër ont décrit un Ver qui habite le foie du *Limnæus stagnalis*, lequel ver contient encore des animaux transparents de forme tout-à-fait différente, c'est-à-dire des Cercaires (3). Nordmann (4) a observé des Monades dans le corps d'autres Entozoaires, à savoir, dans le corps de *Diplostomes* vivants, et il a vu des animalcules infusoires dans l'intérieur d'œufs de Lernées en train de se putréfier. D'autre part, les changements que subissent certains Entozoaires méritent toute notre attention. Par exemple, la *Ligula* et le *Botriocephalus solidus* des Poissons n'ont pas d'organes génitaux distincts, jusqu'à ce qu'ils soient reçus dans le canal intestinal d'Oiseaux aquatiques. Quelques jeunes Distomes ont d'abord une forme différente de celles qu'ils présentent ensuite. Ainsi, suivant Nordmann, le *Distoma nodulosum* de la Perche, dans le principe, ne possède pas de suçoir; mais à cette même époque il présente une apparence d'œil et est muni de cils comme pour se mouvoir dans l'eau. Les Infusoires et les Entozoaires des plantes vivantes exigent encore de nouvelles recherches. Il est important de savoir que les grains malades de diverses espèces d'agrostis, de phalaris et de bled, d'après Steinbuch (5) et Bauer (6), renferment des Vibrions ; que Bauer a retrouvé dans de jeunes tiges de froment des Vibrions qu'il avait insérés dans le grain, et que les Vers qui se trouvent dans des grains desséchés sont encore susceptibles de vivre; en effet, selon ces observateurs, quand au bout de plusieurs années on met dans l'eau ces grains desséchés, les Vibrions présentent de nouveau tous les phénomènes de la vie.

Des expériences directes sur la génération équivoque sont extrêmement difficiles dans l'état actuel de la science. Celles qui ont été faites dans ces derniers temps ne sont guères favorables à la théorie de la génération spontanée. D'après l'observation de Fr. Ferd. Schultze, il ne se développe pas d'Infusoires dans l'eau

(1) Burdach's *Physiologie*, i, 22, trad. franç., i, 31. — (2) *Nov. act. nat. cur.* XIII, 2. — (3) Comp. Siebold sur le *Monostomum mutabile*, dans Wiegm *Archiv.*, 1, 45; Carus sur le *Leucochloridium paradoxum* dans *Nov. Act. nat. cur.* XVII, p. 1. — (4) *Mikrogr. Beitraege.* Berlin, 1832. — (5) *Analecten*, 1802. — (6) *Philos. Trans.*, 1823.

qui a été soumise à une ébullition prolongée, lorsqu'on fait passer l'air atmosphérique, que l'on met en contact avec l'eau, à travers de l'acide sulfurique. Schwann a reconnu qu'il ne se produit ni Infusoires, ni moisissures, ni putréfaction dans les liquides qui ont été préalablement soumis à l'ébullition, et qui se trouvent simplement en contact avec de l'air que l'on a exposé à une vive chaleur, quoique cet air soit encore riche en oxygène et soit fréquemment renouvelé.

§ 25. — Dans la formation des Infusoires il n'y a pas création de matière organique; la production des Infusoires suppose déjà l'existence antérieure d'être organisés. En effet, la matière organique ne naît jamais spontanément. Aux plantes seules paraît appartenir la faculté d'engendrer des composés ternaires organiques et de la matière organique, avec des composés binaires ou inorganiques, comme l'eau et l'acide carbonique. Les animaux, au contraire, ne peuvent se nourrir qu'avec de la matière organique et sont incapables d'en former avec des corps simples ou des composés binaires. L'existence du règne animal présuppose donc celle du règne végétal. Maintenant on doit se demander comment les êtres organisés ont-ils été produits dans le principe? Comment la matière organique a-t-elle été douée de la force qui est absolument nécessaire à la formation et à la conservation de cette même matière organique, et qui se manifeste uniquement dans la matière organique? Ce double problème est au-dessus de toute expérience et de toute science. On ne tranche pas même le nœud de la question, lorsqu'on affirme que la force organique réside de toute éternité dans la matière organique, comme si la force organique et la matière organique n'étaient que deux manières différentes de considérer le même objet. En effet, les phénomènes organiques sont exclusivement propres à certaines combinaisons des éléments, et même la matière organique vivante se résout en composés inorganiques, aussitôt que cesse la cause des phénomènes organiques, c'est-à-dire, la forme vitale. Au reste, ce problème n'est pas de la compétence de la physiologie expérimentale, il appartient tout entier au domaine de la philosophie. Comme la certitude en philosophie et dans les sciences naturelles repose sur des bases totalement différentes, notre premier soin doit être de ne pas sortir du champ de l'empirisme rationnel. Nous devons donc nous contenter de savoir que les forces par lesquelles les corps organiques sont vivants, sont des forces toutes spéciales, mais ensuite il nous faut étudier avec soin quelles sont les propriétés qui caractérisent ces corps.

SECTION II. — DE L'ORGANISME ET DE LA VIE.

CHAPITRE Ier. — *Nature de l'organisme vivant.*

§ 26. Les corps organiques ne se distinguent pas seulement des corps inorganiques par le mode de combinaison de leurs éléments; il existe encore dans la matière organique vivante un principe qui agit incessamment, qui, dans toutes ses opérations, se conforme à un plan raisonnable et qui crée les diverses parties du corps en vue du tout, de façon à ce que chacune d'elles soit en harmonie parfaite avec l'ensemble de l'être individuel. Voilà précisément ce qui caractérise l'organisme. « C'est dans le tout, comme dit Kant, que réside la cause du mode particulier d'existence de chaque partie du corps vivant, tandis que, pour les masses mortes, chaque partie contient en elle la raison de son existence. » Ceci nous explique pourquoi une partie quelconque d'un tout organisé cesse en général de vivre; pourquoi un corps organisé semble constituer un être *un* et *indivisible.* Ainsi, en tant que les parties dissimilaires de l'organisme sont essentielles au tout, le tronc ne peut continuer de vivre, après la perte d'une de ces parties intégrantes du tout.

C'est seulement chez les animaux les plus simples ou chez les plantes qui possèdent un certain nombre de parties homogènes, ou bien encore chez les êtres dont chaque segment contient les différentes parties hétérogènes essentielles au tout, que le tout peut se diviser; alors la vie persiste dans les divers segments, puisque chacun d'eux renferme les parties dissimilaires essentielles du tout, quoiqu'en moins grand nombre que l'individu primitif. Lorqu'on plante un rameau détaché du tronc d'un végétal, ce rameau forme un nouvel individu : les diverses parties d'une plante sont tellement analogues entr'elles, qu'elles sont susceptibles de se transformer les unes dans les autres; ainsi, les branches se convertissent en racines, et les étamines en petales (1). Quelques animaux d'une simplicité extrême, tels que les polypes, présentent le même phénomène que les plantes. Les expériences de Trembley, de Rœsel et de plusieurs autres naturalistes prouvent que les deux moitiés d'un polype divisé continuent de croître, jusqu'à ce que chacune d'elles forme un animal parfait; il en est de même pour quelques Annélides, les Naïades, par exemple, dont chaque segment contient les mêmes parties hétérogènes essentielles, comme intestin, nerf et vaisseaux sanguins. On a vu ces animaux se propager par scission spontanée. Mais il est impossible que la vie persiste dans les divers segments d'un animal divisé, si chacun d'eux ne renferme pas les parties essentielles du tout

Chez les animaux supérieurs et chez l'homme, il y a certains organes, c'est-à-dire, certaines parties douées de propriétés et chargées de fonctions particulières qu'on ne peut enlever ou détruire, sans anéantir la vie et l'idée que nous nous formons du tout. En outre, dans les classes supérieures, les organes sont toujours uniques, comme le cerveau, la moëlle épinière, le cœur, le canal intestinal, etc. Toutefois, il existe encore d'autres organes dont l'ablation ne fait pas périr l'animal, parce qu'ils ne constituent pas des parties nécessaires du tout, ou parce qu'ils sont multiples. Au reste, aucune portion détachée du corps d'un animal supérieur ne peut continuer de vivre; car jamais elle ne contient les diverses parties essentielles du tout. Il n'y a que l'œuf, le germe lui-même, qui jouisse de cette faculté, parce que la force organique n'a pas encore créé en lui les parties essentielles du tout, et qu'après s'être séparé de l'organisme maternel, il se développe pour former un nouvel individu, un nouveau tout. Ainsi donc, dans tout organisme la formation et la disposition des parties dissimilaires sont subordonnées à l'unité du tout.

Les faits que nous venons de citer démontrent que les corps organisés ne sont pas absolument indivisibles. On pourrait même dire qu'ils sont toujours divisibles, tout en conservant encore leurs propriétés primitives, pourvu que chaque segment contienne les différentes parties essentielles du tout. D'ailleurs, dans le fait de la génération, soit chez les végétaux, soit chez les animaux supérieurs, il s'opère constamment une séparation spontanée.

§ 27. — Les corps inorganiques simples, au contraire, se laissent diviser en un grand nombre de fragments, et chacun de ces fragments conserve intégralement les propriétés chimiques du tout. On peut, pour nous servir de l'expression vulgaire, diviser les corps simples à *l'infini*, c'est-à-dire, d'après la théorie atomique, jusqu'à les reduire en particules que leur ténuité rend inappréciables aux sens. Les corps inorganiques composés se divisent également en molécules qui sont formées de différents atomes constituants et qui de même sont inappréciables aux sens.

Parmi les corps inorganiques, il en est cependant qui, lorsqu'ils sont réduits par

____

(1) GOETHE : *Metamorphose der Pflanzen.*

division mécanique en leurs dernières particules, perdent quelques unes de leurs propriétés : je veux parler des cristaux. On ne peut diviser ces substances avec facilité que dans certaines directions, et les fragments que l'on obtient ainsi présentent déjà fort souvent une forme différente de celle du cristal entier. C'est ce phénomène qui a porté certains auteurs à regarder les cristaux comme des *individus* qui subsistent par la continuité d'action de la force qui les a formés, et qui périssent quand des influences extérieures chimiques (atmosphériques) ou mécaniques viennent à vaincre leur force de cristallisation, leur dureté (1). Mais, lors même qu'on admettrait, en ce sens, que les cristaux constituent des êtres individuels, il existerait encore entr'eux et les corps organisés une différence essentielle. C'est que les molécules des cristaux sont partout homogènes, et que les cristaux sont divisibles, au moins en aggrégats homogènes, tandis que les corps organiques sont composés de parties tout-à-fait hétérogènes, par exemple, de tissus dont chacun est doué de propriétés particulières. Mais, toutes les fois qu'un corps inorganique consiste en un simple aggrégation de substances hétérogènes, nous n'appercevons, dans ce cas, ni unité, ni rapport déterminé entre les parties et le tout.

Les corps organiqnes étant composés d'un certain nombre de parties tout-à-fait hétérogènes et disposées harmoniquement d'après un plan général, il s'en suit nécessairement que la conformation tant externe qu'interne de ces corps et de leurs divers organes les distingue complétement des corps inorganiques. Ce que nous admirons dans un animal parfait, ce n'est pas seulement la manifestation des forces qui le régissent, car la cristallisation aussi est le résultat d'une certaine force qui agit dans un composé binaire, mais c'est surtout le rapport qui existe entre l'ensemble du systéme animal et la structure particulière des organes. En effet, nous voyons ici que chaque chose a été merveilleusement disposée pour le meilleur exercice de ces forces, et cet admirable spectacle nous démontre l'existence d'une harmonie préétablie entre l'organisation et les facultés, dans le but d'assurer le jeu régulier de ces facultés par rapport au tout, ainsi que le témoigne chaque partie, l'œil, l'organe de l'ouïe, etc. Dans les cristaux, au contraire, la structure n'est pas déterminée en vue de l'activité future du tout, parce que la masse cristalline n'est pas un corps composé d'un certain nombre de tissus hétérogènes, remplissant des fonctions diverses, mais résulte simplement d'une aggrégation d'éléments ou de particules homogènes toutes sujettes aux mêmes lois d'attraction moléculaire. Par conséquent, les cristaux s'accroissent par l'adjonction de nouvelles molécules à la surface externe des parties déjà formées, tandis que, dans les corps organisés, la formation des parties contigues, dont chacune offre une organisation différente, s'opère en général simultanément. Ainsi, donc la croissance des corps organisés est effectuée en même temps par toutes les parties vivantes de leur substance, tandis que, dans les corps inorganiques, l'augmentation de la masse a lieu uniquement par juxta-position externe (2).

§ 28. — La seule analogie raisonnable que l'on puisse établir entre les corps organiques et les corps inorganiques réside dans la manière dont la symétrie se réalise dans les deux règnes. Les cristaux présentent des angles, des arêtes, des surfaces symétriques et des surfaces non symétriques. Chez les animaux il existe aussi des parties symétriques et d'autres non symétriques, et les lois qui déterminent les formes organiques symétriques et non symétriques présentent également des modifi-

---

(1) Comp. Mohs, *Grundriss der Mineralogie*, 1, *Vorrede*, p. 8. — (2) On trouvera dans l'Anatomie générale du prof. E.-H. Weber un parallèle remarquable entre l'organisation et la cristallisation. *Voy.* Hildebrandt's, *Anat.*, 1, Bd.

cations variées. 1° On distingue, par exemple, un type symétrique rayonné chez les Radiaires. Ici des parties semblables sont disposées autour d'un centre commun; les faces antérieure et postérieure du corps seules ne sont pas symétriques. 2° Le type arborescent nous offre des parties similaires disposées avec symétrie, comme dans les végétaux dont les feuilles et les fleurs se répètent symétriquement. Les Polypes à tronc ramifié nous en offrent un exemple. 3° On reconnaît encore une symétrie successive; ainsi, les Annélides sont composés d'avant en arrière par une série de parties similiaires. Dans ce type, il n'y a absence de symétrie qu'entre les surfaces dorsale et ventrale de l'animal. 4° Enfin, chez l'homme et les animaux supérieurs, nous observons une symétrie latérale qui se manifeste par la répétition de parties semblables de chaque côté du corps; mais ici la symétrie n'existe pas entre les parties considérées d'avant en arrière, non plus qu'entre les surfaces dorsale et ventrale. Chez beaucoup d'animaux la symétrie latérale se combine en partie avec la symétrie successive : cette dernière se remarque dans les vertèbres des animaux supérieurs. Dans les corps inorganiques cristallisés, la symétrie et la non symétrie sont toujours représentées par des surfaces planes et des lignes droites; c'est précisément l'inverse qui a lieu dans les corps organiques. Mais, outre cette différence considérable, il en existe encore entre les deux règnes une seconde plus importante : c'est que les parties symétriques et non symétriques des cristaux offrent une composition tout-à-fait simple, tandis que les parties qui se répètent symétriquement dans les corps organiques sont déjà composées de tissus différents. Quant aux causes qui donnent naissance aux divers types de symétrie organique que nous venons d'énumérer, et qui déterminent primitivement dans le germe la situation de l'axe autour duquel doivent se développer la symétrie latérale, la symétrie antéro-postérieure et la symétrie dorsale et ventrale des animaux supérieurs, elles échappent complétement à nos investigations, tout comme les causes de la formation symétrique des cristaux.

§. 29. — Les parties constituantes de l'organisme ne sont jamais cristallisées; et si certaines espèces de graisses cristallisent à l'état pur, ce phénomène n'a lieu que lorsqu'elles sont soumises à des influences extérieures et soustraites à l'empire de la force vitale. Il en est de même pour le sucre, l'urée et l'acide urique. La plupart même des liquides et des substances organiques ne cristallisent pas, même lorsqu'elles ne font plus partie de l'organisme vivant. Le canal vertébral et la cavité cranienne de la Grenouille présentent un couche de matière blanche pulpeuse qui enveloppe les parties centrales du système nerveux et qui, d'après les observations d'Ehrenberg et d'Huschke, est formée par des cristaux microscopiques de carbonate de chaux. Ehrenberg a également découvert des cristaux microscopiques de matière organique dans le péritoine des Poissons et dans le feuillet nacré de la choroïde des mêmes animaux (1). Les Otolites contiennent aussi des cristaux.

§ 30. — Jusqu'ici nous ne nous sommes encore occupés que d'un seul caractère particulier des corps organisés : ainsi nous avons vu qu'un corps organisé est un tout composé d'organes hétérogènes qui, suivant l'expression de Kant, ne trouvent la raison de leur existence que dans le tout. La force organique qui réside dans le tout, et qui détermine l'existence de chaque partie, possède aussi la propriété de créer avec la matière organique les divers organes nécessaires au tout. Quelques physiologistes ont regardé la vie ou l'activité propre aux corps organiques comme étant le simple résultat de l'harmonie des différentes parties, et, pour ainsi dire, de l'engrenage des roues de la machine. Aussi, suivant ces auteurs, la mort ne serait

____

(1) POGGENDORFF'S *Ann*. XXVIII.

que la conséquence du trouble de cette harmonie. Cette action réciproque des diverses parties les unes sur les autres, cette sorte d'engrenage existent bien en réalité. Ainsi, par exemple, la respiration qui s'opère dans les poumons est la cause de l'activité du cœur; celui-ci, à chacune de ses contractions, envoie au cerveau le sang modifié par la respiration; enfin, le cerveau ainsi vivifié par le sang artériel va animer tous les autres organes et détermine de nouveau les mouvements respiratoires. L'agent externe qui met en jeu cette série d'actions successives est l'air atmosphérique qui pénètre dans l'appareil respiratoire. Toute lésion de l'un des principaux rouages de la machine organique, c'est-à-dire, toute lésion grave des poumons, du cœur ou du cerveau peut aisément devenir une cause de mort : c'est pour cette raison qu'on a donné à ces organes le nom d'*atria mortis*.

Cette harmonie des membres nécessaires du tout ne subsiste que sous l'influence d'une force qui est répandue dans l'organisme entier, qui agit dans chacune de ses parties, et qui, pourtant, ne dépend d'aucune d'elles considérée isolément. En effet, elle préexiste à l'apparition des parties harmoniques du tout; c'est elle qui, résidant dans le germe, crée les tissus et les organes pendant le développement d l'embryon. Dans une machine compliquée et construite en vue d'un résultat déterminé, dans une montre, par exemple, l'effet désiré n'est produit que par le concours de différentes pièces qu'une cause unique met en mouvement. Mais il y a cette différence fondamentale entre la machine dont nous parlons et l'être organisé : c'est que ce dernier ne consiste pas seulement en une réunion accidentelle d'éléments : ici le principe moteur est également le principe créateur, car c'est la force propre inhérente au germe qui, au moyen de la matière organique, crée les organes nécessaires au tout. Cette force créatrice intelligente développe la série de ses effets dans chaque animal, sans jamais dépasser les limites que lui assigne la classe à laquelle l'être qu'elle produit doit appartenir. Elle existe déjà dans le germe, avant même que les parties ultérieures du tout existent isolément, et c'est elle qui, en réalité, crée les organes essentiels qui doivent constituer l'animal futur.

§ 31.—Le germe est le tout *en puissance*. A mesure que le germe se développe, le tout *se réalise* par l'apparition de ses parties constituantes essentielles. Quand nous étudions l'œuf durant la période d'incubation, nous voyons la puissance du tout passer *en acte*, c'est-à-dire, que nous voyons naître les diverses parties qui doivent constituer l'organisme futur. Tout le contenu de l'œuf, à l'exception du germe, est destiné à la nutrition de ce dernier : c'est en lui que réside toute la force vitale de l'œuf. Or, attendu que les influences extérieures qui agissent sur le germe des êtres organisés les plus différents sont toujours les mêmes, attendu, en outre, que, chez la plupart des animaux, le germe offre une structure parfaitement semblable, nous sommes obligés de considérer le germe comme étant *en puissance* l'animal futur tout entier. Ce germe possède donc la force essentielle et spéciale de l'être futur, ainsi que la faculté d'augmenter graduellement, par l'assimilation de substances étrangères, le minimum de force et de matière qu'il contient dans le principe Ce germe se déploie, enveloppe le jaune, et, par ses transformations successives avec création continue de particules organiques élémentaires ou de cellules, donne naissance aux divers organes de l'animal. On voit d'abord apparaître les éléments du système nerveux et ceux des systèmes organiques. Ensuite, de ces derniers se développent incessamment et successivement les diverses parties de l'organisme animal. Ainsi donc, la première trace des parties centrales du système nerveux ne représente exclusivement ni le cerveau, ni la moëlle épinière, mais bien les centres nerveux tout entiers *en puis-*

sance. Nous voyons également les différentes parties du cœur se développer d'un tube uniforme. Il en en est de même pour l'appareil digestif. La première trace de tube intestinal que nous apercevons, à une époque où il n'existe encore ni glandes salivaires, ni foie, représente plus que l'intestin; car virtuellement elle constitue l'appareil digestif tout entier, canal intestinal et organes annexes. Aujourd'hui donc, il n'est plus possible d'admetttre, avec Bonnet et Haller, que le germe soit simplement une miniature des organes, qui ne deviennent visibles que plus tard. En effet, nous n'avons pas besoin d'un grossissement considérable pour distinguer les premiers rudiments des organes. Il est facile de saisir leur première apparition; car dès le principe, ces rudiments sont déjà assez volumineux pour que nous puissions suivre la métamorphose de l'organe simple, jusqu'à ce qu'il soit parvenu à son état définitif.

§ 32. — Si Ernest Stahl eût connu les faits que nous venons de rapporter, ils lui auraient fourni de nouveaux arguments en faveur de sa célèbre théorie. Suivant Stahl, comme chacun sait, l'âme rationnelle est le *primum movens* de l'organisation, la cause prochaine et unique de l'activité organique. L'âme construit elle-même son corps en vue des fonctions qu'il aura à remplir; c'est elle, enfin, qui conserve l'organisation normale pendant la vie, et qui, par son activité organique, effectue la cure des maladies. Malheureusement, les contemporains et les sectateurs de Stahl ont, sous plusieurs rapports, mal interprété les idées de ce grand homme. En effet, ils supposaient, croyant en cela se conformer aux idées du maître, que c'est l'âme pensante qui dirige le travail de l'organisation, avec conscience de ce qu'elle fait et intelligence du plan auquel elle se conforme. L'âme de Stahl n'est pas autre chose que la force organique se déployant en suivant une loi rationnelle. Seulement, Stahl est allé trop loin, lorsqu'il a placé au même rang et les actes de l'âme qui sont accomplis avec conscience, et les manifestations de la force organique qui se conforme à un plan déterminé, mais qui, en cela même, est soumise à une nécessité aveugle.

La force organique qui, d'après une loi éternelle, crée et anime les différentes parties nécessaires au tout, ne réside pourtant pas dans un organe unique. C'est la force organique qui, chez les monstres anencéphales, détermine leur nutrition jusqu'au moment de leur naissance; c'est elle qui, chez les larves des Insectes et pendant la période de leur métamorphose, modifie la structure déjà existante du système nerveux, en même temps que celle du reste de l'organisme; c'est sous son influence que certains ganglions du cordon nerveux s'effacent, tandis que d'autres se réunissent et se fondent ensemble; c'est elle encore qui agit sous nos yeux, lorsque, pendant la transformation du têtard en Grenouille, nous voyons la moëlle épinière se raccourcir à mesure que la queue s'atrophie et que se forment les nerfs des membres. Le principe organique se manifeste également dans un autre ordre de phénomènes, dans ceux qui se rapportent à l'instinct. Ici encore il agit dans un but déterminé, mais sans en avoir la conscience. Cuvier a donc admirablement exprimé une profonde vérité, lorsqu'il a dit que les animaux qui agissent par suite de déterminations instinctives sont, pour ainsi dire, mus par une idée innée, par un rêve. La cause qui excite ce rêve ne peut être autre chose que la force organisatrice qui, dans toutes ses manifestations, se conforme à des lois raisonnables, et qui est elle-même la cause première de tout être créé.

Cette force existe dans le germe antérieurement à l'apparition des organes. Aussi, chez l'animal adulte, elle semble ne résider dans aucun organe en particulier. La conscience intellectuelle, au contraire, n'engendre aucun produit organique et ne peut former que de simples conceptions; elle est le dernier produit du développement, et a son siége dans un organe spécial, la masse nerveuse centrale, à l'intégrité de laquelle est liée la sienne propre, tandis que la force organique ou le *primum movens* de l'organisation, ainsi que nous l'avons déjà remarqué, ne cesse pas d'agir dans les monstres acéphales. Chez les plantes, il n'existe ni système nerveux, ni conscience, et cependant il réside en elles une force qui crée l'organisme végétal conformément au type primordial de l'espèce. La force organique n'offre donc aucune analogie avec la conscience intellectuelle, avec l'âme; par conséquent on ne peut comparer l'activité nécessaire et aveugle de la première à un acte intellectuel quelconque. Les idées que nous nous faisons de tout organique sont de pures conceptions. La force organique, cause première de l'être organisé, est au contraire une force créatrice qui modifie la matière en vue d'un but déterminé, mais aveuglément et sans en avoir conscience.

§. 33. — L'être organisé ou l'organisme est l'unité qui résulte de l'union de la force créatrice organique et de la matière organique. Quant à savoir si ces deux facteurs de l'être organisé étaient séparés dans le principe, si les *archétypes* créateurs, les *idées éternelles* de Platon, comme il l'enseigne dans son *Timée*, ne sont venus qu'à une certaine époque s'unir à la matière, et depuis lors se perpétuent incessamment dans chaque être organisé, soit animal, soit végétal, la science n'a rien à démêler avec une pareille question.

Les spéculations que l'on peut construire à ce sujet s'appuient exclusivement sur des mythes, et des traditions dénuées de preuves; elles nous montrent simplement quelles sont les limites de la science pure. Ce qu'il y a de positif, c'est que la forme de chaque animal et de chaque plante se perpétue sans aucune altération dans toutes leurs générations successives, et que, sur plusieurs milliers d'espèces animales ou végétales, on n'a jamais observé de transformation réelle d'une espèce en une autre espèce, ou d'un genre en un autre genre. L'existence de chaque famille de végétaux et d'animaux, ainsi que de chaque genre et de chaque espèce, est liée à des circonstances physiques déterminées, à une certaine température, à certaines conditions physico-géographiques, pour lesquelles ces êtres paraissent avoir été créés. Cette infinie variété de créatures, et cette régularité inaltérable que l'on observe dans les classes naturelles, familles, genres et espèces, nous révèlent une force créatrice commune à laquelle est soumis tout ce qui vit sur la terre. Mais tous ces organismes, tous ces animaux qui jouissent, pour ainsi dire, chacun à leur manière du monde ambiant, sont indépendants dès l'instant de leur création. L'espèce périt lorsque les individus producteurs sont détruits; car le genre n'est pas susceptible de reproduire l'espèce, ou la famille de faire revivre le genre. Dans le cours des révolutions du globe, un grand nombre d'animaux ont été anéantis, et sont restés ensevelis sous les ruines; parmi les espèces qui ont ainsi disparu, les unes appartenaient à des genres qui n'existent plus, les autres à des genres qui subsistent encore.

L'étude des couches géologiques successives, où l'on rencontre les débris de ces êtres organisés, semble prouver que tous les animaux dont les ossements gisent dans le sein de la terre, n'ont pas vécu à la même époque. Ainsi, le squelette de l'homme ne se trouve pas dans les couches profondes qui contiennent les restes de ces habitants primitifs du globe. Mais aucun fait n'autorise les conjectures que l'on a émises sur la formation première des créatures; aucun fait ne nous démontre la possibilité d'expliquer toutes ces variétés par la transformation d'une classe en une autre classe, attendu que toutes les créatures conservent invariablement la forme qui leur a été donnée dans le principe.

§ 34. — Il serait plus aisé de comprendre l'unité qui résulte de l'union de la force organisatrice avec la matière organisée, s'il était possible de prouver que la force organisatrice et tous les phénomènes vitaux dépendent d'une certaine combinaison des éléments. La différence entre la matière organique animée et inanimée consisterait alors en ce que l'état de combinaison des éléments, qui est nécessaire à la vie, aurait subi dans cette dernière un changement particulier. Joh. C. Reil a établi cette hardie théorie dans son fameux Traité *sur la force vitale* (1), que quelques physiologistes, Rudolphi entre autres, regardent comme un chef-d'œuvre, et comme devant servir de base à l'édifice de la physiologie. D'après Reil, les phénomènes organiques tiennent à la différence originelle de composition élémentaire et de forme qui existe dans les corps organisés. Suivant lui, les différences de combinaison et de forme sont la cause de toutes les variétés que nous observons dans les corps organisés et dans leurs propriétés. Mais, lors même qu'on aurait reconnu la vérité de ces deux principes, c'est-à-dire, que tout corps organisé diffère, soit des corps inorganiques, soit des autres corps organisés, par sa forme et par la combinaison de ses éléments, le problème n'aurait pas fait un pas vers sa solution; car on se demanderait comment une combinaison quelconque d'éléments a revêtu telle forme plutôt que telle autre, et pourquoi telle forme s'est adaptée de préférence à telle combinaison? Au reste, la forme de la matière organique n'est pas la cause déterminante primitive de son mode d'action, comme le prouve la similitude de forme du germe dans les animaux les plus différents, chez les vertébrés et les invertébrés. Chez tous, il est constitué par les cellules de l'œuf, par la vésicule germinative et la tache de même nom. D'un autre côté, la forme des corps inorganiques est toujours déterminée par leurs éléments, ou la combinaison de leurs éléments. Reil lui-même le reconnaît, car il dit : « La forme de la matière est déjà elle-même un phénomène qui dépend d'un autre phénomène, à savoir, de l'affinité élective des éléments et de leurs produits (2). » Il s'ensuivrait de là que, si la combinaison des éléments était la seule cause des forces organiques, elle serait identique avec le principe formateur lui-même. Mais, comme dans les corps organiques privés de leur propriétés organiques, la combinaison des éléments, étudiée immédiatement après la mort, ne paraît pas différer de ce qu'elle est dans les corps vivants, Reil est obligé d'admettre qu'il existe dans ces derniers un principe matériel plus subtil qui est inappréciable à l'analyse chimique, et qui disparaît à la mort.

Dans tous les cas il faut, ou bien supposer qu'il entre dans la composition élémentaire des corps vivants un principe matériel, mais plus subtil, que nous ne connaissons pas, ou bien admettre que la matière organique conserve ses propriétés caractéristiques par l'opération de certaines forces inconnues. Maintenant, doit-on regarder ce principe comme une substance impondérable, ou comme une force? Cette même question se présente au sujet de plusieurs phénomènes physiques importants; et, dans les deux cas, il est également impossible de la résoudre. Ici donc la physiologie ne se trouve nullement en arrière des autres sciences naturelles; car les propriétés de ce principe, telles qu'elles se manifestent, par exemple, dans les fonctions du système nerveux, sont tout aussi bien connues que celles de la lumière, de la chaleur et de l'électricité le sont en physique.

§ 35.—Quoiqu'il en soit, la mobilité de ce principe ne peut être révoquée en doute. Le déploiement de ce principe dans l'espace est manifeste dans un nombre infini de phénomènes vitaux. Quand une partie est devenue raide et a perdu le sentiment et le mouvement sous l'influence du froid, nous la voyons se ranimer graduellement, à partir de l'endroit qui n'a pas été affecté. Le passage du principe vital d'une partie à une autre est encore plus évident, lorsqu'on cesse de com-

(1) Reil's *Archiv. für die Physiologie*, 1, Bd. — (2) Reil, loc. cit., p. 17.

primer un nerf, après avoir déterminé ce qu'on appelle l'engourdissement du membre. Dans une inflammation qui occupe la surface d'un organe, nous voyons la fibrine épanchée s'animer et s'organiser. L'influence de la force organique s'exerce même au-delà des limites de l'organe, comme le démontrent la transformation qu'éprouve la matière animale contenue dans les vaisseaux et les modifications que subissent le chyme et le chyle, ce dernier acquérant de nouvelles propriétés pendant son trajet dans les lymphatiques. Cette influence s'exerce aussi des parois des vaisseaux sanguins sur le liquide qui y circule; car c'est elle qui maintient la fluidité du sang, tandis que, une fois hors de ses vaisseaux, le sang se coagule constamment, à moins qu'il n'ait antérieurement éprouvé une décomposition particulière. Quand un liquide, soit normal, soit pathologique, s'épanche dans l'intérieur des tissus ou dans une cavité naturelle, il est, par l'influence du corps vivant, plus longtemps préservé de la putréfaction, que s'il était versé au dehors. Ce phénomène ne dépend pas uniquement de ce que l'épanchement se trouve à l'abri du contact de l'air; car, lorsque les forces vitales sont considérablement déprimées, le sang et le pus se décomposent rapidement, même dans l'intérieur du corps. Enfin, je puis, avec Autenrieth, citer cette propriété des parties animales, en vertu de laquelle la force vitale, tantôt baisse, tantôt augmente et tantôt s'accumule avec rapidité dans un organe. (1)

Tous ces faits démontrent d'une manière péremptoire l'existence, soit d'une force, soit d'une substance impondérable qui se meut et qui agit souvent avec une rapidité extrême; mais rien ne nous autorise à identifier ce principe avec les substances impondérables connues, ou forces générales de la nature, telles que la chaleur, la lumière et l'électricité. Un examen approfondi de ce sujet prouve combien est inexacte une pareille assimilation. Les recherches sur le prétendu magnétisme animal ont d'abord paru devoir jeter quelque lumière sur cette force énigmatique ou matière impondérable. On a cru qu'une personne, en imposant les mains sur une autre personne, en faisant des *passes* et autres gestes semblables, déterminait des effets merveilleux, lesquels reconnaissaient pour cause l'établissement d'un courant du prétendu fluide magnétique animal passant du magnétiseur au magnétisé. Quelques individus même se sont imaginé pouvoir, à l'aide de certains procédés, accumuler ce fluide hypothétique; mais ces histoires ne sont qu'un déplorable tissu de supercheries, d'impostures et de superstitions. Nous voyons par là combien la plupart des médecins sont incapables d'instituer une investigation expérimentale, combien ils ignorent ce que c'est que l'analyse critique qui, dans les autres sciences naturelles, a été élevée au rang de méthode générale. Dans tout ce que l'on a avancé au sujet du magnétisme animal, il n'y a rien qui soit hors de doute, si ce n'est la certitude de déceptions sans fin; et dans la médecine pratique, il n'existe non plus aucun fait qui ait quelque rapport avec ces merveilles, si ce n'est le récit souvent répété, mais cependant encore non prouvé, de paralysies que l'on aurait guéries en appliquant sur les membres malades les corps tout chauds d'animaux tués à l'instant même. Nous ne parlerons pas des contes populaires de vieillards rajeunis et de malades guéris par le contact et le commerce d'individus jeunes et bien portants, et *vice versâ*.

CHAPITRE II. — *Conditions extérieures de la vie.*

§ 36. — Nous avons déjà vu que les corps organiques diffèrent des corps inorganiques par le mode de combinaison de leurs éléments : en effet, les premiers

(1) Autenrieth, *Physiologie*, I.

seuls nous offrent des combinaisons ternaires, quaternaires, etc., et encore n'est-ce que pendant qu'ils jouissent de la vie. En outre, les corps organisés sont constitués par des organes, c'est-à-dire, par les parties essentielles d'un tout, chacune de ces parties ayant une fonction distincte, et trouvant dant le tout la raison de son existence. Enfin, les corps organisés ne sont pas un simple composé d'organes, puisqu'en vertu d'une force innée, ils créent eux-mêmes les divers membres du tout. La vie ne résulte donc pas simplement de l'harmonie et de l'action réciproque de ces différents membres; car elle se manifeste déjà dans la substance du germe par une force active ou une matière impondérable, laquelle entre dans la composition du germe et communique aux combinaisons organiques des propriétés que la mort anéantit.

Cependant la force organique ou vitale n'est pas inconditionnelle. La combinaison élémentaire et la force nécessaire à la vie peuvent exister, et pourtant ne pas se manifester par les phénomènes vitaux. On doit, d'ailleurs, se donner de garde de confondre avec la mort réelle, cet état quiescent de la force organique, tel qu'il s'observe dans le germe fécondé de l'œuf avant l'incubation, et dans les semences végétales avant la germination. Ce n'est pas encore la vie, mais seulement un état spécial d'*aptitude à vivre*. La vie elle-même, c'est-à-dire, la manifestation de la force organique, ne se développe que par le concours de certaines conditions nécessaires, qui sont : la chaleur, l'air atmosphérique, (pour les œufs qui éclosent dans l'eau, l'air qui se trouve dans cette dernière à l'état de dissolution), et une substance alimentaire contenant de l'eau. La présence de ces conditions est toujours indispensable pour que la vie continue de se manifester.

Les œufs des animaux et des végétaux demeurent à l'état de *germe*, tant qu'ils restent quiescents et ne sont soumis à aucune influence du dehors. Pendant tout ce temps, ils restent aptes à se développer, et la force créatrice continue de résider dans le germe, mais à l'état latent et sans se manifester. Ainsi, l'aptitude à se développer peut persister dans l'œuf des animaux aussi longtemps qu'il demeure soustrait à l'influence de l'air et de la chaleur. Chez une multitude d'Insectes, par exemple, le germe contenu dans l'œuf conserve sa force productrice durant l'hiver entier; et nous voyons éclore, dans nos jardins botaniques d'Europe, des œufs d'insectes apportés des contrées transatlantiques. Les graines d'un grand nombre de plantes phanérogames sont encore capables de germer au bout de vingt ans, quand on les a conservées dans l'eau, et au bout d'un siècle, lorsqu'on les a tenues sous terre à l'abri de l'action de l'air atmosphérique (1). Treviranus cite des observations de Van Swieten, desquelles il résulte que des graines de mimosa ont encore germé au bout de vingt ans et des fèves au bout de deux cents ans. Il rapporte même qu'un oignon pris dans la main d'une momie égyptienne s'était également développé, quoique peut être il datât de deux mille ans (2). Mais, aussitôt que le germe est soumis aux influences extérieures que nous venons d'énumérer, il se développe, s'il est encore susceptible de développement, ou bien, dans le cas contraire, il se putréfie. Quant à l'organisme déjà développé, lorsque les conditions nécessaires à son développement ultérieur viennent à lui faire défaut, ou bien il tombe dans un état de mort apparente, comme le sommeil d'hiver, ou bien il périt réellement. Par conséquent, la force vitale quiescente du germe n'a besoin d'aucun stimulus extérieur pour maintenir son existence latente, mais ces stimulus sont absolument nécessaires aux organismes développés, pour que la vie continue de s'y manifester activement.

(1) *Ann. d. Sc. nat.*, v, 380. — (2) TREVIRANUS : *Erscheinungen und Gesetze des organischen Lebens*, p. 47.

§ 37.—Les conditions extérieures indispensables à la vie, le calorique, l'eau, l'air et la substance nutritive, en même temps qu'elles maintiennent et conservent la vie, déterminent incessamment dans les corps organisés certains changements matériels; c'est-à-dire, que ces stimulus se combinent avec les corps organisés, tandis que certaines particules se décomposent et sont éliminées de l'organisme. Ces agents extérieurs ont reçu le non de *stimulants* ou *stimulants vitaux*. Cependant il faut soigneusement les distinguer d'un grand nombre de stimulants accidentels qui ne sont pas nécessaires à la vie, et l'on ne doit jamais oublier que ces stimulants vitaux provoquent la manifestation des phénomènes de la vie, en produisant des changements matériels, en déterminant un échange de substances pondérables et impondérables. Ce sont ces stimulants qui entretiennent constamment, dans tous les liquides de l'économie, la combinaison d'éléments nécessaires à la persistance de la vie. Ainsi, par exemple, lorsqu'ils ont imprimé au sang les modifications qu'il réclame, ce fluide va stimuler à son tour tous les organes, c'est-à-dire, va déterminer en eux certains changements organiques matériels essentiels à la manifestation de la vie, un échange de substances pondérables et impondérables, qui se lie à la décomposition de particules organiques déjà existantes et à leur élimination hors de l'économie. Chez les animaux, les nerfs également effectuent des changements matériels importants dans les organes, et le principe vraisemblablement impondérable qui agit en eux constitue un stimulus vital interne de la plus haute importance.

On a désigné par les noms d'*incitabilité*, *d'irritabilité*, la propriété que possèdent tous les corps organisés d'éprouver incessamment, sous l'influence des stimulants, certains changements matériels nécessaires à la manifestation phénoménale de la vie. Ces stimulants sont, pour ainsi dire, la force extérieure qui met en jeu tous les rouages de la machine organisée. Quoique la comparaison du corps animal avec une machine manque d'exactitude, cependant la force organique qui crée le mécanisme nécessaire à la vie est incapable d'entrer en action, sans l'impulsion extérieure qui lui est communiquée par les stimulants vitaux externes, et sans les changements matériels que ceux-ci produisent constamment. C'est donc avec assez de justesse que Richerand a comparé la manifestation de la vie aux phénomènes de la combustion et de la flamme. Ces derniers ne durent qu'autant que s'opèrent les combinaisons et les décompositions nécessaires à la combustion. L'oxygène se combine avec le corps qui brûle; il se développe de la chaleur, et le phénomène de la combustion continue aussi longtemps qu'on donne à l'oxygène du combustible à dévorer. Je suis, toutefois, bien loin de prétendre que la vie dépende d'une sorte de combustion. Je dis seulement que, dans les deux cas, il se produit d'une manière incessante certaines combinaisons et décompositions essentielles qui, dans le premier, déterminent les phénomènes de la combustion et de la lumière, et dans le second, ceux de la force organique; je dis que les stimulants vitaux sont pour le corps organisé ce que l'oxygène de l'atmosphère et la matière combustible sont pour les phénomènes de la combustion. Dans ce cas, cependant, on ne donne pas à l'oxygène le nom de stimulus de la flamme. Je vais plus loin, et j'affirme que le nom de *stimulus*, de *stimulus vital* donne une idée tout-à-fait fausse et vide de sens, à moins qu'on ne se représente en même temps les changements matériels, les combinaisons et décompositions incessantes de substances, tant pondérables qu'impondérables, que ces agents opèrent dans l'organisme. On doit seulement ne jamais oublier que les changements matériels déterminés par les stimulus vitaux, quoiqu'il se forme alors des produits de nature inorganique, ne créent pas de combinaisons binaires dans l'organisme. Celles qu'on rencontre dans ce cas résultent de décompositions, et sont destinées à être éliminées. Tel est l'acide carbonique qui se dégage dans l'expiration, pendant que l'oxygène introduit dans le poumon va changer la composition du sang. Ce dernier, ainsi modifié, détermine dans les organes doués de la force organique des changements matériels tout-à-fait différents de ceux que nous présentent les corps où la vie est éteinte.

Ces conditions générales de la vie, ces stimulus vitaux, vivifiants ou *intégrants* sont communs aux végétaux et aux animaux. C'est surtout pour les plantes que la *lumière* est un stimulus vivant indispensable. Quoique le manque de lumière rende les corps animaux scrofuleux et rachitiques, elle leur est moins immédiatement nécessaire, comme le prouve l'exemple d'un grand nombre d'animaux, notamment des Entozoaires. L'absence de lumière agit surtout d'une manière fâcheuse pour les organismes animaux, en tant que cette absence modifie les autres conditions vitales.

Parmi ces dernières, il en est une qui est d'une nécessité absolue pour les animaux, c'est l'introduction dans l'organisme non pas simplement de substances nouvelles, mais spécialement de substances déjà organisées; les plantes, au contraire, peuvent, comme nous l'avons vu, se nourrir de matières organiques en partie réduites à l'état de combinaisons binaires, et convertir ces composés binaires en composés ternaires. Du reste, la chaleur, l'eau, l'air atmosphérique et une substance nutritive sont absolument indispensables au développement, à la croissance et à la conservation des êtres organisés. La loi que nous posons ici ne souffre aucune exception.

§ 38. — On a commis une grande erreur, en rangeant dans une seule et même classe les *stimulus vivifiants* et les autres stimulus, qui ne contribuent pas essentiellement à la composition des corps organisés et n'accroissent pas leurs forces. Un stimulus mécanique, qui modifie l'état d'une membrane douée de sensibilité, par exemple, une compression, détermine, il est vrai, un phénomène vital, une sensation, mais ne vivifie pas l'organisme et n'augmente pas les forces organiques, tandis que les stimulus indispensables à la vie ou intégrants contribuent essentiellement à la formation de la matière organique. D'abord, les *substances nutritives* ne doivent pas être regardées comme de simples stimulus des corps organiques; elles sont elles-mêmes susceptibles de vie. L'aliment est un stimulus qui vivifie et qui est lui-même apte à recevoir la vie. A l'état normal, l'homme est incapable de pousser l'abstinence au-delà d'une semaine, sans courir danger de mort; les animaux supérieurs ne peuvent vivre plusieurs semaines sans nourriture. On a vu, au contraire, des Reptiles, surtout des Serpents et des Chéloniens, supporter un jeûne de plusieurs mois.

L'*eau*, soit qu'elle entre déjà comme telle ou par ses éléments dans les combinaisons organiques, doit absolument exister à l'état libre dans les êtres organisés, pour que la vie puisse s'y manifester. En effet, les tissus animaux sont incapables de vivre quand ils ne sont pas entretenus par l'eau dans un état constant de mollesse.

L'*air atmosphérique* est une troisième condition si nécessaire à la manifestation des phénomènes vitaux, que la vie s'éteint sur le champ chez les animaux supérieurs, dès que la respiration cesse; car alors les changements qu'elle détermine dans le sang, ainsi que ceux produits dans les organes par le sang artérialisé se suspendent également. Les animaux, et particulièrement les Reptiles, peuvent supporter des jeûnes prolongés, et, par conséquent, leurs organes peuvent rester pendant longtemps sans recevoir du sang aucun nouvel élément nutritif; mais cet autre changement, que le sang revivifié par la respiration détermine dans les organes, ne saurait être suspendu plus de quelques secondes chez l'homme. Sa suppression fait périr les Reptiles eux-mêmes au bout d'un laps de temps assez court. Enfin, le *calorique*, qui est indispensable à tous les êtres organisés tant végétaux qu'animaux, mais dont l'absence est surtout funeste aux animaux à l'époque où ils ne peuvent encore engendrer aucune chaleur, semble entrer dans la composition des corps organiques. En effet, dans le règne animal comme dans le règne végétal, tous les phénomènes organiques ont besoin, pour s'accomplir, d'une température déterminée. Il en est de même pour les phénomènes chimiques : pour qu'une combinaison binaire s'effectue, non-seulement une certaine température est nécessaire, mais encore une quantité déterminée de calorique est absorbée pour la formation des nouveaux produits. Sous l'influence de ces conditions réunies, de la substance nutritive, de l'eau, de l'air atmosphérique et de la chaleur, l'être organique se développe spontanément du germe, pendant que la matière organique qui constitue celui-ci se décompose d'une manière incessante. La plupart des phénomènes vitaux euxmêmes sont des phénomènes de combinaison de nouveaux matériaux, de décomposition de matériaux anciens, ainsi que de changements perpétuels dans la matière organisée. Quant à savoir si l'électricité est également nécessaire au développement de la vie, c'est une question qui est encore loin d'être résolue.

§ 39. — Toutefois, il existe des différences considérables dans l'influence que ces stimulus vitaux exercent sur les divers êtres vivants. Edwards a observé que des animaux à sang chaud nouveaux-nés ont un plus grand besoin de chaleur extérieure et ne peuvent vivre sans son secours, tandis que les mêmes animaux sont capables de vivre sous l'eau, sans respirer, beaucoup plus longtemps que ne le sont les adultes (1). Chaque animal adulte a, selon le genre et l'espèce auxquels il appartient, besoin d'une certaine température extérieure et se trouve, par conséquent, confiné dans une zône géographique déterminée, hors de laquelle il ne saurait prospérer.

§. 40. — Les animaux à sang froid sont ceux qui peuvent le plus longtemps se passer de ces stimulus. Les Mollusques, les Insectes, les Scorpions, les Serpents et les Chéloniens vivent des mois entiers sans nourriture, tandis qu'un homme bien portant peut à peine supporter un jeûne d'une semaine. Un grand nombre d'Insectes peuvent vivre longtemps dans des gaz méphitiques ; la larve de l'*OEstrus*, par exemple, peut, d'après Schrœder van der Kolk, rester fort longtemps sans périr au milieu d'un gaz non respirable. Cet observateur a laissé des Mollusques pendant vingt-quatre heures dans le vide de la machine pneumatique ; au bout de ce temps ils étaient encore vivants. Les Reptiles vivent longtemps sans respirer. D'après les expériences de Spallanzani et d'Edwards, ils vivent quelques heures seulement, lorsqu'on les plonge dans de l'eau privée d'air ; mais ils ne meurent qu'au bout de dix à vingt heures, si l'eau est aérée. Des Grenouilles auxquelles j'avais enlevé les poumons survécurent encore trente heures à cette mutilation. Néanmoins, les nombreuses histoires de Crapauds trouvés vivants dans des blocs de marbre, dans des arbres, etc., sont simplement des exemples de déception et de crédulité. Il est vrai que des animaux de ce genre, renfermés par Hérissant et Edwards dans du plâtre, ont encore vécu quelque temps. Mais Edwards s'est assuré que le plâtre est perméable à l'air atmosphérique ; car, lorsque ces Reptiles étaient renfermés dans une masse de plâtre et de mercure, ils périssaient aussi promptement que par l'immersion dans l'eau (2).

§ 41. — Plus l'organisme devient compliqué, plus les différents organes deviennent dépendants les uns des autres. C'est pour cela que les animaux dont la structure est très simple survivent beaucoup plus longtemqs que les animaux su-

---

(1) EDWARDS : *De l'influence des agents physiques sur la vie;* Paris, 1824. Comp. LEGALLOIS : *Expériences sur le principe de la vie.* — (2) EDWARDS dans MECKEL'S *Archiv.*, 3, 617. Comp. BUCKLAND dans FRORIEP'S *Notizen*, 33 Bd.

périeurs aux mutilations qu'on leur fait subir. Chez les animaux inférieurs, l'état de mort apparente fait beaucoup plus facilement place à l'état de vie. Spallanzani, Fontana, Schultze ont vu des Rotifères desséchés depuis longtemps revenir à la vie lorsqu'on les humectait. Steinbuch et Bauer ont observé le même phénomène sur des Vibrions de grains de blé et d'une espèce d'agrostis, grains qui étaient altérés. Quoique ces semences fussent desséchées depuis plusieurs années, ces animaux ressuscitèrent, pour ainsi dire, quand elles furent mouillées. Longtemps après avoir subi les lésions les plus énormes, les Reptiles donnent encore des signes de vie ; d'ailleurs, tout le monde connait la longue persistance de l'irritabilité musculaire et nerveuse chez les animaux. Les jeunes animaux ont également la vie plus tenace que les adultes, probablement à cause de la plus grande simplicité de leur structure.

J'ai vu un fœtus de Lapin que j'avais tiré de l'utérus vivre encore quinze minutes dans le vide de la machine pneumatique. D'après les expériences de Legallois, lorsqu'on cherche à faire périr des animaux, soit en les plongeant dans l'eau, soit en leur arrachant le cœur, soit en leur ouvrant la poitrine, la sensibilité persiste d'autant plus longtemps que l'individu est plus jeune. Ainsi, en expérimentant sur des Lapins âgés de un, cinq, dix, etc., jusqu'à trente jours, il a trouvé que la persistance de la sensibilité diminuait pour chaque période de cinq jours, de telle sorte qu'elle était, par exemple, de quinze minutes chez un Lapin qui venait de naître, et de deux minutes et demie seulement chez un autre, âgé de trente jours. Legallois a observé qu'il en était de même par rapport à la persistance de la circulation, après la destruction de la moelle épinière et la décapitation. Tous ces phénomènes s'expliquent parfaitement par cette loi, que plus les parties d'un tout sont développées, plus elles sont dépendantes les unes des autres.

CHAPITRE III. — *De la périssabilité des corps organiques.*

§. 42. — Tout corps organique est périssable. Les individus meurent, mais la vie se continue d'un individu à un autre et semble ainsi immortelle. Une espèce animale ou végétale périt, lorsque tous les individus qui appartiennent à cette espèce sont détruits, comme le prouve l'histoire de la terre. La force organique forme, pour ainsi dire, un courant qui va des parties productrices aux nouvelles parties qui se produisent incessamment, pendant que les anciennes périssent. « Les corps organisés, dit Autenrieth, qui poussent toujours de nouvelles racines, soit au moyen de rhizômes, comme les plantes rampantes, soit, comme certains arbres, au moyen de branches descendantes, sont les seuls qui ne meurent pas. Dans les cas de ce genre, la nouvelle pousse fait à une certaine époque partie du vieil individu, en même temps qu'elle constitue un nouvel être indépendant. Mais, chez ces végétaux mêmes, la vieille souche meurt successivement, et la force vitale ne se manifeste plus que dans le nouveau jet qui, à son tour, continue sans interruption de se développer d'un côté, pendant qu'au côté opposé il meurt graduellement. Ce qui a lieu ici d'une manière constante et simultanée, c'est-à-dire, le phénomène d'un être organisé périssant d'un côté et en même temps produisant de l'autre côté un nouveau corps vivant, existe aussi chez l'homme et les animaux supérieurs ; seulement, alors il s'observe à des périodes déterminées. L'enfant se détache, comme un nouveau corps vivant, de l'organisme maternel avant que celui-ci meure. L'*individu* procréateur périt, tandis que l'*espèce* semble impérissable (1). »

§ 43. — Pourquoi les corps organisés périssent-ils ? Pourquoi, chez les êtres organisés, la force organique passe-t-elle des organismes producteurs dans les

---

(1) AUTENRIETH : *Physiol.*, I, 112.

jeunes produits vivants, et laisse-t-elle ensuite mourir les premiers ? Ceci est un des problèmes les plus ardus de la physiologie générale, et nous sommes tout-à-fait incapables de résoudre cette énigme. Nous ne pouvons qu'exposer les phénomènes tels qu'ils se présentent à l'observation. Il ne suffirait pas, pour répondre à cette question, de dire que les influences du monde inorganique anéantissent peu à peu la vie ; car alors il faudrait que la force organique commençât à diminuer dès le premier instant de sa manifestation dans chaque organisme. Or, il est reconnu qu'elle atteint son plus haut degré de développement à l'époque où l'individu est apte à procréer et à se multiplier au moyen de la production de germes. Il doit donc exister une cause toute différente et plus profonde qui détermine la mort des individus, en même temps qu'elle assure la propagation de la force organique d'un individu à un autre, et par cela même l'impérissabilité de l'espèce.

On pourrait encore dire que la fragilité toujours croissante de la vie dans les corps organisés, à mesure qu'ils avancent en âge, dépend de ce qu'il se fait en eux une accumulation toujours de plus en plus considérable de certaines substances décomposées, dont les affinités chimiques réciproques font à la fin équilibre à la force vitale. Mais, dans cette hypothèse même, la force vitale devrait également commencer à diminuer dès l'instant de sa manifestation. Dutrochet prétend expliquer la vieillesse par une accumulation sans cesse croissante d'oxygène dans le corps animal ; mais rien ne prouve qu'une semblable accumulation ait lieu. En conséquence, renonçant à découvrir la raison finale des choses, tout ce que nous pouvons faire ici, c'est d'exposer la série des phénomènes dans l'ordre de leur développement. Quand on compare un être organisé à l'état de germe, avec le même être ayant atteint le dernier terme de la vieillesse, on observe une différence remarquable. Dans l'extrême vieillesse, il semble que le tout, duquel, selon l'expression de Kant, dépend l'existence des diverses parties, subsiste presque uniquement par l'action réciproque de ces parties et de leurs forces propres, à l'exemple d'une machine dont le jeu n'est maintenu que par l'action réciproque de ses divers rouages. Dans le germe, au contraire, la force qui doit déterminer la production de toutes les parties de l'individu futur est encore indivise. C'est dans le germe que le principe organique est, pour ainsi dire, à l'état de plus grande concentration. L'aptitude à se développer est alors à son maximum, et le développement lui-même en est encore à son degré le plus inférieur. Quand l'opération de la force organique a duré un certain temps, quand l'organisme dans son développement continu a atteint la période de la jeunesse, nous n'avons plus devant les yeux un être simple, où la force du tout se trouve indivise, mais un être complexe, où la force est répartie dans les différentes parties. Mais, plus la force organique du tout se subdivise, plus elle se trouve appliquée à des fonctions différentes, plus l'organisme paraît perdre son aptitude à être vivifié par l'influence des stimulants vitaux généraux, et plus en même temps semble diminuer l'affinité qui existe entre la matière organique et les stimulus intégrants par lesquels la flamme de la vie est, pour ainsi dire, alimentée. En conséquence, lorsque l'individu est parvenu à son état de développement parfait, la procréation d'un germe devient nécessaire pour assurer la pérennité de la vie. Cet être nouveau, le germe, attendu l'indivision de la force organique qui réside en lui, jouit à son tour d'une extrême affinité pour les stimulants vitaux, affinité qui va en s'affaiblissant à mesure que se développe l'organisme. Ce que nous disons ici a l'air d'une explication, mais au fond ce n'est que l'exposition de l'enchaînement des phénomènes ; et encore ne pouvons-nous pas affirmer positivement son exactitude.

§ 44. — Passons maintenant à la seconde question. Pourquoi cette destruction incessante de matière que nous présentent, durant la vie, les corps organisés, et pourquoi doit-elle être remplacée par de nouvelle matière organique introduite du dehors ? Ce renouvellement continu des substances qui entrent dans la composition des êtres organisés est moins frappant dans le règne végétal que dans le règne animal. Du moins, la mort successive des feuilles est le seul phénomène remarquable que, sous ce rapport, nous offrent les végétaux. Chez les plantes, comme le fait observer Tiedemann, ce qui est une fois formé reste longtemps sans éprouver aucun changement matériel et conserve, pendant une période assez longue, sa première composition. Le contraire a lieu chez les animaux, dans l'organisme desquels il s'opère un renouvellement continu de la matière qui le constitue. D'après Tiedemann, cette différence tient à ce que, chez les animaux, l'accomplissement des fonctions détermine des changements matériels dans la composition intime des organes, comme cela paraît avoir lieu dans les nerfs, toutes les fois qu'ils entrent en action (1).

§ 45. — Sniadecki a consacré à l'étude de ce problème un ouvrage remarquable où il s'est efforcé de le résoudre (2).

Sniadecki donne aux substances qui peuvent servir à la nutrition des corps organisés le nom *de substances susceptibles de vie.* Mais cette aptitude à vivre que possèdent ces substances est d'une nature tout-à-fait générale. Ainsi, tant que la substance n'a été soumise à aucune influence déterminée et, par conséquent, n'a encore aucune forme déterminée, elle est susceptible de revêtir indifféremment toutes les formes. Il existe donc, selon l'expression de Sniadecki, dans la matière organique une tendance générale à la vie et à l'organisation ; mais, dès qu'une certaine quantité de cette matière tombe sous l'influence d'un être individuel quelconque, la force vitale de l'individu imprime une direction particulière à cette tendance générale : de là résultent la conformation individuelle et locale, ainsi que les différents modes de vie. Par conséquent, chaque forme particulière d'organisation, suivant Sniadecki, est le résultat de deux tendances, l'une générale, qui réside dans la matière elle-même, l'autre spéciale, qui réside dans l'individu. Par la première, la matière aspire, pour ainsi dire, à vivre et à s'organiser d'une manière quelconque ; la seconde détermine le mode d'après lequel la vie se manifestera, et la forme suivant laquelle se réalisera l'organisation de la matière. En conséquence, chaque particule de matière vivifiable qui a été soumise en totalité ou en partie à l'action de la force vitale d'un être quelconque, a acquis un degré proportionnel de vitalité. Mais, comme elle n'a pas pour cela cessé d'être vivifiable, elle doit, en vertu de cette aptitude, tendre encore à une vie ultérieure et à revêtir successivement toutes les autres formes de l'organisation, à l'exception seulement de celle qu'elle possède déjà. Si maintenant l'on compare cette particule avec la matière qui est encore inorganisée, mais qui est vivifiable et, par cette raison même, tend indifféremment à toutes les formes possibles d'organisation, il est évident qu'elle doit nécessairement être moins vivifiable que cette dernière. En effet, l'aptitude de la matière à être vivifiée doit diminuer en proportion de la satisfaction que la tendance a déjà obtenue par la réalisation de la forme sous laquelle elle existe, au moment même où nous la considérons.

De ce qui précède, Sniadecki tire la conclusion suivante : Chez tout être organisé, l'aptitude à vivre que possède la matière est en raison inverse de la force organique dont elle a déjà subi l'influence ; ou bien, en d'autres termes, la matière que s'assimilent les êtres organisés (soit qu'elle se trouve à l'état de combinaison orga-

---

(1) Tiedemann : *Physiol.*, 1, 376. — (2) Sniadecki : *Theorie der organischen Wesen; aus dem Polnischen. Nürnberg* 1821.

nique, comme cela est nécessaire pour les animaux, soit qu'elle se trouve simplement à l'état de composé binaire qui devra être transformé, comme cela a lieu pour les plantes), perd de son aptitude à vivre en proportion de ce qu'elle gagne en force vitale individuelle. Par conséquent, après avoir revêtu une forme donnée, elle perd nécessairement son aptitude à prendre cette même forme. Aussitôt donc que la matière est arrivée au degré d'organisation le plus parfait, et a été soumise à l'action de la force vivifiante tout entière de l'individu, elle perd par cela même toute aptitude à vivre par rapport à ce même individu. Dès que cela a lieu, la force organique de l'individu perd tout son pouvoir sur cette matière qui, devenue, au sein du corps vivant, invivifiable et inerte, n'est plus bonne qu'à être éliminée de l'organisme. Telle est l'explication que donne Sniadecki de la transformation incessante des matières organisables en corps organisés.

§ 46. — Si l'on adopte cette théorie, il devient sans doute facile d'expliquer les phénomènes généraux qui se passent dans les corps organisés, ainsi que Sniadecki l'a fait avec une simplicité et une logique admirables. Cependant on peut élever des objections fondées contre la solidité de sa doctrine. D'après Sniadecki, en effet, la seule chose qui soit essentielle dans les corps organisés, ce n'est pas la matière organisée, mais la force organique. Celle-ci se manifeste tant qu'elle travaille à organiser, c'est-à-dire, tant qu'il reste une matière susceptible d'organisation pour servir d'objet à son activité. Quant à la matière une fois organisée, elle ne possède plus aucune force organique et doit être éliminée du corps comme une substance inutile. Mais, pour que cette théorie fût exacte, il faudrait que les matières excrémentitielles eussent le caractère d'organisation complète, et fussent immédiatement susceptibles de recevoir une nouvelle organisation par l'influence de la force individuelle d'autres êtres organisés. Or, c'est ce qui n'a pas lieu. Les produits excrémentitiels les plus abondants sont l'urine et l'acide carbonique qui est exhalé par les voies respiratoires. Eh bien! toutes ces substances ne sont plus susceptibles d'être converties en matière organique par d'autres animaux; ce sont des matières décomposées.

§ 47. Il serait beaucoup plus simple et plus conforme aux faits, d'admettre que la matière assimilée par un corps organisé participe à la force organique de ce dernier, à mesure qu'elle devient elle-même organisée. Dans un grand nombre d'êtres organisés à structure très-simple, la force organisatrice est divisible, et elle se divise, quand la matière organisée elle-même se divise. Nous sommes ainsi conduits à soutenir une thèse directement opposée à celle de Sniadecki. Ce physiologiste prétend que la matière devient d'autant moins susceptible de vie, qu'elle a été plus vivifiée. Nous disons, au contraire, que la matière est d'autant plus susceptible de vie, qu'elle a été plus soumise à l'action de la force vivifiante; elle acquiert la faculté de vivifier à son tour d'autres matières, en proportion de la somme de vie qu'elle a elle-même reçue. Toutefois, elle ne manifeste sa force vivifiante que sous l'influence de certains stimulus vitaux ou intégrants, qui, en même temps qu'ils se combinent avec les parties organisées, déterminent la séparation et l'excrétion d'autres substances. Ainsi, par exemple, certains stimulus vitaux pénètrent dans le sang pendant l'acte de la respiration, et agissent sur les parties organisées, de telle manière que l'affinité entre certaines molécules organisées et le sang l'emporte sur celle qui existe entre les différents éléments de la matière organisée elle-même. La vivification de la matière organisée par les stimulus vitaux et la séparation consécutive des substances devenues inutiles, ont pour effet de rendre l'organisme susceptible de s'assimiler de nouvelle matière. Mais, à mesure qu'une portion de nouvelle matière est vivifiée, elle acquiert la faculté de communiquer à son tour la vie et d'organiser d'autre matière encore. Ainsi donc, loin de devenir dès lors une substance excrémentitielle, elle participe à la force organisatrice du corps de l'individu.

Pourquoi les matières organiques sont-elles incessamment décomposées, puis éliminées du corps organisé? Au premier abord, la circonstance suivante paraît rendre raison de ce phénomène. Dans la transformation des aliments en matière propre à la nutrition de l'individu, il peut être nécessaire de rejeter au dehors certaines substances qui contiennent un excès d'éléments inassimilables. Ainsi, les végétaux, en convertissant de l'acide carbonique et de l'eau en un composé ternaire propre à leur nutrition, exhalent l'oxygène qui se trouve en excès. Chez les animaux, l'acide carbonique et l'urine sont les seules matières excrémentitielles importantes qui soient complétement inutiles dans l'économie. La quantité des produits excrétés est chez eux, il est vrai, presque égale à celle des substances introduites dans l'organisme; mais ici, il n'y a qu'une très-faible partie de ces produits qui soit tout-à-fait inutile et puisse être regardée comme un excrément pur et simple. En effet, la plupart des liquides sécrétés sont affectés à des usages spéciaux, ou ne sont qu'accidentellement évacués avec d'autres excrétions; tels sont le mucus intestinal et peut-être aussi la bile. Il existe encore dans les fèces elles-mêmes une portion de la substance alimentaire ingérée, tandis que l'urine et l'acide carbonique ne sont pas seulement sécrétés par des tissus organisés, mais encore, une fois formés, ils ne remplissent absolument aucune fonction dans l'économie. L'urine, il est vrai, varie dans sa composition suivant le mode d'alimentation, et par conséquent il est évident qu'elle enlève certaines parties inutiles pour l'organisme, à la matière alimentaire introduite dans l'économie, avant que cette matière ne se soit complétement organisée. Cependant la composition de ce liquide demeure essentiellement la même chez les animaux qui ne prennent absolument aucune nourriture, comme certains Reptiles, Ophidiens et Chéloniens, qui supportent des jeûnes de plusieurs mois. Il est donc certain que l'urine est un moyen d'éliminer de l'économie des particules de matière déjà organisée, devenues inutiles à l'animal, et que l'exercice de la vie rend à la fin la matière organique impropre à remplir aucune fonction. Ainsi, les nymphes des Insectes, à l'époque de leur métamorphose, quoique ne prenant aucune espèce de nourriture, sécrètent cependant, au moyen des vaisseaux de Malpighi, certaines substances excrémentitielles, et nous savons maintenant que ces vaisseaux sécrètent de l'acide urique. Chez les embryons des animaux supérieurs, il s'opère aussi par les corps de Wolff, avant que les reins n'entrent en fonction, une sécrétion excrémentitielle particulière.

Nous ne savons encore absolument rien sur la cause qui rend indispensable à la vie le conflit de l'air avec le corps atmosphérique animal; mais, quant à admettre que, par la respiration, il s'introduit dans l'économie certains éléments nécessaires à la formation de la matière, ou bien que les éléments en excès et inutiles à cette formation s'échappent par les voies respiratoires, cela nous est impossible; car ces hypothèses sont réfutées par ces deux faits: 1° que la plupart des animaux se nourrissent de substances animales déjà formées; 2° que les Reptiles continuent de respirer, c'est-à-dire, de consumer l'oxygène de l'atmosphère et d'exhaler de l'acide carbonique, lors même qu'ils restent plusieurs mois sans prendre aucune espèce de nourriture.

Les produits d'excrétion qui se forment incessamment sous la seule influence de la vie et sans que l'animal prenne aucun aliment, à savoir, l'acide carbonique et l'urée (et l'acide urique), sont incapables de nourrir d'autres animaux. Déjà l'acide carbonique est un composé binaire qui résulte de la décomposition de la matière animale; l'urée se rapproche beaucoup des composés binaires, et peut-être même en est-elle réellement un. Dans tous les cas, ainsi que Wœhler l'a fait voir, on obtient très-aisément de l'urée au moyen du cyanure d'ammoniaque. Comme ces excrétions ont lieu d'une manière continue, alors même que l'animal ne prend aucune nourriture, il s'ensuit nécessairement qu'il est dans l'essence de la vie de déterminer une décomposition incessante de matières déjà organisées. Au reste, il ne saurait en être autrement. Ainsi que nous l'avons démontré plus haut, la force organique ne se manifeste dans un être animal, qu'autant que certains stimulus vitaux déterminent dans les parties vivantes des changements matériels incessants dont les phénomènes vitaux sont pour ainsi dire les symptômes, de même que le feu est le signe du changement matériel qui s'opère dans la combustion. L'impulsion qui met en jeu ces changements matériels part de la respiration; le sang, constamment modifié par l'accomplissement de cette fonction, produit continuellement à son tour des modifications matérielles dans les organes auxquels il se distribue. Les produits généraux de décomposition se forment aux dépens des anciens éléments qui constituent les divers tissus; tels sont l'acide carbonique et les substances si riches en azote que l'on trouve dans l'urine, c'est-à-dire, l'urée et l'acide urique. Cette décomposition perpétuelle de matière organisée qui accompagne la vie nécessite l'introduction de nouvelles substances nutritives, qui sont alors soumises à l'action de la force organisatrice. Une partie organisée ne nous offre de phénomènes vitaux et n'organise de nouvelles matières, qu'autant qu'elle se trouve continuellement stimulée dans son repos par de nouvelles manifestations de l'affinité organique qui existe entre le sang et les molécules constitutives de l'organe. Cette affinité détermine la décomposition de certains éléments de l'organe, lesquels sont bientôt remplacés par de nouvelle matière nutritive, une fois que cette matière a subi l'action de la force organique.

CHAPITRE IV. — *Source de la matière organique et des forces organiques.*

§ 48. — Les substances qui servent à la nutrition des animaux sont déjà des matières organiques composées, soit animales, soit végétales. Les plantes se nourrissent aussi, il est vrai, de matières végétales et animales qui ne sont pas encore tout-à-fait décomposées; mais elles ne les absorbent pas dans cet état. Il faut auparavant que ces matières se soient transformées en composés binaires, en carbonate d'ammoniaque. Les aliments des végétaux sont l'acide carbonique, l'ammoniaque et l'eau. L'acide carbonique sert à la nutrition des plantes; c'est ce qui a été démontré par Priestley, Ingenhouss, Senébier et de Saussure. Les feuilles et les parties vertes des plantes absorbent de l'acide carbonique et exhalent de l'oxygène; c'est par ce moyen, et en même temps par l'absorption de l'eau, que le poids de la plante s'accroît incessamment. Les feuilles conservent encore, après avoir été détachées des végétaux vivants, la faculté d'absorber de l'acide carbonique et d'exhaler de l'oxygène. Les plantes nourries exclusivement d'acide carbonique végètent misérablement; il est rare qu'elles fleurissent et fructifient. Ce phénomène est facile à expliquer: car, suivant les recherches de Liebig, les plantes, pour former et développer leurs diverses parties, ont besoin de sels et d'un composé azoté, l'ammoniaque. Longtemps on a cru que l'humus et l'acide ulmique, qui résultent de la décomposition des matières végétales dans la terre, formaient le principal élément de la nutrition des végétaux. Liebig a réfuté cette doctrine dans sa Chimie organique, ouvrage qui a complétement réformé cette partie de la science, et n'a pas moins contribué aux progrès de la physiologie animale (1). Déjà le fait qu'une forêt, une prairie, donnent, chaque année, une quantité considérable de

(1) J. Liebig, *Organisch Chemie.* Braunschweig, 1840.

carbone sous forme de bois et de foin, et que, malgré cet accroissement continuel de la masse de carbone des végétaux, le sol devient cependant toujours plus riche en carbone par l'augmentation de son humus, ce fait, disons-nous, prouve que la véritable source du carbone des plantes est l'acide carbonique. Cet acide provient en partie de l'exhalation respiratoire des animaux, en partie de la décomposition des substances animales et végétales, pendant laquelle il se dégage. Les feuilles absorbent l'acide carbonique que contient l'air dans lequel vivent les animaux, et dans lequel s'opèrent les combustions et les putréfactions ; les racines l'absorbent dans le sol en même temps que l'eau. D'après les recherches de Liebig, l'ammoniaque qui se forme pendant la décomposition des matières animales est la source de l'azote des plantes. Quant à l'azote de l'atmosphère, ni les végétaux ni les animaux ne sauraient se l'assimiler ; car les procédés chimiques les plus énergiques ne peuvent rendre cet azote apte à former une combinaison avec un autre élément que l'oxygène. Un domaine bien administré, qui a en lui-même le moyen de se conserver sans concours du dehors, voit constamment s'accroître, ainsi que le fait remarquer Liebig, la somme d'azote qu'il possède, sous forme d'hommes, d'animaux, de grains, de fruits et de fumier. Chaque année, les produits de cette économie sont exportés sous forme de grains et de bestiaux. Dans ce dernier cas, cet accroissement d'azote par les plantes du domaine ne peut avoir sa source que dans l'atmosphère. L'ammoniaque qui provient de la putréfaction de millions d'hommes et d'animaux est la source de cet azote. Cet ammoniaque est contenu dans l'atmosphère à l'état de gaz : aussi, lorsque la vapeur d'eau répandue dans l'air se condense en gouttes de pluie, il doit se condenser également et tomber avec la pluie sur la terre. En effet, l'eau de pluie contient toujours de l'ammoniaque.

Le fait que les végétaux se nourrissent, non de substances organiques toutes formées, mais de composés binaires, d'acide carbonique, d'ammoniaque et d'eau, qu'ils transforment ensuite en matière organique, est de la plus haute importance pour la physiologie générale des êtres organisés. Cette faculté que possèdent les plantes, de convertir en matière organique certains composés binaires, est ce qui assure la nutrition des espèces animales. C'est aussi par là que la nature où le règne organique se trouve intimement lié au règne inorganique. Les animaux décomposent continuellement une grande quantité de substances organiques ; mais celles-ci, devenues tout-à-fait inutiles pour eux, sont converties de nouveau par les plantes en composés organiques et deviennent ainsi susceptibles d'une nouvelle assimilation animale. Or, comme par la combustion et d'autres modes de décomposition, une quantité prodigieuse de substances végétales organisées se réduit incessamment en combinaisons binaires et en éléments simples, la matière nutritive nécessaire aux animaux et aux végétaux irait toujours en décroissant, si ces derniers ne jouissaient pas réellement de la faculté de former de nouvelle matière organique uniquement avec des composés binaires et des éléments inorganiques. D'après tout ce qui précède, il est donc impossible d'admettre que la matière organique, une fois créée, circule simplement dans le règne animal et dans le règne végétal, en passant d'un être dans un autre. La décomposition des corps organiques, qui s'opère d'une manière incessante, présuppose et nécessite la production de nouvelle matière organique par les plantes, qui font subir cette transformation spéciale aux éléments simples et aux composés binaires.

§ 49. — La force organique se multiplie par la croissance et la propagation des corps organisés ; car un être en produit plusieurs autres, et ceux-ci font de même à leur tour, tandis que, d'autre part, la mort des êtres organisés semble entraîner avec elle l'anéantissement de la force organique qui résidait en eux. Mais, comme la force organique n'est pas purement et simplement transmise d'un individu à un autre ; comme, au contraire, une plante , après avoir produit chaque année les germes d'une multitude d'individus producteurs de même espèce, peut cependant conserver la même faculté productrice, et par conséquent procréer encore, l'accroissement de la force organique paraît avoir sa source dans l'organisation de nouvelle matière. Si nous admettons qu'il en soit ainsi , nous sommes obligés d'attribuer aux plantes, outre la faculté que nous leur avons déjà reconnue de convertir des substances inorganiques en matière organique, sous l'influence de la lumière et du calorique, nous devons encore leur attribuer, dis-je, le pouvoir d'augmenter la force organique, sous l'influence de causes intérieures qui nous sont inconnues. Il nous faut également supposer que les animaux sont capables, sous l'influence des stimulus vitaux, de reproduire la force organique par l'assimilation de nouvelle matière nutritive , et qu'ensuite cette force organique se divise par l'acte même de la propagation. Nous ignorons complétement si, pendant la vie, il se fait une déperdition continue de force organique, de même qu'il se fait une décomposition incessante de matière organisée. Néanmoins il parait beaucoup plus probable que, à la mort des corps organisés, la force organique se résout dans ses causes naturelles générales , d'où ensuite elle semble s'individualiser de nouveau par l'action régénératrice des végétaux. Si l'on refuse d'admettre qu'il se produise, dans les corps organisés déjà existants, un accroissement de force organique déterminé par des causes extérieures inconnues, alors on est forcé de supposer que la multiplication indéfinie de la force organique, qui s'effectue dans la croissance et la propagation, consiste simplement en une évolution de germes emboités les uns dans les autres ; ou bien encore il faut croire que la division de la force organique, qui a lieu dans la propagation, n'affaiblit pas son intensité ; hypothèse tout-à-fait absurde. Dans tous les cas, il resterait encore le fait que, à la mort des corps organisés, la force organique devient constamment inerte, ou se résout dans ses causes physiques générales.

SECTION III. — DE L'ORGANISME ANIMAL ET DE LA VIE ANIMALE.

CHAPITRE 1er. — *Analogies et différences qui existent entre les végétaux et les animaux.*

§ 50. — Le développement, la croissance, l'irritabilité, la propagation et la mort sont des phénomènes et des attributs communs à tous les corps organisés et résultent de l'organisation même ; mais les animaux sont doués de propriétés spéciales, auxquelles on peut, par conséquent, donner le nom d'*animales*, par opposition aux propriétés *organiques* générales. La faculté de sentir et celle d'exécuter des mouvements volontaires sont les plus remarquables des propriétés particulières aux animaux.

§ 51. — On ne peut pas, il est vrai, refuser absolument toute motilité aux plantes, car leur organisation s'accompagne de mouvements insensibles ; ainsi, la sève circule dans leur intérieur ; elles se tournent vers la lumière ; leurs racines s'étendent dans la direction du terrain qui leur est le plus favorable ; certaines plantes grimpent le long des corps auxquels elles s'attachent ; les étamines, à l'époque de la fécondation, s'inclinent vers le pistil ; chez plusieurs plantes, les mimosées surtout, les pétioles exécutent des mouvements particuliers sous l'influence de divers irritants, ce qui est une confirmation de la loi générale d'après laquelle l'irritabilité des corps organisés se manifeste toujours de la même manière, quelle que soit la nature des stimulus. En effet, les irritations mécaniques, galvaniques ou chimiques, comme l'alcohol, les acides minéraux, l'éther, l'am-

moniaque, aussi bien que le changement de température et la lumière, déterminent également le même effet (1). Enfin, dans le sainfoin oscillant, *hedysarum
gyrans*, outre l'influence générale de la lumière sur le mouvement de la foliole
médiane, on observe que les petites folioles latérales exécutent incessamment des
mouvements d'élévation et d'abaissement, sans qu'aucun stimulus extérieur provoque ce phénomène. Quelques végétaux inférieurs, les oscillaires, par exemple,
présentent aussi un mouvement oscillatoire continu.

§ 52.—Les mouvements des étamines et des pétioles ont trop d'analogie avec l'irritabilité musculaire, pour qu'on ne les ait pas comparés avec elle. Lindley et Dutrochet ont reconnu que, chez la sensitive, l'irritabilité réside dans la substance
corticale d'un bourrelet qui est situé à l'articulation du pétiole, et qui n'existe
que dans les *mimosa* doués de cette propriété. L'ablation de cet organe fait cesser
toute espèce de mouvement. Quand on enlève seulement la moitié supérieure du
bourrelet, le pétiole s'élève, mais ne peut plus s'abaisser. De cette expérience
Dutrochet conclut que les mouvements d'élévation et d'abaissement résultent des
incurvations en sens opposé, qui s'opèrent dans la partie corticale du bourrelet.
Ainsi donc, la feuille doit s'élever, lorsque l'écorce de la moitié inférieure du bourrelet devient plus convexe que la face supérieure, et s'abaisser, au contraire, quand
l'incurvation augmente dans la partie supérieure. Les feuilles des plantes s'élèvent et se ferment durant ce qu'on appelle le sommeil des plantes. Ce phénomène
semble dépendre de l'absence du stimulus de la lumière sur le côté lumineux des
feuilles, de sorte que le côté opposé, qui est moins sous la dépendance de la lumière,
l'emporte sur le premier.

Il existe donc dans ces plantes des organes analogues, soit aux muscles, soit
au tissu érectile animal qui s'érige par suite d'un afflux plus considérable de
sang; mais il y a ici une différence considérable. Chez les animaux, les mouvements ne dépendent pas simplement de l'action du stimulus sur les parties
irritables, mais ils se manifestent aussi à la suite de déterminations intérieures,
par l'action de parties non mobiles, c'est-à-dire, du système nerveux sur les parties
mobiles, ou, en d'autres termes, sur les appareils musculaires. Dutrochet, il est
vrai, en dirigeant le foyer d'une lentille sur une seule feuille de sensitive, a vu
l'impression se propager de proche en proche aux autres branches et aux autres
feuilles, et il regarde les fauves trachées comme l'organe de cette transmission.
Mais les simples cellules végétales pourraient tout aussi bien remplir cette fonction, et, d'ailleurs, on observe également chez les animaux des phénomènes de
sympathie complétement indépendants des nerfs, et déterminés par l'action
qu'exercent réciproquement les uns sur les autres des éléments de tissu compara-
bles aux cellules des plantes.

Mais la motilité chez les animaux présente encore un caractère particulier:
c'est qu'un grand nombre de ces mouvements ne sont pas déterminés simplement
par l'effet de l'action harmonique de l'organisme entier, mais, au contraire, par
l'influence d'un organe unique, de l'organe des fonctions intellectuelles : en d'autres termes, c'est que ces mouvements sont volontaires.

Au reste, il faut se garder de confondre l'irritabilité avec la sensibilité. Les
plantes sont irritables, mais non sensibles; les muscles que l'on vient d'enlever
sur un animal vivant sont irritables encore, mais il ne sont plus sensibles. Pour
affirmer que les plantes jouissent de la sensibilité, il faudrait qu'elles donnassent
des signes manifestes de conscience. Le seul caractère distinctif des animaux les

(1) TREVIRANUS, *Biologie*, V, 201—229.

plus simples consiste en ce qu'ils manifestent de la sensibilité et exécutent des mouvements volontaires. Beaucoup d'animaux composés ont une forme rameuse et sont fixés au sol par leur tronc ; mais les facultés propres à chaque Polype, les mouvements volontaires qu'exécute chacun des Polypes attachés au tronc commun prouvent que ces êtres possèdent une organisation animale (*organisatio animalis multiplicata*), et nullement celle d'un végétal. Les mouvements des Infusoires sont libres et volontaires. Si donc on conserve toujours des doutes sur la nature animale ou végétale de certains êtres simples organisés, tels que les Éponges et les individus du prétendu genre *Alcyonia*, ce qui doit décider la question, c'est l'absence de tout mouvement volontaire dans la totalité et dans les diverses parties de ces corps. Par conséquent, il vaut mieux les classer parmi les végétaux aquatiques. On peut dire, il est vrai, en faveur de l'animalité de ces êtres, que, d'après Grant, (1) l'embryon des Éponges se meut, comme les embryons de Polypes et de Coraux, au moyen de cils vibratiles ; mais nous ne possédons aucun caractère certain qui puisse nous servir à distinguer les embryons des Éponges d'avec les Infusoires de la mer. En outre, on a plusieurs fois observé des mouvements semblables dans les embryons de végétaux véritables, des algues, par exemple. Trentepoil a fait des observations de ce genre sur la *conferva dilatata*, β. *Roth* (*Ectosperma clavata*, *Vauch.*), et G. R. Treviranus sur la *conferva limosa*, *Dillw* (2). Plus récemment, Unger a répété ces observations sur la *conferva dilatata*, en l'étudiant dans toutes ses transformations, et il paraît que les sporules qui, dans le principe, ont la faculté de se mouvoir, se transforment en algues et proviennent, par conséquent, de ces végétaux (3). Les *Zoocarpées* de Bory Saint-Vincent présentent aussi ce phénomène ; ce sont des filaments articulés, lesquels émettent des sporules qui se meuvent comme des Infusoires, et prennent ensuite la forme de végétaux ; aussi, cet auteur les range dans sa classe des *Arthrodiées* qui, selon lui, est intermédiaire aux règnes végétal et animal. On ne peut pas regarder comme volontaires les mouvements des œufs de Zoophytes, qui s'effectuent au moyen de cils. Les vibrations de cils que l'on observe à la surface des branchies de quelques animaux inférieurs sont un phénomène identique. D'après les recherches de Nitzsch (4), certains produits animaux et végétaux nés dans des infusions seraient extrêmement voisins les uns des autres. Ainsi, suivant lui, la *Bacillaria pectinalis* et quelques espèces se comporteraient comme des plantes, tandis que d'autres espèces appartenant au même genre se comporteraient comme des animaux. Mais Ehrenberg a démontré la nature animale des Bacillaires en général, et n'admet pas une semblable affinité entre les deux règnes. Il fait, en outre, remarquer que les mouvements actifs des algues ne sauraient être regardés comme des preuves d'animalité, car il n'a jamais vu les sporules mobiles des algues prendre le moindre aliment solide. Aussi, d'après cet observateur, les algues qui disséminent leurs sporules diffèrent des Monades qui nagent autour d'elles, comme un arbre diffère d'un oiseau (5). Le professeur R. Wagner a été conduit par ses observations à adopter la même opinion ; il fait remarquer aussi que l'on ne doit pas considérer comme un acte animal le mouvement de ces sporules, quoiqu'il paraisse plus étonnant que le mouvement régulier de quelques végétaux inférieurs, que celui des oscillaires, par exemple.

---

(1) *Edinb. philos. Journal*, XIII, 582. — (2) G.-R. TREVIRANUS, *Biologie*, IV, 634. — (3) UNGER, dans *Nov. act. Acad. nat. cur.* XIII, p. II, p. 789. *Voy.* TREVIRANUS, *Biolog.* IV; *Erschienungen und Gesetze des organischen Lebens*, p. 51 et 183. — (4) *Beitræge zur Infusorienkunde.* Halle, 1817. — (5) POGGENDORFF'S *Ann.* 1832, I.

§ 53. — Les fonctions qui caractérisent les animaux, c'est-à-dire, les sensations et les déterminations des mouvements volontaires, ont le système nerveux pour organe. La dépendance des organes des animaux relativement au système nerveux est tout aussi prononcée que celle que manifestent les végétaux à l'égard de la lumière. On connaît le système nerveux de tous les Vertébrés; mais jusqu'ici on n'en a pas découvert chez tous Invertébrées; aussi, naguère on admettait unanimement qu'il n'existait pas de système nerveux chez les animaux inférieurs; on supposait qu'ils étaient uniquement composés d'une substance simple partout identique à elle-même, au moyen de laquelle s'accomplissaient les mouvements, les sensations et la digestion. L'extrême divisibilité de ces êtres simples paraissait, en effet, justifier jusqu'à un certain point cette hypothèse. On ne connaissait pas alors les nerfs des Infusoires, des Coraux et autres Polypes, des Acalèphes, etc. Mais Ehrenberg a fait l'importante découverte de la structure compliquée des animaux les plus inférieurs, des Infusoires (1). Dans les Infusoires les plus simples, Ehrenberg a trouvé une bouche et un estomac composé; chez d'autres, une bouche, un intestin et un anus. Chez les Rotifères les plus parfaits et quelques autres Infusoires, Ehrenberg a même décrit et représenté très-distinctement une espèce de dents à l'orifice buccal, des organes sexuels mâles et femelles, des muscles, des ligaments, des traces de vaisseaux et de nerfs et, enfin, des points oculaires. Ces points qu'Ehrenberg a encore trouvés dans les Astéries et les Méduses sont d'une importance toute particulière pour résoudre la question de l'existence d'un système nerveux chez les animaux même les plus simples. Car, sur la tête des Planaires, qui sont déjà des êtres beaucoup plus composés, mais dont on ne connaît pas le système nerveux, on observe ces points oculaires obscurs, qui existent également chez beaucoup d'Annélides dont, au contraire, on connaît le système nerveux. D'après mes propres observations, les points oculaires noirs de quelques Néréides sont réellement formés par un renflement du nerf optique recouvert d'une couche de pigment noir disposé de manière à offrir la forme d'une coupe. La comparaison de ces faits rend très-vraisemblable l'existence de nerfs optiques et d'un système nerveux chez les Planaires, et en général chez tous les animaux inférieurs qui présentent ces points oculaires.

Aujourd'hui, depuis les recherches des nouveaux observateurs, et particulièrement depuis celles d'Ehrenberg, il n'est plus permis de croire, du moins en général, à la simplicité de structure des animaux microscopiques, de ceux que l'on nomme animaux inférieurs. Tout animal doit avoir, jusqu'à un certain point, une structure compliquée; car aucun d'eux ne peut se passer d'organes de sensation, de mouvement et d'assimilation. La petitesse de l'être ne pose pas de limite à la complication de l'organisme. On doit admettre que dans chaque classe d'êtres l'organisation est aussi parfaite que possible. La graduation des êtres se détermine uniquement d'après le nombre des moyens qui servent à différents buts, et d'après la multiplicité des relations qui existent entre chaque animal et le monde extérieur. C'est sous ce point de vue seulement que les classes diffèrent entre elles. Dans la distribution des facultés intellectuelles, au contraire, la nature a établi des diversités qu'on ne peut méconnaître. Ce phénomène est surtout manifeste dans les classes d'animaux Vertébrés, où l'on voit l'encéphale se développer et augmenter graduellement de volume jusqu'aux Mammifères et enfin à l'homme.

§ 54. — Les animaux ne se distinguent pas seulement des végétaux par la sensibilité et la faculté d'exécuter des mouvements volontaires; car ces attributs

(1) EHRENBERG, *Organisation der Infusionsthierchen*. Berlin, 1830.

modifient nécessairement les autres propriétés communes aux animaux et aux plantes. Cuvier a admirablement fait ressortir cette influence dans l'introduction de son *Anatomie comparée*. Les végétaux fixés au sol absorbent immédiatement par leurs racines les particules nutritives des fluides qui les pénètrent; les animaux, au contraire, qui, en général, ne sont pas attachés à un lieu déterminé, mais qui jouissent d'une locomotion complète, ou qui, du moins, comme les Polypes qui partent d'un tronc solide, exercent des mouvements volontaires pour saisir leur proie, doivent avoir le moyen de porter avec eux la provision de fluides nécessaire à leur nutrition. Presque tous les animaux possèdent donc une cavité interne dans laquelle ils introduisent les substances destinées à leur nutrition, et dans les parois de laquelle naissent, chez les animaux supérieurs, les vaisseaux absorbants qui, suivant la pittoresque expression de Boerhaave, représentent de véritables racines internes. Chez quelques animaux, il n'existe point d'anus; chez d'autres, l'existence même d'un intestin est douteuse. Néanmoins Mehlis prétend, contre l'opinion commune, que, dans les Tœnias, on trouve un intestin en forme de vaisseau, qui commence à l'étroit orifice buccal et se bifurque bientôt. Le canal étroit et bifurqué que l'on observe dans l'*Echinorynchus* doit être l'intestin.

Une autre cause encore nécessite, chez les animaux, la présence d'une cavité particulière destinée au premier travail d'assimilation de la matière nutritive : c'est que celle-ci a besoin d'être dissoute. Les substances dont se nourrissent les végétaux, sont déjà à l'état de gaz ou de liquide, puisqu'elles consistent en acide carbonique, en eau et en ammoniaque. Mais les animaux sont obligés de préparer eux-mêmes la substance propre à leur nutrition, substance qui consiste en composés organiques déjà tout formés. Ainsi, il faut qu'ils l'atténuent et la dissolvent : par conséquent, la digestion n'est pas autre chose qu'une assimilation préparatoire des aliments particulière aux animaux.

§ 55. — La circulation est beaucoup plus simple chez les plantes que chez les animaux. Dans les premières, il n'existe pas d'organe moteur particulier pour donner l'impulsion au fluide, c'est-à-dire, de cœur. Chez quelques plantes simples, on observe un mouvement rotatoire du fluide à l'intérieur des entrenœuds ou dans des cellules. Corti a découvert ce mouvement dans le *chara*, observation qui a été confirmée par Fontana, les deux Treviranus, Amici, C. H. Schultz, Agardh et Raspail. Meyen a découvert un mouvement semblable qui s'effectuait dans les cellules de la *valisneria spiralis* et dans le chevelu des fibres radiculaires de l'*hydrocharis morsus ranœ*. On a constaté l'existence de ces mouvements de liquides dans beaucoup d'autres cas. C.-H. Schultz a découvert que la sève, dans les végétaux supérieurs, se meut d'une manière continue (1). D'après lui, ce mouvement constitue une véritable circulation, ascendante dans un vaisseau et descendante dans une autre; néanmoins ces deux canaux en sens inverse communiquent entre eux au moyen de vaisseaux transversaux. On aperçoit ces courants à l'aide du microscope dans les feuilles détachées. L'observation est décisive, quand on la fait sur des feuilles qui tiennent encore à la plante vivante. J'ai constaté moi-même l'existence de ces courants en sens opposé dans des feuilles de *chelidonium* qui étaient encore attachées à leur tige. Le fait observé par Dutrochet, que, dans un mince cylindre de verre rempli d'eau tenu perpendiculairement et chauffé inégalement sur ses deux côtés, il se produit un mouvement rotatoire ascendant et descendant, ne peut en

---

(1) C.-H. SCHULTZ , *Ueber den Kreislauf des Saftes in Schœllkraut*; Berlin, 1822. *Die Natur der lebendigen Pflanzen*; Berlin, 1823. — *Annales des Sc. nat.*, t. XXII, p. 75, 79.

rien servir à expliquer le mouvement de la sève dans les plantes. Les causes de la circulation végétale restent donc encore complétement inconnues. Il n'existe pas de mouvement ciliaire à l'intérieur des vaisseaux des végétaux.

Chez les animaux, au contraire, c'est la contraction d'un organe central, le cœur, qui donne l'impulsion au fluide circulatoire. Quelquefois on remarque à la surface de certaines membranes des courants de liquide, courants qui sont produits par des cils vibratiles. Cependant l'ascension de la lymphe dans les vaisseaux lymphatiques des animaux est indépendante de ces deux espèces d'organes moteurs, et paraît résulter de la *vis à tergo* déterminée par la continuité de la résorption qu'opèrent les radicules lymphatiques. Quelque chose de semblable a lieu dans les plantes. Ainsi, la force d'absorption des racines peut contribuer à produire le mouvement ascensionnel de la sève. Une circulation complète est-elle un attribut absolu de l'animalité? C'est un point qui n'est pas encore résolu. Du moins, nous connaissons beaucoup d'animaux inférieurs chez lesquels, jusqu'à ce jour, on n'a pu découvrir ni cœur, ni vaisseaux.

§ 56. — Sous le rapport de la respiration, il existe aussi entre les plantes et les animaux une différence extrêmement importante. Chez les végétaux et les animaux les plus simples, la respiration a lieu par la surface externe du corps tout entière. Mais chez les animaux plus parfaits, cette surface n'est pas suffisante pour le conflit avec l'atmosphère, et il est besoin d'un organe qui, dans un petit espace, présente une immense superficie au contact de l'air. En outre, les produits de la respiration diffèrent dans les règnes animal et végétal.

Chez les plantes, l'assimilation consiste en partie en ce qu'elles convertissent les composés binaires, l'acide carbonique (ou oxygène et carbone) et l'eau (hydrogène et oxygène) en composés ternaires organiques formés de carbone, d'hydrogène et d'oxygène. Les feuilles décomposent l'acide carbonique contenu dans l'air, de telle manière, que le carbone et une partie de l'oxygène se combinent avec la plante, tandis que la plus grande partie de l'oxygène est restitué à l'atmosphère. Mais, pendant la nuit et à l'ombre, les végétaux absorbent une partie de l'oxygène de l'air et exhalent de l'acide carbonique. Toutefois, la quantité d'acide carbonique qu'ils exhalent alors est moindre que celle qu'ils ont absorbée durant le jour. Les plantes se comportent de même, lorsqu'elles sont malades ou se fanent (1). D'après la remarque de Liebig, on ne doit pas regarder comme un acte vital la manière dont les plantes se comportent dans l'obscurité ; car ce qui se passe, dans ce cas, chez la plante vivante, a également lieu dans les parties végétales privées de vie.

La respiration et l'assimilation qui s'effectuent dans les végétaux au moyen des feuilles ne forment donc qu'une seule et unique fonction. Ici la respiration semble n'être que le simple correctif de l'assimilation. Chez les animaux, ces deux fonctions sont confiées à des organes tout-à-fait distincts. Les animaux ne s'assimilent ni substances à l'état de gaz, ni composés binaires ; l'oxygène qui pénètre dans l'organisme par l'appareil respiratoire sert uniquement à modifier la matière organique introduite par d'autres voies.

Le règne végétal et le règne animal sont enchaînés l'un à l'autre, tant par leur mode propre d'assimilation, que par les changements opposés qu'ils déterminent dans la composition de l'atmosphère. Les plantes sont nécessaires aux animaux, parce que les premières seules possèdent le pouvoir de produire des combinaisons organiques avec des éléments inorganiques. Ce sont donc les végétaux qui sont chargés, dans l'organisme de la nature, de fabriquer la matière organique nouvelle

(1) Tiedemann's *Physiol.*, I, 275; Gilby, *Edinb. philos. Journ.*, 1821, 7.

qui des plantes passe dans les animaux herbivores, et enfin de ceux-ci dans les carnivores. Les plantes, en revanche, mettent à profit les produits de décomposition qui proviennent de la putréfaction des animaux, à savoir, l'acide carbonique et l'ammoniaque.

Par l'effet de la respiration des végétaux, l'atmosphère perd incessamment une partie de l'acide carbonique exhalé par les animaux, et gagne un excès d'oxygène. Les animaux inspirent ce que les végétaux expirent, l'oxygène; et ces derniers inspirent ce que les premiers expirent, l'acide carbonique. Ainsi donc, sans le règne végétal, l'air deviendrait irrespirable pour les animaux ; tandis que, grâce à l'action réciproque des plantes et des animaux, la composition normale de l'air atmosphérique, qui est formé de 79 parties d'azote et de 21 d'oxygène, ne subit aucun changement appréciable.

§ 57. — Enfin, comme la végétation est le seul mode de manifestation ce la force organique que possèdent les plantes, elles n'ont pas besoin d'une grande diversité d'organes, indépendamment des racines, de la tige et des feuilles. Tous leurs organes, à l'exception de ceux de la fructification, sont composés de parties tout-à-fait analogues, entre lesquelles le rapport simple de tige à feuille se répète constamment. Les organes même de la fructification se rapprochent des feuilles, et parfois même se transforment en elles. Mais comme les plantes, avant la fructification, nous présentent simplement une répétition de parties similaires qui sont unies par une tige, de manière à former un *ensemble*, chacune de ces parties se trouve à son tour susceptible de devenir un être indépendant, quand on la détache du reste de la plante. En effet, outre la génération au moyen de semences, les végétaux peuvent constamment se reproduire au moyen de bourgeons.

Chez les animaux, au contraire, l'action réciproque que la circulation du sang, la respiration et l'innervation exercent les unes sur les autres est absolument indispensable à la vie. Le système nerveux détermine les mouvements respiratoires; mais, pour produire ces mouvements, il faut qu'il soit lui-même vivifié par du sang qui vienne d'être aéré dans le poumon. Si le cœur ne se contracte plus, le sang ne va pas se distribuer aux différents organes, et, par conséquent, ne va pas non plus stimuler le système nerveux. Mais, à son tour, le cœur est sous la dépendance du sang artériel et du système nerveux. Le cerveau, le cœur et le poumon sont donc, pour ainsi dire, les trois rouages principaux de la machine animale, qui s'engrènent réciproquement, et qui tous sont mis en jeu par le changement matériel qui s'effectue dans le sang pendant la respiration.

§ 58. — La croissance des animaux ne consiste pas simplement en ce qu'il se manifeste à l'extérieur du corps un développement de parties nouvelles semblables aux anciennes. L'accroissement porte sur le tout, c'est-à-dire que chacune des parties existantes, tant internes qu'externes, augmente de volume. En général les animaux ne croissent pas à la manière des plantes; les Polypes composés offrent l'unique exemple, dans le règne animal, de croissance au moyen de bourgeons. La plupart des animaux et surtout les plus parfaits, au lieu d'être une simple aggrégation de parties similaires unies par une tige, sont composés de divers organes doués de propriétés tout-à-fait différentes, circonstance qui rend impossible chez eux la propagation par division. Pour que ce mode de génération ait lieu, comme chez les Polypes et quelques Annélides, il faut que chacune des portions séparées contienne tous les organes essentiels du tout.

La comparaison que nous venons d'établir a pour but unique de montrer comment, chez les animaux, l'existence de propriétés particulières modifie les fonctions mêmes qui sont communes à eux et aux végétaux.

§ 59. — Quelque énormes que soient les différences qui existent entre les animaux à l'état adulte et les plantes, cependant leur organisation primitive repose sur des éléments organiques absolument semblables. Ce fait n'est connu que depuis peu et par suite de l'importante découverte qu'à faite Schwann (1). Quoique cette découverte ait profondément changé cette face de la science, nous pouvons maintenir ce que nous avons dit dans nos éditions précédentes sur les analogies de la structure animale et végétale, et, par exemple, sur l'analogie des cellules adipeuses et des cellules de la corde dorsale des Poissons avec les cellules des plantes.

D'après Schwann, chez tous les embryons animaux, tous les tissus sont primitivement constitués par des cellules analogues aux cellules végétales. Comme celles-ci, les cellules animales présentent un noyau (*nucleus*) intérieur attaché à la paroi de la cellule. Celle-ci se développe autour du noyau primitif tout-à-fait de la même manière que les cellules végétales, dont Schleiden a découvert le développement. De nouvelles cellules se forment, soit à l'intérieur, soit à l'extérieur des cellules déjà existantes, dans la substance germinative des cellules ou *cytoblastème*. Dans le cytoblastème, il se forme d'abord des noyaux, c'est-à-dire, des corps granulés plats ou arrondis, au milieu desquels on distingue le plus souvent un granule plus gros, *corpuscule de noyau* ou *nucléole*. On trouve donc des noyaux semblables de nouvelle formation, soit à l'intérieur, soit à l'extérieur des cellules déjà existantes, en d'autres termes, dans le cytoblastème qui est contenu dans ces mêmes cellules ou qui les entoure. Autour du noyau préexistant se développe ensuite la membrane de la jeune cellule; aussi peut-on dire que le noyau est l'organe formateur de la cellule, le *cytoblaste*. Le noyau reste attaché à la paroi interne de la cellule formée; mais quelquefois il est résorbé plus tard.

Ainsi donc les cellules primitives végétales et animales, en tant que particules formatrices de tous les tissus et du germe lui-même, possèdent une vie propre à l'intérieur du tout. Elles naissent, engendrent des cellules semblables à elles-mêmes, soit en dedans, soit autour d'elles, et souvent on voit sous le microscope plusieurs générations de cellules à la fois, les cellules maternelles avec leur jeune postérité, remplie elle-même de plusieurs jeunes cellules, et celles-ci à leur tour contenant encore de jeunes cellules ou de jeunes noyaux, comme on l'observe dans les cellules de cartilages. C'est dans ces cellules que réside la force active qui se déploie dans le travail de l'organisation; elles possèdent la faculté de transformer les matériaux contigus; c'est la force *métabolique* des cellules. Souvent ces cellules se remplissent, comme on le voit surtout chez les plantes en cours de développement, de matières particulières, d'amidon, par exemple. Elles jouent, en outre, un rôle actif dans le transport des fluides végétaux, et, chez les animaux, elles paraissent également les agents de l'absorption et de la sécrétion, attendu qu'elles existent sur les surfaces animales, partout où il doit s'opérer une absorption ou une sécrétion quelconque. Dans un grand nombre de tissus, les cellules primitives conservent leur forme, comme dans les épithéliums, le tissu cartilagineux, les glandes, le tissu cellulaire adipeux et le tissu pigmentaire. Souvent aussi les cellules primitives subissent une métamorphose. Ainsi, elles s'allongent en filaments; c'est de cette manière que se produisent les fibres du tissu cellulaire; ou bien elles s'unissent plusieurs ensemble pour produire des cylindres, comme on l'observe dans la formation des muscles et des nerfs. Il existe également dans les fluides organiques des particules douées d'une vie active, qui sont de véritables cellules : tels sont les globules du sang et du jaune.

(1) SCHWANN, *Mikroskop. Untersuchungen über die Uebereinstimmung in der Structur und dem Wachsthum der Thiere und Pflanzen.* Berlin, 1838.

CHAPITRE II. — *Systèmes d'organes des animaux.*

§ 60. — La comparaison des animaux avec les végétaux a suggéré aux anciens physiologistes le mode de classification qu'ils ont adopté pour les différentes fonctions qui s'accomplissent dans l'économie animale.

Ainsi, l'on a donné le nom de fonctions *organiques* ou *vitales* à celles qui paraissent communes aux plantes et aux animaux. Les fonctions ainsi nommées ont pour but la création et la conservation de chacune des parties qui constituent une individualité indépendante. Ici, c'est l'affinité organique qui se manifeste et se déploie, sous l'influence des causes essentielles de la vie. Les fonctions qui distinguent spécialement l'animal, c'est-à-dire, les sensations, les mouvements, les idées, etc., semblent être le but de l'existence animale; elles caractériseraient l'animal, alors même qu'elles ne dureraient qu'un instant. Les anciens ont donné à ces dernières fonctions le nom d'*animales*, par opposition aux fonctions organiques.

Une troisième série de phénomènes comprend tout ce qui se rapporte à la formation de nouveaux germes dans un individu, ainsi qu'à la séparation et au développement de ces germes; ces phénomènes ont encore pour but d'assurer la pérennité de l'espèce, pendant que les individus périssent.

Cette classification a ses avantages; mais elle a ses inconvénients, car elle peut donner lieu à de fausses interprétations. La force qui détermine le développement du germe est identique avec celle qui conserve et régénère incessamment l'organisme individuel. Ainsi donc, la force végétative, la force motrice et la force sensitive seraient, pour ainsi dire, les forces fondamentales qui agissent dans l'animal vivant. Cependant, lorsqu'on réfléchit davantage sur ce sujet, on se demande si cette division n'est pas encore artificielle.

Il nous semble qu'il vaut mieux considérer ces formes principales comme différents modes d'action d'une seule et même force primordiale, *vis essentialis*, inhérente à tout organisme animal, et admettre que la diversité des effets produits par cette force unique dépend seulement de la différence de composition des divers organes. Car il nous paraît absurde de supposer, d'un côté, que la force végétative crée la substance nerveuse, et, de l'autre, que l'action des nerfs une fois formés dépend ensuite d'une force différente de celle qui à créé la substance nerveuse elle-même. Le principe vital qui agit dans les animaux crée toutes les parties essentielles à l'idée de l'animalité et combine les éléments de ces parties, de telle sorte, qu'il en résulte pour l'animal la faculté de se mouvoir, ainsi que celle de sentir, c'est-à-dire, en d'autres termes, la faculté de transmettre les impressions à un organe central auquel vont aboutir toutes les sensations et d'où partent toutes les actions réflexes. Les organes doués de la faculté de transformer les substances qui doivent servir à la nutrition de l'individu, les organes de mouvement, les organes au moyen desquels le centre nerveux reçoit les impressions et effectue les réactions, sont tout simplement des produits différents de cette première et unique force animale, de ce *primum movens* qui crée et régénère toutes les parties du corps.

§ 61. — La première série d'organes comprend ceux qui servent à la régénération de l'organisme, la seconde, les muscles, et la troisième, les nerfs. Il existe encore d'autres parties qui ne reçoivent de la force organique créatrice que de simples propriétés physiques, comme la dureté, l'élasticité, la ténacité, etc. : tels sont les os, les cartilages, les ligaments et les tendons.

Les glandes, par exemple, grâce à la nutrition et à la régénération de leur tissu par le sang, jouissent de la propriété d'attirer certaines parties constituantes de ce liquide, d'en former de nouvelles combinaisons, puis de les sécréter. C'est aux phénomènes de la nutrition et de la régénération incessantes de leur tissu au moyen du sang que les muscles doivent de pouvoir attirer leurs propres particules, c'est-à-dire de pouvoir se contracter sous l'influence de certains stimulus ; la contractilité musculaire est le résultat de la nutrition et, par conséquent, ne constitue pas une force spéciale ou un principe distinct de la force organique créatrice. Il en est de même pour les nerfs. C'est encore à la force primitive, qui détermine la formation et la régénération du tissu nerveux par le sang lui-même, que les nerfs doivent la faculté de manifester les phénomènes vitaux qui sont propres à leur tissu. Mais, toutefois, il semble que la force organique créatrice et nutritive se comporte d'une manière indifférente relativement aux propriétés sensitives ou motrices.

En faisant abstraction des parties qui ne reçoivent de la force organique créatrice que les simples propriétés physiques de l'élasticité, de la solidité, etc., on peut classer de la manière suivante les autres systèmes principaux de l'organisme animal :

1° Organes qui modifient la composition des fluides pour les mettre en rapport avec les besoins de l'économie. Tels sont les organes de sécrétion, les vaisseaux sanguins et lymphatiques, les poumons. La fonction spéciale accomplie par ces organes n'est pas la nutrition, car celle-ci s'opère dans tous les tissus. Elle a pour but de modifier dans leur combinaison organique les fluides qui se trouvent en contact avec les organes dont nous parlons, modifications qui s'opèrent sous l'influence de l'affinité organique qui existe entre les fluides et les tissus propres de ces organes.

2° Organes musculaires. Les muscles se contractent, lorsque certains stimulus agissent sur eux. Leurs fibres se raccourcissent en s'infléchissant vers le point où il se produit un changement dans leur substance. Haller a donné le nom d'*irritabilité* à la propriété qu'ont les muscles de se contracter sous l'influence des irritations mécaniques, chimiques et électriques. Les parties musculaires possèdent seules l'irritabilité hallérienne, l'excitabilité, qui caractérise d'autres tissus, étant d'une nature différente. Quelques écrivains ont détourné le terme d'irritabilité de son sens véritable, et y ont attaché des idées tout-à-fait fausses. C'est ainsi qu'ils ont parlé d'une irritabilité nerveuse, comme si les nerfs pouvaient éprouver des modifications tantôt dans leur irritabilité, tantôt dans leur sensibilité. Dans le corps vivant l'action des muscles est toujours déterminée par les nerfs, qui s'y distribuent, et toute cause qui altère la composition de ces nerfs, quelque légèrement que ce soit, provoque, pour ainsi dire, une décharge de la force nerveuse, décharge dont le résultat est la contraction des muscles. Aussi, l'étude des mouvements ainsi que des affections spasmodiques et paralytiques amène naturellement à rechercher quelles sont les lois qui président à l'action des nerfs. Tout changement de composition matérielle qui s'opère dans l'organisme s'accompagne de mouvements, comme le prouvent les fonctions de la génération, de la nutrition et de la sécrétion. L'affinité organique qui existe entre le sang et les organes produit les mouvements de turgescence ou d'érection. On doit donc se garder de croire que les muscles soient les seules parties susceptibles de mouvement ; mais le tissu musculaire et les tissus qui s'en rapprochent sont les seuls qui se meuvent par l'effet de la contraction et de la flexion de leurs fibres. Toutes les parties, qui, n'étant pas réellement musculaires, possèdent néanmoins le pouvoir de se contracter de cette manière, le doivent à la présence de substance musculaire, particulièrement à des fibres musculaires qui se trouvent mêlées à leur tissu : tels sont les conduits efférents des glandes, qui sont réellement contractiles, ainsi que nous le verrons plus tard.

3° Les nerfs se distinguent en nerfs moteurs et sensitifs. Les nerfs moteurs sont ceux qui, sous l'influence du moindre changement dans leur état, changement dont la nature échappe à l'observation, déterminent des mouvements dans les organes musculaires. Les nerfs sensitifs doivent ce nom à la faculté qu'ils possèdent de transmettre tout changement qui survient dans leur état au cerveau, c'est-à-dire, à l'organe central qui peut ensuite exercer sur tous les autres organes une action réfléchie. Il n'y a plus de sensations, dès que l'on interrompt la communication des nerfs avec le cerveau. Ce sont les nerfs cérébro-rachidiens qui sont les excitateurs des mouvements volontaires des muscles ; mais, pour que les mouvements musculaires présentent ce caractère, il faut nécessairement que les nerfs soient en communication avec le cerveau et la moelle épinière, et reçoivent l'influence de ces organes. Ces mêmes nerfs, il est vrai, qu'ils communiquent ou non avec les centres nerveux, provoquent aussi des contractions musculaires involontaires, dès qu'il survient un changement dans leur état. Les parties, au contraire, qui sont susceptibles de mouvement, mais qui dépendent du nerf grand sympathique, sont soustraites à l'empire de la volonté, et ne sont soumises que jusqu'à un certain point à l'influence du cerveau et de la moelle épinière. Cette influence est rendue possible par les connexions qui existent entre le nerf sympathique et les nerfs cérébro-spinaux. C'est surtout dans les nerfs que se manifeste d'une manière évidente la mobilité du principe organique, sans qu'aucune substance pondérable soit mise en mouvement. L'action des nerfs est nécessaire à l'exercice de toutes les fonctions de l'économie, attendu que toutes les parties, au moyen des changements matériels produits dans la substance nerveuse, réagissent sur le cerveau et la moelle épinière, et reçoivent à leur tour des centres nerveux certaines influences indispensables à l'accomplissement de leurs fonctions particulières. Tous les systèmes d'organes s'engrènent, pour ainsi dire, de différentes manières les uns avec les autres. C'est seulement aux nerfs qu'ils reçoivent dans leur tissu, que les divers organes doivent leur sensibilité. Lorsque les organes qui ont pour fonction de modifier la composition chimique des fluides possèdent la faculté de se contracter, ils la doivent aux fibres musculaires qu'ils contiennent. Enfin, toutes les fois que, dans un organe doué de propriétés vitales particulières, il s'opère une sécrétion, on y rencontre constamment aussi un tissu spécial destiné à l'accomplissement de cette fonction ; tel est le cas, par exemple, des organes sensoriels, où il existe des tissus particuliers chargés d'effectuer certaines sécrétions.

CHAPITRE III. — *De l'irritabilité animale.*

§ 62. — Nous avons déjà dans la section précédente étudié les lois de l'irritabilité des êtres organiques en général. Nous avons alors déterminé les rapports qui existent entre les stimulants vitaux et les manifestations de l'activité vitale. Ici nous tâcherons de déterminer avec plus de précision les lois de l'irritabilité chez les animaux, quoique, dans l'état actuel de la science, il ne soit guère possible de jeter quelque lumière sur ce problème difficile, dont la solution serait cependant si importante pour la médecine pratique qui, sous ce rapport, a beaucoup à attendre des progrès de la physiologie.

Quelle que soit la source de la force organique, qu'elle résulte de la combinaison de substances pondérables et impondérables, ou bien qu'au contraire ce soit la force organique elle-même qui détermine et maintienne la composition de la matière organique, nous voyons que, dans des circonstances données, cette force s'accroît dans certains organes: ces derniers agissent alors plus longtemps et avec plus d'énergie, comme on l'observe dans l'appareil génital durant la grossesse et pendant le rut. C'est ainsi que la force organique diminue dans le vieux bois du Cerf, lorsqu'il est près de tomber, et qu'elle augmente de nouveau quand il se reproduit et se développe. L'accumulation de la force organique dans une partie s'accompagne d'un afflux plus considérable de sang et de la conversion d'une quantité plus considérable de sang en matière organisée. Suivant la remarque de Tiedemann, quand un organe est dans un état d'excitation, les changements qu'il subit dans sa composition matérielle s'opèrent plus promptement, et par conséquent, le sang, qui seul peut rendre un organe capable de déployer plus d'énergie, s'y trouve attiré avec plus de rapidité et en plus grande quantité (1). D'autre part, lorsqu'une partie quelconque a souffert, par suite de quelque lésion matérielle, il s'y déploie bientôt un surcroît d'activité vitale, afin de rétablir l'état normal; mais cependant il faut pour cela que cette lésion ne soit pas trop considérable. Les corps organisés possèdent toujours la faculté de conserver et de maintenir dans tous les organes la composition nécessaire à la vie du tout. Toutes les fois que cette composition est altérée, la force organique se déploie pour y porter remède. Ceci, du reste, est une simple conséquence de la loi d'après laquelle les corps organiques s'efforcent incessamment de contre-balancer les affinités chimiques. Si le sang afflue en plus grande abondance dans une partie lésée, cela tient à l'augmentation de l'activité organique dans cette même partie. Dans l'inflammation, on reconnaît l'existence évidente d'un antagonisme entre la tendance à la décomposition, et la force organique qui s'accroît et tâche de contrebalancer cette tendance.

§ 63. — Cet exemple et beaucoup d'autres du même genre nous font voir que la force organique est, pour ainsi dire, consumée par l'exercice des fonctions. La fatigue et l'anéantissement que nous éprouvons après des efforts violents et soutenus le prouvent également. Les phénomènes qui s'observent après la mort nous montrent aussi cet épuisement de la force organique. Si, par exemple, l'on prend deux portions de muscle semblables sur un animal que l'on vient de tuer, puis, qu'au moyen d'un scalpel, l'on excite de légères convulsions dans l'un de ces lambeaux, sans toucher à l'autre, le premier perdra son irritabilité plutôt que le second, et la perdra d'autant plus vite qu'il aura été plus irrité (2). Toute impression de lumière émousse la vue jusqu'à un certain point, et, bientôt après, la réaction n'est plus égale à la stimulation. Il faut alors que l'œil se repose.

On pourrait expliquer ce fait en supposant qu'une partie de la force organique est dépensée pour contrebalancer les changements matériels que le stimulus détermine dans la substance même de l'organe. Mais cet épuisement a également lieu, même en l'absence de toute stimulation extérieure, quand un organe agit beaucoup plus qu'à l'ordinaire, s'il n'y a pas en même temps accroissement de la force organique. En conséquence, il semble que l'action même des organes suffit pour déterminer en eux un changement matériel. Il se peut que le changement incessant qui est produit dans la substance de l'organe par l'action du sang artériel et qui est aussi nécessaire à la vie que la décomposition de la matière combustible l'est au phénomène de la combustion, il se peut, disons-nous, que ce changement s'accélère ou s'accroisse, tandis que, d'autre part, la réparation, au moyen de la matière nutritive, ne s'effectue pas avec une rapidité proportionnelle, et même ne puisse s'opérer graduellement que pendant le repos. Quoi qu'il

(1) Tiedemann's, *Physiologie*, I, 326. — (2) Autenrieth's, *Physiologie*, I, 63.

en soit, d'ailleurs, plus un homme est actif et prend d'exercice, plus la décomposition organique paraît être rapide chez lui ; aussi a-t-il besoin d'aliments plus abondants ou plus nutritifs. Les hommes et les animaux qui succombent, après s'être livrés à des efforts extraordinaires, un Cerf forcé à la chasse, par exemple, se putréfient beaucoup plus promptement que les animaux qui ont été égorgés. Autenrieth, qui a fait cette remarque, cite encore un expérience intéressante à ce sujet. Un muscle enlevé sur un animal avant que l'irritabilité soit anéantie se putréfie beaucoup plus tôt, si on l'irrite de manière à y déterminer de fréquentes contractions, qu'un autre muscle semblable qu'on laisse en repos (1). Dans les fonctions du système nerveux en particulier, le repos est si nécessaire, que l'être même qui passe la vie la plus tranquille et la plus inactive a besoin de sommeil ; et le sommeil survient, lors même que les causes qui mettent en jeu l'activité du système nerveux, c'est-à-dire, les stimulus extérieurs, continuent d'agir sur lui. Mais ces stimulus ne produisent alors aucun effet, parce que le système nervenx est rendu insensible à toutes les impressions par le changement qu'à déterminé en lui son état antérieur d'activité.

Les stimulus vitaux ou intégrants généraux, en revivifiant incessamment les parties organisées, les rendent plus aptes à remplir leurs fonctions, en proportion de la rénovation qu'ils ont produite en elles. Mais si leur action s'accroît ou s'accélère, il faut que le repos lui succède, pour que l'organe regagne l'aptitude à agir qu'il a perdue par le fait même de son activité antérieure.

§ 64. — En général, chez un animal bien portant, la force organique se reproduit au bout d'un certain temps, précisément en proportion de l'épuisement qu'elle a éprouvé pendant qu'elle était en action. On observe néaumoins des cas où cette restauration est supérieure à la dépense et augmente graduellement d'énergie. Ce phénomène a lieu lorsque l'activité des organes se déploie d'une manière régulière, ou lorsque cette activité alterne avec le repos. C'est surtout dans le jeune âge que ce phénomène est prononcé, parce qu'alors, pour les raisons que nous avons exposées plus haut (§ 47), l'affinité des particules organiques pour les stimulants vitaux généraux paraît d'autant plus grande que le développement de l'organisme est moins avancé. Mais, en général, la force d'un organe s'accroît toujours par l'exercice, pourvu que cet exercice ne soit pas exagéré, et qu'il alterne avec le repos ; l'inaction, au contraire, affaiblit ordinairement les organes. Faire alterner l'activité ou l'exercice d'une partie avec son repos, voilà le secret d'augmenter graduellement l'énergie de son action. Comme la vie, en général, s'accompagne d'une décomposition de matière organique, peut-être en est-il de même pour chaque partie considérée isolément ; peut être l'action d'un organe entraîne-t-elle la décomposition d'une partie de sa substance, tandis que de nouveaux matériaux viennent se combiner intimément avec son tissu, de sorte que, si l'activité de cet organe lui fait perdre quelque chose, elle le rend en même temps plus apte à attirer de nouveaux matériaux, et, par suite, à agir avec plus d'énergie qu'auparavant. Mais, quand l'action d'une partie se répète trop fréquemment ou a lieu avec trop de violence, la régénération matérielle devient insuffisante, et de là résulte l'épuisement de cet organe. C'est ce qui s'observe, lorsque la force organique a été consumée ou est devenue incapable d'agir par l'effet d'une déploiement exagéré d'activité, et que la restauration n'a pas marché aussi vite que la dépense. L'épuisement est d'autant plus considérable, que les organes, qui ont été soumis à un exercice trop répété et trop violent, sont plus nombreux et jouent

---

(1) AUTENRIETH's, *Physiologie*, I, 115 ; comp. A. V. HUMBOLDT : *Ueber die gereizte Muskel-und Nervenfaser.*

un rôle plus important dans l'économie. Ainsi, par exemple, dans le coït, le système nerveux presque tout entier entre en activité, et l'on éprouve, à la suite de cet acte, un affaiblissement marqué de la force organique. Cet épuisement de l'énergie vitale est également plus prononcé, soit lorsque l'organe qui agit transmet un principe quelconque à d'autres organes, comme cela paraît avoir lieu dans le cas des nerfs, soit lorsque l'action d'un organe s'accompagne d'une perte considérable de substance, comme dans le cas de sécrétions trop abondantes, du lait, par exemple. L'inertie momentanée de la force organique qui succède à son activité, et la régénération graduelle de cette force se remarquent même sur des membres de Grenouilles séparés du corps. Ainsi, par exemple, quand, à l'aide du galvanisme, on stimule fréquemment une cuisse de Grenouille détachée de l'animal, elle cesse de répondre à l'excitation; mais un instant de repos lui rend son irritabilité. Dans cette expérience, la reproduction de l'irritabilité épuisée dépend vraisemblablement de l'influence qu'exercent sur ce membre le contact de l'air et la présence du sang qui est encore contenu dans les vaisseaux.

Lorsqu'un organe agit trop rarement, le repos ne lui profite pas autant que s'il était soumis à un exercice modéré. Ainsi, l'œil a besoin de repos, après avoir exercé son activité; mais des alternatives convenables de repos et d'exercice augmentent la puissance de la faculté visuelle. Quand cet organe reste quelque temps dans un repos absolu, au milieu de l'obscurité, par exemple, il devient beaucoup plus sensible à l'impression de la lumière. Si l'on augmente graduellement la force de l'œil, suivant la loi que nous venons de poser, c'est-à-dire, au moyen d'alternances ménagées d'exercice et de repos, il devient capable d'efforts plus considérables et ne se fatigue pas aussi vite qu'auparavant. Si, au contraire, on laisse trop longtemps cet organe dans une inactivité absolue, il acquiert, il est vrai, une sensibilité excessive, mais la force vitale devient d'autant plus faible dans cet organe, qu'il a été moins exercé. L'impression subite d'une lumière extrêmement vive peut même déterminer la cécité chez les individus qui sont restés fort longtemps dans une obscurité profonde. Il en est de même pour les muscles : un repos trop prolongé leur fait perdre une grande partie de leur puissance motrice ; c'est ainsi que les muscles de l'oreille sont ordinairement paralysés par défaut complet d'exercice (1).

§ 65. — Jusqu'ici nous n'avons considéré que d'une manière générale les changements qu'éprouve l'activité organique dans les animaux; maintenant nous devons examiner l'action que les influences extérieures exercent sur ces changements. Les stimulus intégrants extérieurs qui entretiennent la vie ne sont pas les seuls agents capables de produire des modifications dans la composition des organes. Toute cause susceptible de troubler la composition matérielle et l'équilibre de distribution des substances impondérables dans les parties organisées peut également modifier l'action de l'organisme en général, et des divers organes en particulier. Lorsque cette modification est considérable, on l'appelle *réaction;* l'influence qui détermine la réaction de la part de l'organisme se nomme *irritation,* et la cause qui produit l'irritation a reçu le nom de *stimulus,* d'*irritant,* (*irritamentum.*) La réaction contre un stimulus est toujours un phénomène vital, une manifestation d'une propriété vitale de l'organique.

§ 66. — La propriété d'être déterminé par des influences extérieures à produire certains phénomènes réactionnels n'appartient pas exclusivement aux êtres organisés et encore moins aux seuls animaux. C'est ainsi qu'un grand nombre de corps inorganiques développent de la lumière et de la chaleur, dans certaines circons-

____

(1) Autenrieths; *Physiol.*, I, 104.

tances, à la suite d'un choc, par exemple. Les physiciens admettent que la lumière ou la chaleur existent dans ces corps à l'état de combinaison, et se dégagent par l'action du choc. Les corps élastiques nous fournissent un exemple de ce genre encore plus évident. Les molécules de ces corps exercent les unes sur les autres une telle attraction, que toute tentative, pour en déplacer une portion, agit en général sur le corps entier ; mais aussitôt l'attraction réciproque de toutes les molécules opère dans le corps une *restitutio in integrum*, qui se manifeste par le phénomène de l'élasticité et la production de vibrations sonores. Au reste, il n'existe pas un seul corps inorganique qui se comporte dans ses réactions d'une manière aussi uniforme que les corps organisés. En effet, quelle que soit l'influence qui altère la composition d'un organe quelconque, celui-ci manifeste toujours sa réaction par le même signe, par le même phénomène, à savoir, le phénomène spécial qui est l'expression de la propriété particulière que cet organe a reçue du principe vital.

L'uniformité du mode de réaction des corps organisés tient sans doute à la propriété fondamentale que possède chacun d'eux de maintenir, contre toute cause de trouble, la composition organique qui lui est propre ; chez l'individu en bonne santé, cette propriété ou cette force l'emporte manifestement sur les causes qui tendent à altérer la composition des corps organisés ; et, par conséquent, elle maintient l'état normal. La force qui, après une altération matérielle quelconque des parties organisées, rétablit les choses dans leur état primitif, est identique avec celle qui, par l'action incessante de la nutrition et de la régénération, conserve l'intégrité de ces mêmes parties. Le phénomène qui accompagne le rétablissement de l'équilibre est complexe ; il résulte à la fois et du changement que la cause externe a produit dans l'organe, et de l'effort que déploie le principe vital pour opérer la *restitutio in integrum* de l'organe affecté, et pour rétablir l'équilibre de l'économie animale.

§ 67. — Suivant Dutrochet (1), toutes les causes excitantes déterminent dans l'organisme le même changement. Toutes modifient l'état d'oxydation de la matière organique sur laquelle elles agissent. D'après le même physiologiste, les stimulants agissent simultanément sur l'oxygène et sur la substance organique, et les déterminent à se combiner l'un avec l'autre. Si ingénieuse que soit cette théorie, elle n'est encore jusqu'à présent qu'une pure hypothèse. Il en est de même de la conclusion de Dutrochet, qui prétend que l'*excitabilité* est une véritable combustibilité. Cette combustibilité doit être très considérable dans la jeunesse, parce qu'à cette période de la vie l'organisme est oxydable à un haut degré, et ne contient encore que peu d'oxygène combiné avec sa matière organique. Dans la vieillesse, au contraire, les stimulants ont moins d'action sur lui ; car, alors, la tendance à l'oxydation est moindre, à cause de la quantité d'oxygène qui se trouve déjà dans l'organisme, à l'état de combinaison. Il nous paraîtrait plus vraisemblable d'admettre que l'action chimique et dynamique stimulante de certains stimulus tient à ce qu'ils favorisent l'affinité chimique entre la substance organique et le sang devenu excitant par l'effet de la respiration, et en ce que, par l'introduction de ce principe dans le sang, ils accroissent et accélèrent les transformations matérielles dont le corps animal est le théâtre.

§ 68. — A toute irritation d'une partie organique quelconque correspond un changement matériel déterminé. Nous devons supposer que le stimulus de la lumière détermine également un changement dans l'œil. La lumière, en effet, paraît entrer dans la composition d'un grand nombre de corps, et y produire

(1) FRORIEP's *Notizen*, n° 724.

certains changements chimiques : c'est ce que l'on observe dans beaucoup d'expériences chimiques, et même dans les plantes, qui, sous son influence, exhalent
de l'oxygène. L'effet immédiat que détermine un stimulus varie selon la nature du
stimulus et du corps organique irrité ; ainsi, par exemple, cet effet peut être une
compression, un changement chimique, etc., tandis que l'effet secondaire ou consécutif, c'est-à-dire, la réaction contre le changement, produite par le stimulus, est
tout-à-fait indépendante de la nature de celui-ci ; car l'effet secondaire n'est ni
mécanique, ni chimique : c'est une simple manifestation de la propriété vitale de
l'organe irrité, telle qu'une sensation de douleur, une inflammation, des spas-
mes, etc. Le calorique, l'électricité et la lumière se distribuent aux corps organisés
comme aux corps organiques, suivant les lois générales de la physique ; mais dans
la *restitutio in integrum*, il se produit toujours en même temps une manifestation
vitale qui diffère selon la partie qui a éprouvé le changement. Les phénomènes
que l'on observe alors jusqu'au rétablissement parfait de l'équilibre normal, sont
complexes : ils dépendent à la fois et de l'action du stimulus et de la réaction
vitale contre ce dernier. Les substances chimiques altèrent aussi la composition
des corps organiques, et tendent à former des composés binaires à leurs dépens.
Lorsque ce cas se présente, et que l'affinité organique est insuffisante à maintenir la composition des tissus et à résister à l'action chimique, il se forme un
produit chimique nouveau aux dépens de la partie affectée qui périt nécessairement. C'est ce que nous observons chaque jour dans les cas de brûlure, d'application d'acides minéraux ou d'alcalis caustiques. Néanmoins, tant que le tissu
qui est soumis à l'action d'une substance chimique continue de vivre, il déploie
les propriétés organiques qui lui sont particulières. Les agents chimiques, tels
que les acides et les alcalis, peuvent, il est vrai, former des combinaisons binaires avec la substance organique sur laquelle on les applique, et de cette
manière déterminer le sphacèle ou la mort d'une portion de tissu ; mais sur les
limites de cette portion mortifiée, les propriétés organiques du tissu se manifestent avec énergie, il se développe des phénomènes inflammatoires, etc.

La réaction des corps animaux contre l'action des irritants externes se manifeste constamment, ainsi que nous l'avons vu, par des phénomènes vitaux : mais
ce n'est pas tout. Comme les propriétés organiques dont jouissent les divers
organes ou tissus varient elles-mêmes selon la nature et la composition de ces
parties, il résulte de là qu'il existe autant de modes de réaction différents les
uns des autres. Ainsi, par exemple, un stimulus quelconque, mécanique, chimique, électrique, appliqué à un muscle, y provoquera toujours le même mode
de réaction, à savoir, des contractions. De quelque manière que l'on irrite un
nerf sensitif, on ne déterminera jamais qu'une sensation ; toutefois, l'espèce de
sensation varie encore dans les différents nerfs de sentiment, lors même que c'est
toujours le même stimulus qui agit sur eux ; mais, en revanche, dans le même
nerf, les stimulus les plus divers n'excitent jamais qu'une seule espèce de sensation. Ainsi, dans le nerf optique, les irritations mécaniques et électriques déterminent une impression de lumière, parce que telle est la propriété spécifique
de ce nerf, et semblent ne causer aucune douleur, tandis que l'irritation d'un
nerf de sensibilité générale a pour effet constant d'exciter une sensation de
douleur et nullement une impression lumineuse. Il en est de même pour les
nerfs auditif et olfactif. Les irritants mécaniques et électriques déterminent
dans le premier la sensation d'un son, et l'électricité produit dans le second
une sensation d'odeur. Quand on irrite mécaniquement ou au moyen du galvanisme les racines antérieures des nerfs rachidiens, il se produit non des sensa-

tions, mais des contractions musculaires, tandis que l'inverse a lieu, quand on irrite les racines postérieures des mêmes nerfs. La physiologie, en déterminant la mode de réaction propre à chacune des parties du corps animal, a acquis une connaissance empirique aussi certaine que toutes les connaissances expérimentales qu'il soit possible d'obtenir dans les autres sciences naturelles.

Le mode de réaction de chaque organe étant connu, on ne doit plus trouver étonnant que des affections tout-à-fait différentes du même organe déterminent souvent des symptômes très analogues; en effet, un organe quelconque ne peut manifester que les propriétés vitales dont il est doué : peu importe qu'il se trouve dans un état d'excitation ou de collapsus ; seulement alors il déploie ses propriétés avec plus ou moins d'énergie. Ainsi, il existe certains groupes de symptômes cérébraux, certains groupes de symptômes cardiaques, qui s'observent dans toute maladie du cerveau et du cœur, quelle que soit sa nature. A ce sujet, nous pouvons nous arrêter un instant sur la folie des homœopathes, qui se figurent guérir une maladie quelconque au moyen de substances capables de déterminer des effets analogues à cette maladie. Mais, ou bien leurs médicaments sont inertes, ou bien la nature en fait une application toute différente de celle qu'ils se sont imaginée. Lorsque deux substances différentes produisent dans un organe quelques symptômes semblables, cela ne prouve pas que leur mode d'action soit identique, mais simplement qu'elles agissent sur le même organe : car l'affection qu'elles déterminent dans cet organe peut être tout-à-fait différente dans les deux cas, malgré la similitude des phénomènes extérieurs. La syphilis et l'hydrargyrie peuvent être de nature essentiellement différente, et cependant se ressembler, parce que certains organes se trouvent affectés dans ces deux espèces de maladie. Les acides minéraux et les alcalis désorganisent également les tissus, et personne ne prétendra qu'ils soient *similia*. Le mercure peut, en déterminant une légère modification dans la matière organique, la rendre incapable de propager davantage les ravages syphilitiques; mais ensuite c'est la force organique qui opère la guérison, et non le mercure.

§ 69. — Comme les stimulus déterminent les organes à entrer en action, et comme tout accroissement d'activité qui ne s'accompagne pas d'un accroissement correspondant de la force organique épuise cette force, les stimulus doivent nécessairement aussi l'épuiser et, pour ainsi dire, la consumer : par conséquent, à moins qu'ils ne possèdent, comme les stimulus intégrants, la faculté de revivifier l'organe, celui-ci cesse momentanément d'agir, lors même que l'influence du stimulus s'exerce d'une manière continue. De là résulte la périodicité que l'on observe dans plusieurs phénomènes vitaux. Un organe contractile, qui contient une substance par laquelle il est irrité mécaniquement ou chimiquement, se contracte. Cet acte même de contraction rend l'organe incapable, pour un instant, de se contracter avec la même force; mais l'excitabilité revient graduellement, et le stimulus, qui n'a pas cessé d'agir, peut alors provoquer une nouvelle contraction. C'est ainsi que les contractions se répètent de temps en temps. Les ondulations qu'exécute l'iris sous l'influence d'une lumière dont l'intensité demeure toujours la même, les contractions périodiques du rectum, des intestins, de l'estomac, du du cœur, de l'utérus, de la vessie urinaire et des muscles qui expulsent le contenu de l'urètre pendant le coït, nous offrent des exemples de cette intermittence d'action. Dans la plupart des cas que nous venons de citer, le stimulus qui détermine la contraction est extérieur à l'organe; ainsi, ce sont diverses substances contenues dans les cavités de ces organes, comme l'urine, les fèces, le sperme, etc. Cependant souvent aussi la cause paraît être interne et dépendre du système nerveux : le cœur, par exemple, est dans ce cas. En effet, le cœur, à chacune de ses contractions périodiques, chasse une certaine quantité de sang, et il en reçoit de l'autre côté une quantité égale ; la stimulation que ce sang exerce sur le cœur doit, il est vrai, l'exciter à se contracter périodiquement, mais cependant le contact de ce liquide n'est pas la cause première et unique de ce phénomène. Lorsqu'on enlève le cœur d'un animal vivant, d'un Reptile particulièrement, cet organe, quoique vide, continue longtemps encore ses contractions rhythmiques. Dans cet expérience, ce n'est pas l'air qui joue le rôle d'irritant. Les contractions cardiaques sont déterminées par un stimulus interne qui résulte du conflit de la fibre nerveuse et de la fibre musculaire, stimulus qui agit périodiquement sur le cœur, ou bien qui agit constamment sur lui, mais contre lequel le cœur ne peut réagir que périodiquement. Tout stimulus trop fréquemment répété émousse l'excitabilité des organes, et les rend pour longtemps insensibles à son action. Ce fait explique une partie des phénomènes que nous présentent les effets de l'habitude. Cependant beaucoup de choses auxquelles nous nous habituons produisent sur nous dans le principe, non-seulement des phénomènes de stimulation, mais encore des modifications durables dans la composition de nos organes. C'est précisément ce changement matériel qui nous fournit le seul moyen raisonnable d'expliquer l'inefficacité subséquente de ces stimulus.

§ 70. — Comme les modifications produites, dans la composition des tissus organisés, par les nombreux agents ou substances à l'influence desquels l'organisme est exposé, varient à l'infini suivant la nature et la composition de ces agents ou de ces substances ; comme, en outre, nous ne sommes pas en état de déterminer la nature de chacune de ces modifications, il nous est impossible de former une classification générale exacte des médicaments, qui soit fondée sur la nature de leurs effets. C'est là le côté défectueux de la médecine. Les meilleurs écrivains sur cette matière sont encore trop occupés de leurs *facteurs* et de leurs *polarités* imaginaires, formules complétement stériles pour la science. Cependant, en considérant d'une manière générale les modes d'action de ces agents, nous n'y pouvons distinguer que trois formes principales. Nous établirons donc trois classes d'agents thérapeutiques : les stimulants, les altérants et les agents qui détruisent la composition des tissus.

§ 71. — I. *Stimulants.* — Les stimulants véritables et les plus importants de tous sont ceux que nous avons nommés stimulants vitaux ou intégrants. Leur présence est une condition nécessaire de la vie. C'est sous leur influence incessante seule que les parties animées par la force organique peuvent produire les phénomènes vitaux ; eux seuls ont le pouvoir d'augmenter la force organique. Ces stimulus intégrants sont, comme nous l'avons dit, le calorique, l'air atmosphérique, l'eau et enfin les aliments qui, pour les animaux, doivent être des substances déjà organisées, soit végétales, soit animales. Ces agents ne modifient pas simplement la composition des tissus ; ils ne stimulent pas simplement en changeant l'équilibre, mais encore ils entrent dans la composition des organes pour les régénérer. Comme ils stimulent sans épuiser, ils constituent le seul moyen réel et efficace que nous possédions pour restaurer la force organique à la suite des maladies.

Il existe encore bien d'autres agents que nous devons, d'après l'idée que nous nous sommes formée d'un stimulus, considérer comme des stimulants. Ceux-ci, en effet, provoquent des réactions ; mais ils ne sont pas essentiellement intégrants et ne servent pas à la rénovation des parties : ils produisent des symptômes, c'est-à-dire, des phénomènes réactionnels, sans pour cela exercer aucune influence vivifiante sur l'organisme : enfin, au contraire, ils peuvent même déterminer des effets très-fâcheux, par suite des changements matériels qu'ils opèrent dans l'économie. On a fait un mal infini à la médecine et l'on a tué bien des individus, en confondant tous les agents capables de provoquer des phénomènes de réaction, avec les stimulus intégrants qui sont absolument indispensables au maintien de la vie. On s'était, mais bien à tort, imaginé que les stimulants en général étaient nécessaires à la vie, parce que certains d'entre eux alimentaient, pour ainsi dire, la flamme de la vie.

Outre les stimulus généraux intégrants, il s'en trouve, parmi les autres, quelques uns qui, dans certaines circonstances, exercent aussi une action vivifiante et fortifiante locale, analogue à celle des stimulus intégrants généraux ; c'est-à-dire, qu'en vertu d'un principe matériel pondérable ou impondérable, ils reconstituent eux-mêmes la composition d'un organe, ou la modifient de manière à faciliter sa régénération par les stimulus intégrants généraux. Mais tout cela dépend de l'état de l'organe malade, et les cas où les médicaments qui passent pour vivifiants et toniques agissent réellement ainsi sont extrêmement rares. Au contraire, on a stimulé, jusqu'à les faire périr, bien des malades, en leur administrant un fatras de médicaments qui possèdent bien, il est vrai, soit en général, soit en certains cas seulement, la propriété de stimuler, mais qui ne fortifient pas, et provoquent uniquement des mouvements tumultueux dans l'économie animale.

Les substances qui n'exercent une influence vivifiante que dans certaines conditions agissent, en outre, suivant leur composition, d'une manière plus spéciale sur certains organes, et forment des groupes naturels, selon que leur action se porte particulièrement, par exemple, sur le système nerveux, ou sur les organes destinés à modifier la composition du sang, etc. Plusieurs de ces agents sont des principes impondérables, tels que l'électricité, qui a été employée avec succès dans les paralysies. Le calorique, qui déjà est absolument nésessaire au développement de l'embryon, exerce encore quelquefois, lorsque les autres moyens thérapentiques ont échoué, une action éminemment vivifiante, par exemple, dans les affections des nerfs et de la moelle épinière, dans les paralysies, la névralgie dorsale et le *tabes dorsalis* commençant. Dans ces cas, le calorique s'applique sous forme de moxa, par exemple, et l'on réitère souvent cette aplication; on peut même poser un nouveau moxa sur la chair pullulante de l'ancien. On applique encore le calorique de manière à déterminer une douleur durable, en tenant la flamme d'une bougie allumée tout près de la partie malade. Nous ignorons comment le calorique agit dans ces circonstances. Toutefois, dans les maladies de la moelle épinière, les moxas ne produisent d'effet utile, que lorsqu'on les pose au voisinage de cet organe, tandis que partout l'on peut déterminer de la douleur.

Les frictions agissent quelquefois comme un stimulus vivifiant. Par ce procédé nous excitons les extrémités périphériques des nerfs, excitation qui se propage jusqu'aux organes centraux du système nerveux, et en même temps nous activons le conflit entre les parties frictionnées et le sang.

D'un autre côté, tous les agents de ce genre, soit substances médicamenteuses, soit corps impondérables, comme le calorique et l'électricité, soit irritants mécaniques, comme une compression, une contusion, tous ces agents, disons-nous, quand leur action est exagérée, produisent, loin de vivifier, un effet directement opposé ; cela dépend de ce qu'alors ils altèrent si violemment la substance des organes, que les combinaisons organiques nécessaires à la vie ne peuvent plus se maintenir. Ainsi donc, les agents dont nous parlons ici sont des stimulus spéciaux qui ne vivifient que dans certaines conditions. L'action vivifiante qu'ils exercent alors sur la matière organique consiste en ce qu'ils favorisent la restauration de la composition normale des parties. Nous pouvons donc les appeler stimulants *homogènes*, tandis que nous nommerons *hétérogènes* tous les autres stimulants qui n'ont d'autre effet que de troubler la composition naturelle des organes et l'état des forces vitales. Ces derniers, au lieu d'être vivifiants, sont nuisibles à la vie. Au reste, il ne faut pas oublier que tout stimulus homogène, quand il est appliqué mal à propos, devient un stimulus hétérogène, c'est-à-dire, opère simplement une perturbation dans l'état des forces et dans la composition normale des tissus. Ainsi les stimulants peuvent se diviser en deux classes: 1° les stimulus intégrants généraux; 2° les stimulants spéciaux. Ceux-ci se subdivisent encore en stimulants homogènes et en stimulants hétérogènes.

Lorsque, dans une maladie quelconque, les forces vitales décroissent avec rapidité, tout l'appareil de nos médicaments stimulants nous fait défaut. La plus grande partie de ces agents détermine une perturbation dans l'organisme, mais ne le fortifie nullement.

§ 72. — II. *Altérants.* — Il existe un grand nombre de substances qui jouent dans la thérapeutique un rôle fort important, parcequ'elles produisent dans la matière organique un changement chimique, dont le résultat n'est ni une régénération immédiate de cette matière organique, ni un accroissement des forces vitales, mais une modification qualitative, qui a pour effet consécutif la disparition d'un état morbide préexistant. C'est ce qui a lieu de plusieurs manières : ou bien l'obstacle matériel, qui réside dans la composition de la matière organique et qui empêche aux organes d'agir d'une manière normale, est écarté ; ou bien le stimulus qui détermine des actes anomaux disparait; ou bien il se produit dans les organes une modification chimique telle, qu'ils deviennent incapables d'être affectés par un stimulus morbide; ou bien la matière éprouve un tel changement, que les altérations et les lésions que l'on redoute ne peuvent plus s'effectuer, comme on l'observe dans le traitement antiphlogistique; ou bien, enfin, l'état des liquides nourriciers se trouve modifié. Les agents thérapeutiques qui déterminent ces divers effets sont des altérants. Le médecin ne peut pas, à l'aide de ces moyens, comme s'il faisait une manipulation chimique, ramener à l'état normal un organe qui est altéré dans sa composition intime; mais il peut y déterminer un léger changement chimique, qui permette à la nature elle-même de rétablir la composition normale, pourvu toutefois que la faculté régénératrice de l'organisme ne soit pas épuisée.

Les altérants se divisent naturellement en deux classes différentes, suivant que leur action porte plus spécialement sur le système nerveux, ou sur les autres organes qui dépendent du système nerveux. La première comprend les plus importants de ces agents, ceux qui ont reçu le nom de *narcotiques ;* la deuxième embrasse la multitude de substances médicamenteuses qui exercent leur action sur les altérations matérielles que présentent les autres organes. Ces médicaments peuvent aussi devenir indirectement des stimulants vivifiants, en tant qu'ils font disparaître les obstacles qui s'opposent à la guérison ; et ils sont également capables de déterminer des symptômes d'irritation, lorsqu'ils dérangent l'équilibre de l'organisme. Quand on emploie ces agents sans mesure et sans discernement, ils produisent les mêmes résultats fâcheux que les stimulants hétérogènes ; s'ils jouissent de la propriété d'altérer promptement les tissus, ils anéantissent la force organique en détruisant ces derniers. C'est ce qui a lieu pour les narcotiques.

Toutefois, comme chaque altérant affecte d'une façon particulière et en vertu de sa propre composition la composition d'un organe, il en résulte que l'un peut, par l'effet de la saturation de l'organe, cesser d'agir sur lui, tandis qu'un autre pourra exercer sur le même organe une action énergique. Cette considération explique un grand nombre de faits qui se rapportent aux phénomènes de l'habitude, et la médecine pratique nous offre une multitude d'exemples qui confirment la justesse de cette vue. L'usage prolongé d'un médicament altérant détermine un tel changement chimique dans la composition des organes, que l'affinité qui existait entre ceux-ci et cette substance médicamenteuse disparaît, quoiqu'ils puissent encore manifester de l'affinité pour d'autres agents de la même classe.

Les substances impondérables exercent une action altérante tout-à-fait semblable. Ainsi, lorsque l'on regarde longtemps et fixement une surface verte, l'œil perd graduellement sa sensibilité pour cette couleur, qui lui paraît devenir de plus en plus terne et grise, mais en même temps la sensibilité de l'organe pour les rayons rouges augmente ; et réciproquement, quand on regarde longtemps un objet rouge, la vue devient plus sensible pour la couleur verte. De même, si l'on contemple quelque temps un corps jaune, on cesse bientôt de percevoir cette couleur aussi vivement, mais les yeux deviennent plus sensibles pour le violet, *et vice versâ*. Le même rapport existe entre les rayons bleus et les rayons orangés. La couleur sur laquelle nous avons longtemps reposé la vue nous paraît toujours devenir de plus en plus terne.

§ 73. — III. *Agents désorganisateurs* ou qui détruisent la composition organique des tissus. Nous rangeons ici tous les agents qui détruisent immédiatement les tissus, sans agir d'abord comme stimulants ou comme altérants. A cette catégorie appartiennent certaines substances qui stimulent, quand leur action est faible, mais qui, par une action plus intense, déterminent une perturbation essentielle dans l'état des forces : tels sont le calorique, l'électricité, etc. Lorsque certains *altérants* proprement dits agissent avec une extrême énergie, ils produisent des changements considérables dans la matière organique et forment avec elle des combinaisons que la force organique ne peut empêcher. C'est de cette manière que les *altérants narcotiques* deviennent désorganisateurs. Parmi les autres altérants, ceux qui modifient la formation et la composition des fluides organiques, par exemple, les mercuriaux, les antimoniaux, les acides minéraux, les alcalis, exercent également, lorsqu'ils sont à l'état de concentration, une action désorganisatrice. Les stimulants peuvent désorganiser de deux manières. En effet, quelques-uns d'entr'eux sont stimulants seulement, quand leur action ne dépasse pas un certain degré d'intensité. Mais lorsque leur action est plus violente, loin de régénérer les tissus et la force organique, ou bien, loin de favoriser au moins cette régénération en déterminant de nouvelles affinités, ils produisent immédiatement un changement essentiel dans la composition des organes. Dans ce dernier cas, aucun phénomène d'irritation ou de réaction ne précède la mort locale ou générale : la désorganisation est immédiate, comme dans la mort par l'électricité, la foudre, etc. D'autres stimulants, qui agissent, dans certaines conditions, comme intégrants, exercent une influence désorganisatrice en maintenant un organe dans un état d'activité trop prolongé. Ici, la mort résulte de ce que la reproduction de la force organique ne peut compenser la dépense que nécessite l'action continue de l'organe. C'est ce que l'on appelle *hyperstimulation*. L'hyperstimulation d'un organe y cause une faiblesse permanente, comme on l'observe dans les yeux qui ont été soumis trop longtemps à l'action de la lumière. La thérapeutique ne fait usage des substances qui jouissent de la propriété de désorganiser les tissus, que lorsqu'elle se propose réellement de détruire un organe ou un tissu.

§ 74. — John Brown qui, grâce à la découverte de quelques unes des lois de l'excitabilité animale, a pu donner dans ses *Elementa medicinæ* la première esquisse d'un système de médecine, système, il est vrai, encore informe et même dangereux dans son application à la pratique, ne connaissait pas mieux que ses sectateurs l'action produite par les médicaments altérants. D'après la théorie de Brown, sans excitation préalable, il ne peut survenir aucun changement dans les forces excitables ; c'est seulement par l'hyperstimulation que l'excitabilité peut être épuisée et la vie anéantie. Les Browniens prétendaient donc que, partout où il se manifestait de la faiblesse, elle avait été précédée d'une hyperstimulation. En preuve de cette assertion, ils citaient le fait que certaines substances stimulent, quand on les administre à faible dose, tandis qu'à plus haute dose elle produisent un effet contraire, et à dose extrême déterminent l'épuisement : l'opium était leur exemple favori. Dans ce dernier cas, disaient-ils, la période de stimulation est extraordinairement courte et inappréciable. Ils expliquaient de la même manière l'action de tous les agents qui affaiblissent rapidement. Mais il existe beaucoup de substances qui, même à petite dose, produisent des effets délétères, quoiqu'à un plus faible degré: tels sont les gaz irrespirables, le venin de la vipère, etc. Les *controstimulistes* Rasori, Borda, Brera, Tommasini ont signalé ce défaut de la théorie de Brown, et ont donné le nom de *contre-stimulants* aux substances qui, au lieu de stimuler, déterminent l'effet diamétralement opposé, c'est-à-dire, diminuent l'excitabilité des organes. Ils ont donc divisé les agents thérapeutiques en stimulants et contre-stimulants. Mais, quoiqu'ils aient évité la grande erreur de Brown , ils n'ont cependant pas reconnu l'action altérante d'un grand nombre de substances, telle que nous l'avons exposée tout à l'heure.

Les distinctions établies par Brown reposent sur une application tout-à-fait incomplète de certaines lois positives de l'excitabilité, et sur l'erreur qu'il a commise en confondant les stimulus vitaux ou intégrants, à savoir, l'eau, l'air atmosphérique, la matière nutritive et le calorique, avec les substances qui sont stimulantes, en tant qu'elles modifient la réaction des forces organiques et la composition des tissus, mais qui ne sont pas véritablement intégrantes. Un narcotique, c'est-à-dire, un *altérant des nerfs* peut, depuis le commencement jusqu'à la fin de son action, provoquer la manifestation de symptômes. Car, en modifiant la composition organique, il agit sur cette propriété fondamentale de tout organisme, en vertu de laquelle ce dernier est déterminé à réagir suivant certaines lois intérieures contre les influences du dehors, ou, en d'autres termes, en vertu de laquelle il est apte à être stimulé; mais cet agent n'est nullement un stimulus dans le sens thérapeutique, c'est-à-dire, un stimulus qui vivifie les organes et régénère leur composition.

Selon Brown, toutes les maladies sont sthéniques ou asthéniques. Dans les maladies sthéniques, il y a accroissement de la force vitale, tandis que dans les asthéniques, au contraire, cette force est diminuée; mais dire qu'il existe un état morbide et en même temps qu'il y a augmentation de la force vitale, les deux termes de cette proposition impliquent contradiction. Les maladies ne nous offrent qu'une variété infinie d'altérations locales ou générales dans la composition des parties organisées. Tantôt, dès le principe, on observe une prostration générale des forces, tantôt cette prostration ne survient que plus tard. Ainsi donc, le moyen d'obtenir la classification nosologique la plus convenable consiste à diviser les maladies d'après les systèmes d'organes qu'elles affectent, et d'après la physionomie qu'elles présentent. De tout temps les médecins ont été portés à considérer l'inflammation comme une maladie accompagnée de l'augmentation des forces vitales. Il est vrai que dans l'inflammation certains phénomènes se manifestent avec plus d'énergie ; ainsi, la chaleur est plus élevée ; une plus grande quantité de sang s'accumule dans les capillaires; d'autres phénomènes physiologiques se modifient encore ; en même temps l'organe cesse de remplir sa fonction, et les sensations éprouvées par le malade indiquent une violente lésion. La cause qui provoque l'inflammation détermine un changement chimique dans l'organe affecté ; c'est de cette manière que nous produisons une inflammation dans un but thérapeutique , à l'aide de certains agents chimiques. Il se développe alors une affinité chimique, une attraction entre le sang et la substance même de l'organe, qui se trouve chimiquement altérée. Cette affinité entre les tissus vivants et le sang peut être plus grande qu'elle ne l'est dans l'état normal de l'organisme. Mais cette augmentation d'affinité, qui se manifeste entre les tissus et le sang dans l'inflammation, est-elle purement et simplement une augmentation de l'affinité organique naturelle semblable à celle que l'on observe réellement dans certains phénomènes normaux, dans tous les phénomènes de turgescence, par exemple ? C'est ce que rendent fort invraisemblable les différents modes de terminaison de l'inflammation, et surtout la facilité avec laquelle elle amène la désorganisation du tissu. L'inflammation n'est pas une maladie avec accroissement de la force vitale; car les phénomènes inflammatoires résultent autant de la tendance à la décomposition, tendance déterminée par le changement chimique, que de la réaction des parties organisées pour résister à cette décomposition.

§ 75. — L'action intime que toutes les parties exercent les unes sur les autres dans le corps animal produit dans l'organisme une sorte de statique des forces, où un point unique dérangé suffit pour rompre l'équilibre de tous les autres. Ainsi, une cause de maladie, en agissant sur une seule partie, et en modifiant dans cette partie l'état des substances, soit pondérables, soit impondérables, exerce souvent, au moyen d'une série de modifications qui s'enchaînent entre elles, son influence jusque sur les parties les plus éloignées, quand celles-ci sont douées d'une réceptivité particulière pour cette cause morbifique. Lorsqu'on soustrait certains matériaux organiques en un point quelconque du corps, on empêche ces matériaux et d'autres analogues de s'accumuler dans un autre point ; c'est sur ce fait qu'est basée la méthode des évacuations opérées sur un organe autre que l'organe souffrant. L'accroissement de l'activité organique dans une partie détermine un accroissement analogue dans un grand nombre d'autres parties. L'augmentation de l'activité vitale dans les organes génitaux se lie avec la réproduction du bois chez le Cerf; chez l'Homme, elle entraîne également des modifications particulières dans beaucoup d'organes, modifications que prévient la castration.

Ces phénomènes de statique sympathique doivent être distingués en deux ordres. En effet, les premiers dépendent surtout de l'action réciproque que les particules élémentaires des tissus, qui étaient primitivement des cellules , soit chez les plantes, soit chez les animaux, sont capables d'exercer les unes sur les autres ; les seconds s'effectuent principalement par l'intermédiaire du système nerveux. La sympathie des éléments de tissu, en d'autres termes, la sympathie *organique* ou *végétative* générale, qui est évidente dans une multitude de phénomènes pathologiques, où l'on voit certains changements matériels se propager graduellement au loin, se développe avec lenteur et en vertu de l'affinité qu'ont les unes pour les autres les particules élémentaires des tissus homogènes. La sympathie *animale*, dont la propagation s'effectue à l'aide des nerfs, marche en général beaucoup plus rapidement ; elle peut également déterminer des changements matériels dans des parties étrangères aux nerfs, souvent même à des distances considérables du point de départ de l'irritation. Cependant, ce phénomène ne dépend pas d'un changement matériel toujours le même, qui s'étendrait du point de départ jusqu'au point terminal, en affectant tous les points intermédiaires; mais tous ces changements organiques dépendent d'un foyer particulier unique dont les fibres nerveuses conduisent les irradiations.

SECTION IV. — DES PHÉNOMÈNES COMMUNS AUX CORPS ORGANIQUES ET INORGANIQUES.

§ 76. — Les corps organiques participent aux propriétés générales de la matière pondérable. Les lois de la mécanique, de la statique et de l'hydraulique trouvent encore ici leur application. Néanmoins plusieurs des propriétés que la matière organique possède en commun avec les corps inorganiques : comme la cohésion, l'élasticité, etc., ne persistent qu'autant que la composition essentielle du tissu est maintenue par l'action incessante de la force organique : ainsi, la tunique élastique des artères perd son élasticité quelque temps après la mort. L'application que l'on peut faire à la physique organique, des lois de la mécanique, de la statique et de l'hydraulique, se trouve limitée par le fait que, la plupart du temps, les causes de mouvement sont organiques. Les fluides impondérables, l'électricité, le calorique et la lumière se développent aussi dans les corps organisés. Nous allons actuellement passer à l'étude particulière de ces phénomènes.

CHAPITRE Ier. — *Développement de l'électricité.*

§ 77. — Tout le monde sait que l'électricité par frottement se développe très facilement dans un grand ombre de corps d'origine organique. Le galvanisme ou l'électricité par contact ne résulte pas simplement du contact de métaux hétérogènes ; beaucoup d'autres matières, en particulier le carbone et le graphite, peuvent, d'après les recherches d'Alex. de Humboldt et de Pfaff, remplacer les métaux électromoteurs ; et même des substances animales différentes unies par des corps conducteurs agissent, mais à un plus faible degré, tout comme des métaux hétérogènes. On aurait donc tout-à-fait tort de s'imaginer que l'on ne doit rechercher les causes de l'électricité galvanique que dans les propriétés des métaux d'espèce différente. Seebeck a découvert que deux barres de métal, chauffées à des degrés différents et placées l'une contre l'autre deviennent électriques. Bien plus, il a observé qu'une simple barre métallique, chauffée inégalement à ses deux extrémités, développe de l'électricité galvanique. Par conséquent, hétérogénéité des parties qui se trouvent en contact, d'où résulte la séparation de l'électricité neutre qui existe dans tous les corps, en électricité positive et en électricité négative, ou la rupture de l'équilibre du fluide électrique, et connexion des parties hétérogènes par un corps conducteur, voilà les conditions les plus générales nécessaires à la production du galvanisme. Des phénomènes galvaniques se développent également dans des parties animales, lorsque ces conditions indispensables se trouvent réunies.

§ 78. — Alex. de Humboldt a découvert que l'on peut déterminer de faibles contractions dans la cuisse d'une Grenouille, en touchant à la fois le nerf et le muscle avec un lambeau frais de chair musculaire. Ce phénomène est, à la vérité, au nombre des résultats les plus rares que donnent les expériences galvaniques ; mais j'ai répété fort souvent cette épreuve et j'ai vérifié l'exactitude de l'assertion de Humboldt. Buntzen a même construit une faible pile galvanique avec des couches alternatives de muscle et de nerf. D'après Prévost et Dumas, une simple chaîne composée d'un métal homogène, de chair musculaire fraîche et d'eau salée ou de sang, agit sur le galvanomètre. Si, après avoir attaché des plateaux de platine aux conducteurs du galvanomètre, on place sur l'un de ces plateaux un morceau de muscle frais du poids de quelques onces, et qu'ensuite on plonge les conducteurs dans du sang ou dans une dissolution saline, on observe une déviation de l'aiguille de l'instrument. Quand on attache à l'un des conducteurs une lame de platine trempée dans du chlorure d'ammoniaque ou de l'acide nitrique, puis à l'autre conducteur un morceau de nerf, de muscle ou de cerveau, la même déviation de l'aiguille se produit, à l'instant où l'on fait communiquer les deux conducteurs (1).

Kæmtz (2) a fait voir que l'on peut construire des piles sèches avec des substances organiques, et sans employer aucune espèce de métal. Des dissolutions concentrées de matières organiques furent étendues sur du papier mince, et l'on construisit des piles avec des disques de ce papier, de telle façon que les deux couches de substances différentes fussent séparées l'une de l'autre par deux épaisseurs de papier. L'électricité développée par ces piles fut éprouvée à l'aide de l'électromètre de Bohnenberger. Ainsi, on s'assura que la

Soude *est positive par rapport à la*	Graisse de Mouton.
Levure	Sucre de canne.
Levure	Sel commun.
Levure	Sucre de lait.
Huile de lin	Sucre.
Huile de lin	Cire blanche.
Fécule	Gomme.
Gomme	Salep.
Gomme	Mucilage de gomme adragant.
Gomme	Semences de lycopode.
Blanc d'œuf	Gomme.
Blanc d'œuf	Sang de Bœuf.
Sang de Bœuf	Extrait de belladonne.
Sang de Bœuf	Fécule.

ARTICLE Ier. — *Organes électriques de quelques Poissons.*

§ 79. — Les Poissons électriques ne paraissent plus des animaux aussi merveilleux, quand on connait les faits qui précèdent. Cependant cette faculté d'opérer des décharges électriques cesse avec la vie de ces animaux, ou lorsque l'influence nerveuse a éprouvé quelque trouble. Parmi les Raies, la famille des Torpilles, *Torpedines*, est électrique : elle comprend les genres *Torpedo, Narcine, Astrape, Temera.* Au premier genre, ou au genre *Torpedo* appartiennent les deux Raies électriques des mers du midi de l'Europe, la *Torpedo oculata* et la *Torpedo marmorata.* Il n'y a pas d'espèce électrique parmi les *Rhinobates*; car l'existence du prétendu *Rhinobates electricus* ne repose que sur ce qu'on a pris pour une espèce distincte la Raie électrique du Brésil, *Narcine brasiliensis.* Les autres Poissons électriques sont l'Anguille de Surinam, *Gymnotus electricus*, qui se trouve dans plusieurs fleuves de l'Amérique du sud; le *Silurus electricus* ou *Malapterurus electricus* que l'on rencontre dans le Nil et le Sénégal. Quant au *Tetrodon electricus* de Patterson, aucun naturaliste ne l'a revu. J'ai examiné plusieurs *Tetrodon* à museau alongé comme celui du prétendu *Tetrodon electricus*; mais je n'y ai trouvé aucune trace d'organes électriques. L'existence du *Trichiurus electricus* est tout-à-fait douteuse.

§ 80. — Les organes électriques des Raies électriques sont situés aux deux côtés de la tête et des branchies. Ils consistent en un certain nombre de prismes à cinq ou six pans, placés perpendiculairement les uns à côté des autres, et occupant en ce

(1) MAGENDIE, *Journal de Physiologie*, III. — (2) SCHWEIGGER'S *Journ.*, 56, 1.

point toute l'épaisseur du Poisson. Chaque prisme forme un tube à parois membraneuses minces, est entouré de nerfs et de vaisseaux, et contient un grand nombre (cent cinquante environ) de lamelles excessivement fines, rangées transversalement et parallèlement l'une au-dessus de l'autre. Un fluide gélatineux remplit l'intervalle de ces lamelles. Chacun des nerfs vagues, après avoir fourni des rameaux aux branchies, donne trois fortes branches aux organes électriques. En outre, une branche de la cinquième paire se distribue à la partie antérieure de cet appareil (1).

D'après les recherches exactes de Rudolphi, les organes électriques de l'Anguille de Surinam, *Gymnotus electricus*, et du *Silurus electricus* sont placés de chaque côté du corps et s'étendent depuis la tête jusqu'à la queue. Ils sont doubles de chaque côté; l'un est superficiel, l'autre est situé plus profondément, et entre eux deux il existe une cloison, et même des muscles chez le *Gymnatus electricus*. Chez ce dernier, l'organe électrique est formé par des membranes horizontales qui s'étendent dans toute la longueur du Poisson et sont distantes les unes des autres d'un tiers de ligne. Entre ces membranes longitudinales se trouvent des cloisons perpendiculaires dirigées de dedans en dehors : dans leur intervalle on observe un fluide particulier. Le plus petit et le plus profondément situé de ces organes offre encore des divisions plus petites. Deux cent vingt-quatre nerfs intercostaux descendent au côté interne de l'organe et distribuent des branches à chaque couche, tandis que les extrémités plus déliées de ces mêmes nerfs vont se rendre à la peau du Poisson en passant au-dessous du petit organe. Un nerf composé de branches de la cinquième paire et de la paire vague marche superficiellement pour se porter aux muscles du dos, et n'envoie aucun rameau à l'organe électrique (2).

Chez le *Silurus electricus*, comme l'a fait voir Rudolphi, il existe aussi deux appareils électriques de chaque côté du corps. Je vais les décrire, tant d'après les observations de Rudolphi que d'après les miennes propres. Les deux organes sont séparés par une membrane aponévrotique. L'externe est situé superficiellement sous la peau; l'interne est placé immédiatement sur la couche musculaire. Les nerfs de l'organe externe proviennent de la paire vague, qui marche sous l'aponévrose intermédiaire et dont les branches perforent cette membrane pour se rendre à l'appareil externe. Les nerfs de l'organe interne viennent des nerfs intercostaux et sont extrêmement déliés. L'appareil externe consiste en cellules rhomboïdales que l'on ne peut étudier qu'à l'aide de la loupe; l'interne paraît aussi être composé de cellules. Rudolphi donne le nom de substance floconneuse à la substance de l'organe interne (3).

§ 81. — Les effets produits par les Poissons électriques sur les animaux sont parfaitement analogues aux décharges électriques. Le choc que détermine la Torpille, lorsqu'on la touche avec la main, s'étend jusqu'à l'avant-bras. Le Gymnote, au contraire, peut attaquer et paralyser le Cheval lui-même, comme Alex. de Humboldt l'a si admirablement décrit (4). Il établit que l'électricité développée par la Torpille et par l'Anguille de Surinam qui seules, parmi les Poissons électriques, ont été l'objet d'investigations minutieuses, se comporte comme l'électricité développée artificiellement dans les autres corps. Ainsi, les corps isolants de l'électricité ne transmettent pas la force électrique de l'organe, et les corps conducteurs, comme les métaux, l'eau, etc., la transmettent, au

(1) Hunter. *Philos. Transac.*, 1773, p. 2, tab. 20. — (2) Rudolphi, dans les *Abhandlungen der Academie zu Berlin*, 1820, 1821 et 1824. — (3) Rudolphi, dans *Abhandlungen der Academie zu Berlin*, 1824. — (4) A.-V. Humboldt, *Ansichten der Natur*.

contraire, parfaitement. Enfin, le choc se propage à travers une chaîne de personnes, lorsque les deux extrémités de cette chaîne se mettent simultanément en contact avec le Poisson. Walsh a même réussi à tirer un étincelle électrique de l'Anguille de Surinam, en conduisant la décharge à l'aide d'une bandelette d'étain collée sur une plaque de verre et présentant une interruption de continuité dans son milieu (1). Fahlenberg a répété cette expérience avec le même succès, pendant que le Poisson était exposé à l'air (2). Dans la Guyane, Guisan a exécuté avec soin une série d'expériences sur l'Anguille électrique et a obtenu plusieurs fois des phénomènes lumineux (3). Tout récemment, Faraday est parvenu au même résultat dans les essais auxquels il s'est livré à Londres (4). Dernièrement, enfin, Linari et Matteuci ont réussi à tirer une étincelle électrique de la Torpille elle-même.

J. Davy est le premier observateur qui, en se servant du galvanomètre, ait obtenu un résultat décisif, et fait voir que les organes électriques de la Torpille exerçaient une action sur cet instrument (5). Il est même parvenu à décomposer l'eau. Un des réactifs les plus sensibles à l'électricité dont on puisse se servir ici comme dans les autres expériences, est une masse gélatineuse que l'on obtient en ajoutant de l'amidon en poudre à une solution saturée ou presque saturée d'iodure de potassium. Une simple pile formée par un fil de cuivre et un fil de zinc avec des acides extrêmement affaiblis suffit pour opérer dans ce mélange une précipitation d'iodure d'amidon. Faraday a exécuté des expériences analogues avec le galvanomètre et l'iodure de potassium.

§ 82. — Le pouvoir de produire la décharge est tout-à-fait volontaire et se lie à l'intégrité des nerfs de l'organe électrique. Les Poissons électriques auxquels on a enlevé le cœur peuvent encore, pendant longtemps, produire des chocs : mais la destruction du cerveau ou la section des nerfs qui se rendent aux organes électriques anéantissent cette faculté. La destruction de l'appareil électrique d'un côté n'abolit pas l'action de son congénère. Aussi, tous les observateurs ont reconnu qu'il ne se fait pas une décharge électrique toutes les fois que l'on touche l'animal, mais qu'elle dépend exclusivement de sa volonté, de sorte qu'il est souvent nécessaire de l'irriter auparavant. Le Poisson n'exerce aucune influence sur la direction de la décharge. Il semble être lui-même presque insensible aux chocs. En effet, chez l'Anguille de Surinam, on ne remarque au moment de la décharge aucune espèce de mouvement du corps de l'animal : chez la Torpille, il ne se produit qu'un léger mouvement des nageoires pectorales. Ces mêmes Poissons sont, en revanche, très-sensibles au stimulus galvanique artificiel, quand on l'applique sur une plaie préalablement faite à leur corps. D'un autre côté, le Gymnote n'éprouve aucun mouvement spasmodique, lorsqu'il reçoit la décharge d'un autre Gymnote. C'est du moins ce qu'a observé A. de Humboldt.

Si l'animal se trouve disposé à opérer une décharge, on en ressent le choc, soit que l'on touche avec un seul doigt une seule surface de l'organe, soit que l'on empoigne avec les deux mains les deux surfaces supérieure et inférieure. Dans les deux cas, il importe peu que la personne qui touche le Poisson soit isolée ou non.

La Torpille et le Gymnote se ressemblent sous beaucoup de rapports, mais pourtant ils diffèrent sous quelques autres. Gay-Lussac et de Humboldt ont signalé quelques différences intéressantes. Quand on touche la Torpille, même avec un

(1) *Journ. de Phys.*, 1776, oct. 331. — (2) *Vetensk. Acad. Abhandl.*, 1801, II, p. 122. — (3) Guisan, *De Gymnoto electrico.* Tübing, 1819. — (4) *Philos. Transact.*, 1839, p. 1; Forier's Not. 1839, no 359. — (5) *Philos. Transact.*, 1834, p. 2.

seul doigt, la décharge s'effectue, que l'on soit isolé ou non. Mais lorsqu'on est isolé, il faut que le contact soit immédiat ; car si l'on se contente de toucher la Torpille avec un morceau de métal que l'on tient à la main, ou n'éprouve aucun choc, tandis que le Gymnote transmet ses décharges à travers une barre de fer de plusieurs pieds de longueur. Lorsqu'on place une Torpille sur un plateau métallique très-mince, la main qui tient le plateau ne perçoit pas de choc, lors même que le Poisson est irrité par une autre personne isolée, et quoique les mouvements spasmodiques des nageoires pectorales indiquent que le Poisson opère de violentes décharges. Mais si, après avoir placé la Torpille sur le plateau de métal, comme tout à l'heure, on tient le plateau d'une main, pendant que de l'autre on touche la surface supérieure de l'animal, on éprouve alors une violente secousse dans les deux bras. La sensation est la même, quand le Poisson est placé entre deux plateaux métalliques et quand ensuite on applique simultanément les mains sur ces deux plateaux, pourvu, toutefois, que leurs bords ne soient point en contact. En effet, si les bords de ces plaques viennent à se toucher, on ne ressent plus de choc, parce que le cercle entre les deux surfaces de l'organe électrique se trouve ainsi complété par les plateaux métalliques, et que le nouveau cercle formé par l'application des mains sur les plateaux opposés reste sans effet. (1).

Déjà J. Davy avait observé que les surfaces dorsale et ventrale des organes électriques se comportent d'une manière différente. Linari et Matteuci ont confirmé ce fait. La direction du courant a lieu en général du côté dorsal au côté ventral. D'après Matteuci, tous les points de la surface dorsale de l'organe sont positifs par rapport à tous les points de la surface ventrale. Au côté dorsal, les points qui se trouvent au-dessus de l'entrée des nerfs dans l'appareil électrique sont positifs par rapport à tous les autres points de ce même côté dorsal. A la surface ventrale, les points de l'organe qui correspondent aux points positifs de la surface dorsale sont négatifs par rapport aux autres points de cette même surface ventrale, comme le démontre l'épreuve du galvanomètre.

Faraday a découvert que, chez le Gymnote, le courant marche toujours de la partie antérieure de l'animal à la partie postérieure; que la première, par conséquent, est positive et la dernière négative. La portion moyenne de la longueur du Poisson est négative par rapport à la partie antérieure positive, et positive par rapport à la partie postérieure négative. Les chocs étaient très violents, quand cet observateur empoignait d'une main la partie antérieure de l'animal, et de l'autre, la partie postérieure ; ils devenaient, au contraire, plus faibles, à mesure que les deux mains se rapprochaient. Quand il touchait l'Anguille électrique aux endroits correspondants du côté droit et du côté gauche, il n'éprouvait qu'un petit choc, comme lorsqu'il le touchait avec une seule main. Lorsqu'on plonge les deux mains dans l'eau à très peu de distance du Poisson, le choc que l'on ressent est plus fort que dans le cas où l'on se borne à le toucher avec une seule main. Quand l'Anguille de Surinam veut tuer un plus petit Poisson au moyen d'une décharge, elle forme un arc avec son corps.

La peau des Poissons électriques ne joue aucun rôle essentiel dans la décharge. Matteuci a constaté qu'après l'ablation de la peau, l'organe électrique de la Torpille conserve encore la faculté d'opérer des décharges. Ces dernières s'effectuaient même après l'ablation de quelques tranches de l'organe.

§ 83. — Quant aux rapports qui existent entre les nerfs et la décharge, c'est aux recherches méritoires de Matteuci que nous devons les premières notions

____

(1) *Ann. de Chimie*, 65, 15.

satisfaisantes (1). La section de tous les nerfs de l'appareil électrique abolit chez la Torpille le pouvoir d'effectuer des décharges. Cependant, si alors on irrite mécaniquement l'extrémité periphérique de l'un des nerfs, on obtient encore quelques décharges. De toutes les parties qui constituent l'encéphale, le dernier lobe, *lobus medullæ oblongatæ*, duquel émanent tous les nerfs de l'organe, est le seul qui exerce une influence sur la décharge. En effet, on en détermine une toutes les fois que l'on touche à ce lobe.

Matteuci a étudié les effets d'une pile galvanique sur la Torpille. Lorsque le pôle positif est mis en rapport avec le cerveau, et le pôle négatif avec l'organe électrique, de manière à ce que le courant se porte du pôle positif (cerveau) à l'organe, il s'opère constamment alors une décharge. Quand, au contraire, on renverse les pôles, et qu'ainsi l'on applique le pôle positif à l'organe et le négatif au cerveau, il ne se fait plus de décharge, pourvu, toutefois, que l'animal ne soit pas trop irritable; mais, dans ce dernier cas, il se produit des convulsions dans les muscles du Poisson. Dans cette expérience, le pôle positif de la pile détermine un courant électrique dans la direction de l'organe au cerveau. Si l'on expérimente avec la pile sur un organe électrique entièrement détaché du corps avec ses nerfs, alors la direction du courant n'exerce plus aucune influence, et la décharge a lieu, quelle que soit la position des pôles. Quand, après avoir isolé les nerfs de la Torpille, on y applique les deux pôles d'une pile, on provoque toujours une décharge; mais on n'obtient plus ce résultat, lorsque les pôles sont appliqués à l'organe seul; ce qui démontre la nécessité des nerfs pour qu'une décharge puisse s'effectuer. Au reste, le galvanomètre reste insensible, pendant que la Torpille opère une décharge, quand on le met en rapport avec les nerfs isolés de l'organe.

§ 84. —Matteuci conclut de ces faits que l'électricité de la Torpille ne se produit pas dans les organes électriques, que le courant part du cerveau et que l'électricité se renforce simplement dans l'appareil, comme dans une bouteille de Leyde. Ces conclusions ne me paraissent nullement justifiées par les observations qui précèdent. Après l'ablation des organes électriques, les phénomènes électriques cessent dans le reste de l'animal, tout aussi bien qu'après la section des nerfs qui se rendent à ces organes particuliers, et l'on ne peut démontrer directement que les courants électriques aient lieu dans la direction du cerveau aux nerfs.

Il est encore impossible, dans l'état actuel de la science, de donner une théorie satisfaisante des phénomènes électriques que présentent les Poissons dont nous parlons. Nous ne connaissons pas mieux le rapport mystérieux qui existe entre les nerfs et l'électricité dans les autres parties du corps, que nous ne le connaissons dans le cas spécial des Poissons électriques. Nous ne pouvons ici discuter que des possibilités. Les organes électriques sont ils eux-mêmes la source de l'électricité, ou non? Dans le cas de réponse négative, la source immédiate de l'électricité réside-t-elle dans les nerfs eux-mêmes?

Dans la première hypothèse, il faut admettre que les organes électriques se chargent eux-mêmes sans le concours des nerfs, et que néanmoins les nerfs, par leur action soudaine et non électrique sur la substance même des organes, peuvent déterminer dans cette dernière un état électrique hétérogène, de même que la lumière se développe dans les corps organisés sous l'influence de la vie.

Dans la seconde hypothèse, c'est-à-dire, si l'on suppose que des courants électriques existant dans les nerfs eux-mêmes sont la source immédiate des phéno-

(1) Matteuci, *Essai sur les phénomènes électriques des animaux*. Paris, 1840.

mènes électriques, l'organe peut se comporter à l'égard de ces courants de deux manières différentes.

1° Les organes électriques peuvent jouer le rôle d'un condensateur demi-conducteur, duquel l'électricité s'échappe sous forme de décharge, lorsque la force du courant qui émane des nerfs vient à augmenter subitement. Ou bien encore les organes électriques peuvent représenter une *pile secondaire* dans laquelle il ne s'engendre pas d'électricité, et qui, au contraire, est chargée par les nerfs. C'est la théorie de Matteuci. On entend en physique par *pile secondaire* une pile formée de plaques métalliques homogènes, alternant avec des disques humides. Cette espèce de pile est incapable d'engendrer par elle-même de l'électricité; mais quand elle est mise en rapport avec une pile galvanique ordinaire, elle se charge d'électricité. Une fois que la pile secondaire est chargée, si on la retire de cette chaîne, elle conserve l'électricité qu'elle a reçue, et on peut alors en tirer une décharge.

2° Si un courant électrique circulait dans les nerfs eux-mêmes, les organes électriques pourraient encore représenter un appareil qui s'électriserait sans recevoir le courant qui marche dans les nerfs, c'est-à-dire, s'électriserait par induction, de même qu'une spirale électrique complétement isolée, introduite dans une autre spirale isolée, détermine dans cette dernière un courant électrique, sans que les deux spirales aient la moindre communication entre elles. Si l'on suppose les nerfs en général parcourus par le fluide électrique, ces courants doivent toujours être tout-à-fait isolés dans les canaux des fibres primitives, car jamais un nerf ne laisse dévier le courant électrique. L'inflexion des fibres nerveuses à leur extrémité périphérique pour rebrousser chemin, disposition que Prévost et Dumas se sont efforcés de rendre vraisemblable et qui a été démontrée par Valentin, Emmert, Ern. Burdach ne favorisent pas davantage la déviation de l'électricité; toujours dans l'hypothèse qu'il existe des courants électriques dans les nerfs. J'ai vu moi-même des plexus et des anses de ce genre dans les organes électriques de la Torpille, en en examinant de minces lamelles sur des animaux frais. Suivant cette supposition, le courant électrique qui s'effectue dans les nerfs y resterait renfermé; l'organe spécial du Poisson s'électriserait alors par induction, et serait seul susceptible de laisser échapper l'électricité. Mais tout cela est hypothétique, et jusqu'à présent la présence de l'électricité dans les nerfs est encore bien loin d'être prouvée, comme nous le verrons plus tard.

Au reste, deux questions encore exigent de nouvelles recherches : Pourquoi les Poissons électriques ne souffrent-ils pas de leur propre électricité? Quelles sont les conditions nécessaires pour que ces Poissons déterminent des convulsions dans leur propre corps au moyen de leur électricité?

Article II. — *Phénomènes électriques chez d'autres animaux.*

§ 85. — Les phénomènes électriques des Poissons électromoteurs se manifestent à l'aide d'appareils particuliers. Quant à savoir, si, dans le règne animal et chez l'Homme, c'est l'activité organique ordinaire qui développe l'électricité, c'est une toute autre question.

Au printemps, avant l'accouplement, les Grenouilles manifestent une irritabilité extraordinaire sous l'influence du stimulus galvanique. Non-seulement le stimulus d'une simple paire de plaques appliqué uniquement au nerf, ou au nerf et au muscle à la fois, détermine des convulsions dans la cuisse d'une Grenouille, mais encore il suffit, pour les produire, de toucher avec un simple morceau de métal homogène une cuisse dépouillée de sa peau, après avoir disséqué le nerf et l'avoir placé sur un disque de verre isolant. L'animal ainsi préparé, lorsqu'on touche le nerf avec une lame de zinc que l'on tient d'une main, on provoque chaque fois de violentes convulsions à l'instant où l'on touche la cuisse de l'animal avec un doigt de l'autre main. Cependant les phénomenes galvaniques les plus remarquables sont ceux que l'on produit sur les Grenouilles, sans employer ni substance métallique ni corps étranger. Ce phénomène a été découvert par Galvani, et depuis a été confirmé par les observations de Humboldt et d'autres physiologistes. Pour exécuter cette expérience, on fait une incision transversale à la région lombaire, et l'on détache la cuisse du tronc, de manière à ce qu'elle ne tienne plus que par le nerf sciatique, puis on renverse les muscles de la jambe vers ce nerf. Dès que le contact a lieu, il s'opère immédiatement une convulsion chez les Grenouilles très-irritables. J'ai moi-même exécuté une expérience analogue : sur une cuisse de Grenouille complètement détachée du corps, et dont le nerf sciatique avait été disséqué, je déterminais des convulsions, lorsqu'à l'aide d'une baguette isolante je recourbais le nerf et le mettais en contact avec la peau humide de la jambe. Il survenait également une convulsion au moment où je faisais cesser le contact. Une expérience plus compliquée est celle qu'Aldini, de Humboldt ont exécutée, et que j'ai répétée moi-même. Dans celle-ci, après avoir préparé la cuisse de la Grenouille, on ferme la chaîne formée par le nerf et les muscles, soit avec une autre Grenouille vivante ou morte, soit avec un lambeau de chair musculaire.

§ 86. — Galvani, Aldini, A. de Humboldt et tout récemment Matteuci ont mis à profit ces expériences pour établir que le développement d'électricité qui s'opère alors doit être rangé parmi les phénomènes vitaux de l'organisme. Volta, au contraire, prétend que, dans ces phénomènes, il faut simplement considérer le nerf et le muscle comme les éléments physiques d'une chaîne, qui agissent à la manière de métaux hétérogènes, non pas en vertu de leurs propriétés vivantes, mais seulement en vertu de leur état matériel. D'après cette doctrine, la convulsion est le seul phénomène vital qui se produise ici. La convulsion est l'électromètre qui mesure l'intensité des forces physiques. Ces forces doivent aussi se manifester dans une chaîne formée par le muscle mort et le nerf également mort; mais alors elles ne peuvent plus être mesurées comme auparavant par une contraction vivante, laquelle constitue le plus sensible des électromètres. Si l'on ne peut pas dire que la vérité de la théorie de Volta soit démontrée d'une manière décisive, cependant on n'a pas non plus jusqu'ici réussi à prouver l'exactitude de la théorie opposée.

Nobili et Matteuci ont fait voir que dans ces expériences le nerf est positif par rapport au muscle, ou, en d'autres termes, que le courant électrique qui se développe alors marche du nerf vers le muscle. Matteuci a le mérite d'avoir donné aux expériences de ce genre un haut degré de précision. Mais lorsque Matteuci, pour faire prévaloir son opinion, argumente de ce fait, qu'une chaîne formée par de la chair musculaire, des nerfs et de l'eau salée, et mise en rapport avec le galvanomètre, agit sur celui-ci, il ne prouve absolument rien; car cette expérience peut tout aussi bien être invoquée en faveur de la doctrine de Volta. En effet, le fil du galvanomètre et l'eau salée ne sauraient être regardés comme des éléments galvaniques indifférents. Et lors même qu'on mettrait complétement de côté ces éléments dans la formation de la chaîne, le développement de l'électricité pourra néanmoins toujours être regardé comme une confirmation de la théorie de Volta. Il serait donc nécessaire de faire une contre expérience avec de l'eau salée et une cuisse de Grenouille morte et privée de toute irritabilité. Ed. Weber a observé que le contact d'un corps animal vivant ou mort avec cuivre et cuivre, de manière à former une chaîne, engendre de l'électricité. En conséquence, les expériences de Donné, dans lesquelles ce physiologiste mettait le galvanomètre en rapport avec les diverses substances sécrétoires, et prétendait y constater un courant électrique, ne prouvent rien en réalité. Il est évident que toutes les recherches exécutées à l'aide de cet instrument, dans lesquelles il forme une chaîne avec des parties animales hétérogènes, ne sauraient avoir aucune valeur.

Aujourd'hui donc, les physiologistes doivent s'attacher à étudier les courants électriques, en expérimentant directement sur les nerfs ou les muscles eux-mêmes, et sans les faire entrer dans une chaîne galvanique. On peut faire ces expériences de deux manières :

1° En éprouvant, au moyen du galvanomètre, les nerfs ou les muscles pendant qu'ils sont en action. Par ce procédé, je n'ai jamais réussi à obtenir le moindre signe de réaction. D'autres observateurs n'ont pas été plus heureux que moi (1). Mais on peut objecter que, dans l'intérieur de son tube nerveux, la fibre primitive est entourée d'une couche graisseuse isolante ; que, par conséquent, la fibre nerveuse ne conduit ses propres courants que dans le sens de sa longueur, et qu'enfin, si les nerfs n'exercent aucune action sur le galvanomètre, cela dépend de ce que les courants centripètes et centrifuges marchent côte à côte dans les différentes fibres d'un seul et même nerf.

2° En recherchant si les nerfs sont capables d'attirer d'autres courants électriques isolés, ou de déterminer d'autres courants par induction dans d'autres conducteurs isolés. A cette méthode se rapportent les expériences d'Éd. Weber, auxquelles il se réfère dans son mémoire sur les phénomènes électro-magnétiques du corps humain, mais dont il n'a pas encore fait connaître les détails (2). Weber a observé que l'aiguille magnétique était affectée, lorsqu'un Homme contractait les muscles d'une partie de son corps dans le voisinage d'une barre de fer doux. Mais on ignore encore si ce trouble de l'état magnétique de la barre de fer ne dépend pas de quelque autre cause. Prévost a remarqué qu'une aiguille de fer doux implantée longitudinalement dans un muscle devenait magnétique, et, au moment de la contraction musculaire, attirait la limaille de fer. Toutefois, Peltier (3), Valentin (4) et d'autres observateurs ont répété cette expérience sans aucun succès.

J'ai moi-même cherché à reconnaître si les courants électriques que l'on suppose exister dans les nerfs agissent sur des spirales isolées. Pour cela, je plaçai dans l'intérieur d'un fil métallique contourné en spirale comme le fil d'un galvanomètre, tantôt un nerf ou un muscle, tantôt une cuisse de Grenouille préparée ; mais je n'obtins aucun résultat. Il était à présumer que, dans le tétanos d'une Grenouille, des courants intenses émanant de la moelle épinière agiraient sur l'aiguille magnétique suspendue au-dessus de la moelle épinière, du nerf sciatique, ou des muscles de l'extrémité postérieure de l'animal ; cependant, je n'ai rien observé de semblable. Il est vrai de dire qu'ici encore on peut faire la même objection que tout à l'heure Si dans cette expérience, peut-on objecter, l'aiguille ne manifeste aucune sensibilité, c'est qu'il existe toujours dans un seul et même nerf des courants en sens contraire, qui marchent côte à côte les uns des autres.

§ 87. — Une question dont la solution offre beaucoup d'intérêt, c'est celle de la conductibilité des nerfs pour l'électricité, comparée à celle des autres corps. D'après les observations de Weber, les diverses parties du corps humain ne sont pas meilleurs conducteurs d'un courant galvanique, qu'on ne pouvait l'attendre de

(1) *Voy.* PERSON, *sur l'hypothèse des courants électriques dans les nerfs*, dans *Journal de Physiologie* de MAGENDIE, t, x, 1830; BISCHOFF. dans MÜLLER'S *Archiv.*, 1841, 20. — (2) ED. WEBER, *Quæstiones physiologicæ de phænomenis galvano-magneticis in corpore humano observatis.* Lipsiæ, 1836. — (3) *Annales des Sciences naturelles*, 9, 1858, p. 89. — (4) *Repertorium*, III, 41.

substances imprégnées de sang et de liquides salins possédant un certain degré de chaleur : c'est-à-dire qu'elles sont de dix à quinze fois meilleurs conducteurs que l'eau distillée à la même température, et que, par conséquent, elles conduisent l'électricité comme le fait de l'eau salée élevée à une égale température. Je crois pouvoir conclure de diverses expériences qui me sont propres, que les nerfs ne sont pas meilleurs conducteurs que toute autre partie animale humide. Dans les expériences de Bischoff (1), les nerfs se sont montrés assez mauvais conducteurs. Pendant que des aiguilles de platine, mises en rapport avec des fils du galvanomètre, étaient implantées dans le nerf sciatique d'une Grenouille, à une distance de quatre lignes l'une de l'autre, les électrodes d'une paire de plaques de vingt pouces carrés furent mis en rapport avec le même nerf, de manière à ce que la portion du nerf qui servait à former la chaîne contînt également les fils du galvanomètre ; les convulsions provoquées par le courant galvanique ne s'accompagnèrent d'aucune action sur le galvanomètre. Un nerf détaché se comporta de la même manière sous le rapport de la conductibilité.

§ 88. — Au reste, que ce soit l'électricité qui agisse dans les nerfs ou non, il semble, dans tous les cas, impossible que les phénomènes chimiques si variés dont le corps animal est le théâtre s'opèrent sans qu'il se développe de l'électricité ; et l'état électrique que déterminent ces phénomènes chimiques doit, en général, se manifester à la surface du corps. C'est ici le lieu de citer quelques anciennes expériences exécutées par Pfaff et Ahrens (2), à l'aide d'un électromètre à feuilles d'or. La personne sur laquelle on expérimentait était placée sur un isolateur. Le plateau collecteur d'un condensateur qui était vissé sur l'électromètre était touché par la personne, pendant que le plateau supérieur du condensateur était en communication avec le sol. Ces physiciens obtinrent les résultats suivants :

1° En général, l'électricité qui se manifeste chez un Homme bien portant est positive ;

2° Il est rare que l'électricité qui se produit alors surpasse en intensité celle qui se développe, lorsque le cuivre déjà mis en communication avec le sol vient à être mis en contact avec le zinc ;

3° Les individus irritables doués d'un tempérament sanguin possèdent plus d'électricité libre que ceux qui sont apathiques et de tempérament phlegmatique ;

4° La quantité d'électricité est plus grande le soir qu'à tout autre période de la journée ;

5° Les boissons spiritueuses augmentent la quantité d'électricité ;

6° Les Femmes donnent plus souvent que les Hommes de l'électricité négative. Mais il n'existe aucune règle déterminée par rapport à ce phénomène. Suivant Gardini, il se développe chez les Femmes de l'électricité négative pendant la menstruation ainsi que pendant la grossesse ;

7° Dans l'hiver, le corps d'une personne qui est saisie par le froid ne donne d'abord aucun signe d'électricité ; mais cette dernière se manifeste à mesure que la personne reprend sa chaleur naturelle.

8° On observe le même phénomène, quand le corps ou bien une partie du corps est mis dans un état complet de nudité ;

9° Pendant la durée des affections rhumatismales, l'électricité paraît réduite à zéro ; mais elle se manifeste de nouveau, quand la maladie disparaît.

Quant à l'électricité qui se développe pendant la végétation des plantes, nous ne pouvons en parler ici (3).

(1) Dans MÜLLER's *Archiv.*, 1841, p. 20.—(2) Dans MECKEL's *Archiv.*, III, 161.—(3) *Voy.* POUILLET, dans *Annales de Chimie et de Physique*, XXXV, 420.

CHAPITRE II. — *De la Calorification.*

ARTICLE Ier. — *Des animaux à sang chaud.*

§ 89. — La température de l'Homme, mesurée dans les parties internes qui sont le plus facilement accessibles, comme la bouche, le rectum, etc., est de 36,50° à 37° degrés centigr., ou 29,20° — 29,60° R., ou encore 97,7° — 98,6° Fahr. La température du sang chez l'homme est de 30, 1/2° — 31° degrés R., ou 38,12° — 38,75° centigr. Magendie l'évalue à 31° R., ou 38,75° centigr., et Thomson à 30, 6/9° R., ou 38,32° centigr. Dans les maladies, elle s'élève jusqu'à 32, 8/9° et 33, 3/9° R., 40,11° et 41,66° centigr. Chez les individus affectés de cyanose ou *morbus cœruleus*, maladie dans laquelle, par suite de quelque vice de conformation du système circulatoire, le sang ne s'artérialise qu'incomplétement, la chaleur est souvent moins élevée de quelques degrés que chez les personnes bien constituées : par exemple, elle n'est que de 21° R. ou 26,25° centigr. dans le creux de la main. Dans le choléra asiatique, un thermomètre placé dans la bouche ne s'élève qu'à 21° et même 20° R., 26,25° et 25° centigr. A l'état normal, suivant Autenrieth, la température du corps humain, mesurée au thermomètre centigrade, est de deux tiers de degré à peu près plus basse durant le sommeil que pendant la veille. Le soir, la chaleur du corps est un peu plus élevée que le matin.

Tiedemann (1) et Rudolphi ont recueilli tous les faits connus relatifs à la température des différentes espèces d'animaux. Je renvoie le lecteur aux ouvrages de ces physiologistes. Je me contente de dire que la température, chez les Mammifères, varié de 36° à 41° degrés centigr. dans les diverses classes, et de 38° à 44° centigr. chez les Oiseaux. Parmi les animaux à sang chaud, les petits Oiseaux chanteurs sont ceux dont la chaleur est le plus élevée; elle monte à 44° centigr.

§ 90. — Chez les animaux à sang chaud, la faculté de produire de la chaleur n'est pas la même dans toutes les périodes de la vie. Edwards a remarqué que ce pouvoir diminuait dans la vieillesse. D'après les recherches d'Autenrieth et de Schütz (2), l'embryon des Mammifères ne tient sa chaleur que de sa mère, et la perd dès qu'on l'extrait de l'utérus. Edwards a constaté que la plupart des nouveaux nés des Mammifères Carnivores et Rongeurs se refroidissent rapidement quand on les éloigne de leur mère, la température extérieure étant de 10 à 12 degrés centig., tandis que leur température propre n'est que de 1 à 2 deg. centigr. inférieure à celle de la mère, lorsque celle-ci les entoure de son corps. Il en est de même pour les petits des Oiseaux. De jeunes Moineaux éclos depuis une semaine jouissaient d'une chaleur de 35° à 36° centigr. tant qu'ils restaient dans leur nid; mais lorsqu'on les en retirait, leur température, au bout d'une heure, tombait à 19° centigr., la température de l'atmosphère étant en ce moment à 17° centigr. D'autres expériences exécutées par Edwards ont démontré que l'absence de plumes n'est pour rien dans ce refroidissement subit (3). Il résulte des observations de ce physiologiste, que plusieurs espèces de Mammifères naissent dans un état de développement bien inférieur, comparativement à d'autres animaux de la même classe. Ainsi, par exemple, les petits des Chats, des Chiens et des Lapins ont une puissance calorifique beaucoup plus faible que celle dont jouissent les petits animaux qui ne naissent pas aveugles. Mais au bout de quatorze jours ils voient clair, et se trouvent alors dans les mêmes conditions que ceux qui naissent avec le sens de la vue (4). Tout le monde sait qu'une certaine température extérieure

(1) *Physiologie*, i. — (2) *Experimenta circà calorem fœtûs et sanguinem.* Tub., 1799. — (3) Frorier's *Notizen*, n° 151. — (4) Comparez Legallois, dans Meckel's *Archiv*, iii, 454.

est indispensable pour maintenir la chaleur convenable aux enfants nouveaux-nés. Elle n'est pas moins nécessaire aux petits des animaux Carnivores et des Rongeurs. Les recherches statistiques d'Edwards démontrent que l'absence de chaleur externe cause plus fréquemment la mort des enfants nouveaux-nés, qu'on ne l'avait supposé jusqu'ici (1).

Chez les animaux adultes à sang chaud, la production du calorique est, jusqu'à un certain point, indépendante de la température extérieure. Cependant cette indépendance varie suivant la distribution géographique et les conditions vitales internes de l'animal; de là les migrations de diverses espèces d'animaux qui changent de climat au retour de certaines saisons. D'après les observations du capitaine Parry, il paraîtrait que les Mammifères des régions polaires supportent un froid qui fait geler le mercure, c'est-à-dire un froid de 40° centigr., et même de 46° centigr. au-dessous de zéro (2).

§ 91. — Cependant, il existe quelques Mammifères, à savoir, les animaux hibernants, tels que la Marmotte, le Loir (*Myoxus glis*), le Muscardin (*Myoxus avellanarius*), le Hamster, le Hérisson, la Chauve-Souris, le Blaireau et l'Ours, qui ne conservent leur chaleur animale que lorsque la température n'est pas trop basse. Mais quand l'atmosphère environnante est très-froide, ils deviennent incapables de maintenir leur calorique propre, et ils tombent dans un état de torpeur et d'asphyxie. Quelques uns même gèlent à 10° ou 12° centigr. au-dessous de zéro. Le Blaireau et l'Ours ne sont pas des hibernants parfaits. Lorsque les animaux hibernants ne sont pas dans leur état d'engourdissement, leur température est en général à peu près la même que celle des autres animaux. Suivant Berthold, cependant, la température du *Myoxus avellanarius* éveillé n'est que de 23, 3/4° R., ou 29,68° centigr.

Le phénomène de l'hibernation a été l'objet de recherches spéciales de la part de Pallas, Spallanzani, Mangili, Prunelle, Saissy, Czermack et Berthold. Tant que la température extérieure se maintient à 8° ou 9° R., 10° ou 11,25° centigr., les phénomènes de l'hibernation n'ont pas lieu. Suivant Saissy (3), qui en cela contredit Spallanzani, le Muscardin, *Myoxus avellanarius*, conserve toute sa vivacité à 5° R., 6,25° centigr. au-dessous de zéro. Mangili prétend que l'hibernation est tout-à-fait indépendante de la température extérieure, qu'elle ne commence pas plus tard et ne finit pas plus tôt, lorsque l'hiver est tardif et le printemps hâtif; mais Saissy a également réfuté cette opinion. Pallas fit dormir des Marmottes pendant l'été en les plaçant dans une glacière; et, à l'aide du même moyen, Saissy provoqua le sommeil chez le Hérisson et le Loir, *Myoxus glis*. D'un autre côté, ces animaux s'éveillent au cœur même de l'hiver, lorsqu'on les expose à une température de 9° à 10° R., 11,25° à 12,5° centigr.

Les observations faites par Czermack sur le Loir, *Myoxus glis*, et celles de Berthold sur le Muscardin, *Myoxus avellanarius*, prouvent cependant que les phénomènes de l'hibernation sont, jusqu'à un certain point, indépendants de la température extérieure (4). Les Muscardins tombaient dans leur sommeil d'hiver, soit qu'on les tînt dans une chambre chaude ou qu'on les laissât exposés à l'air libre. Ceux sur qui Berthold fit ses expériences ne sortaient pas de leur état léthargique, même à une température de 8° à 14° R., 10° à 17,5° centigr., quoiqu'au reste, leur sommeil fût plus profond et plus prolongé, quand la température extérieure était plus basse. Les Loirs commençaient à dormir, quand la température extérieure

(1) EDWARDS, *De l'influence des agents physiques sur la vie*. Paris, 1824. — (2) *Voy*. TIEDEMANN, loc. cit., p. 461, 466. — (3) *Mém. de Turin*, 1810, 12; MECKEL'S *Archiv. für Physiol.*, III, p. 133. — (4) *Voy*. MÜLLER'S *Archiv.*, 1835, 150; 1837, 63.

était à 12° R., 15° centigr. au-dessus de zéro, et cependant, au printemps, ils s'éveillaient lorsque la température atteignait 9° R. ou 11,25° centigr. au-dessus de zéro. Ceux qui restaient plusieurs heures encore en léthargie, même à 34° R., 42,5° centigr., ne s'endormaient pas pendant l'été à un froid artificiel de 20° R., 25° centigr. au-dessous de zéro.

En conséquence, la cause de l'hibernation paraît être un affaiblissement général et persistant dans l'activité du système nerveux, affaiblissement qui se manifeste aux changements des saisons. L'hibernation semble donc appartenir à la même classe de phénomènes que la mue des Oiseaux, la chute de poil des Quadrupèdes, les migrations de certains animaux, et les changements périodiques que nous présentent un grand nombre de végétaux.

Les observations de Berthold prouvent que, pendant l'élévation de la température extérieure, la température des animaux hibernants s'élève également, quoique avec moins de rapidité. Lorsque la température de l'air ambiant tombe au-dessous de zéro, ces animaux peuvent maintenir la leur un peu au-dessus de ce point. Si l'on diminue graduellement la température du milieu, la température de ces animaux ne baisse alors que graduellement.

§ 92. — La respiration continue chez les animaux hibernants, quoiqu'elle soit plus lente et presqu'imperceptible. Pendant le sommeil d'hiver, la Marmotte respire sept à huit fois par minute, le Hérisson quatre à cinq fois, et le Muscardin neuf à dix fois. Néanmoins, dans l'état de torpeur le plus profond, la respiration est entièrement suspendue, et, si les observations de Spallanzani sont exactes, on peut alors impunément placer ces animaux dans un gaz irrespirable. Saissy a trouvé qu'avant de tomber dans un état de torpeur complet, les hibernants continuent d'absorber l'oxygène de l'air atmosphérique, la quantité d'oxygène consumé diminuant à mesure que la température s'abaisse. Mais il y a toujours de l'oxygène absorbé et de l'acide carbonique exhalé, tant qu'il reste dans l'air un atome du premier de ces gaz; au lieu que les animaux non hibernants, tels que les Lapins, les Rats et les Moineaux périssent dès qu'ils ont absorbé une faible portion de l'oxygène de l'air contenu dans la cloche sous laquelle on les renferme, Prunelle a constaté que le sang artériel de la Chauve-Souris avait une couleur moins éclatante pendant l'hibernation.

Sous le rapport de la circulation, Saissy a trouvé qu'au commencement et vers la fin du sommeil d'hiver, le mouvement du sang s'opère avec une extrême lenteur, et que la torpeur une fois complète, les vaisseaux capillaires des extrémités sont presque vides, les grands vaisseaux eux-mêmes n'étant remplis qu'à moitié. Ce n'est que dans les principaux troncs vasculaires de la poitrine et de l'abdomen, que l'on aperçoit encore un léger mouvement ondulatoire du sang. Suivant Prunelle, le cœur de la Chauve-Souris pendant l'hibernation ne bat que cinquante à cinquante-cinq fois par minute, tandis qu'ordinairement il bat deux cent fois pendant le même laps de temps. Lorsque, pendant le sommeil d'hiver, on expérimente sur ces animaux au moyen d'irritants mécaniques ou chimiques, on reconnaît que l'irritabilité musculaire et la sensibilité ont diminué, quoiqu'elles n'aient pas entièrement disparu. Toutefois, dans l'état de torpeur extrêmement profonde, il ne se manifeste plus aucune trace de réaction contre l'application des irritants. Saissy a plusieurs fois constaté ce phénomène chez les Hérissons et les Marmottes.

Les fonctions qui ont pour but la nutrition persistent pendant le sommeil d'hiver, mais elles ont beaucoup moins d'activité. Les animaux hibernants consomment alors une partie de la graisse qu'ils ont amassée dans l'automne. Les sécrétions ne cessent pas non plus complétement. Prunelle a observé que du dix-neuf février au douze mars une Chauve-Souris avait perdu un trente-deuxième de son poids.

D'après Prunelle et Tiedemann (1), chez les animaux hibernants il se forme, avant l'hibernation, à la région du cou et dans le médiastin antérieur, une masse d'apparence glandulaire, mais en réalité uniquement graisseuse. C'est à tort, comme le fait observer Jacobson (2), que l'on a comparé cette masse à la glande thymus.

Otto (3) a découvert, dans diverses espèces d'animaux, un vaisseau que l'on peut comparer à la carotide interne, et qui passe à travers l'étrier du tympan. Ces espèces sont les suivantes : *Vespertilio, Erinaceus, Sorex, Talpa, Hypudæus, Georhychus (Lemmus), Myoxus, Mus, Cricetus, Dipus, Meriones, Arctomys et Sciurus.* Selon Otto, tous les animaux appartenant à ces familles tombent dans un sommeil d'hiver plus ou moins parfait ; Hyrtl (4) a cependant remarqué que cette particularité anatomique existe également dans le Cochon d'Inde, tandis qu'elle ne se rencontre pas dans le Loir, *Myoxus glis.* On trouve quelquefois, chez l'Homme, une artère semblable, mais extrêmement peu volumineuse. L'assertion de Mangili, qui prétendait que les vaisseaux cérébraux sont d'une petitesse remarquable chez les animaux hibernants, a été formellement contredite par les recherches d'Otto, qui n'a pas vu non plus que les nerfs de la périphérie du corps fussent plus forts que chez les autres animaux, comme le voulait Saissy (5).

§ 93. — Si un Mammifère se trouve placé dans une atmosphère dont la température est supérieure à la sienne propre, la température du corps de l'animal s'élève bien un peu, mais pas en proportion de l'élévation de la température extérieure. Duntze (6), Fordyce, Banks, Blagden (7), Delaroche et Berger ont fait diverses expériences pour s'assurer de l'influence qu'exerce sur la température du corps vivant l'augmentation de la chaleur extérieure. Blagden et d'autres observateurs ont pu rester plusieurs minutes dans un air sec chauffé à 79° R. ou 98,75° centig. Delaroche et Berger, ayant exposé des Lapins à une température de 50° à 90° centig., trouvèrent que la chaleur propre de ces animaux ne s'était élevée que de quelques degrés. Chez les Oiseaux soumis aux mêmes expériences, la température du corps ne s'éleva pas proportionnellement à celle de l'atmosphère, car la chaleur de leur corps n'éprouva qu'un accroissement d'environ 6° à 7° R., 7,5° à 8,75° centig. (8).

Ce pouvoir qu'ont les animaux de conserver leur température ordinaire, lors même qu'on les expose à une très grande chaleur externe, dépend de la réfrigération que produit l'evaporation qui, dans ces circonstances, augmente considérablement à la surface du corps animal. Une observation simple de Delaroche prouve l'exactitude de cette explication. Si l'atmosphère chaude est en même temps saturée d'humidité, ce qui empêche toute évaporation, la température de l'animal s'élève de 2, 3 et même 4 degrés R., ou 2,5°, 3,75° et 5° centig. plus haut que la température même du milieu ambiant. Il faut tenir compte egalement de la plus grande conductibilité de l'air humide pour le calorique. Au reste,

(1) Meckel's *Archiv.* 1, 481. — (2) *Ibid.,* iii, 151, 152. — (3) *Nova Act. nat. cur.,* xiii, 1. — (4) Müller's *Archiv.,* 1856, xxix. — (5) Les principaux traités anciens sur l'hibernation sont : Saissy, *Recherches expérimentales anatomiques sur la physique des animaux mammifères hivernans,* Paris et Lyon, 1808 ; Uebersetzt von Nasse, dans Reil's *Archiv. für Physiol.,* t. xii, p. 293 ; Saissy, *Mém. de Turin,* 1810-1812 ; Meckel's *Archiv. für Physiol.,* t. iii ; Mangili, *Ueber den Winterschlaf,* dans Reil's *Archiv.,* Bd., viii ; Prunelle. *Recherches sur les phénomènes et sur les causes du sommeil hivernal,* dans *Annales du Muséum,* t. xviii ; Gilbert's *Annalen,* Bd., 40 u. 41. — (6) *Exp. calorem animalium spectantia,* Lugd. Bat., 1754. — (7) *Philos. Transact.,* 1775, vol. 65. — (8) Delaroche et Berger, *Exp. sur les effets qu'une forte chaleur produit dans l'économie animale,* Paris, 1806 ; *Journal de Phys.,* 71 ; Reil's *Archiv.,* xii, 370.

on ne doit pas oublier non plus que l'augmentation de l'évaporation qui a lieu à la surface du corps exposé à une chaleur sèche n'est pas simplement due à des causes physiques. Dans ce cas-ci, en effet, la chaleur externe active une fonction organique. Il est de fait que souvent, quand il existe une chaleur interne considérable, des causes également internes empêchent l'évaporation de s'opérer. Si, dans certaines fièvres, la chaleur semble intolérable, ce phénomène tient à la sécheresse de la peau, et à ce qu'il y a arrêt de toute espèce de perspiration cutanée.

ARTICLE II. — *Des animaux à sang froid.*

§ 94. — On a souvent prétendu que les animaux à sang froid ne possèdent pas de chaleur propre; mais cette assertion n'est nullement fondée. Quant à ce qui concerne les Reptiles, les expériences de Davy, Czermack, Wilford et Tiedemann ont démontré que la température de ces animaux, quoiqu'en général elle s'abaisse jusqu'à un certain point avec celle du milieu ambiant, est néanmoins plus élevée d'un ou de plusieurs degrés. La température de ces animaux, il est encore vrai, s'élève aussi avec celle du milieu ; mais cependant arrivée à un certain point, elle cesse de lui être supérieure; enfin, si la température extérieure vient à monter encore davantage, celle de l'animal reste alors au-dessous.(1).

Les expériences de Berthold (2), expériences qui paraissent avoir été exécutées avec un soin tout particulier, prouvent qu'il n'existe qu'une différence très légère entre la température des Reptiles et celle du milieu ambiant. Suivant cet observateur, l'absence ou l'existence d'une différence considérable entre la température de ces animaux et celle du milieu dépendent : la première, de ce que la température du milieu est restée quelque temps stationnaire; la seconde, de ce que la température du milieu vient d'éprouver un changement notable en plus ou en moins : car, lorsque la température du milieu a changé, il faut un laps de temps assez long, avant que la chaleur du corps de l'animal se soit mise en équilibre avec la température extérieure. Aussi, dans ses recherches, Berthold ayant pris les précautions convenables pour éviter cette cause d'erreur, observa que la température des Reptiles est un peu inférieure à celle de l'air environnant, phénomène qui est déterminé par la réfrigération que produit l'évaporation à la surface du corps de ces animaux. Il en est de même après la mort. La température de la Grenouille est à peu près la même que celle de l'eau, lorsque l'on observe isolément la Grenouille et l'eau dont on vient de la tirer. Si l'eau présente une surface d'évaporation plus petite, alors sa température est même un peu plus élevée que celle de la Grenouille : enfin, si l'animal reste plongé dans l'eau, tous deux offrent la même température. Pendant l'acte de la copulation, la température des Grenouilles était de un quart à un degré Réaumur (0,31° à 1,25° cent.) supérieure à celle de l'eau. Lorsque les Reptiles ne sont pas mouillés et que la température extérieure est peu élevée ou ne dépasse pas un certain degré, la température de leur corps est de un quart à un degré R. (0,31° à 1,25° cent.) supérieure à celle de l'air ambiant ou de l'eau voisine.

§ 95. — La température du corps des Poissons est de 1/2° à 1 , 1/2° R. (0,62° à 1,87° cent.) plus élevée que celle de l'eau dans laquelle ils vivent, comme nous l'apprennent les recherches de Martine, J. Hunter, Broussonet, J. Davy et Despretz. Broussonet a observé chez de petits Poissons que la température de eur

(1) *Voy.* les nombreuses expériences de CZERMACK sur la température des Reptiles, dans BAUMGAERTNER'S *und* ETTINHAUSEN'S ZEITSCHRIFT *für Physik und Mathematik.* 3, Bd., 385. — (2) *Neue Versuche über die Temperatur der Kaltblütigen Thiere.* Goetting., 1835.

corps était de 1/2° à 2/3° R. (0,62° à 83° centig.) plus haute que celle de l'eau : chez l'Anguille elle surpassait cette dernière de 3/4 de degré (0,93° centig.), et chez la Carpe, d'un degré R. tout entier (1,25° centig.). Despretz a trouvé la température de deux Carpes égale à 11,69° centigr., celles de deux Tanches à 11,54°, l'eau étant elle-même à 10,83° centigr. Becquerel et Breschet, en expérimentant sur des Carpes, n'ont trouvé qu'un demi-degré de différence en faveur de ces animaux. Berthold, au contraire, n'a observé aucune différence entre la température des Poissons et celle de l'eau environnante. J. Davy a constaté que la température d'un Squale était égale à 25° centig., celle de la mer étant égale à 23,75°. Les observations de J. Davy sur la température élevée du Thon, *Thynnus*, sont extrêmement intéressantes (1). D'après lui, la température du *Thynnus pelamys* s'élevait à 99° Fahr., ou 37,22° centig., pendant que celle de la mer n'était que de 80,5° Fahr., ou 26,94° centig. A en croire les récits des pêcheurs, le Thon commun possède également une chaleur propre considérable. Existe-t-il quelque connexion entre ce phénomène et l'existence, chez le Thon, des réseaux admirables formés par la veine porte et les artères intestinales, réseaux qu'Eschricht et moi avons découverts? C'est ce que nous apprendront les observations ultérieures que l'on pourra faire sur cet animal et sur les autres Poissons chez lesquels, d'après nos observations, on trouve également ces réseaux admirables, le *Squalus cornubicus* et le *Squalus vulpes* (2). Au reste, les grands réseaux admirables que l'on rencontre dans la vessie natatoire de l'Anguille ne possèdent pas une température plus élevée que les autres parties du corps.

§ 96. — Quelques animaux à sang froid présentent aussi le phénomène du sommeil d'hiver. J. Franklin raconte que, dans les régions arctiques, plusieurs Poissons tombaient instantanément dans un état de torpeur, quand on les mettait sur la glace; mais ils se ranimaient au bout de plusieurs heures ou de plusieurs jours. Cependant, on a vu plus fréquemment les Poissons continuer de vivre dans la glace. On a remarqué, en outre, que l'eau qui les entoure ne gèle pas (3). Les Reptiles tombent dans leur état de torpeur, non-seulement pendant l'hiver à l'approche duquel ils se terrent, mais encore pendant l'été; ce sommeil d'été des Reptiles s'observe dans les climats chauds. Les Reptiles se terrent et tombent dans un état analogue au sommeil d'hiver, état dont ils sortent à la saison des pluies. Alex. de Humboldt a recueilli dans le cours de ses voyages des observations très-intéressantes à ce sujet.

Parmi les animaux à sang chaud, on n'en connaît qu'un seul qui présente le phénomène du sommeil d'été, c'est le *Tanrec* ou Hérisson de Madagascar.

§ 97. — Nous ne possédons pas encore d'observations bien complètes sur la température des animaux invertébrés; cependant les faits déjà connus prouvent que leur température, de même que celle des autres animaux à sang froid, varie avec la température du milieu ambiant. D'après les expériences de Martine, Hausmann, Rengger et John Davy, la température de ces animaux et même celle des Insectes est quelquefois d'un degré R. ou 1,25° centig. supérieure ou inférieure à la température de l'atmosphère; mais on a trouvé une température extraordinairement élevée dans les ruches d'Abeilles et dans les fourmilières.

Rudolphi (4), Treviranus (5) et Tiedemann (6) ont recueilli un grand nombre d'observations sur ce sujet, qui étaient éparses dans divers ouvrages (7).

Le phénomène de l'hibernation existe aussi chez certains animaux invertébrés :

(1) *L'Institut.*, no 108. — (2) *Abh. der Academie der Wissenschaften zu Berlin vom Jahre* 1836 *und Nachtrag*. — (3) *Jahresbericht der Schwed. Acad*, *übersetzt von* J. MÜLLER, 1824. — (4) *Physiologie*, 179. — (5) *Biologie*, v, 20. — (6) *Physiologie*, 476-477. — (7) *Voy*. aussi VALENTIN dans son *Repertorium*, iv, 359.

c'est du moins ce que l'on a observé chez les Insectes et les Mollusques des climats chauds et tempérés (1).

ARTICLE III. — *Des sources de la chaleur animale.*

§ 98. — Nous devons maintenant rechercher quelles sont les causes de la chaleur animale. Le premier phénomène qui doive attirer notre attention, c'est la différence de température que présentent les différentes parties du corps. Chez le même animal (2), la température diminue vers les parties les plus extérieures du corps. Ainsi, chez l'Homme, par exemple, le thermomètre placé dans l'aisselle marquait 98° Fahr. ou 36,66° centig.; à la région inguinale, il indiquait 96,5° ou 35,83° centig.; à la cuisse, 94° Fahr., 34,44° centig.; à la jambe, 93° à 91° Fahr., ou 33,88° à 32,77° centig ; et enfin à la plante des pieds, 90° Fahr. ou 32,22° centig. Becquerel et Breschet (3), dans leurs recherches sur ce sujet, ont employé le multiplicateur thermo-électrique. Ils implantaient dans la partie dont ils voulaient connaître la température une aiguille composée de deux aiguilles hétérogènes : ces deux aiguilles étaient soudées à leur pointe ; ensuite ils mettaient les deux extrémités opposées, c'est-à-dire, les deux extrémités libres en rapport avec les fils du multiplicateur thermo-électrique. Entre la température du muscle, à quatre centimètres de profondeur, et celle du tissu cellulaire sous-cutané, à un centimètre de profondeur, ces observateurs ont trouvé une différence de 1,25° à 2° centig. en faveur du muscle, différence que l'on doit attribuer à la perte de chaleur qui a lieu à la surface du corps. Chez l'Homme, la température moyenne des muscles était de 36,77° centig. Chez le Chien, la température du thorax, de l'abdomen et du cerveau était la même que celle des muscles.

§ 99. — Les recherches de J. Davy sur la température des deux espèces de sang sont d'un très haut intérêt. Pour résoudre cette question, il fit onze expériences sur des Moutons et des Bœufs. En prenant la moyenne de ces expériences, on trouve que la température du sang artériel est à peu près de 1° à 1,5° Fahr. (0,55° à 0,83° centig.) plus élevée que celle du sang veineux (4). Mayer (5) a trouvé que le sang de la veine jugulaire était de 1° à 2° R. (1,25° à 2,5° centig.) moins chaud que le sang de la carotide ; mais il n'a pu, comme l'avait fait Davy, découvrir la moindre différence de température dans le sang que contiennent les moitiés droite et gauche du cœur. Becquerel et Breschet (6) se sont livrés à de nouvelles recherches sur ce sujet, au moyen du multiplicateur thermo-électrique. Chez un Chien, la différence moyenne de température qui existait entre le sang veineux de la veine cave descendante et le sang artériel de l'aorte était de 1,01° centig.; elle n'était que de 0,90° centig. entre le sang de l'artère crurale et celui de la veine du même nom. Chez un Coq-d'Inde, la température du sang de l'oreillette gauche était de 0,90° centig. plus élevée que celle du sang de l'oreillette droite. La température du sang artériel et du sang veineux diminue à mesure qu'il marche du cœur vers les extrémités.

§ 100. — Les faits qui précèdent nous amènent naturellement à parler de la théorie qui place dans les poumons la source de la chaleur animale. D'après l'hypothèse de Lavoisier et Laplace, hypothèse que la plupart des chimistes modernes ont adoptée, l'oxygène de l'atmosphère se combine dans les poumons avec le carbone du sang, puis il est expiré sous forme d'acide carbonique ; mais

(1) Au sujet du sommeil d'hiver des Gastéropodes, consult. GASPARD dans MECKEL'S *Archiv.*, VIII. — (2) J. DAVY, dans *Philosophical Transactions*, 1814; MECKEL'S *Archiv.*, II, 312. — (3) *Ann. des Scienc. nat.*, 1835, mai-oct. — (4) J. DAVY, *Tentamen experimentale de sanguine*, Edinb., 1814; MECKEL'S *Archiv.*, I, 109; *Phil. Trans.*, 1814. — (5) MECKEL'S *Archiv.*, III, 337. — (6) *L'Institut.*, 190.

comme la quantité d'oxygène absorbé est supérieure à celle qui entre dans la composition de l'acide carbonique exhalé, on a imaginé une seconde hypothèse, et l'on a supposé que cette portion d'oxygène, qui ne sert pas à former de l'acide carbonique, s'unit à l'hydrogène du sang, et produit ainsi de l'eau, qui est également exhalée par les voies respiratoires. Les physiologistes qui admettent cette double hypothèse prétendent que la température propre des animaux est déterminée par le développement de calorique, qui a lieu pendant la combinaison de l'oxygène de l'air inspiré avec le carbone du sang, pour former de l'acide carbonique, ainsi que pendant la combinaison de l'oxygène avec l'hydrogène pour former de l'eau. Afin de rendre cette théorie plus probable et d'expliquer plus aisément comment le calorique, une fois développé, se distribue dans tout l'organisme, Crawford (1) prétendait que le sang artériel possède une plus grande capacité pour le calorique que le sang veineux, et cela dans la proportion de 11,5 à 10 environ. Ainsi, il supposait que le calorique développé dans les poumons sert d'abord à maintenir la température du sang artériel, et qu'ensuite il devient libre dans toutes les parties du corps, lorsque les divers organes tirent du sang artériel les éléments nécessaires à leur nutrition, et convertissent le sang rouge en sang noir ou veineux. Mais John Davy a démontré que la capacité des deux espèces de sang pour le calorique est tout-à-fait, ou du moins presque la même. Ainsi, celle du sang artériel est à celle du sang veineux comme 10,11 est à 10.

Au reste, en supposant exacte la théorie chimique de Lavoisier sur la respiration, on peut calculer directement la quantité de calorique qui se développe pendant les phénomènes respiratoires. Ce travail a été exécuté par Dulong et Despretz. Dulong plaça différents Mammifères tant carnivores qu'herbivores sous un récipient dans lequel on pouvait déterminer, non-seulement les changements produits dans l'air par leur respiration et le volume des nouveaux composés gazeux qui se formaient alors, mais encore la quantité de calorique que les animaux perdaient pendant l'expérience. Dulong trouva que tous ces animaux enlevaient à l'air plus d'oxygène qu'il n'en fallait pour produire l'acide carbonique qu'ils exhalaient. Chez les animaux Herbivores, la moyenne de l'oxygène absorbé, mais non converti en acide carbonique, montait à 1/10 seulement de l'oxygène consumé. Chez les Carnivores, le minimum d'oxygène absorbé et non transformé s'élevait à 1/5, et le maximum à 1/2. Maintenant, si l'on admet que la conversion de l'oxygène en acide carbonique, pendant la respiration, développe une quantité de calorique égale à celle que, d'après Laplace et Lavoisier, produit la combustion du carbone dans le gaz oxygène, on trouve que la quantité de calorique qui peut se développer pendant cette combinaison chimique ne forme que les 7/10 de la somme de calorique que perdent les Herbivores dans le même laps de temps, et la moitié de celle que perdent les Carnivores. On peut objecter, il est vrai, que l'oxygène, qui n'est pas converti en acide carbonique, s'unit à l'hydrogène pour former de l'eau, et que cette seconde combinaison donne lieu au développement d'une nouvelle quantité de calorique égale à celle qui se développerait pendant la combinaison d'une même quantité d'oxygène avec la proportion d'hydrogène nécessaire à la formation de l'eau. Mais, avec cette addition, on n'arrive pas encore à la somme de calorique engendré par l'animal. En effet, tout le calorique que peut produire la combinaison du carbone et de l'hydrogène du sang avec l'oxygène enlevé à l'air atmosphérique s'élève seulement aux trois

(1) *On animal heat; Versuche und Beobachtungen über die Warme der Thiere.* Leipz., 1799.

quarts ou aux quatre cinquièmes du calorique que les animaux, soit Carnivores, soit Herbivores engendrent dans le même espace de temps (1).

Despretz renferma des animaux dans nn récipient entouré d'eau, et entretint dans ce récipient un courant d'air continu. Avant et après l'expérience, qui dura d'une heure et demie à deux heures, il détermina avec précision le volume et la composition de l'air employé, ainsi que l'élévation de température produite par la chaleur animale dans l'eau qui entourait le récipient. Au moyen de ce procédé, ce physicien trouva que la chaleur qui, suivant la théorie chimique, pourrait se développer par la combustion du carbone et de l'hydrogène pendant la respiration, ne formerait que soixante et seize ou au plus quatre-vingt-onze centièmes du calorique réellement produit par les animaux dans le même espace de temps.(2).

Il n'est nullement probable que l'eau exhalée par les poumons se forme, pendant la respiration, par la combinaison de l'oxygène de l'air avec l'hydrogène du sang : c'est ce que nous démontrerons plus tard en traitant de la respiration. Il est beaucoup plus vraisemblable d'admettre que la partie d'oxygène, qui ne sert pas à la formation de l'acide carbonique, reste dans le sang. Dans ce cas, on ne doit porter en ligne de compte que la quantité de calorique qui peut se développer pendant la combinaison de l'oxygène avec le carbone. Or, nous avons vu que, d'après Dulong, il forme chez les Herbivores les sept dixièmes, et chez les Carnivores la moitié seulement de la chaleur réellement engendrée par ces animaux.

Les éléments gazeux dont l'air est dépouillé pendant l'acte de la respiration passent dans le sang, comme le démontrent les expériences de Magnus sur les gaz que contient ce liquide. Le sang artériel et veineux renferme de l'oxygène, de l'azote et de l'acide carbonique. Mais il existe dans le sang artériel plus d'oxygène que dans le sang veineux, et dans ce dernier plus d'acide carbonique que dans le sang artériel. Il résulte de là que l'acide carbonique exhalé pendant la respiration ne se forme pas uniquement dans les poumons, mais encore dans toute l'étendue du système circulatoire : en conséquence, la chaleur animale, en tant qu'elle dépendrait de la formation de l'acide carbonique, devrait se développer dans toutes les parties du système vasculaire.

§ 101. — Cette théorie explique d'une manière satisfaisante pourquoi l'embryon ne possède pas encore de chaleur propre évidente: c'est qu'il n'a pas encore respiré d'oxygène. Elle explique pourquoi les individus affectés de cyanose, chez lesquels l'artérialisation du sang est incomplète, par suite de quelque vice de conformation des organes circulatoires, présentent quelquefois une température de quelques degrés inférieure à celle des individus dont la conformation est normale; pourquoi les animaux à sang froid, chez lesquels une partie seulement du fluide sanguin s'oxyde, ne possèdent, pour ainsi dire, pas de chaleur propre. Chez les Reptiles, il n'y a qu'une partie de la masse du sang qui s'aère pendant la circulation générale. Aussi, les produits de la respiration sont-ils chez eux dix fois moins abondants que chez les mammifères; c'est-à-dire qu'un poids donné de Grenouille forme, dans un même espace de temps, dix fois moins d'acide carbonique qu'un poids égal de Mammifère (II, § 17—23). Chez les Poissons, la masse entière du sang se trouve aérée pendant son passage à travers l'appareil branchial. Cependant le résultat, quant à la production de la chaleur, n'est guère supérieur à celui que donnent les Reptiles, parce que la quantité d'oxygène enlevée, pendant la respiration, à l'air atmosphérique dissous dans l'eau, est beaucoup plus petite que celle qui est absorbée dans la respiration aérienne. En effet, l'eau des fleuves et de la mer

(1) *Neues Journal für Chemie und Physick.* Bd. 8, p. 506. — (2) *Ann. de Chimie et de Physique,* XXVI, 358.

contient à l'état de dissolution vingt fois moins d'oxygène que n'en contient l'air atmosphérique sous le même volume.

Toutefois, cette théorie n'explique pas le phénomène singulier que présentent les Insectes. Suivant Treviranus, ces animaux ne possèdent pas de température propre appréciable, et cependant ils engendrent proportionnellement autant d'acide carbonique que les animaux à sang chaud. Il est rare que sous ce rapport ils se rapprochent des Reptiles.

Quelque vraisemblable que paraisse cette théorie, on ne doit pourtant pas oublier que la calorification ne résulte pas uniquement d'une combinaison chimique, mais qu'elle dépend encore du concours des parties vivantes. Les globules sanguins, qui éprouvent un changement considérable sous l'influence de la respiration, et qui, d'après Prévost et Dumas, sont moins nombreux dans le sang des animaux à sang froid, comme les Poissons et les Reptiles, que dans le sang des Mammifères et des Oiseaux, constituent, quoique nageant dans un liquide, des corpuscules doués d'une vie propre. Les globules du sang ressemblent tout-à-fait, sous le rapport de leur structure, aux particules élémentaires, c'est-à-dire, aux cellules à noyau qui donnent naissance à tous les tissus et qui existent encore, sous cette forme primitive, dans certains tissus parvenus à leur état parfait de développement. Ces globules doivent donc partager les propriétés vitales générales des cellules; ils doivent déterminer des changements chimiques dans leur contenu et dans ce qui les entoure; enfin, ils doivent, comme les autres cellules, pouvoir modifier les particules élémentaires des tissus, et à leur tour être modifiés par elles.

Cette action réciproque que les globules du sang exercent les uns sur les autres, et qui a également lieu entre les globules sanguins et les divers organes pendant la circulation capillaire, doit être susceptible d'augmenter ou de diminuer d'énergie, soit dans tout l'organisme, soit dans un point seulement de l'économie. En général, la fonction respiratoire semble, dans ce cas, n'éprouver aucune espèce d'altération. En outre, abstraction faite des globules sanguins, les phénomènes chimiques qui s'accomplissent entre les organes et le sang imprégné d'oxygène peuvent s'opérer avec plus ou moins d'énergie, selon l'état dans lequel se trouve l'organisme : parfois aussi des conditions toutes locales font varier, dans un organe quelconque, l'activité avec laquelle s'effectuent ces mêmes phénomènes chimiques. La température des animaux dépend de ces diverses conditions vitales.

§. 102. —Parmi les circonstances générales qui modifient la calorification chez les animaux, nous citerons les suivantes. Après un long jeûne, durant lequel l'élimination des substances devenues inutiles à l'économie continue, sans qu'il se produise de nouvelle matière pour remplacer la perte éprouvée par l'organisme, la chaleur de l'animal baisse de quelques degrés, ainsi que l'a observé Martine. et pourtant, la respiration que l'on regarde en général comme la source unique de la chaleur animale, n'a pas été suspendue un seul instant. Toutefois, un cas d'occlusion de l'œsophage rapporté par Currie semble contredire l'assertion de Martine (1). D'après les recherches de Becquerel et Breschet, un état fébrile peut élever la température de trois degrés centigrades environ : en revanche, ainsi que tout le monde le sait, la dépression des forces vitales dans la syncope et dans le frisson de la fièvre fait baisser la chaleur animale, quoique la respiration ne paraisse en rien altérée dans ces états pathologiques.

Parmi les causes qui modifient localement la température de l'organisme, on distingue les inflammations, les lésions locales des nerfs et le mouvement musculaire.

---

(1) Currie, *On cold affusion*; *Wirkungen des kalten und warmen Wassers*. Leipzig, Bd,, 1, 267.

Becquerel et Breschet ont observé une élévation d'environ trois degrés centigrades dans des tumeurs scrofuleuses vivement enflammées.

Dans les expériences de ces académiciens, la contraction musculaire s'accompagnait constamment d'une élévation de température, qui variait de un à deux degrés centigrades.

Elliot et Home ont vu, après la section des nerfs d'un membre, la température de ce membre baisser. Tous les observateurs qui ont expérimenté sur le nerf vague s'accordent à dire que la division de ce nerf est suivie d'un abaissement sensible dans la température du corps de l'animal. Ce résultat vient à l'appui des expériences d'Elliot et Home. Cette diminution de la chaleur animale peut se mesurer à l'aide du thermomètre; mais il faut se garder de confondre avec un véritable abaissement de la température animale la simple sensation subjective de froid que l'on éprouve après la lésion des nerfs d'un membre. Earle a trouvé que la température de la main d'un bras paralysé n'était que de 70° Fahr. (21,11° centig.), tandis que la main du côté sain faisait monter le thermomètre à 92° Fahr. (33,33° cent.) Lorsqu'on électrisait le membre paralysé, la température s'élevait à 77° Fahr. (25° cent.). Dans une autre expérience, la température du doigt paralysé était de 56° Fahr. (13,33° cent.); la main du côté sain donnait en même temps 62° Fahr. (16,66° cent.) (1) Cependant chez un individu affecté d'hémiplégie, Becquerel et Breschet n'ont observé aucune différence appréciable entre la température du membre sain et celle du membre paralysé.

Néanmoins, on ne saurait contester que les nerfs exercent une influence notable sur le conflit organique qui a lieu entre le sang et la substance propre des organes. Cette influence est démontrée par le refroidissement du membre, la chaleur étant normale dans le reste du corps, par la flaccidité et la pâleur de la peau, enfin par l'engourdissement de la sensibilité dans le membre paralysé. Tout le monde sait que, lorsqu'on irrite la peau et les nerfs cutanés, à l'aide de frictions, par exemple, on rend aux parties paralysées la faculté de développer du calorique. On ranime en même temps leur sensibilité, et l'on y détermine les phénomènes de la turgescence vitale.

B. Brodie (2) s'est livré à diverses expériences sur ce sujet, et a obtenu les résultats suivants. Lorsqu'il faisait périr un animal, soit en le décapitant, soit en opérant la division de la moelle alongée, soit en détruisant le cerveau, soit en l'empoisonnant avec du worara, et qu'ensuite il entretenait artificiellement la respiration au moyen de l'insufflation, le cœur continuait de battre, et le sang continuait de subir dans les poumons les mêmes modifications que chez l'animal vivant, comme le démontra l'analyse de l'air expiré : mais l'animal soumis à l'expérience cessait de développer du calorique. Bien plus, cet animal se refroidissait plus vite que ne le faisait un autre individu de même espèce, chez lequel on n'entretenait pas la respiration. Ce phénomène, singulier au premier abord, dépendait de ce que l'air insufflé dans les poumons était par lui-même une cause de réfrigération. Suivant Hall (3), c'est l'effet inverse qui se produit, et un animal décapité conserve sa chaleur tant qu'on entretient chez lui une respiration artificielle. Les expériences de Legallois (4) ne s'accordent pas complétement avec celles de Brodie. D'après le physiologiste français, tout obstacle à la respiration, soit que l'on attache l'animal en le couchant sur le dos, soit que l'on raréfie l'air qu'on lui donne à respirer, soit qu'on

(1) Earle dans *Med. chir. Transact.*, v, 175; Meckel's *Archiv.*, iii, 419; Yelloly, dans *Med. chir. Transact.*, iii.—(2) *Philosophic. Transact.*, 1811, 4; 1812, 378; Reil's *Archiv.*, xii, 137, 199. — (3) *London med. Phys. Journal*, 52, 1814: voy. aussi Brodie, ibid., p. 295; Meckel's *Archiv.*, iii, 429-434. — (4) *Ann. Chim. Phys.*, 4, 1817: Meckel's *Archiv.* iii, 436.

y mêle de l'azote ou de l'acide carbonique, détermine un abaissement dans la température du corps. Il a remarqué que l'insufflation d'air, en gênant la respiration, diminue la chaleur de l'animal, et que le plus grand degré de froid correspond toujours à la plus petite quantité d'oxygène consumé. En répétant les expériences de Brodie sur des animaux qu'il empoisonnait, et chez lesquels il pratiquait ensuite l'insufflation, Emmert n'a observé, au bout de soixante-quatorze minutes, qu'un changement de température de trois degrés, à l'échelle réaumurienne, ou 3,75° centig (1). Wilson Philip (2) a trouvé que la respiration artificielle refroidit rapidement l'animal, lorsqu'on pratique des insufflations trop fréquentes, tandis que des insufflations modérément répétées retardent le refroidissement. Malgré tout cela, les expériences de Brodie me paraissent convaincantes, quant au fait principal. En effet, il a fait voir que des Lapins vivants et bien portants exhalaient en une demi-heure 28,22 pouces cubes d'acide carbonique, et que ces mêmes Lapins exhalaient encore, dans le même laps de temps, une quantité d'acide carbonique qui variait de 20,24 à 25,55, et montait même à 28,27 pouces cubes, lorsque, après les avoir fait périr par le poison ou la section de la moelle alongée, il entretenait la respiration artificielle. Ainsi donc, chez le Lapin mort sur lequel on pratique l'insufflation pulmonaire, l'acide carbonique qui se forme dans le poumon, est presque aussi abondant que pendant la vie, quoique la température du corps de l'animal ait baissé de 6° Fahr. ou 3,33° C., une heure après la division de la moelle alongée (3). Chaussat (4) a répété les observations de Brodie et confirmé leur exactitude.

§ 103. — Tant que l'on n'a pas tenu compte de tous ces faits, les recherches qui avaient pour objet la diminution spontanée de la faculté calorifique durant le sommeil d'hiver, et les causes de l'hibernation, ne pouvaient donner aucun résultat satisfaisant. D'abord, on ne doit pas considérer le phénomène de l'hibernation tel qu'on l'observe chez certains Mammifères, d'une manière isolée. Il faut, au contraire, partir de ce fait fondamental, que tous les animaux, sans exception, s'engourdissent, quand la température extérieure s'abaisse au-dessous d'un certain degré, et qu'ils tombent en léthargie, sans pour cela perdre directement la faculté de vivre. Mais le minimum de la chaleur extérieure qui détermine ce phénomène varie extraordinairement, suivant l'organisation des animaux et leur distribution à la surface du globe.

1° Sous ce rapport, c'est évidemment l'Homme qui possède au plus haut degré la faculté de maintenir sa chaleur propre : car nous trouvons des Hommes partout où il existe des animaux dans les régions les plus froides du nord, comme dans les contrées tropicales les plus chaudes. Cependant, lorsque l'Homme se trouve sans abri contre le froid, ou, en d'autres termes, lorsqu'il est privé du stimulus intégrant de la chaleur, il tombe dans un véritable état d'asphyxie, phénomène qui a lieu bien plus promptement encore, quand la force organique de l'individu est déprimée par l'influence de boissons enivrantes.

2° Un grand nombre d'animaux tombent aisément dans cet état de torpeur, lorsque le degré de chaleur extérieure qui leur est nécessaire vient à leur manquer. Ce degré de chaleur est déterminé par la distribution géographique des animaux à la surface du globe. Le besoin d'une certaine température est la cause unique des migrations des Oiseaux.

3° Les jeunes Mammifères s'engourdissent à une température qui est assez

(1) Meckel's *Archiv.*, i, 184. — (2) *Inquiry in to the laws of the vital functions; Untersuchungen über die Gesetze der Functionen des Lebens*, übersetzt von Sontheymer. Stuttg., 1822. — (3) Comp. les remarques de Nasse sur les expériences de Brodie, dans Reil's *Archiv.*, xii, 404. — (4) Meckel's *Archiv.*, vii, 282.

élevée pour maintenir la force vitale des animaux adultes en état d'activité. C'est ce que prouvent les expériences de Legallois sur des Lapins âgés de six à huit semaines. En élevant la température du milieu, cet observateur pouvait les ranimer et leur rendre toute leur vivacité.

Lorsque le froid détermine l'asphyxie, son action sur le système nerveux se caractérise par l'insensibilité, la somnolence, la prostration des forces et le ralentissement de la circulation. Une conséquence nécessaire de ce dernier phénomène, c'est que l'échange de matériaux, qui a lieu pendant que le sang traverse les poumons et toutes les autres parties du corps, s'opère avec moins d'activité qu'à l'état normal. Cela, joint à ce que, pendant l'affaiblissement de la circulation et des mouvements respiratoires, l'action du système nerveux sur les phénomènes chimico-organiques se trouve également affaiblie, détermine secondairement une diminution considérable dans la température propre de l'animal.

La facilité avec laquelle le froid cause, chez certains animaux, cet état de torpeur, dépend donc de ce que leur structure est plus délicate, et de ce qu'ils ont plus besoin que les autres d'être stimulés et excités par la chaleur, pour que les fonctions de la vie organique puissent s'accomplir. Cette disposition particulière et l'affaiblissement de la force vitale qui survient périodiquement chez les animaux hibernants sont les seules causes du sommeil d'hiver. Ainsi, la seule particularité remarquable que présente le phénomène de l'hibernation, c'est que cet état de torpeur peut se prolonger fort longtemps sans danger pour la vie.

Le sommeil d'hiver des animaux est tout-à-fait analogue au sommeil d'hiver des végétaux, qui dépend de la soustraction d'un stimulus et de l'affaiblissement périodique que ces derniers éprouvent dans leur énergie vitale. Le sommeil nocturne des plantes, c'est-à-dire, le changement de position de leurs feuilles, tient à la soustraction d'un stimulus, à savoir, à l'absence de la lumière. En effet, les plantes présentent quelquefois ce phénomène pendant le jour, quand on les place dans l'obscurité (1). Le sommeil quotidien des animaux ne dépend nullement de la soustraction d'un stimulus, mais simplement des changements matériels et de l'épuisement produits dans l'organisme par l'activité que ce dernier a déployée dans l'état de veille. Par conséquent, le besoin de dormir peut survenir naturellement à toute heure du jour; mais, en vertu de causes qui ne sont qu'accidentelles, c'est ordinairement le soir que nous ressentons ce besoin.

Le sommeil d'été de certains Reptiles et du Tanrec semble dépendre de quelque trouble que la trop grande élévation de la température extérieure produit dans l'économie de ces animaux. Le manque d'eau paraît également être une des causes principales de ce sommeil. On pourrait donc le considérer comme résultant à la fois, et de l'absence d'un stimulus vital et de l'excès d'un autre stimulus vital.

§ 104. — Les faits relatifs au sommeil d'hiver et au sommeil d'été se lient intimement à l'action déprimante bien connue qu'exerce sur les fonctions du système nerveux, chez l'Homme, une haute température longtemps prolongée. Ce rapprochement nous amène naturellement à comparer entre eux les effets du froid et ceux de la chaleur. La chaleur et le froid modifient également l'irritabilité du corps vivant: tous deux déterminent des irritations, des inflammations et le sphacèle. Lorsqu'un froid intense vient à saisir subitement des tissus animaux, il exerce sur eux une action désorganisatrice. Quand nous touchons des objets extrêmement froids, nous éprouvons une impression douloureuse bientôt suivie

(1) *Journ. de Phys.*, 52, 124.

d'engourdissement. L'action d'un froid encore plus intense produit le sphacèle, c'est a-dire, la mort de la partie. L'application du froid à un plus faible degré, en soustrayant le calorique de l'animal, détermine des symptômes d'inflammation et d'irritation, symptômes qui résultent des efforts que fait l'organisme pour rétablir l'équilibre dans les parties affectées. Un degré modéré de froid agit d'abord comme excitant ; c'est ainsi que l'eau froide rougit immédiatement la peau. On observe ce phénomène lorsque, par exemple, on prend un bain de rivière malgré la saison avancée : mais cet effet n'est que momentané, et bientôt se développent des phénomènes qui indiquent le trouble des organes internes causé par la soustraction du calorique. Quelquefois on applique le froid de cette manière, comme moyen stimulant, et afin de produire, dans le système nerveux, une altération temporaire souvent avantageuse à l'organisme. Dans les fièvres, où la peau est le siége d'une chaleur considérable accompagnée d'une grande sécheresse, des affusions d'eau froide agissent indirectement comme un stimulus vivifiant, et rappellent la turgescence normale de la surface cutanée. La chaleur exerce une action absolument semblable sur les parties qui ont été saisies par le froid. Mais l'application prolongée du froid a toujours pour effet secondaire de déprimer l'énergie vitale du système nerveux. L'action graduelle du froid porté jusqu'à un certain degré fait tomber l'homme dans un état asphyxique et, chez les animaux hibernants, détermine le sommeil d'hiver : ces effets dépendent uniquement de la soustraction du stimulus vital de la chaleur. D'autre part, une température trop élevée affaiblit graduellement l'activité du système nerveux. Il est probable qu'ici la chaleur détermine une altération matérielle dans la composition des tissus. L'élévation excessive de la température, jointe au manque d'eau, cause l'asphyxie au milieu des déserts de sable de certaines contrées, et donne lieu au sommeil d'été du Tanrec de Madagascar et des Reptiles qui vivent dans les régions tropicales.

CHAPITRE III. — *Du développement de la lumière chez les animaux.*

ARTICLE PREMIER. — *Animaux phosphorescents.*

105. — Le phénomène connu sous le nom de *phosphorence* de la mer dépend de la présence d'animaux vivants. Tantôt il consiste en un jaillissement de petites étincelles ; c'est le plus ordinairement dans les ports et les baies qu'on voit ce mode de phosphorescence : tantôt les vagues paraissent lumineuses dans toute leur étendue ; on observe principalement ces ondes lumineuses dans le sillage des navires. Dans le premier cas, il arrive souvent que l'observateur ne reconnaît cette phosphorescence qu'en examinant avec attention l'eau de la mer à peu de distance de lui, c'est-à-dire, à quelques pieds ou même encore plus près. Ce phénomène devient plus prononcé, lorsqu'on met l'eau en mouvement, par exemple, en lançant une pierre dans la mer.

§ 106. — Les animaux auxquels la mer doit sa phosphorence sont des Infusoires (*Peridinium tripos*, *P. fusus*, *P furca* et *Prorocentrum micans* d'Ehrenberg); des Rotifères (*Synchœta baltica* d'Ehrenberg); des Polypiers (*Veretillum*, *Pennatula*), dans lesquels ce sont surtout les Polypes eux-mêmes qui paraissent être lumineux; des Méduses (*Oceania*, *Beroe* et *Cydippe*); quelques Annélides (*Nereides*, *Polynoe fulgurans* de la mer Baltique); enfin, certains Mollusques (*Pholades*, *Salpes*, *Pyrosomes*), et Crustacés (*Oniscus fulgens* ou *Carcinium opalinum* de Meyen, etc.). Quelquefois même le mucus et l'eau qui s'écoulent de ces animaux paraissent lumineux; c'est ce qu'on observe chez les Salpes, les Beroes, les Pholades et les Néréides.

§ 107. — Meyen (1) distingue trois causes de phosphorence de la mer.

1° Phosphorence de la mer causée par du mucus qui s'y trouve dissous. — L'eau présente, dans ce cas, une aspect uniformément laiteux avec une teinte bleuâtre. Ce genre de phosphorence s'observe rarement en pleine mer, mais assez fréquemment dans les havres des climats tropicaux. L'agitation de la mer et l'élévation de la température augmentent l'émission de la lumière. L'eau douce elle-même devient lumineuse, lorsqu'on écrase des Méduses phosphorescentes dans un vase qui contient de l'eau douce. Meyen a vu de l'eau, avec laquelle il avait lavé le mucus répandu à la surface externe du corps de Salpes et de Beroes, devenir phosphorescente, lorsqu'il l'agitait fortement; cependant il ne put y découvrir aucune trace d'Infusoires. L'eau dans laquelle on écrase des Beroes devient immédiatement lumineuse.

2° Phosphorescence de la mer résultant de la présence d'animaux couverts d'un mucus phosphorescent. — Ici la production de la lumière semble dépendre de ce que la couche de mucus qui recouvre l'animal s'oxyde à sa surface. En effet, cette phosphorescence disparaît, lorsqu'on produit un léger changement à la surface du corps de l'animal, par exemple, lorsqu'on la frappe avec le doigt; mais elle reparaît très promptement. Ce n'est pas seulement pendant la vie de l'animal que ce phénomène se manifeste; car souvent il persiste encore longtemps après la mort. Les animaux qui doivent leur phosphorescence au mucus qui recouvre la surface de leur corps sont, d'après les observations de Meyen, des Infusoires, des Rotifères, des Salpes, des Méduses, des Astéries, des Seiches, des Sertulaires, des Pennatules, des Planaires, des Crustacés et des Annélides.

3° Phosphorescence de la mer déterminée par la présence d'animaux qui possèdent des organes phosphorescents particuliers. — Meyen a étudié spécialement le *Pyrosoma atlanticum*, dont la lumière est très vive et d'un bleu verdâtre. Dès qu'on touchait ces animaux avec le filet dont on se servait pour les prendre, ils s'enfonçaient dans l'eau et cessaient d'être lumineux. Quand, après s'être emparé d'un de ces animaux et l'avoir placé dans de l'eau, on venait à le toucher, la lumière se développait sous forme d'étincelles extrêmement petites. Chacune de ces étincelles sortait d'un corps obscur et presque conique situé dans la substance de chaque individu. Ce corps conique est mou et d'une couleur rouge-brun. Quand on examine le sommet de cet organe à l'aide du microscope, on y observe trente à quarante points rouges d'une petitesse extrême. Lorsqu'on saisit par ses deux extrémités un Pyrosome, pendant qu'il nage dans l'eau et n'émet pas de lumière, il se produit des étincelles, d'abord aux deux extrémités du corps de l'animal; ces étincelles s'étendent peu à peu, jusqu'à ce qu'enfin elles se rencontrent. La phosphorescence de cet animal s'éteint avec sa vie. L'organe phosphorescent du Pyrosome est situé immédiatement derrière l'orifice buccal, et un peu en avant des organes respiratoires de chacun des individus isolés qui constituent l'animal composé. Un autre animal phosphorescent qui vit dans l'eau de la mer, et qui a été étudié par Meyen, est l'*Oniscus fulgens*, ou *Carcinium opalinum*. Les organes phosphorescents de ce Crustacé sont de petits corps en forme de massue situés dans les quatrième et cinquième segments du corps de l'animal. Chez l'*Erythrocephalus macrophthalmus*, l'organe lumineux est situé sur la tête.

Le mémoire d'Ehrenberg sur la phosphorescence de la mer (2) contient, outre une exposition historique détaillée de toutes les recherches antérieures, un grand nombre d'observations nouvelles propres à l'auteur. Ces dernières jettent un grand

(1) Nov. *Act. nat. cur.*, vol. XVI, suppl. — (2) *Abhandl. der Koenig. Academie der Wissensch. zu Berlin*, 1835.

jour sur un sujet jusqu'alors extrêmement obscur. A Alexandrie, Ehrenberg a eu l'occasion d'examiner la prétendue phosphorescence du *Spongodium vermiculare*. Il a trouvé qu'il ne la devait, comme différentes espèces de fucus, qu'à des points lumineux attachés à sa surface. Malgré ses nombreuses observations sur l'eau de la mer Rouge, Ehrenberg n'a pu découvrir aucun animal auquel il fût possible de rapporter la cause de la phosphorescence de cette mer. Cet observateur a été plus heureux dans les recherches qu'il a entreprises pour reconnaître la cause de ce phénomène dans la mer Baltique et dans la mer du Nord. Son attention se dirigea d'abord sur les corps lumineux observés par Michaelis. Le premier animal phosphorescent qu'il reconnut dans les eaux de la mer Baltique est une espèce d'Annélide, *Polynoe fulgurans*, dont les organes phosphorescents consistent en deux gros corps granuleux, que l'on peut comparer à des ovaires. De l'eau de la mer Baltique, envoyée à Berlin, était encore phosphorescente, grâce à la présence d'animaux de ce genre. Plus tard, Ehrenberg trouva dans de l'eau provenant de la mer du Nord, et qu'on lui avait adressée à Berlin, divers Infusoires lumineux, *Peridinium tripos*, *P. fusus*, *P. furca* et *Prorocentrum micans*. Michaelis a découvert dans la mer Baltique un Rotifère phosphorescent, *Synchœta baltica* d'Ehrenberg. Dans le golfe de Christiania, en Norwége, Ehrenberg a trouvé des Méduses phosphorescentes. *L'Oceania microscopica*, dont le diamètre n'est que d'un quart de ligne, formait des points lumineux dansants à la surface de l'eau. En examinant le *Cydippe pileus*, Ehrenberg s'est assuré que la lumière sort du milieu de l'animal, à l'endroit même où sont situés les deux ovaires. La même observation s'applique à l'*Oceania pilata*. A Héligoland, Ehrenberg a rencontré d'autres formes d'animaux phosphorescents, et il a été assez heureux pour parvenir à les isoler. C'est là qu'il a découvert l'*Oceania scintillans*, petit globule sphérique qui nage avec lenteur. L'*Oceania hemispherica*, qui a plus d'un pouce de diamètre, lui a présenté une couronne complète de points lumineux au pourtour de son bord. Ces points lumineux correspondaient toujours au bord de la base des grands cirres, ou aux organes qui avoisinent ces derniers et alternent avec eux. Aucune autre partie du corps de ces animaux n'offrait la moindre trace de lumière, ni pendant leur vie ni après leur mort. Les observations ultérieures d'Ehrenberg l'ont toujours de plus en plus convaincu que les Méduses mortes ne sont pas plus phosphorescentes que les débris de Poissons morts ou le mucus qui flotte dans l'eau. Aussi, il pense que les particules lumineuses qu'il avait vues a Alexandrie et qu'il avait supposées être de simples débris de corps organiques morts étaient, en réalité, analogues aux Noctiluces et aux Océanies qu'il a observées à Héligoland, vivant encore et émettant de la lumière, quoiqu'elles fussent mises en pièces. Dans la *Nereis cirrigera* (*Photocaris* d'Ehrenberg), les organes phosphorescents sont deux cirres charnus situés sur chacun des pieds. D'abord on ne voit briller que quelques étincelles sur chaque cirre, puis le cirre entier devient lumineux; enfin, le dos paraît phosphorescent et l'animal tout entier ressemble à une mèche soufrée qui brûle. Le mucus de la Photocaris, qui adhérait aux doigts, était également phosphorescent.

Werneck a observé des Infusoires lumineux dans un lac au voisinage de Salzbourg.

§ 108.—Les Insectes phosphorescents sont : les *Elater noctilucus*, *phosphoreus*, *ignitus*, le *Pausus sphœrocerus* d'Afzélius, le *Scarabæus phosphoreus*, plusieurs espèces de *Lampyris* et la *Scolopendra electrica* (1). Chez les Mouches lumineuses (*Elater*), les sources principales de la phosphorescence sont deux points

(1) Treviranus, *Biol.*, v, 97.

ovales recouverts d'une lamelle mince et transparente, et situés sur les côtés du thorax. Dans les Vers luisants (*Lampyris noctiluca*, *splendidula*), la lumière émane de la surface inférieure des trois derniers anneaux de l'abdomen, mais principalement de deux points blanchâtres que l'on remarque sur l'anneau postérieur. Les œufs de la *Lampyris splendidula* sont également lumineux, et il semble que leurs chrysalides et leurs larves elles-mêmes ne sont pas dépourvues de toute phosphorescence. L'influence que la volonté de l'animal semble exercer sur l'émission de la lumière s'opère, suivant Treviranus, au moyen de la respiration. Tous les observateurs, à l'exception de Macartney et de Murray, s'accordent à dire que, dans le vide et dans des gaz irrespirables, la phosphorescence cesse, ou tout au moins diminue. La mort de l'animal n'anéantit pas complétement la phosphorescence. Les parties phosphorescentes, même après avoir été desséchées, redeviennent lumineuses lorsqu'on les humecte avec de l'eau. Quand on plonge dans l'eau des Insectes lumineux, leur éclat ne diminue qu'au bout de plusieurs heures ; mais il cesse immédiatement, quand on les tient plongés dans l'huile. Cependant il reparaît, si l'on expose l'animal, mort ou vivant, à la vapeur de l'acide nitrique fumant (1).

La *Lampyris italica* se distingue des autres espèces de *Lampyris*, en ce que sa lumière est scintillante. Ce scintillement se répète rhythmiquement de quinze à cent fois par minute (2). La partie phosphorescente, chez le mâle, s'étend sur toute la surface abdominale de l'avant-dernier anneau et du précédent; chez la femelle, elle n'occupe que deux points latéraux sur l'antépénultième anneau abdominal. Lorsqu'on enlève les organes phosphorescents, ils continuent de briller pendant quelque temps. Quand on en frotte un autre corps, celui-ci devient phosphorescent. Enfin, si on les humecte quand ils sont desséchés, ils recouvrent la faculté d'émettre de la lumière. D'après les observations de Peters, cet organe est constitué par des globules disposés d'une manière régulière. Dans chacun de ces globules pénètre une petite trachée qui s'y ramifie. En outre, la membrane extrêmement délicate qui revêt chaque globule renferme un grand nombre de molécules plus petites, desquelles dépend la phosphorescence. Le rhythme du scintillement ne se lie ni à la circulation, ni à la respiration. Carus a observé que, dans les élytres de la *Lampyris italica*, le mouvement du sang éprouvait des pulsations, et il en a compté cinquante à peu près par minute. Mais la *Lampyris noctiluca* présente, ainsi que l'a constaté Carus, le même phénomène, et pourtant la phosphorescence se manifeste d'une manière continue et non par scintillement. Peters, d'ailleurs, a vu des étincelles se produire, même après qu'il avait enlevé le cœur de l'animal. Quoique le système nerveux ne soit pas immédiatement nécessaire au développement de la phosphorescence de cette espèce de *Lampyris*, car sa substance lumineuse continue de briller, après avoir été séparée du corps, il exerce pourtant une certaine influence sur ce scintillement, et Peters l'a vu cesser subitement quand il décapitait l'animal.

Les organes phosphorescents de la *Lampyris* ne doivent pas être regardés comme jouissant simplement de la faculté d'absorber, pendant le jour, la lumière qu'ils émettent pendant la nuit. En effet, les observations de Todd, de Murray et de Peters prouvent qu'ils sont lumineux, lors même qu'on les a tenus longtemps dans une obscurité complète.

ARTICLE II. — *De la prétendue phophorescence des animaux supérieurs.*

On ne connaît pas d'exemple de phosphorescence dans les animaux supérieurs.

---

(1) Treviranus, *Biologie*, v; Tiedemann's *Physiologie*, 1, 488-510; Gmelin's *Chemie*, 1, 81-86. —
(2) Carus, *Analekten*, 1820, 169; Peters, dans Müller's *Archiv.*, 1841. 229.

Souvent on a attribué aux yeux de certains Mammifères, tels que le Bœuf et le Cheval, mais surtout à ceux des Carnassiers et principalement du genre Chat, la faculté de luire dans l'obscurité ; mais aujourd'hui cette croyance est presque partout reléguée parmi les superstitions médicales. Dans certains cas, il est vrai, les yeux de ces animaux paraissent phosphorescents ; mais ce phénomène tient simplement à ce que la lumière se trouve réfléchie par le tapis brillant et dépourvu de pigment noir de la choroïde. C'est à la même cause que l'œil sans pigment des Lapins blancs doit son éclat particulier. On dit même que les yeux de l'Albino Sachs étaient lumineux. Prévost (1) le premier a donné l'explication de ce phénomène. Il a fait voir que cette prétendue phosphorescence ne s'observe jamais quand l'animal se trouve dans une obscurité complète ; qu'elle ne dépend ni de la volonté, ni des passions, mais uniquement de ce que le tapis réfléchit la lumière qui pénètre dans l'œil. Gruithuisen (2), de son côté, a fait les mêmes observations. Rudolphi (3) partage cette manière de voir, et il remarque que nous ne pouvons apercevoir cette prétendue phosphorescence qu'en nous plaçant dans une position telle que la lumière réfléchie par le tapis de l'animal pénètre dans notre œil. L'œil même d'un Chat mort, regardé dans la direction convenable, paraît lumineux tout comme celui de l'animal vivant, ainsi que l'ont constaté Gruithuisen et Rudolphi. J'ai répété les observations de ces auteurs, et j'en ai consigné ailleurs le résultat (4). La phosphorescence apparente de l'œil des Albinos ne détermine jamais la moindre sensation de lumière chez ces derniers (5). Dans ses recherches sur la phosphorescence des yeux des animaux, Esser (6) a reconnu que les yeux de Chat, de Chiens, de Lapins, de Moutons et de Chevaux ne sont nullement lumineux, lorsqu'on les examine dans un lieu complétement obscur : il a observé que la lumière se réfléchissait aussi bien qu'à l'ordinaire, après qu'il avait enlevé la cornée, l'iris et le crystallin. J'aime à voir que les expériences de Tiedemann confirment les observations qui précèdent. Il a remarqué que les yeux d'un Chat décapité depuis vingt heures paraissaient encore lumineux (7). Aussi, en lisant un ouvrage récent et d'ailleurs fort remarquable, à savoir, l'histoire naturelle des Mammifères du Paraguay, par Rengger, ai-je été fort étonné de voir ce naturaliste prétendre que les yeux de plusieurs animaux de l'Amérique émettent de la lumière et que la section des nerfs optiques fait cesser ce phénomène. Toutefois, le témoignage de cet auteur ne saurait changer en rien ma conviction ; car il serait absurde aux écrivains européens de regarder le phénomène dont nous parlons comme plus problable, par cela seul qu'on dirait l'avoir observé sur des Chats d'Amérique. Malgré tout son talent d'observation, Rengger a pu facilement se tromper.

Quant aux personnes qui sont portées à croire à la phosphorescence de l'espèce féline, nous les engageons à répéter une expérience bien simple que nous avons faite. Elles n'ont qu'à prendre un Chat et à le placer dans un lieu où l'obscurité soit complète, et elles se convaincront bientôt que l'œil de cet animal n'est nullement lumineux. Seulement, il faut alors prendre garde de se laisser abuser par les impressions de lumière purement subjectives que peuvent produire un mouvement rapide de nos yeux et la torsion de nos propres nerfs optiques. Une expérience toute récente que j'ai faite sur un Chat, en présence de plusieurs personnes, et dans un lieu parfaitement obscur, c'est-à-dire, dans une cave de l'École d'anatomie de Berlin, prouve évidemment la non-phosphorescence des yeux de cet animal. Je

(1) *Bibliothèque britannique*, 1810, t. 45. — (2) *Beitraege zur Physiognosie und Eautognosie*, p. 199. — (3) *Physiologie*, 1, 197. — (4) J. MÜLLER, *zur vergleichenden Physiologie des Gesichtssinness*. Leipzig, 1826, p. 49. — (5) Cons. SCHLEGEL, *Beitrag zur naehern Kenntniss der Albinos*. Meiningen, 1824, p. 70. — (6) Dans KASTNER'S *Archiv.*, VIII, 394. — (7) *Physiologic*. p. 509.

plaçai dans un des coins de cette cave, et au milieu d'une obscurité parfaite, une personne qui tenait un Chat : mais les autres assistants ignoraient à quel endroit se trouvait l'animal. Si les yeux du Chat eussent été lumineux, les personnes présentes l'auraient découvert sur le champ. Toutes cependant déclarèrent ne rien apercevoir, à l'exception d'une seule, qui prétendit voir deux cercles de feu. Alors je la priai d'étendre le bras vers le lieu où se trouvaient ces points lumineux, puis je fis ouvrir la porte. Aussitôt les spectateurs reconnurent, non sans de grands éclats de rire, que la personne qui avait cru voir le Chat étendait le bras précisément du côté opposé à celui où était l'animal. Évidemment, les deux cercles de feu qu'elle avait aperçus étaient tout simplement des impressions subjectives qui n'avaient pas de réalité extérieure. En effet, lorsqu'on tourne brusquement les yeux dans l'obscurité, la torsion des nerfs optiques détermine aisément la sensation de deux cercles de feu ; mais ces images lumineuses ne sont pas autre chose que des impressions dépendant de l'excitation des nerfs eux-mêmes.

Un excellent mémoire sur ce sujet, dû à Hassenstein (1), doit mettre un terme à cette controverse. Il a observé les animaux dont les yeux passent pour phosphorescents, lorsqu'ils se trouvaient animés par la colère, et jamais il n'a vu leurs yeux briller, tant qu'ils étaient plongés dans une obscurité profonde ; mais ils paraissaient lumineux, sitôt qu'un rayon de lumière venait à percer ces ténèbres. La clarté de la lune suffisait pour produire ce phénomène. Cette phosphorescence se dissipait à l'instant même où il ne pénétrait plus de lumière dans le lieu où étaient ces animaux. Les recherches de cet observateur sur le pigment blanc réflecteur de l'œil des Carnivores présentent beaucoup d'intérêt. Suivant lui, le tapis de l'œil des animaux Herbivores perd son éclat, lorsqu'il est desséché, tandis que celui de l'œil des Carnivores conserve le sien. Ce tapis contient une poussière blanchâtre composée de granules arrondis. D'après ses expériences, il est vraisemblable que ces grains pulvérulents sont formés par une combinaison de chaux et d'acide phosphorique.

Selon quelques physiologistes, la sensation de lumière que l'on éprouve lorsque l'œil est comprimé doit dépendre d'une véritable production de lumière. Mais il n'en est pas ainsi : l'impression que l'on ressent alors est purement subjective, tout comme la douleur que l'on éprouve en un point quelconque de la surface cutanée. Toute irritation de la rétine détermine une impression lumineuse subjective : peu importe que la cause irritante soit externe, comme l'électricité, une compression, etc., ou qu'elle soit intérieure et organique, comme une congestion sanguine, une névralgie. Les étincelles lumineuses les plus vives que nous apercevions, lorsque la rétine est ainsi irritée, ne s'accompagnent jamais d'aucune émission de lumière, et par conséquent ne sont visibles pour personne autre que le sujet qui éprouve cette impression subjective de lumière. Les impressions subjectives ne sont pas rares chez les individus dont les facultés visuelles sont très développées : chez moi, par exemple, elles sont excessivement fréquentes ; mais ce sont des images purement subjectives, des affections de la rétine, qui ne peuvent jamais éclairer un objet extérieur, parce que ces sensations ont lieu, sans qu'en même temps il y ait dégagement de ce fluide impondérable qui détermine également dans l'organe visuel une impression lumineuse, et qui a reçu le nom de lumière. Ce sont, je le répète, de simples phénomènes subjectifs. Ainsi, lorsque, dans un cas de ce genre, mon œil éprouve une sensation de lumière, les personnes qui sont présentes ne peuvent l'éprouver en même temps que moi, par la même

____

(1) HASSENSTEIN, *De luce ex quorumdam animalium oculis prodeunte atque de tapeto lucido.* Jenæ, 1836.

raison qui fait qu'elles ne ressentent pas les douleurs que je ressens, et qu'elles n'entendent pas mes bourdonnements d'oreilles. Jamais rien de semblable n'a lieu.

On peut encore, sur ce sujet, comparer les remarques que j'ai publiées ailleurs, à propos d'un cas singulier de médecine légale. Il s'agissait d'un individu qui avait reçu un coup sur l'œil, et qui prétendait, au moyen de la lumière produite par ce coup, avoir reconnu un voleur (1).

(1) Dans MÜLLER's *Archiv. für Anat. und Physiol.*, 1834, p. 140.

FIN DES PROLÉGOMÈNES.

PHYSIOLOGIE

SPÉCIALE.

LIVRE PREMIER. — DES FLUIDES CIRCULATOIRES, DE LEUR MOUVEMENT ET DU SYSTÈME VASCULAIRE.

SECTION PREMIÈRE. — DU SANG CONSIDÉRÉ EN GÉNÉRAL.

§ 1. — C'est du sang que sont tirés tous les matériaux nécessaires à la formation et à la nutrition des différentes parties du corps animal. C'est lui qui reprend tous les matériaux décomposés et hors de service des différents tissus, pour les faire excréter par des organes spéciaux. Ce fluide se renouvelle au moyen des nouvelles matières nutritives que lui portent les vaisseaux lymphatiques. Ces matières nutritives sont formées en partie par des substances venues du dehors, et en partie par des substances qui ont déjà fait partie des éléments organiques du corps.

§ 2. — Le sang qui des poumons est apporté au cœur par les veines pulmonaires, et qui ensuite est lancé par le ventricule gauche dans l'aorte, dans ses branches et dans toutes les parties du corps, est d'un rouge brillant et vermeil. Le sang, au contraire, qui retourne au ventricule droit en traversant tout le système veineux du corps, et qui est ensuite lancé dans les poumons, présente une couleur rouge noirâtre. Le sang est également rouge chez quelques animaux invertébrés : tels sont les Annélides, ou Vers à sang rouge. Il est d'une couleur rougeâtre chez quelques Mollusques (*Planorbis*). Mais, chez la plupart des animaux invertébrés, le sang est incolore.

§ 3. — Lorsqu'à l'aide du microscope on examine le sang, soit dans les plus petits vaisseaux d'une partie transparente, soit à l'instant même où l'on vient de le retirer du corps, on voit qu'il est composé de petits corpuscules ou globules rouges et d'un fluide incolore. Ce fluide est la *lymphe* ou *liqueur sanguine* (*liquor sanguinis*). On doit se garder de confondre ce fluide avec le sérum ; ce dernier est un liquide clair qui se sépare du caillot pendant la coagulation. On peut, avant que la coagulation ne commence, obtenir la liqueur sanguine tout-à-fait débarrassée de ses globules rouges, en filtrant le sang d'une Grenouille ou de tout autre animal chez lequel les globules soient assez volumineux pour ne pouvoir passer au travers du papier à filtrer. Les corpuscules rouges *du sang* sont spécifiquement plus pesants que la partie fluide du sang qui les contient.

§ 4. — La pesanteur spécifique du sang humain varie de 1,0527 à 1,057. Il a un goût salé, exerce une légère réaction alcaline et répand une odeur particulière, *halitus sanguinis*, qui diffère un peu dans les animaux d'espèces différentes. L'odeur du sang est plus forte chez les mâles que chez les femelles.

§ 5. — Chez tous les animaux vertébrés, le sang tiré de la veine se coagule ordinairement dans l'espace de deux à dix minutes. Il se prend d'abord en une masse gélatineuse ; ensuite cette masse se contracte peu à peu, et, en se resserrant, elle exprime un fluide clair, d'un jaune pâle, qui apparaît d'abord sous la forme de gouttes à la surface du caillot, et qui augmente graduellement de quantité : c'est le *sérum*. Le caillot rouge a encore reçu les noms de *crassamentum* et de *placenta sanguinis*.

La pesanteur spécifique du sérum est de 1,027 à 1,029. Il a un goût salé. Celui des animaux supérieurs exerce une réaction légèrement alcaline, qui est à peine sensible chez la Grenouille. Le sérum tient en dissolution plusieurs matières animales, dont la principale est l'*albumine*. Cette substance, pour se coaguler, exige l'intervention de certains agents chimiques, tels que les acides, l'alcohol, etc., ou une température de 70 degrés centigrades : elle ne se coagule pas spontanément.

Si on lave pendant quelque temps le caillot rouge dans de l'eau, la matière rouge, *cruor*, se dissout, et il reste une substance blanche filamenteuse à laquelle on a donné le nom de *fibrine*. Cette substance, de même que le caillot rouge, tombe au fond de l'eau, à moins qu'elle ne contienne accidentellement des bulles d'air.

Chez les femmes, durant la grossesse et l'état puerpéral, chez les individus atteints, soit de rhumatismes aigüs, soit d'affections inflammatoires, en un mot, dans tous les cas où le sang se coagule plus lentement qu'à l'ordinaire, les globules rouges s'abaissent ordinairement au-dessous du niveau du liquide, avant que la coagulation ne commence. Il résulte de là que, lorsque la masse toute entière est coagulée, la partie supérieure du caillot est blanche, tandis que la partie inférieure est rouge. C'est cette partie supérieure que l'on appelle *couenne pleurétique, crusta inflammatoria*. Lorsque l'on fouette du sang frais, les globules rouges ne sont pas emprisonnés dans le caillot; la fibrine se coagule immédiatement en fibres incolores qui adhèrent à la baguette dont on se sert pour cette opération. Le reste du sang demeure fluide, et l'on y voit nager les globules rouges intacts. Quand on expose du sang frais à une température très-basse, il se congèle, et l'on peut le conserver dans cet état; mais il est encore susceptible de se coaguler, dès qu'on le fait dégeler. Les alcalis empêchent la coagulation du sang. D'après les observations de Prévost et Dumas, il suffit d'un millième de soude caustique pour déterminer cet effet. Certains sels, tels que le sulfate de soude, le nitrate de potasse, le carbonate de soude et le carbonate de potasse peuvent, quand on les mêle avec le sang, empêcher ou retarder le phénomène de la coagulation. Fontana prétend que le poison de la Vipère et celui du Ticunas, ajoutés au sang frais dans la proportion d'une partie sur trente, produisent le même résultat, tandis que le venin de la Vipère, introduit par une plaie dans un corps vivant, détermine une rapide coagulation du sang. Dans certaines circonstances, le sang reste fluide dans les vaisseaux après la mort. C'est ce que l'on observe, par exemple, chez les Hommes et chez les animaux tués par la foudre ou par une forte commotion électrique, chez ceux que l'on a empoisonnés avec l'acide prussique, chez les animaux forcés à la chasse, enfin, chez les personnes qui périssent à la suite de coups violents reçus à l'épigastre. On dit que, dans tous ces cas, le phénomène de la rigidité cadavérique ne se manifeste pas (1).

A l'exception des circonstances que nous venons de citer, le sang une fois sorti du corps vivant se coagule toujours, soit qu'on le laisse en repos, soit qu'on l'agite. Il se coagule encore, quand on le tient à une température égale à celle du corps vivant et quand on le place dans le vide ; on voit également le sang se coaguler, lorsqu'on en remplit exactement des vaisseaux que l'on ferme ensuite hermétiquement, ou bien, enfin, lorsqu'on le met en contact avec des gaz qui ne font pas

____

(1) ABERNETHY, *Physiological Lectures*, p. 246.

partie de l'air atmosphérique (1). La cause unique de la coagulation consiste donc en ce que le sang cesse d'être soumis à l'influence des tissus vivants et principalement des vaisseaux, influence qui est seule capable de maintenir la combinaison normale des éléments de ce liquide. C'est pourquoi le sang se coagule ordinairement, quand il s'est épanché hors de ses vaisseaux, et quoiqu'il soit encore retenu dans l'intérieur des organes vivants. Suivant les recherches de Schroeder van der Kolk, le sang se coagule avec une rapidité extraordinaire, lorsqu'on détruit violemment le cerveau et la moelle épinière; quelques minutes après cette opération, ce physiologiste trouvait déjà des caillots dans les grands vaisseaux. Hewson, Parmentier, Deyeux et Schroeder van der Kolk ont remarqué que le caillot se forme avec d'autant plus de rapidité, que les forces vitales se trouvent plus déprimées au moment où l'on tire du sang de la veine d'un animal. Plusieurs observateurs, parmi lesquels on distingue Gordon, Thomson, Mayer, prétendent que le phénomène de la coagulation s'accompagne d'une élévation de température; mais J. Davy et Schroeder van der Kolk contestent l'exactitude de cette observation (2).

§ 6. — Il est impossible de déterminer avec exactitude quelle est la masse de sang que contient le corps vivant, en calculant la quantité de ce liquide que perd un animal dans une hémorrhagie mortelle, car alors il reste encore dans les petits vaisseaux une quantité considérable de sang qui s'y coagule. Mais Valentin a imaginé et employé une méthode très ingénieuse pour résoudre ce problème (3). Il notait le poids d'un animal ; puis il lui ouvrait la veine et en tirait une certaine quantité de sang. Alors il déterminait la quantité de matière solide que donnaient cent parties de ce sang. Cela fait, il injectait une quantité déterminée d'eau dans la veine, et tirait ensuite par divers vaisseaux une nouvelle quantité de sang. Il s'assurait comme auparavant de la proportion du résidu solide sur cent parties du sang donné par cette nouvelle saignée ; d'après la différence des deux résidus obtenus dans les deux opérations, il calculait la quantité de sang qui avait été étendue d'eau. Il faut supposer ici que l'eau injectée s'est promptement et uniformément distribuée dans le sang par rapport au poids du corps; on peut donc conclure la quantité de sang que doit contenir un corps humain dont le poids est connu. D'après les recherches de Valentin, la proportion du sang au poids du corps est, en moyenne, comme 1 : 4 1/2 chez le Chien et comme 1 : 5 chez le Mouton (4).

CHAPITRE PREMIER. — *Examen microscopique et mécanique du sang.*

ARTICLE PREMIER. — *Des globules du sang* (5).

§ 7. — Quand on veut étudier les globules du sang, il faut se garder de les étendre d'eau ; on les verrait alors tout autrement qu'ils ne sont dans le corps

(1) Schroeder van der Kolk, *Comment. de sanguinis coagulatione*, Groning., 1820; *Diss. sist. sang. coagulantis historiam*, Groning, 1820. — (2) J. Davy, *Tentamen experimentale de sanguine*, Edinb., 1814; Meckel's *Archiv.*, I, 117; II, 317; III, 454, 456. — (3) *Repertorium*, III, 281. — (4) Sur le sang considéré en général, consultez Parmentier et Deyeux, dans Reil's *Archiv.*, Bd., 1., Heft., II, 76; Hewson, *Experimental inquiries*, 1772; Prévost et Dumas, dans *Bibliothèque universelle*, XVII, 294: Meckel's *Archiv.*, VIII; Scudamore, *On the blood*, London, 1824; Berzélius, *Traité de Chimie*, trad. par Esslinger, Paris, vol. VII; Denis, *Rech. expérim. sur le sang humain*, Paris, 1830; M. Edwards, dans Todd, *Cyclopædia of Anatomy and Physiology*; C.-H. Schultz, *System der circulation*, Stuttgardt, 1836; H. Nasse, *Das Blut physiologisch und pathologisch untersucht*, Bonn., 1836; Hünefeld, *Der Chemismus in der Thierischen organisation*, Leipzick; 1840. — (5) Fontana, *Nuovi osservazioni soprà i globetti rossi del sangue*, Lucca, 1766: Hewson, *Experimental inquiries*, part. 3, London, 1777; Prévost et Dumas, *Biblioth. univers.*, XVII, J. Müller, dans Burdach's *Physiolog.*, IV, trad. franç., VI, et dans Poggendorff's *Annal.*, 1832, H.;

vivant : l'eau, en effet, change instantanément leur forme. Ainsi donc, on doit étaler le sang en couche très-mince sans y mêler aucune substance, ou bien on se contente de l'étendre simplement avec du sérum. De l'eau dans laquelle on a fait dissoudre un peu de sel commun ou de sucre peut également servir à diluer le sang, ces dissolutions n'altérant en rien les globules sanguins.

§ 8. — La forme des globules du sang varie singulièrement chez les divers animaux ; néanmoins, qu'ils soient elliptiques ou circulaires, ils sont toujours aplatis. Chez l'Homme et la plupart des Mammifères ils présentent des disques arrondis. Un fait intéressant découvert par Mandl, c'est que le Chameau et le Lama font exception à cette règle ; chez eux, en effet, les globules sont elliptiques. Dans plusieurs espèces du genre Cerf Gulliver a trouvé, outre les disques arrondis, des corpuscules sanguins qui avaient la forme d'un croissant à extrémités pointues.

Les globules sanguins sont elliptiques chez les Oiseaux, les Reptiles et un grand nombre de Poissons ; quelquefois, pourtant, chez ces derniers, ils se rapprochent de la forme ronde, comme on l'observe dans le sang des Carpes ; ils sont même parfaitement ronds chez quelques Poissons, ainsi que l'ont découvert Rudolphi et Rud. Wagner. Les globules elliptiques du sang des Reptiles et des Oiseaux sont à peu près une fois aussi longs que larges.

On reconnaît que les globules sont aplatis, lorsque, après avoir étendu de sérum ou d'eau soit salée, soit sucrée, une goutte de sang placée sur le porte-objet du microscope, on l'agite un peu ; dans ce mouvement il arrive toujours qu'un certain nombre de globules se placent de champ. C'est chez les Reptiles et les Poissons que l'aplatissement de ces corpuscules est le plus considérable relativement aux autres diamètres ; mais, entre tous, ce sont les globules sanguins de la Salamandre que je trouve les plus aplatis : ils sont également extrêmement plats chez la Grenouille, dont les globules sont de huit à dix fois moins épais que longs. Les globules sanguins de la Salamandre, quand ils sont posés de champ, c'est-à-dire, sur leur bord, ne présentent d'élévation sur aucune des faces de leur disque, qui sont, au contraire, uniformément plates. Ceux des Grenouilles, placés de la même manière, offrent parfois, mais pas toujours d'une manière bien distincte, au centre de leurs deux faces un léger bombement. Ce phénomène dépend du noyau contenu dans l'intérieur du globule sanguin. L'aplatissement des globules sanguins elliptiques, quoique moins considérable chez les Oiseaux que chez les Reptiles, est néanmoins évident. Quand aux globules de l'Homme et des Mammifères, ils sont uniformément aplatis, et dans aucun cas on ne voit de bombement au centre de leur face. Lorsqu'on les examine de champ, ils ressemblent à une ligne courte, sombre, également épaisse partout ; leurs deux extrémités, au lieu de paraître arrondies, semblent cesser brusquement. Dans cette position, on peut les comparer à une pièce de monnaie que l'on regarde par son bord. Les globules rouges du sang humain sont quatre à cinq fois plus minces que larges. (Pl. 1, fig. 1.)

§ 9. — Les globules sanguins des Reptiles nus sont les plus gros que l'on connaisse : ceux des Oiseaux, des Poissons et des Reptiles écailleux sont moins volumineux ; mais les plus petits sont ceux de l'Homme et des Mammifères. Toutefois, il existe des différences sous ce rapport parmi ces derniers animaux :

8; Rud. Wagner, *Zur Vergleichenden Physiologie des Blutes*, i, 1834; ii, 1838; Schultz, *System der Circulation*, Stuttg., 1836; Mandl, *Anat. microscopique*, Paris, 1838; Hünefeld's *Der Chemismus in der thierisch. Organ.*, Leip., 1840; Gulliver, dans *London and Edinburgh philos. magaz.*, xvi, 1840; Owen, *Lond. med. gaz.*, 1839, nov. 283, déc. 473.

ainsi, les globules sont d'une petitesse extrême chez la Chèvre, suivant Prévost et Dumas, et chez le *Moschus javanus*, suivant Gulliver. D'après mes propres mesures, le diamètre de ces corpuscules est chez l'Homme de 0,00023 à 0,00035 de pouce. E. Weber ainsi que Wollaston leur donnent 0,00020, Kater 0,00023, Prévost et Dumas 0,00025 de pouce. Les globules rouges du sang de Grenouille étant pris pour terme de comparaison, on trouve que ceux des Oiseaux sont à peu près de moitié plus petits ; que ceux de la Salamandre sont un peu plus gros, presque d'un tiers ; ils sont un peu plus alongés. J'ai constaté que le diamètre des globules du Lézard est d'un tiers inférieur à celui des globules de la Grenouille. Enfin, le diamètre des globules arrondis de l'Homme, comparé au diamètre longitudinal des corpuscules rouges elliptiques de la Grenouille, est à peu près quatre fois plus petit. Les globules les plus volumineux que l'on ait découverts sont ceux du *Proteus anguinus*.

§ 10. — Les globules sanguins des Oiseaux, des Reptiles et des Poissons contiennent dans leur centre un noyau que l'on distingue à sa couleur plus vive. On aperçoit ce noyau, non-seulement dans les globules sanguins hors des vaisseaux, mais encore dans ceux que l'on examine à l'aide du microscope, pendant qu'ils circulent dans les capillaires de la Grenouille. Dans les globules elliptiques, ces noyaux sont ordinairement elliptiques aussi ; parfois même ils sont extrêmement alongés ; c'est ce qu'on observe chez la Salamandre.

En règle générale, les globules sanguins de l'Homme et des Mammifères ne présentent pas de noyau. Cependant, attendu la généralité du phénomène dans les autres classes d'animaux, il est vraisemblable qu'il existe également des noyaux dans les corpuscules rouges du sang des Mammifères et de l'Homme. Je crois avoir constaté la présence d'un noyau dans quelques globules du sang humain, en les éclairant d'une façon particulière. Peut-être chez les animaux supérieurs n'existe-t-il de noyaux dans les globules sanguins qu'au moment de la formation de ceux-ci. Peut-être ces noyaux disparaissent-ils, ainsi que cela a lieu dans un grand nombre d'autres cellules organiques primitivement pourvues de noyaux.

Lorsqu'on traite les globules sanguins de l'Homme par l'acide acétique et qu'on les examine au microscope, ils disparaissent soudainement, et il ne reste plus que des granules extrêmement petits; mais il est douteux que ces granules soient des noyaux de globules.

Dans le sang de la Grenouille, tel qu'on l'obtient en le prenant dans le cœur de l'animal même, on trouve encore une autre espèce de globules beaucoup plus petits et beaucoup moins nombreux. Ces nouveaux globules sont parfaitement ronds, nullement aplatis et à peu près quatre fois plus petits que les globules elliptiques ; ils ressemblent tout-à-fait aux rares globules de la lymphe du même animal, et sont évidemment des globules lymphatiques arrivés dans le cœur avec la lymphe ou le chyle.

§ 11. — Tant que les globules sanguins sont contenus dans le sérum, leur fibrine ne se dissout pas, mais elle se dissout quand on les met en contact avec de l'eau. Ce qu'a dit Everard Home (1) de la facilité avec laquelle se décomposent les globules sanguins me paraît tout-à-fait inexact. Lorsqu'on a fouetté le sang d'un Mammifère pour le dépouiller de sa fibrine, les globules rouges conservent leur forme et leur grosseur et ne présentent, au bout de plusieurs heures et même d'un jour entier, pas la moindre altération appréciable dans leur forme et leur volume, quand on les examine à l'aide des meilleurs micros-

____
(1) *Philos. Transact.*, 1818.

copes. Après un laps de temps de vingt-quatre heures, quoiqu'ils se soient abaissés de quelques lignes au-dessous du niveau du liquide, ils ne sont nullement dissous dans le sérum, qui reste jaune, et dont la teinte n'est pas du tout modifiée par la matière colorante du sang. Les globules sanguins de la Grenouille qui sont suspendus dans le sérum pur, tombent très rapidement au fond, mais cependant ils conservent plusieurs jours durant leur forme et leur grosseur, sans éprouver la plus légère altération, pourvu, toutefois, que la température ne soit pas trop élevée. Le sérum lui-même reste incolore au-dessus des globules. Pour obtenir du sérum de Grenouille contenant des globules sanguins, on retire de temps en temps le caillot qui est en train de se former, jusqu'à ce que la coagulation soit achevée. Par ce procédé on obtient un sérum dans lequel nage une grande quantité de globules, tandis que le reste des globules demeure emprisonné dans le caillot. Dans cet état, les corpuscules rouges que contient le sérum peuvent servir aux diverses recherches microscopiques, tandis qu'il est impossible, à cause de la coagulation, d'employer du sang frais, quand on veut étudier la manière dont les globules se comportent à l'égard de diverses substances.

§ 12. — L'effet instantané que l'eau pure produit sur les globules rouges du sang est extrêmement remarquable. Ceux de l'Homme deviennent indistincts, et la ténuité des objets rend difficile l'étude des changements ultérieurs qu'ils subissent. Il semble cependant qu'ils cessent d'être aplatis. Mais quand on se sert de sang de Grenouille, on peut très-bien suivre les phénomènes qui se passent dans cette expérience. Dès qu'une goutte d'eau est mise en contact avec une goutte de sang de Grenouille, les globules elliptiques et plats deviennent instantanément sphériques; ils cessent d'être aplatis, de sorte que, lorsqu'ils roulent dans le liquide, ils n'offrent plus à l'œil de bord tranchant. Quelques-uns présentent une surface inégale, bosselée et d'une forme irrégulière; la plupart de ces globules sont sphériques; mais leur sphéricité n'est pas parfaite. Dans un grand nombre le noyau paraît déplacé; on ne le trouve plus au centre, mais bien sur le côté du globule : dans d'autres il manque complétement; ces derniers, toutefois, ne sont pas nombreux. Il semble qu'ici le noyau ait été chassé du globule par l'effet des changements violents que celui-ci a éprouvés par le contact de l'eau.

En même temps que l'eau détermine ces changements remarquables dans les globules sanguins, elle dissout la matière colorante rouge qu'ils contiennent, de sorte qu'ils deviennent tout-à-fait pâles. A cette occasion, on peut se convaincre que l'enveloppe des globules et la matière colorante rouge sont deux choses parfaitement distinctes. En effet, cette dernière se dissout complétement dans l'eau qui l'entoure, pendant que l'eau pénètre par imbibition dans l'intérieur des globules et les gonfle. J'ai vu l'enveloppe décolorée des globules n'avoir encore subi aucune altération au bout de vingt-quatre heures (1). Comme les globules décolorés sont peu distincts et sont difficiles à apercevoir, on peut les rendre de nouveau visibles par le procédé de Schultz, c'est-à-dire, en y ajoutant une solution d'iode.

Les globules sanguins qui ont demeuré plusieurs jours en contact avec de l'eau y macèrent jusqu'à destruction complète de leur enveloppe. J'ai réussi de cette manière à isoler parfaitement les noyaux de leurs globules. Même à cette époque, les noyaux ne sont pas attaqués par l'eau.

A l'égard des alcalis et des acides, les noyaux du sang se comportent comme l'albumine coagulée et la fibrine. Ils se dissolvent facilement dans les alcalis, dif-

___

(1) BURDACH's *Physiologie*, iv, 84; trad. franç., vi, 130.

ficilement dans les acides. Au bout d'un jour entier, ils ne sont point encore altérés par l'acide acétique, qui ordinairement s'empare aisément d'un peu de fibrine. Les noyaux des globules sanguins ne se composent pas non plus simplement de graisse, comme on l'a dit; car, d'après Simon, lorsqu'ils sont isolés et traités par l'éther, ils ne s'y dissolvent pas.

§ 13. — Quand, au lieu d'employer l'eau, on traite les globules sanguins par l'acide acétique, ils se comportent d'une manière caractéristique à son égard. Ainsi, lorsque je mettais une goutte d'acide acétique en contact avec des globules sanguins de Grenouille, ils paraissaient se dissoudre instantanément jusqu'à leur noyau; cependant je pouvais encore distinguer une ligne pâle excessivement mince qui entourait le noyau en forme d'anneau. Ce phénomène, ainsi que l'ont établi les observations ultérieures de Schultz et d'autres physiologistes, dépend de la contraction de l'enveloppe que détermine l'action de l'acide acétique. Ainsi donc, l'eau et l'acide acétique enlèvent tous deux la matière colorante à l'enveloppe des globules sanguins; mais il existe cette différence entre les deux réactifs : c'est que l'eau gonfle l'enveloppe des globules, tandis que l'acide acétique la contracte.

Les acides minéraux et le chlore agissent d'une manière toute différente sur les globules du sang. Ils ne dissolvent pas leur matière colorante, mais la font se concréter dans les globules, de telle sorte que ceux-ci, mis en contact avec de l'eau, n'éprouvent plus aucune altération. Les acides minéraux ne changent pas la forme des corpuscules rouges du sang. Les alcalis, au contraire, les dissolvent en totalité, enveloppe et noyau. Les alcaloïdes narcotiques n'exercent aucune action sur les globules. L'alcohol ne les altère pas; il concrète seulement leur matière colorante. Les sels neutres, il est vrai, ne dissolvent pas les globules du sang; mais, suivant Mitscherlich, ils déterminent dans leur forme des changements graduels.

Une observation fort intéressante faite par Hünefeld et depuis confirmée par Simon, c'est que la bile dissout l'enveloppe des globules du sang. Le principe de la bile qui exerce cette action spéciale est la biline. En employant une solution de biline, on voit les globules se dissoudre sur-le-champ.

§ 14. — Les gaz exercent, il est vrai, une influence essentielle sur la coloration du sang et par conséquent sur les globules sanguins; cependant ils n'altèrent aucunement leur forme. Dans mes expériences, je n'ai jamais vu ni l'oxygène ni l'acide carbonique produire le moindre changement dans la forme des globules. Aussi sont-ils absolument semblables, sous le rapport des dimensions et de la forme, dans le sang artériel et dans le sang veineux. C'est par la même raison que je n'ai pas observé le plus léger changement dans les globules sanguins d'une Grenouille à laquelle j'avais enlevé les poumons après les avoir liés à leur racine: l'animal vécut encore trente heures, la respiration s'effectuant probablement par la peau, comme cela avait lieu chez les Poissons, dans les expériences de Humboldt et Provençal.

§ 15. — D'après tout ce qui précède, il est évident que les globules du sang sont creux. Aussi Hewson et Schultz leur ont-ils donné le nom de vésicules. Schultz les regardait comme des vessies pleines d'air, et pensait que la matière colorante était contenue dans la paroi de la vésicule. Quant à moi, je crois que c'est la matière colorante liquide qui constitue le contenu propre de l'enveloppe incolore; l'influence de l'air durant la respiration ravive sa couleur rouge, sans que l'air puisse rester dans l'intérieur de ces globules à l'état de fluide gazeux ou élastique. A ce sujet, il faut se rappeler que, dans le sang de la Grenouille, les globules tombent tout-à-fait au fond, en vertu de leur pesanteur spécifique, et que, dans toute espèce de sang, ils sont plus pesants que la liqueur sanguine.

D'après les recherches de Schwann, on doit regarder les globules sanguins comme des cellules soumises aux lois générales qui régissent les cellules considérées, soit comme éléments primordiaux, soit comme éléments permanents des tissus. Ainsi que la cellule, le globule sanguin est pourvu d'un noyau. L'enveloppe du globule est la membrane cellulaire. Il est vrai que le noyau, examiné dans les globules frais, semble placé au milieu de la cavité de l'enveloppe; mais lorsqu'on fait gonfler le globule à l'aide de l'eau, on reconnaît, comme l'a fait voir Schwann, qu'il est en rapport avec la paroi du globule, ainsi que cela a lieu dans les autres cellules. En effet, quand on a rendu le globule sanguin sphérique, on voit qu'il est adhérent à un point de la surface interne de sa cellule. Lorsqu'on fait rouler les globules de sang arrondis par l'eau qui les gonfle, on constate que le noyau est fixé à la paroi; car alors il ne se meut pas dans sa cellule, lorsque celle-ci roule. Suivant les principes de la théorie cellulaire, la matière colorante contenue dans la cellule sanguine est l'analogue du contenu des autres cellules. Au reste, les cellules sanguines (globules rouges) ne sont pas les seules dont la forme soit aplatie; les cellules épithéliales et bien d'autres sont dans ce cas.

Nous avons déjà signalé la manière opposée dont les globules du sang se comportent à l'égard de l'eau et de l'acide acétique; nous savons donc que leur membrane cellulaire est très susceptible d'expansion et de contraction. Il n'est pas rare, d'ailleurs, quand on examine à l'aide du microscope la circulation du sang dans les vaisseaux capillaires d'un animal vivant, d'observer des phénomènes qui prouvent que les globules sanguins jouissent d'un certain degré d'élasticité. On les voit, à un passage trop étroit, se resserrer, s'alonger, puis, dès qu'ils sont dégagés, reprendre leur forme première. Le poumon de la Grenouille est le tissu le plus convenable pour vérifier ce fait, qui était déjà connu par d'anciens observateurs.

Nous ne parlerons pas ici des globules du sang des animaux invertébrés, nous renvoyons à l'ouvrage riche de faits de Rud. Wagner, que nous avons indiqué plus haut.

ARTICLE II. — De la liqueur sanguine, liquor sanguinis.

§ 16. — Par le nom de liqueur sanguine, liquor sanguinis, lympha sanguinis, nous désignons le fluide incolore du sang, considéré indépendamment des globules rouges, et tel qu'on l'observe avant la coagulation. Cette dénomination, qui n'est nullement l'expression d'une vue purement théorique, et qui, pour cette raison, est tout-à-fait convenable, comprend tous les éléments du sang qui s'y trouvent à l'état de dissolution parfaite, mais non ceux qui n'y sont contenus qu'à l'état de simple mélange mécanique. Lorsque le sang se coagule, la liqueur sanguine se sépare en deux parties; l'une est la fibrine qui était auparavant à l'état de dissolution, et qui, en se coagulant, emprisonne les globules rouges; l'autre est le sérum, dans lequel l'albumine reste encore à l'état de dissolution. Cette séparation de la liqueur sanguine en partie fluide et en partie solide ne doit pas être considérée comme résultant de la cessation d'une combinaison chimique qui, avant la coagulation, aurait existé entre la fibrine et l'albumine. Nous n'avons aucune raison d'admettre une semblable hypothèse. La séparation dont nous parlons dépend uniquement des propriétés différentes dont sont douées les substances organiques dissoutes dans la liqueur sanguine. On ne doit pas non plus regarder la fibrine comme de l'albumine modifiée. La fibrine n'est pas simplement, ainsi que le prétend Denis, de l'albumine combinée avec l'alcali du sang. Berzélius a réfuté cette théorie, en montrant qu'il ne se précipite pas de fibrine, lorsqu'on neutralise l'alcali du sérum par l'addition d'acide acétique. La supposition de Denis est encore renversée par l'examen de la composition élémentaire de la fibrine et de l'albumine. Nous commencerons l'analyse mécanique du sang par l'étude de la fibrine, puis nous nous occuperons du sérum.

A. *De la fibrine.*

§ 17. — Suivant Everard Home, Prévost et Dumas, le caillot rouge est une aggrégation de globules sanguins, et les noyaux des globules sont des granules de fibrine, qui, par le lavage de la matière colorante, sont débarrassés de leur enveloppe et restent alors sous la forme de caillot blanchâtre ; mais la fibrine a une tout autre origine.

Déjà Hewson avait établi par de bonnes observations que la fibrine n'est pas contenue dans les globules sanguins, mais dans la partie liquide du sang. La fibrine peut exister dans ce liquide, soit à l'état de dissolution, soit à l'état de division extrême et sous forme de granules. Dans ce dernier cas, la coagulation résulterait, comme le suppose Milne Edwards, de la coalescence de ces granules. Mais les expériences que nous allons rapporter démontrent que la fibrine se trouve réellement, tout comme l'albumine, dissoute dans la liqueur sanguine.

Lorsque je mettais une goutte de sang pur sur le porte-objet du microscope et l'étendais d'un peu de sérum, de manière à ce que les globules sanguins fussent tout-à-fait isolés les uns des autres, j'observais le phénomène suivant : entre les espaces qui séparaient les globules, la substance que le sang tenait auparavant en dissolution se prenait en un caillot fibrineux ; tous les globules se trouvaient alors unis entre eux par l'intermédiaire de ce caillot, de telle sorte qu'en le dérangeant avec une aiguille, je déplaçais à la fois tous les globules, quoiqu'ils fussent toujours isolés les uns des autres, et quelque considérable que fût la distance qui les séparait. Cependant, on peut encore, par une méthode beaucoup plus facile et plus sûre, démontrer que la fibrine est contenue à l'état de dissolution dans le sang de la Grenouille. Comme les globules rouges du sang de cet animal sont à peu près quatre fois plus volumineux que ceux du sang de l'Homme et des Mammifères, je pensai que ses globules sanguins seraient peut être retenus par le filtre, quoique ceux de l'Homme et des Mammifères passassent à travers le papier à filtrer. On peut faire cette expérience en petit avec le sang d'une seule Grenouille. Un petit entonnoir de verre et un filtre de papier blanc à filtrer ordinaire, voilà tout l'appareil nécessaire pour cette opération. Il faut naturellement commencer par humecter le filtre, et il est bon, dès qu'on verse dans le filtre le sang frais de la Grenouille, de l'additionner d'une égale quantité d'eau. Ce qui passe alors par le filtre est un sérum étendu d'eau, parfaitement clair et limpide, mais offrant une très légère teinte rouge provenant de la matière colorante dissoute par l'eau ajoutée au sang. Toutefois, comme l'eau dissout assez lentement la matière colorante du sang de la Grenouille, c'est à peine si l'on peut dire que le liquide qui a passé par le filtre soit rougeâtre. Quelquefois il est tout-à fait incolore. Si, au lieu d'ajouter de l'eau pure, on emploie de l'eau sucrée contenant une partie de sucre pour deux cents parties d'eau et davantage, le fluide que l'on obtient après la filtration est encore plus pur et absolument incolore. Quand au moyen du microscope, on examine le sérum filtré de cette manière, on n'y peut découvrir un seul globule. Au bout de quelques minutes, il se produit dans ce sérum si clair un caillot qui est lui-même tellement clair et transparent, qu'on ne l'aperçoit pas même après sa formation, à moins qu'on ne le retire du liquide

T. I.   7 à l'aide d'un aiguille. Ce caillot se contracte peu à peu, devient blanchâtre et fibreux ; il ressemble alors parfaitement au caillot de la lymphe humaine. Le sang donne par ce procédé de la fibrine plus pure que par toute autre méthode. Il n'est pas besoin de faire observer qu'ici l'on ne s'empare pas de toute la fibrine contenue dans le sang; en effet, la plus grande partie de cette substance se trouve coagulée dans le filtre, parce qu'elle se prend avant de pouvoir passer par le papier à filtrer.

On n'aperçoit pas de granules distincts dans la fibrine ainsi obtenue et tout fraîchement coagulée ; elle semble parfaitement homogène ; ce n'est que lorsqu'elle s'est contractée et est devenue blanche qu'elle présente un aspect granulé tout-à-fait confus ; encore faut-il l'examiner avec un microscope composé.

§ 18. — Pour déterminer la quantité de fibrine que contient le sang, on le fouette avec une baguette. La fibrine qui se trouve dans le sang à l'état de disso-lution se coagule en filaments qui s'attachent à la baguette. Les globules rouges restent dans le liquide, parce que le fouettement empêche au caillot fibrineux de les emprisonner dans ses interstices. En lavant ensuite avec de l'eau la fibrine blanche que l'on a obtenue, on achève de la débarrasser complé-tement des globules qui y adhèrent ainsi que du sérum.

Je fouettai 3,627 grains de sang de Bœuf, et recueillis par ce procédé 18 grains de fibrine à l'état sec; et 3,945 grains de sang de Bœuf non battu me donnèrent 641 grains de caillot rouge également à l'état sec. Par conséquent, 100 parties de sang de Bœuf contiennent 16,248 parties de caillot sec, dont 0,496 de fibrine. D'après Fourcroy, le sang contient 0,0015 — 0,0043 de fibrine sèche. Mille parties de sang donnent 0,75 de fibrine sèche, suivant Berzélius, et 1, 2, suivant Lassaigne. Dans vingt-deux observations faites avec du sang humain, Lecanu (1) a trouvé que la proportion de fibrine variait de 1,360 à 7,235 pour mille parties de sang.

§ 19. — Comme c'est le sang artériel qui sert à la nutrition des organes, et comme la lymphe qui revient des divers tissus charrie constamment une cer-taine quantité de fibrine à l'état de dissolution, il est présumable que le sang artériel doit être plus riche en fibrine que le sang veineux. C'est en effet ce qui a été observé par Mayer, Berthold, Denis, et ce que j'ai vérifié moi-même. La quantité de fibrine que donne le sang veineux, comparée à celle que l'on extrait du sang artériel, est comme 24 : 25, d'après Denis; suivant Berthold, comme 366 : 429, chez la Chèvre, comme 474 : 521, chez le Chat, comme 475 : 566 chez le Mouton, et enfin, chez le Chien, comme 500 : 666. Dans une de mes expé-riences, le sang artériel de la Chèvre contenait 0,483 et le sang veineux 0,395 de fibrine pour cent. Il résulte de ces observations qu'en moyenne, la fibrine du sang artériel est à celle du sang veineux comme 29 : 24.

§ 20. — En revanche, nous n'avons aucun procédé sûr pour reconnaître la quantité de globules qui existe dans le sang. Prévost et Dumas avaient pensé qu'il était possible de la déterminer d'après la masse du caillot rouge sec; mais ils partaient de la supposition fausse, que la fibrine du sang n'est pas autre chose que les noyaux des globules rouges. Ainsi donc, lorsque ces auteurs parlent de la quantité des globules, il faut entendre par là la somme des globules, plus celle de la fibrine qui était auparavant à l'état de dissolution. Moyennant cette cor-rection, les nombreuses observations quantitatives de ces physiologistes conser-vent leur valeur. Il faut aussi corriger de la même manière les évaluations de Lecanu au sujet de la quantité des globules dans les divers tempéraments.

(1) *Transact. médic*, 6 oct. 1851, 12.

Lorsquon connaît la quantité de caillot rouge que donnent cent parties de sang, et qu'ensuite on soustrait de ce caillot la quantité de fibrine que donnent cent parties de sang, le reste exprime la somme des globules rouges contenus dans le caillot. Néanmoins cette évaluation n'est pas parfaitement exacte, car le caillot tient emprisonné une quantité indéterminée d'albumine du sérum, et nous n'avons aucun moyen de calculer cette dernière. Quand on veut, comme le font quelques auteurs, déterminer la quantité des globules d'après celle de fibrine que l'on peut enlever au sang, on ne tient compte ni des enveloppes incolores qui contenaient la matière colorante, ni de leurs noyaux.

§ 21. — Lorsque les globules rouges du sang s'abaissent, avant la coagulation, au-dessous du niveau de la liqueur sanguine, la partie supérieure du caillot doit nécessairement paraître blanche, en même temps que sa partie inférieure, qui contient les globules, doit être rouge. La portion supérieure blanche du caillot a reçu le nom de *couenne inflammatoire*, *crusta inflammatoria*. On voit se former une couenne de ce genre dans le sang que l'on tire de la veine des personnes atteintes d'affections inflammatoires, de rhumatismes aigüs, dans celui des femmes durant la grossesse et l'état puerpéral, enfin, dans celui de quelques animaux, du Cheval, par exemple. Cependant ce phénomène s'observe parfois indépendamment de toutes ces circonstances. Lorsque le caillot une fois formé se resserre et chasse le sérum qui se trouve dans ses interstices, la portion supérieure se contracte plus fortement que la portion rouge ou inférieure. Cette différence tient à ce que la première est uniquement composée de fibrine, tandis que la seconde, outre une certaine quantité de fibrine, contient encore des globules rouges. Le diamètre de la partie supérieure du caillot devient donc à la fin beaucoup plus petit que celui de la portion inférieure.

Il est toujours possible, avant la coagulation, de reconnaître s'il se formera une couenne, c'est-à-dire, si la partie supérieure du caillot sera incolore. Comme l'abaissement des globules rouges au-dessous du niveau est la condition essentielle de la production de la couenne, on voit, dans le sang où il doit s'en former une, la surface du liquide devenir, avant la coagulaton, d'abord transparente, puis blanchâtre. Ce phénomène dépend du sérum, dans lequel la fibrine se trouve contenue à l'état de dissolution. En effet, ce sérum prend, avant la coagulation de la fibrine, un aspect blanchâtre et opalin. Hewson et Babington (1) ont fait voir que l'on peut, avant que le sang ne se coagule, écumer avec une petite cuiller le sérum incolore, et que ce sérum ainsi écumé se coagule encore. J'ai vérifié l'exactitude de cette observation sur le sang d'une femme enceinte.

§ 22. — Ce que nous venons de dire nous amène naturellement à rechercher pourquoi les globules rouges tombent ainsi au-dessous du niveau du liquide avant la coagulation. On pourrait attribuer ce phénomène à ce que la liqueur sanguine serait spécifiquement moins pesante que les globules rouges des diverses espèces de sang. Mais ceci est une supposition tout-à-fait gratuite, ou, pour mieux dire, nous ne connaissons nullement les diverses pesanteurs spécifiques de la liqueur sanguine comparativement à celle des globules contenus dans les diverses espèces de sang. Hewson explique la formation de la couenne inflammatoire par la lenteur avec laquelle le sang enflammé se coagule, lenteur qui donne aux corpuscules rouges le temps de s'abaisser au-dessous du niveau du liquide sanguin avant que la coagulation ne commence.

Pour m'assurer de l'exactitude et de la valeur de cette explication, j'ai entrepris une série d'expériences sur diverses espèces de sang. J'ai débuté par me

(1) *Medico-Chirurgical Transact.*, vol. XIV, p. 11.

servir de sang fouetté. Je voulais d'abord savoir en combien de temps et à quelle profondeur les globules s'abaissaient dans du sang fouetté, c'est-à-dire, dans du sérum pur. La chute des globules rouges au-dessous du niveau du sérum s'effectue assez lentement dans le sang fouetté de Bœuf ou de Mouton; il s'opère, au contraire, beaucoup plus rapidement dans le sang de Chat et dans le sang humain normal que l'on a dépouillé de leur fibrine par le même procédé. Dans ce dernier, par exemple, les globules s'abaissent d'une ligne en un quart d'heure, et au bout de quelques heures, de quatre à six lignes au-dessous du niveau du sérum. Mais ce fait n'est pas encore suffisant pour expliquer la formation de la couenne inflammatoire; car, quoique la coagulation du sang inflammatoire se fasse plus lentement, il ne lui faut pourtant pas plusieurs heures pour s'effectuer, et cependant la couenne a quelquefois un demi pouce d'épaisseur. Les corpuscules rouges s'abaissent beaucoup plus rapidement dans le sang non préparé, c'est-à-dire, dans la liqueur sanguine qui contient encore sa fibrine à l'état de dissolution, que dans le sérum, c'est-à-dire, dans le sang dépouillé de sa fibrine par le fouettement, pourvu que l'on ait soin de retarder la coagulation de la fibrine, au moyen de l'addition d'un peu de sous-carbonate de potasse, par exemple.

Dans toutes les expériences où je retardais de cette manière la coagulation du sang humain normal, les globules sanguins étaient abaissés d'une ligne à deux lignes et demie au-dessous du niveau, au bout de cinq à six minutes, et de quatre à cinq lignes, au bout d'une heure. Le fluide qui surnageait prenait peu à peu un aspect blanchâtre, et, lorsque l'addition de carbonate de potasse n'avait pas été trop considérable, il se coagulait en une fibrine molle et filante. Dans un cas même où il n'existait pas d'inflammation, le caillot fibrineux devint assez ferme et forma une espèce de couenne. Ainsi, en retardant simplement la coagulation, je possédais le moyen de déterminer artificiellement la formation d'une couenne inflammatoire. La seule différence que présentait la couenne produite dans ces expériences consistait en ce que la fibrine qui la composait était plus molle et filante; différence qui dépendait peut-être de l'influence du carbonate de potasse. La fermeté plus considérable de la vraie couenne inflammatoire tient à une autre cause, à ce que, dans les inflammations, comme l'a démontré Scudamore, le sang contient plus de fibrine qu'à l'état normal.

Il résulte de ces expériences, que la lenteur de la coagulation n'est pas l'unique cause de la rapidité de la chute des globules sanguins, non plus que de la formation de la couenne inflammatoire. Elles prouvent que le rapide abaissement de ces corpuscules au-dessous du niveau de la liqueur sanguine dépend de la composition de celle-ci et de la quantité de fibrine qui s'y trouve dissoute. En effet, si l'on enlève la fibrine que contient le liquide, les globules tombent beaucoup plus lentement au fond du vase. D'après cela, il est facile de comprendre que la chute des globules doit avoir lieu d'autant plus promptement que le sang contient une plus grande quantité de fibrine, comme on l'observe dans les affections inflammatoires, etc.

Pourquoi les globules rouges tombent-ils promptement au fond du vase dans la liqueur sanguine pure, et lentement, au contraire, dans la liqueur sanguine privée de sa fibrine, ou, en d'autres termes, dans le sérum du sang que l'on a fouetté ? C'est une question à laquelle nous sommes incapables de répondre. Tous les phénomènes de suspension dépendent de la tendance des molécules solides à adhérer aux molécules liquides. Peut-être la tendance adhésive des globules pour la liqueur sanguine contenant encore sa fibrine à l'état de dissolution est-elle plus faible que pour ce même liquide dépouillé de sa fibrine par le fouettement, c'est-à-dire, pour le sérum du sang ? Toutefois, un phénomène qui mérite d'être mentionné ici, c'est que le sang battu et dépouillé de sa fibrine et dans lequel, par conséquent, les globules ont moins de tendance à tomber au fond du vase, manifestait immédiatement la disposition contraire, quand j'y ajoutais une dissolution de gomme arabique.

John Davy remarque à ce sujet que, dans les inflammations, le sang ne se coagule pas toujours plus lentement qu'à l'état normal. Dans le cas d'inflammation, les globules tombent plus promptement au fond du vase, parce que le sang, ainsi que nous venons de le dire, contient alors une plus grande quantité de fibrine dissoute. Car, en général, le sang où il existe de la fibrine à l'état de dissolution laisse les globules se précipiter plus promptement qu'ils ne le font dans celui qui a été dépouillé de la fibrine.

Ainsi donc, les principales causes de la précipitation des globules rouges et de la formation de la couenne inflammatoire sont le ralentissement de la coagulation, ainsi que l'augmentation de la quantité de fibrine qui se trouve dissoute dans le sang. La lenteur de la coagulation du sang non enflammé explique suffisamment la formation d'une couenne molle à la partie supérieure du caillot, dans les cas où l'on soupçonne un commencement de décomposition du sang, plutôt qu'un accroissement dans la quantité de fibrine. En effet, quand on ralentit la coagulation, les globules sanguins, ainsi que je l'ai fait voir, tombent assez vite au fond du vase, même dans le cas où l'on se sert de sang normal, et il se forme plus tard un caillot incolore à la surface du caillot rouge.

Retzius a observé un cas où la couenne inflammatoire se forma d'une manière tout-à-fait inusitée. Le sang se coagula en une masse solide, presque immédiatement après sa sortie du vaisseau. Au bout de deux heures, il ne s'était point encore séparé de sérum, mais, dès ce moment, il parut en grande quantité et recouvrit le caillot qui était noirâtre. Ce sérum devint opalin, et, au bout de quatre heures, il avait déposé une couche épaisse de fibrine. Ainsi donc, dans ce cas, une partie de la fibrine passa à l'état solide au moment de la première coagulation du sang : le reste de la fibrine demeura dans le sérum à l'état de dissolution et ne fut déposé que plus tard. L'anomalie particulière que présenta ce cas dépendait, par conséquent, de la lenteur de la coagulation de cette seconde partie de fibrine (1).

§ 23. — Dans les vaisseaux des cadavres, les globules sanguins tombent également à la partie inférieure du liquide, pourvu qu'on laisse le corps en repos jusqu'au moment où s'opère la coagulation du sang. On trouve alors, dans le cœur et les gros vaisseaux, des caillots qui sont blancs à leur partie supérieure et rouges à l'inférieure. Phœbus a fait voir que la portion blanchâtre occupe toujours le dessus du caillot dans un vaisseau, peu importe que le sujet soit couché sur le dos ou sur le ventre. Mais, comme nous venons de le dire, une condition indispensable pour que l'on puisse observer ce phénomène, c'est que le cadavre demeure dans la même position jusqu'à ce que le sang soit coagulé (2).

Les caillots blanchâtres que l'on rencontre, après la mort, dans le cœur, se ramifient souvent profondément dans les anfractuosités qui existent entre les colonnes charnues et qui contiennent du sang. Dans les autopsies, on a quelquefois regardé, mais à tort, ces caillots comme des productions polypeuses adhérentes à la substance propre du cœur.

(1) Sur la couenne inflammatoire, consultez H. NASSE, *Das Blut.*, Bonn, 1836. — (2) PHOEBUS, *Leichenbefund in der Cholera.* Berlin, 1835.

B. *Du sérum.*

§ 24. — La liqueur sanguine, *liquor sanguinis*, qui contient la fibrine à l'état de dissolution, se divise, au moment de la coagulation, en deux parties : l'une solide, c'est la fibrine ; l'autre liquide et qui reste telle, c'est le sérum. Il faut donc soigneusement distinguer la liqueur sanguine primitive d'avec le sérum. Le sérum est jaunâtre et a une saveur salée ; sa pesanteur spécifique est de 1,027 à 1,029. Chez les animaux supérieurs, il exerce une réaction évidemment alcaline. Lorsqu'on le soumet à une température de 70° à 75° centigr., ce liquide se convertit, par la coagulation de l'albumine qui s'y trouve dissoute, en une masse gélatineuse. La fibrine du sang, au contraire, une fois qu'elle n'est plus soumise à l'influence de l'organisme vivant , c'est-à-dire, dès qu'elle est hors de la veine, se coagule spontanément et indépendamment de toute circonstance extérieure. L'élément le plus essentiel du sérum est l'albumine. Le sérum contient, en outre, de l'alcali libre (de la soude et de la potasse) probablement combiné avec l'albumine, ainsi que des sels de ces bases.

§ 25. — Prévost et Dumas ont déterminé chez un grand nombre d'animaux la quantité d'éléments solides que contient le sérum, relativement aux autres éléments du sang.

NOMS des ANIMAUX.	100 PARTIES DE SANG.			100 PART. DE SÉRUM.	
	CAILLOT.	ALBUMINE	EAU.	ALBUMINE	EAU.
Homme	12,92	8,69	78,39	10,0	90,0
Simia Callitriche	14,61	7,79	77,60	9,2	90,8
Chien	12,38	6,55	81,07	7,4	92,6
Chat	12,04	8,43	79,53	9,6	90,4
Cheval	9,20	8,97	81,83	9,9	90,1
Veau	9,12	8,28	82,60	9,9	90,1
Mouton	9,35	7,72	82,93	8,5	91,5
Chèvre	10,20	8,34	81,46	9,3	90,7
Lapin	9,38	6,83	83,79	10,9	89,1
Cochon-d'Inde	12,80	8,72	78,48	10,0	90,0
Corbeau	14,66	5,64	79,70	6,6	93,4
Héron	13,26	5,92	80,82	6,8	93,2
Canard	15,01	8,47	76,52	9,9	90,1
Poule	15,71	6,30	77,99	7,5	92,5
Pigeon	15,57	4,69	79,74	5,5	94,5
Truite	6,38	7,25	86,37	7,7	92,3
Lotte	4,81	6,57	88,62	6,9	93,1
Anguille	6,00	9,40	84,60	10,0	90,0
Tortue de terre	15,06	,06	76,88	9,6	90,4
Grenouille	6,90	6,1	88,46	5,0	95,0

Ce tableau comparatif nous montre que, chez l'Homme, la dixième partie environ du sérum est composée d'éléments solides à l'état de solution, mais principalement d'albumine. Cette proportion relative reste à peu près la même dans la série animale en descendant jusqu'aux Poissons, pendant que la quantité proportionnelle de caillot (fibrine et globules) que contient le sang est moindre dans les Poissons et les Reptiles nus que dans les classes supérieures des Vertébrés. Dans le sang humain, la proportion des parties solides du caillot à celles qui sont dissoutes dans le sérum est comme 12,92 : 8,69, où à peu près comme 3 : 2. Le sang des animaux Carnivores donne un caillot plus abondant que le sang des animaux Herbivores, D'après les observations de J. Davy, le sang de l'Agneau fournit un caillot plus mou et moins abondant que le sang du même animal parvenu à son état complet de développement. Les expériences de Ber- thold (1) semblent démontrer que le sang des animaux à sang froid contient autant de fibrine que celui des animaux à sang chaud, mais qu'il contient moins de cruor.

§ 26.—Nous devons à Lecanu des recherches sur la composition du sang dans les différents sexes, aux différents âges et dans les divers tempéraments. Le travail de cet auteur constitue une nouvelle époque dans cette branche de la chimie physiologique. Il parait avoir exécuté un nombre extraordinaire d'expériences et les avoir comparées avec soin (2).

Lecanu a trouvé que, dans 1,000 parties de sang, la quantité d'eau varie de 778,625 — 853,135; moyenne, 815,480. Chez la Femme elle varie de 790,394 — 853,135; chez l'Homme, la variation est de 778,625 — 805,263. Par consé- quent, le sang de la Femme contient une plus grande proportion d'eau que celui de l'Homme. C'est aussi le résultat qu'a obtenu Denis dans ses expériences : vingt-quatre furent faites avec du sang d'Homme, et vingt-huit avec du sang de Femme.

Suivant ce dernier, la quantité d'eau, chez l'Homme, varie de 805,00 — 732, et chez la Femme, de 848,00—750,00; la proportion moyenne dans les deux sexes est donc comme 767 : 787.

Selon Lecanu, il n'existe pas de rapport déterminé entre la proportion d'eau que contient le sang, et l'âge des individus. Cependant Denis a trouvé que cette proportion était plus considérable chez les enfans que chez les personnes âgées. Quant à ce qui concerne les tempéraments, Lecanu a observé que, chez les indi- vidus à tempérament sanguin, le sang contient moins d'eau que chez les individus à tempérament lymphatique. D'après quatre expériences faites sur le sang de Femmes à tempérament sanguin, il a trouvé que la proportion de l'eau variait de 790,394 — 796,175 pour 1,000 parties de sang ; dans cinq expé- riences sur le sang de Femmes à tempérament lymphatique, il a obtenu une quantité d'eau qui variait de 790,840 — 827,130. En conséquence, chez les Fem- mes à tempérament sanguin, la moyenne était de 793,007 ; et chez celles à tempérament lymphatique, elle était de 803,710. Des expériences semblables faites sur du sang d'Homme lui ont donné les moyennes suivantes : 786,584 pour les Hommes à tempérament sanguin, et 800,566 pour ceux à tempérament lymphatique.

La quantité proportionnelle de l'albumine varie en général de 57,890 — 78,270, et se trouve presque égale dans les deux sexes. On n'observe pas non plus qu'il existe, dans la quantité d'albumine, de variation qui corresponde aux divers âges, du moins, depuis vingt jusqu'à soixante ans. Il n'existe pas de différence notable entre les divers tempéraments, sous le rapport de la quantité d'albumine contenue dans le sang.

La quantité de caillot (fibrine et cruor) pour 1,000 parties de sang varie en général de 68,349 — 148,450 ; moyenne, 108,399. Chez les Hommes, la quantité de caillot varie de 115,850—148,450, et chez les Femmes, de 68,349 — 129,990.

(1) *Beitraege zur Anatomie, Zoologie und Physiologie*; Goettingen, 1831. — (2) *Transact. méd.* 6 oct. 1831, p. 94—107.

Ainsi donc, d'après Lecanu, le sang de l'Homme, sur 1,000 parties de sang, contient à peu près 32,980 parties de fibrine et cruor de plus que celui de la Femme. La quantité du caillot ne paraît pas croître proportionnellement avec l'âge, au moins, entre vingt et soixante ans; mais elle est plus considérable dans les tempéraments sanguins que dans les tempéraments phlegmatiques. Ce résultat s'accorde avec celui des observations de Denis.

Dans quatre expériences faites sur des Femmes à tempérament sanguin, la proportion du caillot pour 1,000 parties de sang variait de 121,720 — 129,654; et dans cinq autres observations sur des Femmes à tempérament lymphatique, elle variait de 92,670 — 129,990. Chez les premières, la moyenne était 126,174, et chez les secondes 117,300 : ce qui fait une différence de 8,874 entre les deux tempéraments. Dans cinq expériences sur des Hommes à tempérament sanguin, la proportion du caillot pour 1,000 parties de sang varia de 121,540 — 148,450; deux observations faites sur des Hommes à tempérament lymphatique ont donné 115,850 et 117,484.

Suivant Lecanu, il semble que, pendant la menstruation, la proportion du caillot diminue dans le sang de la Femme.

CHAPITRE II. — Analyse chimique du sang (1).

§ 27. — Les substances animales les plus importantes qu'on rencontre dans le sang, sont l'*hématine*, la *globuline*, qui toutes deux entrent dans la composition des globules rouges, l'*albumine* et la *fibrine*. Toutes ces substances, à l'exception de l'hématine, ont une base commune, la *protéine*, qui, pour les produire, se combine en proportions diverses avec le phosphore et le soufre.

C'est à Mulder que nous devons cette importante découverte. Il a aussi trouvé cette base organique dans la chair musculaire, dans la caséine et dans l'albumine végétale. Pour obtenir la protéine, Mulder indique le procédé suivant. On traite la substance organique par l'eau, l'alcohol, l'éther et l'acide chlorhydrique, afin de la débarrasser de toute matière étrangère. Les deux premiers enlèvent les matières extractives solubles dans l'eau et dans l'alcohol, ainsi que les sels; l'alcohol et l'éther enlèvent la graisse; enfin, le traitement par l'acide chlorhydrique très affaibli sert à débarrasser la matière organique des sels calcaires insolubles, principalement du phosphate de chaux; ensuite on la dissout dans une lessive de potasse de force médiocre, et on la chauffe jusqu'à la température de 50° centigr. La partie de soufre et de phosphore combinée avec la protéine s'unit alors avec la potasse. Enfin, en traitant la liqueur alcaline par l'acide acétique, on précipite la protéine sous forme de substance floconneuse.

La protéine est insoluble dans l'eau, néanmoins elle s'y dissout graduellement par une ébullition très prolongée. En outre, elle est insoluble dans l'alcohol et l'éther. Elle se combine avec les acides et les bases, se dissout dans tous les acides très étendus, mais elle est précipitée de nouveau par les acides concentrés. Elle se compose de

Carbone.	55,29
Hydrogène	7,00
Azote	16,01
Oxygène	21,70

(1) Berzélius, *Chimie animale*; Mulder dans *Bulletin des Sciences phys. et nat. en Néerlande*; Rotterdam, 1838, 1839; Lecanu, *Études chimiques sur le sang*; Paris, 1827; Huenefeld, *Der Chemismus in der Thierischen organisation*, Leipzig, 1840; Simon, *Handb. der angew. med. Chemie*; Berlin, 1840.

L'*albumine* ou blanc d'œuf résulte de la combinaison de la protéine avec le soufre, le phosphore et le phosphate de chaux. La *fibrine* est composée des mêmes éléments ; seulement elle contient moitié moins de soufre que l'albumine.

Nous avons déjà exposé plus haut (§ 12) ce qu'on sait des noyaux des globules sanguins. Le globule rouge du sang, abstraction faite du noyau, est formé d'*hématine* et de *globuline*. L'hématine constitue la matière colorante rouge qui existe à l'intérieur de la cellule sanguine, et la substance de la membrane de la cellule semble formée par la globuline ; il se pourrait cependant que cette dernière fût contenue avec l'hématine dans l'intérieur de la cellule.

ARTICLE PREMIER. — *De l'hématine, matière colorante du sang, ou cruorine.*

§ 28. — L'hématine se présente à nous sous deux états : dans l'un, elle est *soluble* dans l'eau ; dans l'autre, elle est *insoluble* dans ce liquide.

Telle qu'elle existe à l'intérieur des globules rouges du sang, on peut la considérer comme une solution aqueuse très concentrée. Si elle ne se dissout pas dans le sérum du sang, c'est qu'elle en est empêchée par les sels et l'albumine que contient ce liquide ; mais sitôt qu'on y ajoute de l'eau, l'hématine sort par exosmose de la cellule sanguine.

Pour obtenir l'hématine à l'état de dissolution, pure et non mélangée avec les enveloppes incolores des globules et avec leurs noyaux, il faudrait la séparer des globules sanguins par un procédé qui nous débarrassât du résidu de ces derniers. Mais il n'est guère possible de parvenir à un résultat sur lequel on puisse compter, qu'en opérant sur du sang d'animaux à sang froid, sur du sang de Grenouille, par exemple. Ici, il est facile d'isoler les globules d'avec le sérum, et à l'aide de la filtration de séparer les enveloppes dépouillées de leur matière colorante d'avec la dissolution de cette dernière.

A cet effet, on fouette une certaine quantité de sang et l'on prépare ainsi un mélange de globules et de sérum ; on ôte le caillot, et on laisse le mélange en repos dans un vase. Les globules tombent au fond du vase, et l'on peut alors, au moyen d'une pipette et de morceaux de papier brouillard, enlever le sérum qui surnage. Si l'on veut obtenir des globules complétement débarrassés de l'albumine du sérum, on peut y ajouter de l'eau sucrée ou salée, puis les filtrer. Cette opération ne dissout point encore les globules. Cela fait, pour avoir une dissolution aqueuse de matière colorante pure, on traite par l'eau distillée les globules qui sont restés sur le filtre. Ce qui passe à travers le filtre est une dissolution de matière colorante pure, qui ne contient aucun résidu de globules ou cellules sanguines. Lorsqu'on expérimente sur du sang de Mammifère ou d'Homme, il faut se contenter d'une séparation incomplète. Dans ce cas, on prend un caillot rouge, lorsqu'il s'est déjà contracté autant que possible et, en se resserrant, a chassé le sérum de ses interstices : on le coupe en petits morceaux qu'on lave sur le filtre avec une dissolution d'un sel neutre, pour leur enlever le sérum qui y adhère, attendu que les globules ne se dissolvent pas dans cette solution saline. Quand on a, autant que possible, séché les caillots rouges au moyen de papier brouillard, on y ajoute de l'eau et l'on obtient une dissolution de matière colorante, dans laquelle, cependant, il se glisse toujours une certaine quantité de cellules sanguines décolorées.

§ 29. — Quel que soit le procédé employé pour extraire l'hématine soluble, on peut se convaincre expérimentalement qu'elle se coagule dans les mêmes circonstances que l'albumine, c'est-à-dire, par l'action du tannin, des acides minéraux, des sels métalliques, ainsi qu'à une chaleur de 70° centigr. A une température moins élevée, l'hématine conserve sa solubilité. Quand on la fait évaporer à une température de 50° centigr., elle forme une masse noirâtre qu'on peut réduire en une poudre d'un rouge sombre ; dans ce nouvel état, l'hématine redevient soluble dans l'eau. L'hématine soluble se dissout, comme l'albumine soluble, dans l'acide acétique. Elle se coagule de nouveau, lorsqu'on traite sa dissolution acétique par un alcali ; et, quand elle est dissoute dans un alcali, elle se coagule également par l'addition d'un acide. Quant à la couleur des précipités obtenus au moyen des sels terreux et métalliques, elle varie beaucoup ; on en observe de bruns, de noirs et de rouges.

L'hématine se comporte à l'égard de l'alcohol d'une manière toute particulière et bien différente du mode de réaction de l'albumine. C'est à Gmelin que nous devons cette découverte. Si l'on fait bouillir avec de l'alcohol du sang coagulé au moyen de l'alcohol, l'hématine se dissout dans ce véhicule. Par ce procédé, on débarrasse complétement l'hématine de l'albumine qui y adhère. Cette dissolution alcoholique de l'hématine présente une coloration rouge foncée. Quand on fait évaporer la dissolution alcoholique d'hématine, elle laisse un résidu brun qui est de nouveau soluble dans l'eau. D'après Hünefeld, l'hématine est également soluble dans l'éther, lorsqu'on suspend dans de l'éther pur le caillot du sang coupé en tranches minces.

La matière colorante des globules du sang possède une grande affinité pour l'oxygène et s'unit avec lui ; aussi devient-elle d'un rouge plus vermeil et plus éclatant, toutes les fois qu'elle se trouve en contact avec de l'oxygène ou avec de l'air atmosphérique. Alors il se produit et se dégage du gaz acide carbonique, ainsi que l'ont observé Berthollet, Christison, et que je l'ai constaté moi-même. Si l'on fait passer un courant d'oxygène à travers du sang dépouillé de sa fibrine, mais contenant encore des globules, le liquide devient d'un rouge vif. Le simple contact de l'air atmosphérique suffit pour opérer le même changement à la surface du sang ainsi préparé, comme il le fait à la surface de celui qu'on vient de tirer de la veine. Mais par un trop long contact avec l'oxygène, l'hématine noircit ; peut-être parce qu'elle s'unit à une partie de l'acide carbonique qui se produit. Dans ce cas, il n'est plus possible de raviver sa couleur. L'acide carbonique donne au sang et à l'hématine une couleur rouge très sombre. L'oxygène ramène cette couleur au rouge vermeil. Le sang dépouillé de sa fibrine absorbe une grande quantité de gaz oxydule d'azote et devient d'un rouge pourpre ; mais il reprend sa coloration naturelle, lorsqu'on fait passer à travers ce liquide un courant d'air atmosphérique. Le gaz hydrogène carboné communique au sang noir une couleur rouge plus éclatante. Plusieurs sels, tels que le chlorure de soude, le nitrate de potasse et le sulfate de soude, produisent le même effet sur le sang. Le sucre aussi agit sur lui de la même manière. La dissolution aqueuse d'hématine, soumise au contact de l'air atmosphérique, rougit plus faiblement que le sang lui-même.

§ 30. — L'hématine *coagulée* ou *insoluble* dans l'eau a été étudiée par Lecanu, Sanson, Berzélius et Simon. Elle est soluble dans les alcalis et forme avec les acides minéraux des composés qui sont insolubles dans l'eau, solubles dans l'alcohol ; mais l'eau précipite ces derniers de leur dissolution alcoholique.

Pour obtenir l'hématine dans cet état, qui diffère essentiellement du précédent, Lecanu indique le procédé qui suit. On coupe un caillot sanguin en couches minces ; on les lave avec de l'eau et l'on précipite le liquide rouge par l'acide sulfurique. Ensuite on lave le précipité avec de l'eau, puis avec de l'alcohol, pour le débarrasser de l'acide libre ; on le soumet à la presse ; ensuite on le fait bouillir avec de l'alcohol. La décoction brune, en se refroidissant, laisse précipiter un peu de sulfate d'albumine et de la globuline. Le liquide qui reste alors contient du sulfate d'hématine à l'état de dissolution alcoholique. Enfin, on sépare l'hématine de l'acide sulfurique avec lequel elle est combinée, en saturant cet acide par l'ammoniaque.

Cette méthode a, il est vrai, l'inconvénient d'altérer l'état de l'hématine, mais, en revanche, elle offre l'avantage de procurer cette substance parfaitement pure et convenable pour les analyses élémentaires.

§ 31. — Selon Lecanu et Mulder, l'hématine pure ne contient ni soufre, ni phosphore, ni chaux. En fait de substances minérales, le fer est le seul que l'on y trouve. D'après les expériences de Lecanu, l'hématine du sang humain donne dix pour cent d'oxyde de fer, ce qui fait 6,9 de fer.

Suivant l'anayse de Mulder, l'hématine est composée de :

Carbone	66,84
Hydrogène	5,37
Azote	10,40
Oxygène	11,75
Fer	6,64

Wurzer a trouvé des traces d'oxyde de manganèse dans les cendres de l'hématine (1).

§ 32. — Menghini affirme que le sang desséché et réduit en poudre réagit contre l'aimant par le fer qu'il contient. Cependant aucun des réactifs ordinaires les plus sensibles pour l'oxyde de fer, comme le cyanure de potassium et de fer, le tannin, l'acide gallique et les acides minéraux les plus forts, n'est capable de déceler la moindre trace de fer dans l'hématine, avant que celle-ci ne soit calcinée. La conséquence qu'il est naturel de tirer de ces faits, c'est que le fer ne se trouve pas dans le sang à l'état de sel. Fourcroy prétendait que la matière colorante du sang est une solution de sous-phosphate de peroxyde de fer dans l'albumine, et que le fer contenu dans le chyle qui est blanc est un phosphate neutre de protoxyde de fer. Mais les expériences de Berzélius ont renversé ces assertions. En effet, le sous-phosphate de peroxyde de fer est insoluble dans le sérum et dans l'albumine, soit avec, soit sans addition d'un alcali. Suivant Prévost et Dumas, l'hématine n'est que de l'albumine qui contient du peroxyde de fer en dissolution. La manière de voir de ces auteurs ne paraît pas fondée ; car, s'il en était ainsi, les acides minéraux et l'eau régale devraient enlever le fer à l'hématine, même avant que celle-ci ne fût calcinée.

Nous devons à Engelhart (2) des découvertes importantes au sujet du rôle que joue le fer dans la coloration du sang. Il a d'abord fait voir que, lorsqu'on imprègne d'hydrogène sulfuré une dissolution aqueuse de matière colorante du sang, cette dissolution perd au bout de quelque temps sa couleur : elle devient d'abord violette, et ensuite verte. Or, tel est précisément l'effet que ce gaz détermine sur le fer. Ainsi donc, l'expérience d'Engelhart semble prouver que ce métal contribue à la production de la couleur rouge du sang. Ce chimiste a, en outre, découvert que l'on peut extraire tout le fer qui se trouve contenu dans une dissolution aqueuse de matière colorante du sang, ou dans de la matière colorante tenue en suspension dans l'eau. Il suffit, pour cela, de faire passer un courant de chlore gazeux à travers le liquide, ou d'y ajouter simplement de l'eau chlorurée. Mulder a répété cette expérience avec de l'hématine pure. La matière animale se précipite sous forme de flocons blancs, combinée avec de l'acide chlorhydrique, tandis que le fer reste à l'état de chlorure dans la dissolution, et peut en être séparé au moyen de la filtration. Ce précipité de matière animale ne donne pas

<hr>

(1) Schweigger's *Journ.*, 58, p. 481. — (2) *De verâ materiæ sanguini purpureum colorem impertientis naturâ.* Goetting., 1825.

de cendres lorsqu'on le brûle. Or, le chlore n'a aucune affinité pour les oxydes; mais il en a une très-forte pour les régules de métaux. C'est pour cela que ni l'acide chlorhydrique, ni les autres acides minéraux n'enlèvent au sang le fer qu'il contient, ces acides ayant beaucoup d'affinité pour les oxydes métalliques, mais aucune pour les métaux à l'état de régule. En conséquence, Berzélius regarde comme très-vraisemblable que le fer se trouve dans le sang à l'état métallique et non à celui d'oxyde.

Heinr. Rose (1) a fait connaître de nouveaux faits qui militent en faveur de l'opinion opposée, c'est-à-dire, de l'opinion qui admet que le fer existe dans le sang à l'état d'oxyde. Rose a répété l'expérience d'Engelhart. Lorsqu'il filtrait la liqueur après le changement déterminé par le chlore et après la précipitation de la matière animale, il réussissait à séparer le fer du liquide qui le contenait : mais, lorsqu'au lieu de filtrer, il ajoutait au liquide de l'ammoniaque en excès, tout le précipité se redissolvait; en même temps il se produisait une couleur rouge sombre, et il ne se précipitait point de fer. Rose observa, en outre, qu'en mêlant, en certaine quantité, un sel de peroxyde de fer avec une dissolution de matière colorante, et en ajoutant de l'ammoniaque en excès, l'oxyde de fer restait dans la dissolution, et ne pouvait en être précipité ni par l'hydrogène sulfuré, ni par la teinture de noix de galle. Ce chimiste observa encore qu'un grand nombre de substances organiques fixes, telles que le sucre, l'amidon, la gomme, le sucre de lait, la gélatine, etc., jouissent de la propriété suivante. Quand on les fait dissoudre dans l'eau, puis qu'on mêle à leurs dissolutions une petite quantité d'un sel de peroxyde du fer, l'oxyde de fer n'est pas précipité par l'addition d'un alcali, ou ne se précipite qu'en faible partie.

Berzélius, néanmoins, pense que l'espèce de combinaison qui, dans les expériences de Rose, retient l'oxyde de fer dissous dans la matière colorante ou dans l'albumine, n'est pas celle qui existe naturellement dans l'organisme entre la matière colorante et le fer; parce que, si les choses se passaient comme le prétend Rose, la matière colorante devrait abandonner son fer aux acides, comme on l'observe dans le cas de combinaison artificielle de matière colorante ou de sérum avec un peroxyde ou un protoxyde de fer. Lorsqu'on ajoute un acide minéral à un composé de ce genre, il y a précipitation de la matière colorante ou de l'albumine, et l'oxyde de fer demeure dissous dans l'acide.

En conséquence, Berzélius croit que le fer se trouve à l'état métallique dans la matière colorante du sang, et y existe combiné *organiquement* avec l'azote, le carbone, l'hydrogène et l'oxygène. Selon lui, le fer ne s'oxyde que lorsque l'on incinère la matière colorante. Cette manière de voir est également celle de Mulder.

En revanche, le fer que contient le chyle doit y exister dans un état tout-à-fait différent, c'est-à-dire, à l'état de peroxyde; car Emmert (2) a pu l'en extraire par l'acide nitrique; il forme ensuite un précipité noir ou bleu, selon qu'on traite la dissolution par la teinture de noir de galle ou par le cyanure de potasse.

Le fer, par sa combinaison avec la matière animale, contribue-t-il essentiellement à la coloration du sang? Ceci est une question qui n'est pas résolue d'une manière définitive. Gmelin combat l'opinion qui attribue principalement au fer la couleur rouge du sang. Cependant, il admet que le fer à l'état de régule se trouve combiné dans l'hématine avec l'azote, l'oxygène, l'hydrogène et le carbone. La décoloration de cette matière par le chlore, lorsqu'on en extrait le fer qu'elle contient, ne prouve pas, dit-il, que cette absence soit la cause directe

(1) Poggendorff's *Annal.*, VII, 81. — (2) Reil's *Archiv.*, VIII.

de cette décoloration : car le chlore pourrait également décolorer l'hématine, simplement en s'emparant de son hydrogène, ou en permettant à l'oxygène de s'unir avec les autres éléments de l'hématine, tandis que l'acide chlorhydrique produit par la combinaison de l'hydrogène avec le chlore s'emparerait de l'oxyde de fer du liquide alcalin. Lorsque, ajoute Gmelin, le sérum est mêlé avec l'hématine, si, au lieu de le traiter par le chlore, on le traite par un excès d'acide chlorhydrique froid ou d'acide sulfurique, puis, qu'au moyen de la filtration, l'on sépare l'hématine qui n'est point décolorée, mais a acquis une couleur plus foncée, on peut, à l'aide du sulfocyanate de potasse, découvrir le peroxyde de fer dans le sérum ; ce qui prouve qu'il est possible d'enlever au sang le fer qu'il contient sans le décolorer. Si, après avoir fait évaporer du sang préalablement dépouillé de sa fibrine par le fouettement, on fait bouillir à plusieurs reprises le résidu dans l'alcohol, jusqu'à ce qu'il soit presqu'entièrement décoloré, et qu'ensuite on incinère ce résidu, on obtient encore une quantité notable de peroxyde de fer (1).

ARTICLE II. — De la globuline.

§ 33. — Le sang contient encore une substance qui se rapproche de la *caséine*. Gmelin est l'auteur de cette découverte; mais il regardait cette substance comme de la caséine. Il prit du sang fouetté et privé ainsi de sa fibrine, le fit bouillir dans l'alcohol, qui dissout l'hématine, filtra le liquide bouillant, et, pendant le refroidissement de la liqueur rouge sortie du filtre, vit la prétendue caséine se précipiter sous forme de flocons abondants et colorés en rouge par l'hématine qui y était attachée (2). Lecanu a obtenu à la fois cette substance et l'hématine, en traitant les globules sanguins par l'acide sulfurique. Il la prit pour de l'albumine et pensa que les globules sanguins étaient composés d'hématine et d'albumine. Ce chimiste opère de la manière suivante : il coupe un caillot sanguin par tranches très-minces dont il enlève le sérum avec du papier joseph, les lave avec de l'eau, puis précipite la dissolution rouge qui en résulte, au moyen de l'acide sulfurique. Enfin, avec de l'alcohol froid, il débarrasse le précipité de l'acide libre. Ce précipité consiste en sulfate de globuline et en sulfate d'hématine. Ou bien encore, il prend du sang privé de sa fibrine par le fouettement, le traite par l'acide sulfurique étendu, et lave le coagulum avec de l'alcohol froid. Lorsqu'on mêle une partie de sang fouetté à quatre parties d'une dissolution saline, de sulfate de soude, par exemple, on peut, au moyen de la filtration, séparer le sérum d'avec les globules sanguins. Une grande partie au moins de ces derniers reste sur le filtre, et alors on peut traiter ce dépôt par l'acide sulfurique.

On sépare le sulfate d'hématine du sulfate de globuline, en faisant bouillir la masse entière dans l'alcohol; l'alcohol, en effet, dissout à chaud ces deux composés, mais en refroidissant il laisse précipiter le sulfate de globuline. C'est Berzélius qui a donné à cette substance le nom de *globuline*. Simon la considérait comme de la caséine, à laquelle elle ressemble beaucoup, en effet, mais sans lui être identique. La globuline pure est soluble dans l'eau ; à la température de l'eau bouillante, cette dissolution se coagule en granules. C'est par ce caractère qu'elle se distingue positivement de la caséine. Mais, comme celle-ci, la globuline est insoluble dans l'alcohol à froid, et se dissout dans l'alcohol à chaud. D'après Simon, la globuline, tout comme la caséine, est précipitée de sa dissolution, non-seulement par l'acide sulfurique, mais encore par l'acide acétique, et se redissout dans un excès d'acide. Elle est également précipitée par les sels métalliques et par le sulfate d'alumine et de potasse. La caséine se distingue de toutes les substances

<hr>

(1) GMELIN, *Chemie*, IV, 1169. — (2) *Ibid.*, IV, 1075.

en ce qu'elle est précipitée par la présure ou la pepsine. Cette dernière, suivant Simon, ne coagule pas la globuline, à moins qu'on ne mêle auparavant du sucre de lait à la dissolution de globuline, cas dans lequel il se forme de l'acide lactique.

Les recherches que l'on a faites sur le sang au sujet de la globuline ne répondent nullement à la question suivante : sous quelle forme la globuline existe-t-elle dans les globules sanguins ? Est-elle mêlée à l'hématine et constitue-t-elle avec cette substance le contenu des cellules sanguines, ou bien la globuline constitue-t-elle la paroi de ces cellules ? La paroi des globules du sang, il est vrai, ne se dissout pas dans l'eau pure, mais on pourrait, en la traitant par un acide ou de l'alcohol à chaud, la rendre soluble dans l'eau. Pour résoudre ce problème, il faut choisir du sang de Grenouille, le fouetter pour le priver de sa fibrine, le placer sur le filtre et le traiter alors par l'eau salée, afin de débarrasser les globules de leur sérum, puis par l'eau pure pour leur enlever leur hématine. On obtient ainsi un dépôt de cellules sanguines incolores. C'est ce dépôt qui devra servir à l'étude de la globuline.

D'après Berzélius et Simon, le cristallin de l'œil contient une matière analogue à la globuline. La globuline appartient, suivant Mulder, aux combinaisons de la protéine.

ARTICLE III. — De la fibrine.

§ 34. — Jusqu'ici on n'a étudié la fibrine qu'à l'état de coagulation. Mais, en suivant la méthode que j'ai indiquée plus haut (§ 17), on peut étudier dans le sang de Grenouille la fibrine fraîche et à l'état de dissolution, avant que la coagulation ne s'opère. Ainsi, lorsqu'on reçoit le liquide qui traverse le filtre dans un verre de montre rempli d'acide acétique, la fibrine ne se coagule pas dans cet acide. Ou bien encore, si au lieu d'acide acétique le verre contient une solution de chlorure de soude, la fibrine ne s'y coagule pas du tout ou ne s'y coagule qu'en très-petite proportion. Il en est de même pour le sang de la Grenouille. Quand on y ajoute une dissolution de sel commun, on retarde extrêmement longtemps la coagulation de ce sang. On sait depuis longtemps que certains sels, tels que le sulfate de soude et le nitrate de potasse, ajoutés en certaine quantité à du sang humain frais, ont la propriété d'empêcher sa coagulation. C'est par cette action particulière des sels sédatifs sur le sang que l'on explique leur utilité dans le traitement des inflammations. Ils impriment à la fibrine une modification particulière qui contrarie la tendance qu'elle a à s'accumuler et à se coaguler, soit dans l'intérieur des vaisseaux de l'organe enflammé, soit à la surface des membranes où elle s'est épanchée.

Une solution aqueuse de potasse ou de soude caustique empêche également au sang humain que l'on vient de tirer de la veine de se coaguler en une masse cohérente. Suivant Prévost et Dumas, on peut, chez les animaux supérieurs, prévenir la coagulation du sang extrait du corps, par la simple addition d'un millième de soude caustique. Lorsqu'en filtrant du sang de Grenouille on laisse tomber goutte à goutte la liqueur sanguine dans un verre de montre qui contient une dissolution de potasse caustique, la fibrine ne se prend pas en un seul caillot, mais il se forme peu à peu de tous petits flocons. Il en est de même quand on reçoit goutte à goutte la liqueur sanguine dans un verre de montre rempli d'éther sulfurique. Il ne se produit ni globules, ni flocons dans la liqueur sanguine de la Grenouille, quand on y ajoute de l'ammoniaque caustique liquide.

Le moyen de se procurer de la fibrine fraîche coagulée, quand on veut en faire l'analyse chimique, consiste à laver les caillots qui s'attachent aux baguettes dont on s'est servi pour fouetter le sang, ou tout simplement à laver le caillot sanguin. Dans cet état, la fibrine est spécifiquement plus pesante que l'eau, que le sérum pur, et même que le sérum contenant encore les globules rouges du sang. Lorsqu'on la met dans ces liquides, la fibrine tombe toujours au fond, pourvu toutefois qu'elle soit débarrassée des bulles d'air qui peuvent y adhérer.

§ 35.—La fibrine coagulée est blanche, lorsqu'elle est lavée. Elle n'a ni saveur, ni odeur particulières. Dans l'état de coagulation, elle est insoluble dans l'eau à froid et à chaud; mais quand on la soumet à une ébullition prolongée dans l'eau, elle se modifie dans sa composition, suivant Berzélius. Elle durcit, devient friable, et le liquide contient alors, à l'état de dissolution, une substance nouvelle qui se produit aux dépens des éléments de la fibrine. Cette dissolution n'offre aucune analogie avec une dissolution de gélatine. Au reste, l'hématine, la globuline, la fibrine, l'albumine coagulée, la caséine ont cela de commun qu'elles ne donnent pas de colle à l'ébullition dans l'eau. La fibrine possède, ainsi que quelques autres substances, mais non l'albumine, la faculté de décomposer, par le simple contact, l'eau oxygénée ou peroxyde d'hydrogène; il se dégage de l'oxygène et il se forme de l'eau, sans que la fibrine soit en rien altérée. La fibrine se combine soit avec les acides, soit avec les alcalis; dans le premier cas, elle joue le rôle de base; dans le second, celui d'acide. Lorsqu'on la traite par des acides concentrés, elle se gonfle et forme une substance acide : mais quand on emploie des acides affaiblis, elle se racornit et produit un composé neutre d'acide et de fibrine. Le composé acide que forme la fibrine avec les acides minéraux est insoluble dans l'eau; le neutre y est soluble. Mais quant aux composés que la fibrine forme avec l'acide acétique, tous les deux, c'est-à-dire, le composé acide et le composé neutre, se dissolvent dans l'eau. Le cyanure de potassium et de fer précipite la fibrine de sa dissolution acétique. Toutefois, ce mode de réaction est commun à l'hématine, à la caséine et à l'albumine, mais il ne s'observe pas dans la gélatine. D'après Caventou et Bourdois, la fibrine, l'albumine, la caséine et le mucus se dissolvent à froid dans l'acide chlorhydrique concentré. Toutes ces dissolutions, quand on les tient à une température de 18° à 20° centigr., acquièrent au bout de vingt-quatre heures une belle couleur bleue : la gélatine ne se comporte pas de la même manière. Suivant Mulder, la fibrine se compose de protéine, de soufre et de phosphore; cette combinaison contient, en outre, du phosphate de chaux.

Carbone.	54,90
Hydrogène.	6,95
Azote.	15,89
Oxygène..	21,55
Phosphore.	0,35
Soufre.	0,36

La fibrine existe à l'état de dissolution dans le chyle et dans la lymphe, aussi bien que dans le sang. On la trouve à l'état solide dans les muscles et l'utérus.

ARTICLE IV. — *De l'albumine.*

§ 36. — Lorsqu'on soumet le sérum du sang à une température de 75° centigrades, il se coagule en une masse solide qui est principalement composée d'albumine. Cette masse laisse suinter quelques gouttes d'un fluide brunâtre, la *sérosité.* Ce liquide, suivant Gmelin (1), se trouble par l'addition d'un acide et se prend en gelée lorsqu'il se refroidit. D'après le même chimiste, ce liquide, indépen-

(1) *Chemie,* IV, 1381.

damment de l'albumine qui est tenue à l'état de dissolution par un alcali, contient de la caséine, de la salivine, de l'osmazôme et des sels de soude et de potasse.

Lorsque l'on coagule complétement le sérum à l'aide de la chaleur, que l'on dessèche le caillot, qu'on le traite ensuite par l'eau bouillante, et qu'enfin, après avoir fait évaporer la solution ainsi obtenue, on traite le résidu à plusieurs reprises par l'alcohol, on trouve dans l'alcohol du lactate de soude, des chlorures de potasse et de soude, et de l'osmazôme; tandis que la substance qui n'est dissoute, ni par l'eau bouillante, ni par l'alcohol, est de l'albumine pure. La substance soluble que l'albumine coagulée cède à l'eau bouillante, mais qui est insoluble dans l'alcohol, constitue la salivine.

§ 37. — La *salivine* tire son nom de la salive, quoiqu'elle ne soit pas propre à cette dernière. Ainsi, la salivine est très répandue; elle existe dans divers produits de sécrétions; on la trouve dans le liquide de certaines hydropisies et dans celui qui remplit la vésicule produite par l'application d'un emplâtre vésicant. Cette substance est soluble dans l'eau à chaud et à froid, mais elle est insoluble dans l'alcohol; elle ne peut être précipitée ni par les sels métalliques, ni par les acides forts; l'infusion de noir de galle ne trouble que très légèrement la dissolution de salivine ou même ne la trouble nullement.

§ 38. — L'*osmazôme*, ou *extrait de viande* de Thouvenel, est soluble dans l'eau et dans l'alcohol à froid et à chaud. Quant on la laisse exposée à une atmosphère humide, elle tombe en déliquescence; elle se fond à l'action de la chaleur; enfin elle est précipitée de ses dissolutions par une infusion de noix de galle. C'est dans la chair musculaire que l'osmazôme est surtout abondante: elle l'est moins dans la plupart des autres tissus. D'après Gmelin, il existe encore de l'osmazôme dans la salive, dans le suc gastrique et dans le fluide pancréatique. Berzélius regarde l'osmazôme, non comme une substance particulière, mais comme une combinaison d'une matière animale avec des lactates. On peut la séparer de ces derniers au moyen du tannin, qui la précipite.

§ 39. — Ce qui reste après que l'on a retiré l'acide lactique et l'osmazôme du coagulum desséché du sérum est l'albumine. Cette substance fait également partie de la lymphe, du chyle, du blanc d'œuf, du jaune d'œuf, (dans ce dernier, elle est mêlée avec de l'huile); il existe encore dans les liquides sécrétés par les membranes séreuses, dans le fluide du tissu cellulaire, dans les humeurs aqueuses de l'œil, dans le corps vitré, dans le cerveau et les nerfs, (ici, elle se trouve combinée avec une matière grasse qui contient du phosphore), dans le contenu des vésicules de Graaf de l'ovaire des Mammifères et de l'Homme. Mais nous n'avons à nous occuper que de l'albumine du sérum. Elle se présente sous deux états.

A. *Albumine à l'état de dissolution.*

§ 40. — Dans le sérum, l'albumine paraît combinée avec la soude et forme ce qu'on appelle un albuminate de soude. Berzélius ne croit pas que ce soit la soude qui tienne l'albumine à l'état de dissolution dans le sérum; car on peut saturer la soude par l'acide acétique, sans que l'albumine se précipite. Stromeyer a trouvé qu'il fallait dix gouttes de vinaigre distillé pour neutraliser une demi-once de sang. Quand on fait évaporer du sérum ou une dissolution d'albumine à une température au-dessous de 60° centigr., l'albumine se dessèche et devient transparente; dans cet état, elle est de nouveau soluble dans l'eau. A une température qui varie entre 70° et 75° cent., l'albumine se coagule et devient alors insoluble dans l'eau.

Si l'on étend le sérum d'une trop grande quantité d'eau, il ne se solidifie plus par l'action de la chaleur; mais il se coagule en globules, de manière à produire un fluide laiteux, qui cependant, quand on le fait évaporer, donne une albumine coagulée avec tous les caractères ordinaires de cette substance.

L'albumine dissoute est coagulée par l'alcohol, les acides minéraux, les sels métalliques, tels que les sels de zinc, de plomb, de bismuth, d'argent et de mercure; elle est également coagulée par le chlore, l'infusion de noix de galle et les dissolutions très-concentrées d'un alcali fixe. C'est ainsi que la coagulation a lieu, quand on verse dans un peu de sérum une quantité considérable de liqueur de potasse caustique. Lorsqu'on soumet une dissolution d'albumine du sang à l'action de la pile galvanique, elle se coagule au pôle positif, non qu'elle soit un corps électro-négatif, mais parce que c'est là que se développe l'acide du sel marin contenu dans le sérum et dans l'albumine. Si l'on se sert d'une pile plus forte, l'albumine se coagule également au pôle cuivre ou négatif. Ce phénomène doit s'expliquer par la manière dont l'albumine se comporte relativement à l'alcali.

Les précipités d'albumine par les sels minéraux, l'alcohol, les sels métalliques et terreux, le tannin, sont insolubles dans l'eau, qui redissout au contraire la caséine que l'on a précipitée au moyen des acides et de l'alcohol. L'acide acétique ne précipite pas l'albumine, tandis qu'il précipite la caséine et la colle que les cartilages donnent à l'ébullition. L'albumine est précipitée de sa dissolution acétique par le cyanure de potassium et de fer, comme le sont la fibrine et la caséine. Gmelin a observé que l'albumine de l'œuf est coagulée par l'éther pur, qui ne précipite pas l'albumine du sérum.

Lorsqu'on mêle de l'albumine à l'état de dissolution avec des acides ou des alcalis, la portion d'albumine qui se combine avec le réactif éprouve les mêmes changements que lorsqu'elle est coagulée, alors même que le réactif employé est incapable de précipiter l'albumine, comme l'acide acétique, l'ammoniaque et une dissolution étendue de potasse; ainsi, elle est précipitée de sa dissolution acétique, quand on y ajoute de la potasse, et de sa dissolution alcaline, quand on y ajoute un acide. C'est précisément la manière dont se comporte la matière colorante du sang dans les mêmes circonstances.

Si l'on mélange avec du sérum une petite quantité d'un sel métallique, et que l'on y ajoute plus de potasse caustique qu'il n'en faut pour décomposer le sel métallique, l'oxyde ne se précipite pas, mais il reste à l'état de dissolution, combiné avec l'albumine. Berzélius, qui rapporte ce fait, remarque que, par ce moyen, les sels métalliques ou les oxydes peuvent être absorbés par le canal intestinal ou par la peau, portés dans la circulation, dissous dans le sérum et éliminés avec les produits excrétoires. De là vient qu'après l'usage prolongé du mercure on retrouve du protoxyde dissous dans les fluides de l'économie (1).

Parmi les sels métalliques que nous venons de nommer, l'acétate de plomb et surtout le sublimé corrosif ou deuto-chlorure de mercure sont les réactifs les plus sensibles de l'albumine. Ainsi, le sublimé corrosif trouble un liquide qui ne contient qu'un deux-millième d'albumine en dissolution. La grande tendance qu'a l'albumine à s'unir chimiquement avec ce sel en fait l'antidote le plus sûr de ce dernier.

B. *De l'albumine coagulée.*

§ 41. — Elle se comporte chimiquement absolument de la même manière que la fibrine, si ce n'est que l'albumine coagulée ne décompose pas l'eau oxygénée ou peroxyde d'hydrogène. Quand on compare la composition de l'albumine et de la fibrine, on trouve qu'elles contiennent toutes deux une égale quantité de protéine

(1) AUTENRIETH und *Zeller.* dans REIL's *Archiv.*, VIII; SCHUBARTH, dans HORN's *Archiv.*, 1823, nov. 417; CANTU, *Mem. d. Tor.*, 29, 1825; BUCHNER's *Toxicol.*, 838.

et une égale quantité de phosphore. Il n'existe donc entre ces deux corps qu'une seule différence : l'albumine contient deux fois plus de soufre que la fibrine. C'est ce qui résulte des analyses de Mulder. D'après ce chimiste, l'albumine est constituée par :

Carbone.	54,70
Hydrogène.	6,92
Azote.	15,84
Oxygène.	21,47
Phosphore.	0,35
Soufre.	0,72

§ 42. — Quant à la quantité d'albumine comparée aux autres éléments du sérum, Berzélius est arrivé au résultat suivant : 100 parties de sérum provenant du sang humain contiennent :

Eau.		90,59
Albumine.		8,00
Osmazôme et lactate de soude. } Extraits par l'alcohol. {		0,40
Chlorure de soude. }		0,60
Albumine modifiée, carbonate et phosphate alcalins } Solubles dans l'eau.		0,41
		100,00

Dans son analyse du sérum, Lecanu a trouvé, en outre, un sulfate alcalin, du carbonate et du phosphate de magnésie, et du sulfate de chaux.

ARTICLE V. — De la matière grasse du sang.

§ 43. — Il est rare que le sang contienne de la graisse libre. Dans le cas où il en existe à cet état, on la voit chatoyer à la surface du liquide. Mais la matière grasse du sang se trouve, pour la plus grande partie, combinée avec la fibrine, la matière colorante et l'albumine. Lorsqu'on fait bouillir avec de l'alcohol du sérum mêlé de globules rouges obtenu en fouettant du sang de Bœuf, et qu'ensuite on filtre, les premières portions de liquide qui passent à travers le filtre contiennent, suivant Gmelin, de la cholestérine, de la stéarine, de l'élaïne et de l'acide stéarique (1). Selon Chevreul, la fibrine contient de quatre à quatre et demi pour cent de graisse phosphorée. Lecanu a trouvé dans le sang une matière grasse cristallisable et une matière oléagineuse. 1000 parties de sérum contenaient 1,20 à 2,10 de la première, et 1,00 à 1,30 de la seconde.

Lorsqu'il existe dans le sang une quantité notable de matière grasse, libre et non combinée, les globules de graisse qui flottent dans le sérum lui donnent une apparence laiteuse. On observe fréquemment ce phénomène chez les jeunes animaux, mais il est rare chez l'Homme adulte.

Toutes les espèces de graisses sont remarquables par la petite quantité d'oxygène et par la proportion très-considérable de carbone qui entrent dans leur composition. Un fait fort important aussi, c'est que les matières grasses, l'élaïne et la stéarine, qui se trouvent dans le corps à l'état libre, et qui sont toujours combinées l'une avec l'autre, ne contiennent point d'azote.

	Stéarine	Élaïne
Oxygène.	9,454.	9,548
Hydrogène.	11,770.	11,422
Carbone.	78,776.	79,030

(1) G*melin*'s *Chemie*, IV, 1163; comp. B*oudet*, *Essai critique et expérimental sur le sang.* Paris, 1833.

D'autres matières grasses, par exemple, celle du sang, sont combinées avec d'autres substances animales ; elles se cristallisent en partie, lorsqu'on les soumet à l'action du froid, elles contiennent de l'azote et ne sont pas saponifiables. La matière grasse que l'on trouve dans le sang et dans le cerveau contient, en outre, du phosphore. On rencontre cette espèce de matière grasse dans le sang, la substance cérébrale, la substance nerveuse, le foie, et peut-être aussi dans quelques autres parties.

§ 44. — Les principes immédiats de la plupart des solides du corps, tels que la fibrine, l'albumine, l'osmazôme, l'acide lactique et la matière grasse, existent déjà tout formés dans le sang. La gélatine ou *colle* que l'on peut extraire des tendons, des cartilages, des os, des membranes séreuses, de la peau, du tissu cellulaire en général, mais particulièrement de celui des muscles, fait exception à cette règle. Parmentier, Deyeux et Saissy ont cru avoir découvert de la colle ou gélatine dans le sang ; mais c'était évidemment une erreur. C'est en faisant bouillir dans l'eau les parties que nous venons d'énumérer qu'on obtient la gélatine. Elle se distingue de l'osmazôme par son insolubilité dans l'alcohol froid et dans l'eau froide, mais elle est soluble dans l'eau chaude. Alors même qu'on la fait dissoudre dans cent cinquante parties d'eau chaude, elle forme en se réfroidissant une gelée qui est un composé de gélatine et d'eau. Cette gelée se redissout dans l'eau bouillante, caractère qui la distingue de la fibrine et de l'albumine. La gélatine se dissout lentement dans les acides et les alcalis. Elle est précipitée de ces dissolutions par le tannin, l'alcohol, le deuto-chlorure de mercure, le sulfate de platine, le chlorure de platine et le chlore ; mais elle n'est pas précipitée par les acides chlorhydrique et acétique, l'acétate de plomb, l'alun, le sulfate d'alumine et le sulfate de fer. La gélatine dissoute dans les acides n'est pas précipitée par le cyanure de potassium et de fer. Quelques écrivains regardent la gélatine comme un produit de la décomposition de matières animales, qui serait déterminée par l'ébullition. A l'appui de cette manière de voir on cite cette observation de Berthollet, qu'un morceau de chair musculaire, qui ne donne plus de colle à l'ébullition, réacquiert la propriété de donner de la colle, lorsqu'on le laisse putréfier dans un air non renouvelé, avec développement de gaz acide carbonique (1). Cette opinion, cependant, ne me semble nullement fondée. Les tissus que nous avons énumérés plus haut sont les seuls qui donnent de la colle à l'ébullition. Ils doivent donc contenir une substance particulière préexistante au traitement qu'on leur fait subir.

Des recherches plus récentes auxquelles je me suis livré (2) démontrent que cette substance présente encore des différences particulières, selon le tissu d'où elle a été extraite. Ainsi, les cartilages et la cornée donnent à l'ébullition une espèce de gélatine, *chondrine*, qui ressemble, sous tous les rapports, à la gélatine ordinaire ; mais elle en diffère essentiellement, en ce qu'elle est précipitée par l'alun, le sulfate d'alumine, l'acide acétique, l'acétate de plomb et le sulfate de fer, qui ne précipitent pas la gélatine ordinaire. Maintenant, ce qui distingue la chondrine de la caséine, c'est que son précipité par l'alun est redissous par un excès d'alun ; c'est que son précipité par l'acide acétique ne se redissout pas par un excès d'acide, tandis que, dans ces circonstances, la caséine se comporte d'une manière tout-à-fait opposée. En outre, la chondrine se prend en gelée par le refroidissement ; sa dissolution acide n'est pas précipitée par le cyanure de potassium et de fer ; enfin, elle n'est pas coagulée par la présure ou la pepsine : autant de caractères qui différencient la chondrine de la caséine.

(1) Consultez WIENHOLT, dans MECKEL'S *Archiv.*, I, 206. — (2) POGGENDORFF'S *Annal.*. XXXVIII.

CHAPITRE III. — *Analyse du sang par le galvanisme* (1).

§ 45. — Nous devons à Dutrochet plusieurs expériences très-ingénieuses au sujet de l'action que le galvanisme exerce sur les substances animales. Cet auteur croyait même avoir réussi à produire des fibres musculaires, en faisant agir la pile galvanique sur de l'albumine. Il supposait que chaque globule sanguin constituait une paire de plaques, le noyau du globule représentant l'élément négatif, et l'enveloppe représentant l'élément positif.

Mais tous les phénomènes qu'il a observés et qu'il a attribués aux différentes propriétés électriques du sang s'expliquent par la précipitation de l'albumine et de la fibrine, précipitation qui est le résultat de la décomposition des sels du sérum et de l'oxydation du fil de cuivre employé dans ses expériences; car on sait que la décomposition des sels du sérum et l'oxydation du cuivre sont les effets ordinaires de l'action galvanique.

Si l'on soumet à l'action de la pile voltaïque une goutte de solution aqueuse de jaune d'œuf, qui tient en suspension de très-petits globules microscopiques, on remarque bientôt les ondes que Dutrochet a découvertes le premier (2). L'onde qui part du pôle cuivre ou pôle négatif est transparente, parce que l'albumine est maintenue dans son état de dissolution par l'alcali, tandis que celle qui part du pôle zinc ou pôle positif où se réunit l'acide est opaque et blanchâtre, surtout près du fil. Les deux ondes marchent l'une vers l'autre, et au moment où elles entrent en contact, il se forme soudainement sur la ligne où elles se rencontrent un coagulum linéaire qui représente exactement la forme de cette ligne. Ce caillot est sinueux, comme le sont les bords de deux ondes au moment de leur rencontre. La formation du caillot s'accompagne d'un mouvement visible : cependant, aussitôt qu'il est formé, tout redevient tranquille, et l'on n'aperçoit plus le moindre mouvement. C'est pourquoi nous avons peine à comprendre comment un observateur du premier ordre, tel que Dutrochet, a pu regarder ce caillot albumineux comme une fibre musculaire produite par l'électricité. Ce caillot n'est pas autre chose que de l'albumine coagulée; il est tout-à-fait mou et semblable de tout point à l'albumine qui se réunit autour du pôle zinc, quand on galvanise le sérum. Il est composé de globules que l'on peut facilement isoler les uns des autres, et qui se sont simplement déposés sous la forme de la ligne de contact des deux ondes, sans qu'il y ait entre eux la moindre cohésion. Lorsqu'on expose à l'action des deux pôles une goutte de sérum, peu importe qu'il provienne du sang de Grenouille ou du sang d'un Mammifère quelconque, on n'aperçoit aucune ondulation; mais il se fait au pôle zinc un dépôt de globules d'albumine qui augmente successivement. Dans ce cas, les premiers globules déposés autour du pôle sont repoussés en dehors par les nouveaux dépôts qui se forment continuellement près du fil. Si l'on adopte la théorie de Dutrochet pour expliquer l'action du galvanisme sur les substances animales, on doit considérer l'albumine du sérum comme un corps électro-négatif, attendu qu'elle se dépose autour du pôle zinc ou positif de la pile. Mais il n'en est pas ainsi. La cause réelle de la précipitation de l'albumine est sa coagulation par l'acide, coagulation qui dépend de ce que l'acide des sels décomposés se réunit autour du pôle positif. Si l'albumine ne se dépose pas autour du pôle négatif, c'est que l'alcali, qui s'accumule autour de ce pôle, la maintient dans son état de dissolution. Mais pourtant, quand la pile est très-forte, il se précipite aussi de l'albumine au pôle cuivre, comme l'a fait voir Gmelin Ce phénomène doit être attribué, soit au développement de calorique qui

---

(1) Les observations originales de J. Müller sur ce sujet se trouvent dans POGGENDORFF'S *Annal.* 1832, 8. — (2) *Annales des Sciences naturelles*, 1831.

s'opère alors, soit, ce qui est plus probable, à la présence d'une dissolution concentrée d'un alcali fixe qui a le pouvoir de précipiter l'albumine, fait qui a été observé par Dutrochet et par moi. La différence dans la quantité de sels qui existent dans les deux liquides explique clairement pourquoi, avec une batterie de même force, on parvient à précipiter une quantité considérable d'albumine du sérum autour du pôle zinc ou positif, tandis que, dans une solution de jaune d'œuf, on produit simplement une ondulation trouble qui ne donne naissance à un caillot, que lorsque cette onde rencontre celle du pôle négatif. Lassaigne (1) coagula de l'albumine au moyen de l'alcohol, puis lava ce caillot dans le même liquide, jusqu'à ce que le nitrate d'argent attestât que l'albumine ne contenait plus de chlorure de soude. Lorsque ce caillot d'albumine se trouve par ce procédé débarrassé de ses sels, l'eau en dissout sept millièmes. Cette faible quantité d'albumine ainsi dissoute ne se coagule plus sous l'influence du galvanisme, parce qu'elle ne contient pas de chlorure de soude; mais elle se prend en caillot, dès qu'on y ajoute du sel commun.

Si je voulais appliquer la théorie de Dutrochet aux expériences que je viens de raconter, je dirais que l'albumine du jaune d'œuf est neutre, car elle ne se coagule qu'au contact des deux ondes, et que l'albumine du sérum est électro-négative, parce qu'elle se coagule au pôle positif. Mais il suffit d'ajouter un peu de sel commun à la solution de jaune d'œuf, pour qu'elle se coagule au pôle positif et qu'il ne se forme plus d'ondes.

§ 46.—Quand, après avoir largement étalé une goutte de sang de Grenouille ou de Mammifère, on la soumet à l'action de la pile galvanique, les bulles ordinaires de gaz se forment autour du pôle cuivre, et l'albumine se coagule autour du pôle zinc, sous forme d'une masse molle composée de granules, précisément comme lorsqu'on traite le sérum de la même manière. Quant aux globules rouges du sang, ils ne se réunissent ni autour du pôle positif, ni autour du pôle négatif. La coagulation de la fibrine n'est ni accélérée ni retardée; elle ne s'opère spécialement ni au pôle positif, ni au pôle négatif, mais dans toute la largeur de la goutte entre les deux pôles, et tout autour des fils, à quelque distance d'eux. Les globules rouges qui se trouvent immédiatement autour des pôles sont décomposés par l'action des acides et des alcalis qui se réunissent aux deux pôles opposés; mais, dans les autres parties de la goutte, ils ne subissent aucun changement. Si, au lieu de sang de Grenouille, on expérimente sur du sang artériel ou veineux de Lapin, la coagulation de la fibrine s'effectue de la même manière.

Lorsqu'on soumet à l'action de la pile galvanique une goutte de sang de Grenouille préalablement dépouillée de sa fibrine, on observe les mêmes phénomènes que dans le sang frais, à l'exception de ceux qui dépendaient de la présence de la fibrine.

§ 47. — Quand j'exposais à l'action de la pile voltaïque une goutte d'une dissolution aussi concentrée que possible de matière colorante, obtenue en lavant le caillot du sang de Mammifère préalablement débarrassé, à l'aide de papier brouillard, du sérum qu'il contenait, j'avais des résultats différents, selon que je fermais la chaîne avec un fil de cuivre, ou que j'ajoutais à son extrémité un morceau de fil de platine, pour empêcher que l'oxydation du cuivre ne vînt troubler mon expérience. Dans ce dernier cas, les résultats étaient les mêmes que ceux qu'avait obtenus Dutrochet; mais dans le premier, ils étaient différents. Lorsque je me servais d'un simple fil de cuivre pour fermer la chaîne, il se formait autour du pôle zinc un caillot pultacé et rougeâtre, composé d'albumine et de matière

____

(1) *Annales de Chimie et de Physique*, t. XX, p. 97; WEBER's *Anatomie*, t. I, p. 87.

colorante. Ce caillot devenait successivement plus considérable par suite des nouveaux dépôts qui se produisaient autour du pôle zinc, et l'anneau rouge qui entourait le fil s'élargissait graduellement. Cependant les derniers dépôts étaient moins rouges que les premiers ; la plupart des derniers offraient même une teinte de gris blanc. La coagulation a lieu tout autour du pôle zinc ; mais pourtant elle s'étend un peu plus dans la direction du pôle cuivre que dans les autres directions. Le précipité a la forme de l'onde que nous avons décrite dans les expériences précédentes, mais il est formé d'une pulpe consistante. On voit, au pôle cuivre, s'opérer le développement ordinaire de gaz ; quelquefois même il s'y produit une ondulation très peu distincte, dans laquelle la matière colorante demeure à l'état de dissolution, comme dans le reste de la goutte. Le bord de cette onde est d'un rouge un peu plus foncé que le reste du liquide. Dutrochet lui donne le nom d'onde rouge ; mais rien ne justifie cette dénomination. L'alcali, qui s'accumule autour du pôle négatif, maintient en général à l'état de dissolution la substance animale qui, comme le reste du fluide, renferme de la matière colorante dissoute, tandis que l'albumine et la matière colorante se coagulent autour du pôle positif. La description que donne Dutrochet des effets du galvanisme sur une dissolution de matière colorante, est tout-à-fait différente de ce que j'ai observé moi-même (1). Ainsi, il dit avoir aperçu deux ondes ; l'une, celle du pôle zinc était acide et transparente et, à mesure qu'elle s'accroissait, elle poussait devant elle la matière colorante qui s'était accumulée autour et en dehors de cette onde; l'onde alcaline du pôle cuivre, au contraire, était occupée par la matière colorante. Les deux ondes, en se réunissant, formaient un léger coagulum provenant de l'albumine du sérum enlevé au caillot sanguin en même temps que la matière colorante. La matière colorante rouge se combinait presqu'en entier avec ce coagulum. Dutrochet dit que, dans cette expérience, la matière colorante rouge s'éloigne du pôle positif pour s'amasser au pôle négatif, et il en conclut que cette substance est un corps électro-positif. Mais cette assertion ne repose sur aucun fondement. En effet, j'ai déjà établi que, lorsque j'employais un fil de cuivre pour fermer la chaîne, la matière colorante se coagulait avec de l'albumine autour du pôle zinc, et que le caillot rouge était simplement peu à peu repoussé par le dépôt de nouvelle albumine coagulée. Toutefois, quand, pour éviter l'influence de l'oxydation qu'éprouve le fil de cuivre, j'ajoutais à ce dernier un morceau de fil métallique non oxydable, de platine, par exemple, j'obtenais exactement les mêmes résultats que ceux décrits par Dutrochet. Alors, en effet, il se formait réellement au pôle cuivre et au pôle zinc deux ondes qui marchaient l'une vers l'autre; chacune de ces ondes avait un bord rouge très distinct. Dutrochet ne parle pas du bord rouge de l'onde qui se forme au pôle cuivre. L'onde du pôle cuivre n'est pas plus rouge que le reste du fluide ; son bord seul est plus rouge. En conséquence, Dutrochet commet une inexactitude, lorsqu'il prétend que la matière colorante s'accumule au pôle cuivre. J'ai répété très souvent cette expérience, et je n'ai jamais remarqué cette accumulation dont parle le physiologiste français. Dans le bord rouge de l'onde du pôle cuivre, la matière colorante s'éloigne, il est vrai, un' peu de ce pôle ; mais dans le bord rouge de l'onde du pôle positif, la matière colorante s'éloigne également du pôle zinc. Quoique l'onde du pôle négatif ne soit pas plus rouge que le reste du liquide, celle du pôle positif, au contraire, est réellement moins colorée que le liquide qui se trouve au-delà de l'onde; mais elle n'est cependant pas tout-à-fait incolore. Le bord de l'onde plus transparente du pôle positif est plus rouge que celui de l'onde du pôle cuivre ou

____

(1) Froriep's *Notizen*, no 718.

négatif, qui pourtant est remarquable par sa couleur foncée. Au bord de l'onde du pôle cuivre, la matière colorante se trouve à l'état de dissolution concentrée ; et au bord de celle du pôle zinc, cette même matière se présente sous la forme de globules extrêmement petits. Il me semble que cette expérience donne un résultat tout-à-fait analogue à celui que l'on obtient, lorsqu'on soumet une solution de jaune d'œuf à l'action de la pile galvanique. Si, en expérimentant sur une dissolution de matière colorante, on emploie un fil de cuivre pour fermer la chaine, la matière colorante et l'albumine se coagulent au pôle zinc. Si l'on ajoute un peu de sel commun à la dissolution de jaune d'œuf, l'albumine se coagule au pôle zinc. Lorsqu'on mêle un peu de sel commun à la dissolution de matière colorante, elle se comporte, même quand on se sert d'un fil de platine, comme la dissolution de jaune d'œuf additionnée de sel marin, c'est-à-dire qu'il ne se produit pas d'onde, et il se forme un caillot blanchâtre au pôle zinc. D'après tous ces faits, je pense qu'il est impossible d'admettre avec Dutrochet, que la matière colorante du sang soit électro-positive.

§ 48. — Dutrochet, qui regarde, mais à tort, la fibrine comme formée par l'aggrégation des noyaux des globules rouges du sang, prit de la fibrine qu'il avait dépouillée de toute matière colorante en lavant le caillot, la fit dissoudre dans une légère solution alcaline, puis soumit cette dissolution à l'action de la pile voltaïque. Il se dégagea une quantité considérable d'hydrogène au pôle négatif, et de l'oxygène au pôle positif ; mais il ne se forma d'onde à aucun des deux pôles. La fibrine dissoute se coagula simplement au pôle positif. De là, Dutrochet conclut que la dissolution alcaline de fibrine réagit comme un sel neutre dont l'alcali se porte au pôle négatif et l'acide au pôle positif, et que, par conséquent, la fibrine est une substance électro-négative. Cependant, nous savons que la fibrine peut s'unir, soit avec les acides, soit avec les alcalis ; dans le premier cas, elle joue le rôle de base, et dans le second, celui d'acide. Ainsi, à ne considérer que la manière dont la fibrine se comporte à l'égard des acides minéraux, on pourrait tirer la conclusion opposée à celle qu'a établie Dutrochet.

Toutefois, en répétant les expériences de Dutrochet, je les trouvai exactes sur la plupart des points, ainsi qu'on devait l'attendre d'un observateur aussi distingué. Lorsque j'exposais à l'action de la pile voltaïque de la fibrine du sang dissoute dans de l'eau légèrement alcaline et placée sur une plaque de verre ou dans un verre de montre, j'observais qu'il se déposait au pôle positif une petite quantité d'un caillot blanchâtre et pultacé. La fibrine sur laquelle j'expérimentais était de la fibrine de sang de Bœuf obtenue par le fouettement, et je l'avais longtemps lavée sur le filtre, de sorte que je pouvais être à peu près sûr qu'elle ne contenait ni sérum, ni sels du sérum. Il semblait donc, au premier abord, que la dissolution alcaline de la fibrine se séparait réellement en fibrine électro-négative, et en alcali électro-positif. Néanmoins, pour arriver à cette conclusion, il faut négliger les sels et les substances minérales qui entrent comme éléments dans la fibrine elle-même ; or, la décomposition de ces sels par la pile galvanique doit nécessairement s'accompagner du développement d'un acide au pôle positif, et, par conséquent, la coagulation de la fibrine au pôle positif peut dépendre de ce que cette substance vient à former un corps neutre avec cet acide. Toutefois, il est facile d'élever encore d'autres objections contre la valeur de l'expérience elle-même. Le résultat obtenu par Dutrochet ne s'observe que dans le cas où l'on se sert de fils de cuivre pour fermer la chaine. Je ne l'ai jamais obtenu, quoique j'aie répété souvent cette expérience, lorsque, pour éviter l'oxydation de l'extrémité du fil de cuivre du pôle zinc, j'y ajoutais un morceau de fil de platine. Or, Dutrochet paraît s'être exclusivement servi de fils de cuivre pour faire ses expériences. Si l'on adapte un fil de platine au pôle zinc, le dégagement de gaz reste le même ; il se développe même au pôle positif une plus grande quantité de gaz qu'auparavant, parce que le fil de platine ne s'oxyde pas comme celui de cuivre. Mais il ne se produit pas la moindre trace de caillot au pôle zinc ou autour du fil de platine. De là nous pouvons conclure que, si, dans une dissolution alcaline de fibrine, il se forme un caillot au pôle positif, lorsqu'on emploie un fil de cuivre, ce phénomène dépend uniquement de l'oxydation du métal.

Il semble donc que la dissolution alcaline de fibrine n'est pas décomposée par la pile galvanique, à moins qu'on n'emploie au pôle zinc un fil de cuivre qui s'oxyde promptement. En conséquence, il n'est nullement prouvé que la fibrine se comporte comme un corps électro-négatif. Il suffit de faire attention aux circonstances suivantes, pour reconnaître combien la précipitation de l'albumine et de la fibrine dépend des sels contenus dans la dissolution. La dissolution alcaline de fibrine ne dépose jamais le moindre caillot autour du fil de platine du pôle zinc ; mais quand on ajoute un peu de sel commun à la dissolution, il se forme immédiatement un caillot ; car, dans ce cas, l'acide chlorhydrique du sel de soude détermine la coagulation de la fibrine au pôle zinc. C'est pourquoi, si l'on veut expérimenter l'action du galvanisme sur une dissolution de fibrine dans de l'eau légèrement alcaline, il faut préalablement débarrasser complétement la fibrine de tout le sérum qu'elle contient, ce liquide renfermant du chlorure de soude. Pour avoir de la fibrine pure et tout-à-fait privée de sérum, il n'y a qu'à fouetter du sang, puis à laver, à grande eau et pendant longtemps le caillot ainsi obtenu.

§ 49. — J'ai pensé qu'il serait très-intéressant d'expérimenter l'action de la pile galvanique sur la fibrine encore fluide de la liqueur sanguine. Pour cela, je versai sur le filtre parties égales d'eau et de sang de Grenouille, comme je l'ai décrit plus haut (I. § 17), et dès que le liquide eût passé à travers le filtre, je le soumis immédiatement à l'action de la pile. Aussitôt je vis se former au pôle zinc un caillot pultacé d'albumine. La fibrine transparente ne se rassembla ni au pôle zinc, ni au pôle cuivre ; mais elle se coagula dans le verre de montre, au milieu du liquide, sous forme d'un caillot isolé, tout comme si elle n'eût pas été soumise à l'action de l'appareil galvanique. La coagulation de cette dernière substance s'effectua dans le laps de temps ordinaire. Le dépôt albumineux formé au pôle zinc était tout-à-fait semblable à celui que j'obtenais, quand j'exposais à l'action de la pile voltaïque du sang dépouillé de sa fibrine.

§ 50. — J'ai encore, à l'aide de la pile galvanique, expérimenté sur les noyaux incolores des globules rouges du sang de Grenouille. J'avais préalablement eu soin de débarrasser les enveloppes des globules de la matière colorante qu'ils contiennent, en les lavant, ainsi que je l'ai déjà décrit (I, § 28), dans une grande quantité d'eau. Au moyen d'un pipette, j'enlevais la plus grande partie du liquide qui surnageait ; puis, après avoir ajouté un peu d'eau au dépôt blanc qui restait, j'en prenais une goutte que j'étalais sur une plaque de verre et qu'enfin j'exposais à l'action de la pile. J'observais alors les mêmes phénomènes que lorsque je soumettais une dissolution aqueuse de jaune d'œuf à l'influence galvanique. En effet, il se formait deux ondes : celle du pôle zinc était trouble et chassait devant elle des globules microscopiques ; celle du pôle cuivre, au contraire, était transparente et ne contenait pas de globules. Lorsque j'expérimentais sur une dissolution de matière colorante, l'onde venant du pôle zinc chassait devant elle des globules rouges, tandis que, dans un mélange d'eau et de noyaux de globules incolores, l'onde du même pôle poussait devant elle des globules blancs. Cette expérience démontre qu'il n'existe pas de différence électrique entre les noyaux des globules du sang et leur enveloppe. La seule différence apparente que je remarquai est celle-ci : dans la dissolution de matière colorante, l'onde du pôle zinc est plus transparente, tandis qu'elle est trouble dans un mélange d'eau et de noyaux de globules, ainsi que dans une dissolution de jaune d'œuf, laquelle contient également des globules.

Quoique les résultats de mes observations diffèrent en beaucoup de points de ceux qu'a obtenus Dutrochet, je dois exprimer mon admiration pour le talent et la sagacité dont cet observateur éminent a fait preuve dans les recherches auxquelles il s'est livré pour résoudre ce difficile problème de physiologie. Si quelque physiologiste était assez heureux pour prouver d'une façon incontestable la propriété électrique du sang, je ne pourrais que féliciter la science sur le grand progrès que lui ferait faire cette découverte. Mais jusqu'à ce que cette preuve irrécusable soit donnée, il est nécessaire de soumettre à une critique sévère toutes les expériences qui ne justifient pas rigoureusement toutes les inductions qu'on en tire : car les personnes qui ne se donnent pas la peine de répéter les expériences admettent trop précipitamment et trop complaisamment les conclusions qu'on leur présente.

§ 51. — Il est impossible, à l'aide du galvanomètre, de découvrir aucun courant électrique dans le sang ; je n'ai aperçu aucune variation dans l'aiguille magnétique du multiplicateur, même lorsque j'implantais un des fils dans une artère d'un animal vivant, et l'autre dans une veine. Bellingeri croyait avoir découvert le moyen de prouver la propriété électrique du sang. Son procédé consistait à provoquer des contractions dans une patte de Grenouille, par la formation d'une chaîne composée de sang, du nerf et du muscle du membre de l'animal, plus d'un métal, chaîne qu'il fermait en mettant en contact le sang et le métal. Il partait du principe que le contact de deux corps hétérogènes fait passer l'électricité qui y existe, dans un état de tension plus ou moins considérable, et que cette tension est d'autant plus forte que ces corps sont plus distants l'un de l'autre dans une échelle où ils sont rangés d'après leurs propriétés électriques. Bellingeri disposait les métaux dans l'ordre suivant : zinc, plomb, mercure, antimoine, fer, cuivre, bismuth, or et platine. Il comparait la propriété électrique du sang avec celle des métaux ci-dessus. Pour cela, il mettait le sang en contact avec un de ces métaux, puis il mettait le sang et le métal en contact avec le nerf et le muscle de la Grenouille, la contraction de la patte de l'animal lui servant d'électromètre. Selon cet auteur, lorsque deux métaux sont comparativement mis en contact avec le nerf et le muscle d'une Grenouille qui a déjà perdu une partie de son irritabilité, celui des deux métaux qui est positif par rapport à l'autre est celui qui, quand on l'applique au muscle, détermine des contractions au moment de la fermeture de la chaîne, et qui, quand on l'applique au nerf, n'en détermine point, ou bien n'en excite qu'au moment de l'ouverture de la chaîne. Malheureusement, c'est précisément l'inverse qui a lieu. Bellingeri affirme que, lorsqu'il étudiait, à l'aide de ce procédé, la propriété électrique du sang, et remplaçait l'un des métaux par du sang, ce dernier se comportait différemment à l'égard des divers métaux, et qu'en général il se comportait à leur égard, sous le rapport électrique, comme le fer lui-même. D'après lui, il n'existe sous ce rapport aucune différence entre le sang artériel et le sang veineux. Le sang, dit-il, conserve ses propriétés électriques longtemps après qu'on l'a tiré des vaisseaux (1).

Il est inconcevable qu'on ait pu accorder quelque valeur à ces expériences. Si, pendant une des saisons froides de l'année, le printemps ou l'automne, on

(1) Froriep's *Notizen*, no 408.

plonge le nerf de la patte d'une Grenouille dans une soucoupe contenant du sang ou de l'eau, ce qui est indifférent, et qu'ensuite, au moyen d'un morceau de fil de cuivre, on mette en contact le sang et les muscles de la patte, on détermine des contractions dans le membre de l'animal. Il est facile de se convaincre soi-même par cette expérience, qu'un cercle de cuivre et d'eau établi entre le nerf et le muscle est tout aussi efficace qu'un chaîne formée de cuivre et de sang. Or, que peuvent prouver les expériences de Bellingeri, si l'eau possède les mêmes propriétés électriques que le sang. Il est extrêmement probable qu'ici le développement de l'électricité ne tient ni au sang ni à l'eau ; ces deux corps jouent sans doute le simple rôle de conducteurs, l'électricité se développant par le contact du cuivre et du muscle.

CHAPITRE IV. — *Propriétés organiques du sang.*

ARTICLE PREMIER. — *Action vivifiante du sang.*

§ 52. — Le sang artériel, qui est redevable de sa couleur vermeille à l'oxygène introduit dans les poumons et dissous dans le sang, prend une teinte plus foncée et devient veineux en traversant les capillaires du corps. Ce phénomène résulte du conflit qui a lieu alors entre le sang et la matière organisée, conflit dans lequel le sang vivifie les organes, mais devient par cela même incapable d'exercer plus longtemps sur eux cette action vivifiante. Le sang que les veines ramènent au cœur est plus riche en acide carbonique; mais, pendant qu'il traverse les poumons, le sang veineux absorbe de l'oxygène, exhale de l'acide carbonique, reprend sa couleur vermeille, et acquiert de nouveau la faculté de stimuler et de vivifier les organes. Comme, ainsi que nous le verrons plus tard, le sang parcourt en quelques minutes le système circulatoire tout entier, il suffit, par conséquent, de quelques minutes pour que les éléments qui le constituent acquièrent et perdent le pouvoir de vivifier les diverses parties de l'organisme.

C'est à l'état artériel seulement que le sang est capable de maintenir la vie. Lorsque, par une cause quelconque, le sang cesse de s'artérialiser dans les poumons, il en résulte l'asphyxie et même la mort. L'axphyxie, ainsi que l'a démontré Bichat, est principalement déterminée par la suspension des fonctions du cerveau et du système nerveux. Au reste, le besoin de sang artériel se fait moins sentir chez les nouveaux-nés ; il est moindre encore chez les animaux hibernants, pendant la durée de leur sommeil d'hiver, et chez les animaux inférieurs. L'aération du sang ne paraît nullement nécessaire chez les fœtus de Mammifères. Les fonctions qui exigent le plus impérieusement la présence du sang artériel, sont celles du système nerveux et de la vie animale en général. C'est ce que prouvent les symptômes de la cyanose ou maladie bleue, affection dans laquelle, par suite de quelque vice de conformation dans l'appareil circulatoire, tel que la persistance du canal artériel ou de trou de Botal, les deux espèces de sang continuent de se mêler en partie. La nutrition et la sécrétion souffrent peu, ou même ne paraissent nullement altérées dans cette maladie, quoique la surface du corps soit bleue ou noirâtre ; mais la force musculaire est presque nulle ; les plus légers efforts déterminent des symptômes de suffocation, la syncope et même l'asphyxie. L'appétit sexuel ne se développe pas ; la température propre du corps est plus basse qu'à l'état normal; enfin, il existe une tendance prononcée aux hémorragies, tendance qui peut devenir fatale (1). Le sang artériel

(1) Consultez les remarques de Nasse au sujet de l'influence qu'exerce le sang artériel sur le

n'est pas aussi nécessaire à l'accomplissement des fonctions de la vie organique. C'est ce qu'on peut conclure de ce fait, que les sécrétions sont quelquefois effectuées par des organes qui reçoivent beaucoup plus de sang veineux que de sang artériel. Ainsi, par exemple, la bile est tirée en partie du sang veineux de la veine porte : chez les Reptiles et les Poissons, la plus grande partie de l'urine provient du sang veineux qui, dans ces animaux, est amené aux reins par des veines afférentes tout-à-fait indépendantes des artères rénales et des veines efférentes qui rapportent le sang du rein au cœur.

§ 53. — Lorsqu'on lie à la fois tous les troncs artériels d'un membre, on anéantit la myotilité de ce dernier, et enfin le sphacèle s'en empare. Chez les animaux supérieurs, une hémorrhagie abondante détermine immédiatement l'asphyxie. Les animaux à sang froid, au contraire, survivent très-longtemps à la soustraction de la plus grande partie de leur sang. Une Grenouille, par exemple, vit encore plusieurs heures après qu'on lui a arraché le cœur ; elle conserve même, malgré cette mutilation, la faculté d'exécuter toute sorte de mouvements. Bien plus, lorsqu'on plonge dans du sang des parties entièrement détachées du corps de cet animal et ayant déjà perdu leur irritabilité, il semble qu'elles recouvrent un certain degré de vitalité. C'est ce qu'a observé Alex. de Humboldt, en expérimentant sur un cœur de Grenouille qui avait cessé de se contracter. D'après les observations de Purkinje et de Valentin, lorsqu'on prend un lambeau de membrane muqueuse pourvue de cils microscopiques vibratiles, et qu'on le tient plongé dans du sang, ces cils continuent de vibrer pendant un temps extrêmement long.

§ 54. — Prévost et Dumas ont démontré que le pouvoir vivifiant du sang réside moins dans le sérum que dans les globules rouges qui y nagent. Un animal saigné jusqu'à ce que syncope s'en suive ne revient pas à la vie, lorsqu'on se contente d'injecter dans ses vaisseaux de l'eau ou du sérum pur à la température de 37° centigr. Mais, si l'on emploie, pour faire l'injection, du sang d'un animal de même espèce, on le voit, à chaque coup de piston, se ranimer et ressusciter, pour ainsi dire. Dieffenbach (1) et Bischoff ont répété ces expériences et confirmé leur exactitude.

D'après Prévost et Dumas, Dieffenbach et Bischoff, on parvient encore à rendre la vie à l'animal, lorsqu'on lui injecte dans les veines du sang fouetté et dépouillé de sa fibrine, en d'autres termes, un liquide incoagulable composé de sérum et de globules du sang. Comme, ainsi que je l'ai démontré, l'enlèvement de la fibrine du sang n'altère aucunement les globules rouges, on devra donc, dans les cas rares d'hémorragie assez effrayante pour autoriser une opération aussi grave que la transfusion du sang humain, on devra, dis-je, employer de préférence du sang dépouillé de fibrine et chauffé à une température convenable. Car, dans cet état, le sang est complétement fluide, et se conserve tel. De cette manière, on évitera la principale difficulté de la transfusion, difficulté qui résulte de la promptitude avec laquelle le sang se coagule lorsqu'on le tire d'un vaisseau pour l'injecter dans un autre.

§ 55. — Lorsque, pour pratiquer cette opération, on emploie du sang d'un animal appartenant à une autre espèce, c'est-à-dire, du sang dont les globules, quoique de même forme, ont un volume différent, le retour à la vie ne s'effectue que d'une façon incomplète, et l'animal meurt ordinairement dans l'espace de six jours. Alors le pouls s'accélère, mais la respiration reste la même ; la température de l'animal baisse avec une très grande rapidité ; les excrétions deviennent

---

développement et les fonctions du corps humain, remarques fondées sur l'étude d'individus affectés de cyanose ou maladie bleue, dans REIL's *Archiv.*, t. x, p. 213.

(1) *Die Transfusion des Blutes.* Berlin, 1828.

muqueuses et sanguinolentes. Malgré cela, les fonctions cérébrales semblent n'éprouver aucune altération.

Lorsque Bischoff prenait du sang d'Homme, de Mammifère ou d'Oiseau, et, après l'avoir fouetté pour le dépouiller de sa fibrine, l'injectait dans les veines d'une Grenouille, la mort survenait toujours, et en général au bout de quelques heures. Dans tous ces cas, la circulation s'affaiblissait rapidement. Après la mort, il trouvait constamment des exsudations de sérum et même de globules rouges provenant, soit du sang de la Grenouille, soit du sang injecté. On doit, en outre, dans les expériences de transfusion, tenir compte de l'artériosité et de la vénosité du sang. En effet, quand Bischoff injectait du sang veineux de Mammifère dans les veines d'un Oiseau, il déterminait des accidents violents et semblables à ceux que produit un empoisonnement des plus intenses : l'animal, au contraire, supportait parfaitement l'injection du sang artériel de Mammifère (1).

§ 56. — Lorsqu'en pratiquant la transfusion, sans prendre les précautions convenables, on injecte de l'air dans les veines et le sang d'un animal vivant, il périt presque subitement, par suite de l'obstacle que la présence de l'air dans les petits vaisseaux et dans le cœur oppose à la circulation. Néanmoins, dans ses expériences, Nysten a pu, sans causer d'accidents mortels, injecter de très petites quantités, non-seulement d'air atmosphérique et d'oxygène, mais encore de gaz irrespirables, tels que l'azote, le protoxyde d'azote, l'hydrogène, l'hydrogène carboné, l'acide carbonique, l'oxyde de carbone. Quant aux gaz deutoxyde d'azote, ammoniaque, hydrogène sulfuré et au chlore gazeux, ils étaient absolument mortels (2).

ARTICLE II. — Propriétés vitale du sang.

§ 57. — Il est hors de doute que l'on doive considérer le sang comme un fluide vivant ; mais jusqu'ici les observateurs n'ont pas réussi à y découvrir un acte vital se révélant comme phénomène visible. Lorsqu'on étudie la circulation du sang dans des parties transparentes éclairées par un jour brillant, mais non par les rayons directs du soleil (car ces derniers étant réfractés par les tissus animaux transparents, produisent un éclairage scintillant et extrêmement confus), on n'aperçoit jamais la moindre trace de mouvement spontané dans les molécules isolées du sang : on ne remarque non plus jamais la moindre trace d'attraction et de répulsion de la part des globules rouges ou des particules de la liqueur sanguine. Mais si l'on permet aux rayons du soleil de traverser des parties animales transparentes, l'image ne présente plus aucune netteté. Ce phénomène dépend de la réfraction de la lumière que produisent les inégalités de la surface du tissu, ainsi que les globules rouges du sang, qui, dans ce cas, agissent comme autant de petites lentilles. Alors l'expérimentateur ne voit plus les globules du sang cheminer régulièrement dans leurs vaisseaux. Il aperçoit seulement une vibration générale vague, un mouvement de scintillation, dans lequel il lui arrive souvent de ne pouvoir pas même distinguer la direction du courant sanguin. La même illusion d'optique se produit quand, à l'aide des rayons solaires directs, on examine un fluide qui contient des globules, du lait, par exemple, pendant qu'on le fait couler sur le porte-objet du microscope. Il en est encore de même lorsqu'on regarde, à la lumière solaire directe, de l'eau pure placée sur un verre dépoli. La surface granulée des tissus animaux peut se comparer à la surface d'un verre dépoli. Quant à la faculté que l'on a attribuée au sang de se mouvoir spontanément, faculté qui s'exercerait

<hr>

(1) Müller's Archiv., 1835, p. 547; 1858. p. 551. — (2) Nysten, Recherches de Physiologie et de Chimie pathologiques. Paris, 1811.

encore lorsque le cœur a cessé d'agir, nous discuterons cette hypothèse en exposant les phénomènes de la circulation capillaire. (i. § 136.)

Quelques observateurs ont considéré comme un mouvement automatique ce léger déplacement des globules que l'on voit continuer quelques secondes, lorsque l'on place une goutte de sang sous le microscope. Mais cette manière de voir est évidemment fausse : ce qui le prouve, c'est que l'on aperçoit ces prétendus mouvements des corpuscules sanguins dans une goutte de sang depuis longtemps hors de ses vaisseaux. Ainsi, par exemple, quand on fouette du sang de Grenouille pour le dépouiller de sa fibrine, que l'on prend, au bout de douze et même vingt-quatre heures, une goutte du sérum mélangé de globules rouges qui reste après cette opération, et qu'on la place sur le porte-objet du microscope, on voit les globules se comporter de la même manière que dans du sang frais. Ces mouvements ne peuvent donc pas être de véritables actes de vitalité. Les observations de ce genre que l'on a faites sur le sang des animaux à sang chaud n'ont aucune valeur, car ces mouvements peuvent dépendre de l'évaporation. Il est encore possible que le léger, mais quelquefois rapide changement de forme qu'éprouvent les bords d'une goutte de liquide étalée sur une plaque de verre, exerce une grande influence sur les mouvements dont nous parlons.

Peut-être aussi la chute des globules sanguins au fond du liquide joue-t-elle un rôle dans ce phénomène. Enfin, on comprend aisément que les globules qui se trouvent dans le voisinage des membranes pourvues de cils vibratiles, telles que les muqueuses des organes de la génération, de la respiration, etc., doivent, comme tous les petits corpuscules, être mis en mouvement par la vibration de ces cils.

§ 58. — Les divers éléments du sang, considérés isolément, ne sont, il est vrai, le siége d'aucun phénomène qui puisse témoigner à nos sens de l'activité vitale de ce fluide; mais son activité se manifeste d'une façon incontestable par des phénomènes généraux que l'on ne saurait révoquer en doute. En effet, le sang est doué de propriétés organiques évidentes : il est attiré par les parties vivantes et irritées; il existe entre lui et les tissus animaux un conflit ou une action vitale réciproque, et ce liquide y prend autant de part que les organes eux-mêmes. Lorsqu'on frictionne la peau ou lorsqu'on l'irrite d'une manière quelconque, elle éprouve une modification particulière telle, que le sang afflue en beaucoup plus grande quantité qu'à l'ordinaire dans les capillaires cutanés. On observe alors tous les phénomènes de la turgescence vitale (*turgor vitalis*). La fibrine du sang, qui, dans l'inflammation, transsude à travers les vaisseaux, est d'abord fluide et produit, en passant à l'état solide, des pseudo-membranes. Ensuite, sous l'influence de l'action vitale qu'exercent l'un sur l'autre la fibrine et l'organe exsudateur, ces pseudo-membranes s'organisent, c'est-à-dire, qu'elles se pénétrent de sang et qu'il s'y développe des vaisseaux sanguins. Ainsi donc, le sang est réellement doué de propriétés vitales.

§ 59. — L'analogie des globules sanguins avec les éléments primitifs de tous les tissus est d'une haute importance pour l'intelligence exacte de la vie du sang. Les globules sanguins constituent de véritables cellules pourvues d'un noyau comme les cellules des tissus; mais il y a une différence entre ces deux espèces de cellules: c'est que, dans le sang, les éléments organisés nagent dans un liquide, tandis que, dans les parties vivantes solides, les cellules sont plus ou moins intimement unies entre elles. Toutefois, sous ce point de vue même, il n'existe pas entre les deux ordres de cellules de caractère différentiel absolu; car, dans l'œuf des animaux, les particules animées les plus petites représentent également des cellules, cellules qui dans le jaune ne sont pas encore unies entre elles, mais nagent aussi dans un liquide. Or, il est impossible de refuser à ces cellules une vie propre. Ce qui le prouve, c'est d'abord leur croissance spontanée ; car elles donnent naissance à d'autres tissus par une sorte de végétation ; c'est ensuite le pouvoir qu'elles possèdent de produire, soit au dehors d'elles, soit à l'intérieur de leur cavité, de nouvelles cellules parfaitement semblables à la cellule mère. Ainsi, à l'intérieur de certaines cellules, de celles des cartilages, par exemple, on voit apparaître de jeunes cellules qui résultent du développement de nouveaux noyaux. D'autres cellules, au contraire, comme celles du tissu corné, se forment les unes à côté des autres, et sont produites par une substance créatrice, appelée *cytoblastème*, dans laquelle on n'aperçoit d'abord que les noyaux autour desquels se développent les cellules, de sorte que partout c'est un noyau qui donne naissance à la cellule ; aussi a-t-on donné au noyau le nom de *cytoblaste*. Le principe générateur de toutes les nouvelles formations consiste donc en une substance formatrice fluide, le cytoblastème, soit que les nouvelles cellules se produisent au dedans des cellules mères, soit qu'elles naissent en dehors de celles-ci.

Cette loi de formation, qui a été découverte par Schleiden dans les tissus végétaux, et par Schwann dans les tissus animaux, nous indique la place déterminée que les globules sanguins occupent dans la vie générale de l'organisme. Elle nous prouve que nous devons attribuer à ces globules, comme à toutes les autres cellules, des propriétés vitales générales. Ainsi, il y a conflit vital réciproque des cellules sanguines entre elles, et avec les cellules d'espèce différente, c'est-à-dire, avec les éléments des tissus des organes ; le liquide qui les entoure subit une transformation (*force métabolique*). Enfin, elles déploient des phénomènes vitaux particuliers qui dépendent de leur structure et de leur composition chimique. La liqueur sanguine, *liquor sanguinis*, représente donc le cytoblastème propre du sang ; mais en même temps, elle constitue le cytoblastème général de tous les organes. C'est du sang, en effet, que tous les organes tirent les éléments nécessaires à leur nutrition. Car, s'il est évident que les globules sanguins sont construits de la même manière que les cellules primitives des autres parties en général, il est pourtant certain que les éléments des tissus ne proviennent jamais des globules du sang. La nature semble avoir destiné les cellules sanguines à entretenir, pendant la circulation du sang, un conflit vivant général entre toutes les cellules et entre toutes les particules élémentaires des tissus qui proviennent de cellules, puis à communiquer, par le moyen de ce conflit, à toutes les parties des organes, la stimulation que les globules sanguins eux-mêmes ont reçue au contact de l'air atmosphérique pendant leur circulation à travers les capillaires du poumon.

ARTICLE III. — *Formation du sang.*

§ 60.—Les matériaux qui servent à la formation du sang sont, chez les adultes, la lymphe et le chyle que charrient les vaisseaux lymphatiques. La lymphe est limpide et provient de l'intérieur des parties organisées. Le chyle, qui est blanchâtre, est constitué par la portion de matière alimentaire que les vaisseaux lymphatiques absorbent dans le canal intestinal. Ces deux liquides sont versés dans le sang par le canal thoracique. La lymphe et le chyle contiennent tous deux de l'albumine et de la fibrine à l'état de dissolution.

Grâce à la présence de la fibrine et de l'albumine, la lymphe ressemble complétement au fluide limpide, *liquor sanguinis*, qui constitue le sang, abstraction faite des globules rouges. Nous sommes donc parfaitement en droit de donner le nom de lymphe du sang à la *liqueur sanguine* incolore. Nous pouvons dire que la lymphe est du sang sans globules rouges, et que le sang est de la lymphe avec des globules rouges. L'albumine du sang provient de la digestion et passe du canal intestinal dans les vaisseaux lymphatiques. En effet, les aliments digérés contiennent dans le canal intestinal de l'albumine à l'état de dissolution, mais pas de fibrine coagulable ; celle-ci ne commence à se former que dans les lymphatiques, qui la versent ensuite dans le sang. Au reste, il existe moins de parties solides et surtout moins de fibrine dans la lymphe et le chyle que dans le sang. D'après les observations de Tiedemann et Gmelin, 100 parties de chyle donnent 0,17 à 1,75 de fibrine sèche. Le chyle contient de la graisse libre, tandis que, dans le sang, la graisse paraît être intimement unie aux autres éléments. Le fer que contient le chyle est plus facile à dégager de sa combinaison que celui du sang, car Emmert a pu extraire le métal renfermé dans le chyle, en traitant ce liquide par l'acide nitrique et ensuite par la teinture de noix de galle. (I. § 32.)

§ 61. — La lymphe et le chyle contiennent aussi des globules. Les rares globules de lymphe coagulable que l'on obtient des espaces lymphatiques sous-cutanés de la cuisse de la Grenouille sont à peu près trois ou quatre fois plus petits que les globules elliptiques du sang de cet animal; leur grosseur égale celle des noyaux elliptiques de ces mêmes globules. Mais les globules lymphatiques ne sont ni elliptiques, comme les noyaux des corpuscules rouges de la Grenouille, ni alongés, comme les noyaux des globules sanguins de la Salamandre aquatique ; ils sont, au contraire, tout-à-fait sphériques. Chez les Chéloniens, j'ai trouvé la même proportion entre les globules de la lymphe et ceux du sang, sous le rapport du volume.

Dans le chyle des Mammifères on rencontre deux espèces de globules. Les premiers sont composés de graisse, et ce sont eux qui, suivant Tiedemann et Gmelin, donnent au chyle sa couleur blanche. Ils se dissolvent, quand on traite le chyle par l'éther. Les seconds diffèrent des globules graisseux et ressemblent aux globules de la lymphe : c'est à eux, qu'après la dissolution des globules de graisse par l'éther, le chyle doit de conserver une teinte opaline (1). Les globules propres du chyle sont, la plupart du temps, chez les Mammifères, plus petits que les globules sanguins ; c'est ce que j'ai observé chez le Veau, la Chèvre et le Chien. Chez le Chat, les deux espèces de globules offrent le même volume; mais ce phénomène est plus rare. Il l'est encore davantage de voir les globules de la lymphe dépasser ceux du sang en grosseur; cependant on en trouve quelques uns de ce genre chez le Lapin (2).

Il est vraisemblable que les globules du sang naissent des globules de la lymphe et du chyle, de la même manière que les cellules naissent de leurs noyaux. On peut invoquer en faveur de cette hypothèse les observations de Schultz et de Gurlt, qui, chez les Mammifères, ont trouvé dans le canal thoracique, outre les corpuscules grenus de la lymphe, de véritables globules sanguins colorés et pourvus de noyaux. En effet, le chyle que l'on rencontre dans le canal thoracique de certains animaux, du Cheval, par exemple, offre déjà une coloration rougeâtre évidente. Le fait de la conversion des corpuscules du chyle en globules sanguins pourvus d'un noyau a été tout récemment établi par les nombreuses observations de H. Nasse, qui a vu s'opérer cette transformation.

Quand on veut se procurer de la lymphe pure pour servir aux recherches microscopiques, il faut recueillir celle que donnent les vaisseaux et les espaces

(1) J. Müller, dans Poggendorff's *Annalen*, 1832, 8; C.-H. Schultz, *System der Circulation*, Stuttg., 1836; Bischoff, dans Müller's *Archiv*, 1838, 497. — (2) Comparez Rud. Wagner, dans Hecken's *Annalen*, 1834; Schultz, loc. cit.; H. Nasse, dans ses *Untersuchungen zur Physiologie und Pathologie*, II, p. 1.

lymphatiques des animaux , par exemple, celle des espaces lymphatiques situés sous la peau des Grenouilles et dans la cavité orbitaire des Poissons , ou celle des gros troncs lymphatiques de la Tortue. Quant au chyle, il faut le prendre dans le canal thoracique. La méthode qui consiste à exprimer le fluide des glandes lymphatiques peut aisément donner lieu à des erreurs, attendu que le tissu même de ces glandes est composé de cellules à noyaux.

§ 62. — La formation de la matière colorante dans les globules sanguins dépend évidemment de la force métabolique de leurs cellules. Hewson avait supposé que cette matière rouge se formait dans la rate, c'est-à-dire, dans les lymphatiques de la rate , dont la lymphe, en effet, est quelquefois un peu rougeâtre. Mais cette opinion est sans fondement, car l'extirpation de la rate ne nuit en rien à l'hématose. On ne peut pas non plus attribuer cette fonction aux glandes lymphatiques. En effet, ces organes qui, au reste, manquent chez les animaux à sang froid, sont de simples entrelacements ou plexus de vaisseaux lymphatiques. Par conséquent, l'action que l'on attribue à ces glandes pourrait être exercée tout aussi bien par la surface entière du système lymphatique.

§ 63. — Le développement de l'embryon dans l'œuf des Oiseaux nous prouve d'une manière incontestable que la formation du sang en général ne dépend pas d'organes particuliers. Ainsi qu'on l'a maintes fois observé, le sang apparaît dans la membrane germinative avant la formation des vaisseaux et des glandes. Bientôt, autour de la trace d'embryon qui apparaît au milieu de la membrane germinative, il se forme une aréole transparente, *area pellucida*, tandis que la portion périphérique de cette membrane reste opaque. Mais bientôt cette portion opaque est à son tour divisée par une ligne de séparation en deux champs annulaires, l'un interne et l'autre externe. Dans l'œuf des Oiseaux, ces changements s'effectuent dans les seize ou vingt premières heures. La partie de la membrane germinative qui se trouve comprise en dedans de la ligne de séparation dont nous venons de parler, et qui entoure immédiatement l'*area pellucida*, a reçu le nom d'*area vasculosa*, parce que c'est dans cette zône qu'apparaissent le sang et les premiers rudiments du système vasculaire. Dans toute l'étendue de l'*area vasculosa* on observe, entre les deux feuillets de la membrane germinative, une couche grenue qui se divise bientôt en îles serrées et en gouttières remplies de granules, qui plus tard constituent les canaux vasculaires. L'aspect granuleux que présente la membrane germinative dépend des cellules qui la composent. Suivant Reichert, les premières cellules sanguines ne diffèrent aucunement des autres cellules. Elles sont sphériques, pourvues d'un noyau évident d'apparence finement grenue et de nucléoles ; à cette époque, on distingue des granules très fins dans la cavité interne de ces cellules. Selon Schultz, le noyau des corpuscules rouges du sang constitue l'élément primitif autour duquel se développe la vésicule.

Quant à la différence de forme que l'on remarque entre les globules sanguins de l'embryon et de l'adulte, nous possédons de nombreuses observations tant anciennes que modernes sur ce sujet. Nous les devons surtout à Hewson, Doellinger, Schmidt, Prévost et Dumas, Baumgaertner et E-H. Weber. D'après les recherches de Prévost et Dumas , dans l'embryon des Oiseaux, les globules du sang sont sphériques jusqu'au sixième jour; ils commencent alors à s'aplatir et à devenir elliptiques ; au neuvième jour tous sont elliptiques.

§ 64. — Certaines substances se séparent incessamment de la masse sanguine et sont ensuite éliminées de l'économie par diverses voies. Ce phénomène contribue singulièrement à maintenir la composition normale du fluide circulatoire. Cette élimination porte sur les substances qui ont été introduites en excès dans l'organisme ou qui sont en elles-mêmes inutiles à ce dernier. Ainsi , l'eau en excès est excrétée par la voie des reins et au moyen de l'évaporation pulmonaire et cutanée. Les substances minérales introduites avec les aliments sont ordinairement rejetées au dehors avec l'urine ; les matières qui contiennent un excès de carbone, ou d'azote, ou d'oxygène, ou d'hydrogène, sont éliminées par les poumons (acide carbonique), ou par le foie (combinaisons riches en carbone et en hydrogène), ou par les reins (combinaisons remarquables par la quantité d'azote qu'elles contiennent). Certains produits nouveaux de décomposition qui se forment dans l'organisme et qui sont absorbés par le sang peuvent altérer la composition normale de ce dernier : par conséquent, ils doivent être expulsés du corps ; tels paraissent être certains principes constituants de l'urine. D'après cela, il est facile de comprendre comment le sang, une fois formé, peut conserver sa composition normale.

Mais ici il se présente une autre question. Il s'agit de savoir si l'élimination de certains éléments introduits dans le sang avec les matières qui servent à le renouveler contribue essentiellement, dès le principe, à établir la composition normale de ce liquide.

§ 65. — L'*acide urique* ou *lithique*, produit qui contient une grande quantité d'azote, provient évidemment, du moins en partie, de cette source. En effet, la proportion d'acide lithique dans l'urine augmente, par cela seul que l'on se nourrit de chair ou d'autres substances riches en azote. En outre, cet acide n'existe pas dans l'urine des Mammifères Herbivores, où elle est remplacée par l'acide *hippurique*.

§ 66. — L'*urée* n'est pas fabriquée par les organes mêmes qui l'excrétent, c'est-à-dire, par les reins. Car, ainsi que Prévost et Dumas l'ont démontré, on découvre de l'urée dans le sang des animaux chez lesquels on a pratiqué l'extirpation de ces organes. Ainsi donc, si l'on ne trouve pas d'urée dans le sang à l'état normal, c'est parce qu'elle est incessamment éliminée par la voie des reins à mesure qu'elle se forme. Dans des expériences faites sur des Chiens, des Chats et des Lapins, ces auteurs trouvèrent que le sang de ces animaux était plus aqueux qu'à l'état normal, et contenait de l'urée qu'ils séparèrent au moyen de l'alcohol. Cinq onces de sang pris sur un Chien, qui avait survécu deux jours à l'extirpation des reins, donnèrent plus de vingt grains d'urée ; deux onces de sang de Chat en donnèrent dix (1). Vauquelin et Ségalas ont confirmé cette découverte (2). Pour obtenir l'urée, ils laissèrent évaporer le sang jusqu'à siccité, lavèrent le résidu, puis le soumirent à l'évaporation. Enfin, ils traitèrent par l'alcohol la masse restante, et firent encore évaporer cette nouvelle dissolution. Cependant il y a ici une précaution indispensable à prendre ; c'est de faire évaporer l'eau à une température basse, dans le vide de la machine pneumatique où l'on place en même temps un vase contenant de l'acide sulfurique. Le sang d'un Chien dont les veines furent ouvertes soixante heures après l'ablation des reins donna par ce procédé 1/400 d'urée. L'urée et l'acide urique ou lithique sont les substances animales les plus riches en azote que l'on connaisse. Ainsi l'urée contient, sur cent parties :

Azote	46,65
Carbone.	19,97
Hydrogène.	6,65
Oxygène..	26,63

Quant à l'acide urique, on ignore encore s'il existe déjà tout formé dans le

(1) *Bibliothèque universelle*, t. XVIII, p. 208; Meckel's *Archiv.*, VIII, p. 525. — (2) *Journal de Physiologie de* Magendie, t. II, p. 354; Meckel's *Archiv.*, VIII, p. 220.

sang, et s'il est simplement éliminé comme un produit de décomposition, ou bien s'il est fabriqué par les reins. Cependant, chez des individus goutteux, on a trouvé de l'urate de soude déposé dans diverses parties, par exemple, au voisinage des articulations, dans les concrétions arthritiques.

On peut expliquer de deux manières la présence de l'urée dans le sang : 1° l'urée se forme pendant la conversion des substances alimentaires en éléments essentiels du sang ; alors elle est déjà, dès le principe, un composé inutile formé par la combinaison d'éléments en excès ; 2° l'urée résulte de la décomposition qui s'opère incessamment dans les parties organisées du corps. — En faveur de la première de ces hypothèses on peut citer cette circonstance, c'est que, dans une de leurs expériences sur le chyle, Tiedemann et Gmelin remarquèrent que du sel commun mêlé avec l'osmazôme du chyle se cristallisa en octaédres, au lieu de se cristalliser en cubes : or, tout le monde sait que l'urée a le pouvoir de faire cristalliser ce sel en octaédres (1). Mais il existe d'autres faits qui ôtent toute probabilité à cette manière de voir. Ainsi, il se produit constamment de l'urée chez des Reptiles soumis depuis plusieurs mois à un jeûne absolu. Dans l'urine d'un fou, qui depuis dix-huit jours n'avait pris aucune espèce d'aliment, Lassaigne trouva tous les éléments de l'urine normale (2). En outre, l'urine des animaux Herbivores qui se nourrissent de substances ne contenant que fort peu d'azote, renferme une proportion assez considérable d'éléments azotés, tels que l'urée.

Dans tous les cas, ce qui est certain, c'est que les reins séparent incessamment du sang toute matière inutile provenant des aliments : en effet, la composition de l'urine varie avec l'espèce de nourriture. Ainsi, par exemple, elle contient une plus grande quantité d'acide urique lorsque l'alimentation est exclusivement animale. Les excréments des Oiseaux que l'on nourrit de substances non azotées renferment beaucoup moins de matière blanchâtre ou d'acide urique que lorsqu'on les nourrit avec du blanc d'œuf (3). La composition de l'urine des Mammifères Herbivores et Carnivores présente des différences correspondantes à la différence qui existe dans la composition des substances dont ils se nourissent. Chez les premiers, l'urine est alcaline au lieu d'être acide ; en place d'acide urique elle contient de l'acide hippurique. En général, l'urine des Oiseaux contient de l'urate acide d'ammoniaque, mais on ne trouve pas d'urée dans celle des Oiseaux qui se nourrissent de substances végétales. Cependant il n'est pas douteux que, parmi les éléments de l'urine, il n'y en ait quelques uns qui proviennent de la décomposition du sang ou des parties solides du corps.

Ainsi donc, comme il parait certain que les produits divers que l'on trouve dans l'urine ne sont pas simplement séparés du sang dans le but de maintenir la composition normale de ce fluide, nous pouvons admettre que l'urée est formée par ceux d'entre les éléments du sang ou des tissus qui sont devenus inutiles à l'économie. On peut supposer encore que, pendant le conflit du sang artériel et des organes, conflit qui est nécessaire à l'entretien de la vie, certains éléments du sang ou des tissus des organes se convertissent en combinaisons inutiles à l'économie animale, c'est-à-dire, en d'autres termes, se décomposent.

§ 67. — Au reste, la formation des produits de décomposition dont il s'agit commence de très-bonne heure chez l'embryon. Les reins, il est vrai, n'apparaissent dans l'œuf des Oiseaux que vers le sixième jour. Quant à l'embryon des Poissons et des Salamandres, mes observations établissent qu'ils ne se développent pas avant que ces animaux n'aient passé de l'état embryonnaire à l'état de larve.

(1) Tiedemann und Gmelin, *Versuche über die Verdauung*, ii, p. 91. — (2) *Journal de Chimie médicale*, i, p. 272. — (3) Tiedemann und Gmelin, *Die Verdauung*, ii, p. 233.

Mais dans la première période de la vie, à la place des reins, on trouve d'autres organes sécréteurs, à savoir, les corps de Wolff. Ces corps, dont la première description exacte a été donnée par Rathke et par moi, consistent en petits cœcums tubuleux qui communiquent avec un canal excréteur. Dans les embryons d'Oiseaux, ils commencent déjà à se développer dès le troisième jour, et, ainsi que je l'ai observé, ils produisent plus tard un véritable liquide sécrétoire de couleur jaune, analogue à l'urine des Oiseaux, tandis qu'à la même époque, c'est-à-dire, très-peu de jours après le commencement de l'incubation, l'allantoïde des Oiseaux, comme l'a découvert Jacobson (1), contient déjà de l'acide lithique.

§ 68. — La peau sert également à éliminer certains produits de décomposition du sang, tels que l'acide lactique, le lactate d'ammoniaque, le chlorure d'ammoniaque et l'acide carbonique. Les voies urinaires concourent aussi à l'élimination de l'acide lactique. Cet acide, suivant Berzélius, est un produit général de la décomposition spontanée des matières animales, qui s'opère continuellement dans l'organisme vivant. Il se développe en grande quantité dans les muscles ; il est neutralisé par le sang et son alcali ; enfin, il est séparé du sang par les reins et est rejeté au dehors avec l'urine acide.

§ 69. — Les éléments essentiels de la bile ne préexistent pas dans le sang. En effet, après l'extirpation du foie, il a été impossible de les découvrir dans le liquide sanguin. Cette opération est praticable sur les Grenouilles et je l'ai souvent répétée. Au moyen d'une ligature embrassant tous les vaisseaux qui se rendent au foie ou qui en partent, ainsi que les racines de cet organe, on l'isole complétement du reste de l'organisme, et l'on peut alors en faire l'ablation. Les Grenouilles survivent à cette mutilation quatre jours entiers au plus. Il importe de recueillir le sang de l'animal avant sa mort. Le sérum n'offre pas de différence appréciable avec le sérum d'une autre Grenouille, et quand on y ajoute de l'acide nitrique, il ne présente pas les changements de coloration caractéristiques de la présence de la matière colorante de la bile.

La bile joue un rôle important, mais qui n'est pas encore bien connu, dans la transformation que subissent les substances alimentaires à l'intérieur du canal intestinal. Le fait que, chez les Vertébrés, comme chez les Crustacés et les Mollusques, la bile est versée dans la partie du tube digestif où s'achève la formation du chyme, prouve qu'elle ne consiste pas en un liquide simplement excrémentitiel. Néanmoins, on retrouve dans les matières fécales les éléments constitutifs de la bile, tels que la cholestérine, la résine biliaire et la matière colorante de la bile, principes dont on ne découvre aucune trace dans le chyle. Par conséquent, le foie débarrasse le sang de sa matière grasse et d'un excès de matières contenant du carbone et de l'hydrogène, tandis que les reins lui enlèvent un excès de substances contenant une surabondance d'azote. Les poumons et le foie se ressemblent en ce que l'un et l'autre séparent du sang des produits qui renferment une proportion considérable de carbone. Cependant, il existe une différence entre ces deux organes. En effet, dans le premier cas, le carbone se trouve déjà combiné avec de l'oxygène et sous la forme d'acide carbonique ; dans le second cas, au contraire, le carbone n'est pas oxydé. Les anciens physiologistes, et plus récemment Autenrieth, mais surtout Tiedemann et Gmelin, ont appelé l'attention des observateurs sur l'action du foie et sur l'antagonisme qui existe entre l'organe hépatique et l'organe pulmonaire. Quoiqu'il ne soit pas rigoureusement démontré que, dans toute la série animale, le

(1) MECKEL's *Archiv*, viii, p. 332.

volume du foie soit en raison inverse de celui des organes respiratoires, cependant, les observations pathologiques recueillies à ce sujet sont certainement en faveur de l'existence de cet antagonisme.

L'activité sécrétoire du foie se manifeste alors même qu'il ne s'opère pas de digestion : c'est ce que l'on observe chez le fœtus. En effet, c'est la matière excrémentitielle de la bile du fœtus qui, réunie au mucus intestinal dans la partie inférieure du tube digestif, constitue le méconium. Il parait, d'après les expériences de Tiedemann et Gmelin, que, chez les animaux hibernants, la sécrétion de la bile continue même durant le sommeil d'hiver. Ces expérimentateurs invoquent encore l'autorité de Cuvier, qui a observé que, chez certains Mollusques, une petite portion de la bile seulement est versée dans la partie supérieure du canal intestinal, tandis que la plus grande partie de ce liquide est évacuée par un canal excréteur particulier, soit dans le cœcum, comme chez les Aplysies, soit au voisinage de l'anus, comme dans les genres *Doris* et *Tethys*. Mais cette assertion de Cuvier n'était pas exacte. Plus tard, il est revenu sur ce sujet, et alors il a vu la chose telle qu'elle est réellement. En effet, en parlant de la Doris, il dit : « Une glande entrelacée avec le foie verse une liqueur particulière par un trou « percé près de l'anus » (1). Dans la Tethys ces deux glandes se distinguent aisément à leur couleur ; la glande qui sécrète le liquide particulier dont il s'agit est rouge, et entoure de toutes parts le foie, dont la couleur est brune.

La fréquence des maladies du foie et du tube digestif dans les climats tropicaux et dans les saisons chaudes, ainsi que le grand nombre d'affections du foie et des organes abdominaux chez les personnes qui vivent au milieu d'une atmosphère humide et chargée de miasmes marécageux, sont encore une énigme pour la science. On suppose que l'accroissement de la sécrétion biliaire qui s'observe chez les habitants des climats tropicaux a pour but de compenser la diminution d'activité des poumons, organes purificateurs du sang. Plusieurs auteurs expliquent cette diminution de l'action pulmonaire par le fait de la raréfaction de l'air que détermine la chaleur. Stevens (2) combat cette hypothèse. Car, suivant lui, dans les Indes Orientales les habitants des plus petites îles où l'air est le plus chaud, mais où il n'existe pas d'eaux stagnantes, ne sont pas sujets aux maladies du foie, et l'on n'observe pas chez eux d'augmentation dans la sécrétion biliaire. Ces affections ne sévissent dans les climats chauds que lorsque l'air est chargé de miasmes marécageux.

SECTION II. — DE LA CIRCULATION DU SANG ET DU SYSTÈME VASCULAIRE SANGUIN.

CHAPITRE PREMIER. — *Des formes du système vasculaire dans le règne animal.*

§ 70. — Le sang éprouve, dans certains organes particuliers, certains changements organico-chimiques qui sont indispensables à l'accomplissement de ses fonctions. Comme les différentes parties de l'organisme ont constamment besoin de recevoir du sang qui ait subi ces modifications spéciales, il est absolument nécessaire que la circulation de ce fluide se continue sans interruption. L'organe qui imprime au sang son mouvement rhythmique a reçu le nom de cœur. Le cœur est cette portion du système vasculaire qui, en vertu de sa contractilité, déter-

---

(1) *Règne animal*, nouv. édit., III, 51. — (2) *Observations on the healthy and diseased properties of the blood*. London, 1852, p. 59.

mine la progression du sang dans les vaisseaux. Sa contractilité dépend de la substance musculaire qui constitue essentiellement cet organe et qui, en général, ne se rencontre pas dans les autres parties de l'appareil circulatoire.

Considéré dans son état le plus simple, le cœur s'offre à nous sous la forme d'un vaisseau. Tels sont les cœurs multiples des Annélides, cœurs qui constituent en même temps les principaux troncs vasculaires de ces animaux, les troncs vasculaires contractiles situés au-dessus de l'intestin des Holothuries, le vaisseau dorsal des Insectes, lequel se divise en une série de chambres qui communiquent entre elles. On peut aisément vérifier l'exactitude de cette assertion, en étudiant différentes espèces de Crustacés, les Squilles, par exemple. Chez ces derniers animaux, le cœur consiste en un vaisseau dorsal contractile, tandis que, chez les Décapodes, il représente un ventricule court et circonscrit.

Dans l'embryon des animaux supérieurs, le cœur offre dans le principe la forme d'un simple tube. A cette époque, le cœur est représenté par la partie vasculaire contractile qui se trouve à l'endroit où le tronc veineux se réfléchit en tronc artériel. La considération du cœur, même chez les animaux supérieurs adultes, justifie encore cette manière de voir. Ici, en effet, le cœur consiste en un double sac musculeux assez court; mais la substance à laquelle cet organe doit sa contractilité se continue dans une certaine étendue sur les troncs veineux qui s'ouvrent dans les cavités cardiaques. Chez les Poissons et les Reptiles, elle s'étend encore sur la partie du *tronc artérieux* qui a reçu le nom de *bulbe de l'aorte*. Chez la Grenouille, les troncs des veines caves se contractent aussi rythmiquement que le cœur : c'est ce dont il est facile de s'assurer. Haller, Spallanzani et Wedemeyer avaient déjà signalé ce phénomène (1). Les contractions de la veine cave inférieure s'étendent jusqu'au foie, et ces troncs veineux continuent de se contracter avec régularité, même après l'excision du cœur de l'animal. La contraction des parties contractiles de l'appareil vasculaire de la Grenouille s'effectue dans l'ordre suivant : les veines caves d'abord, puis les oreillettes, ensuite le ventricule, et enfin le bulbe de l'aorte.

Des Mammifères mêmes m'ont présenté le phénomène de la contraction des grands troncs veineux, c'est-à-dire, des veines caves et des veines pulmonaires : mais ici, elles se contractent en même temps que les oreillettes. On reconnaît aisément, en observant la contraction des veines caves, à quel point de ces vaisseaux la paroi cesse de contenir du tissu musculaire contractile. Au-delà de cette limite, on n'aperçoit plus la moindre trace de contraction dans le tronc veineux. Le sang, au contraire, gonfle et dilate la veine cave au moment où la portion de cette même veine, qui est contiguë à l'oreillette, se contracte.

Ces observations démontrent que le cœur, dans sa forme la plus simple, est constitué par la portion du système vasculaire qui est pourvue de substance musculaire, et par conséquent possède la propriété de se contracter : ainsi, le cœur ne cesse pas d'être cœur, alors même qu'il est représenté par un simple tronc veineux contractile, comme on l'observe chez les animaux inférieurs. Le reste du système vasculaire consiste, pour la plus grande partie du moins, en simples canaux membraneux qui sont tout-à-fait passifs, sous le rapport du mouvement.

§ 71. — C'est en 1619 que Harvey a découvert la circulation du sang chez les animaux supérieurs. Mais, à mesure que la science fait des progrès, on découvre des traces de vaisseaux jusque chez les animaux les plus simples. Cependant on ne peut pas encore affirmer l'existence de la circulation comme phénomène général et essentiel du règne animal. Erdl (2) a vu chez une espèce d'animaux Infu-

---

(1) HALLER, *Elementa Physiologiæ*, I, 125. — (2) MÜLLER'S *Archiv*, 1841, 278.

soires, *Bursaria vernalis*, une sorte de circulation qui s'opérait dans un cercle vasculaire fermé sur lui-même.

Nous allons maintenant exposer ce que nous connaissons de plus important et de plus positif au sujet des formes du système vasculaire. Dans un grand nombre d'animaux inférieurs il existe des petits courants circulaires de granules, analogues à ceux que l'on observe dans le Chara. Ces mouvements circulaires paraissent être indépendants de toute contraction d'une partie quelconque du vaisseau, mais être déterminés par la vibration de cils. A cette catégorie appartiennent les petites circulations isolées, observées par Nordmann dans l'enveloppe de l'*Alcyonella diaphana*, et par Carus, au-dessous des ambulacres de l'*Echinus*, ainsi que les mouvements circulaires de granules qu'Ehrenberg a découverts dans les Méduses et dans les fibres rétractiles de la surface dorsale des Astéries (1). Les courants ascendants et descendants que Meyen (2) et Lister (3) ont aperçus dans le tronc des Sertulaires sont un phénomène d'un autre genre. Lister décrit ces courants comme étant en connexion avec l'estomac, et comme changeant de temps en temps de direction. Meyen n'a pas observé cette connexion, et je n'ai pas mieux que lui réussi à la découvrir.

Chez certains animaux inférieurs à système vasculaire ramifié, le mouvement des fluides ne s'opère pas au moyen d'un cœur ou de vaisseaux contractiles, mais à l'aide des cils dont sont pourvues les parois des vaisseaux. Tels sont les Diplozoaires observés par Nordmann (4), plusieurs autres espèces d'Entozoaires, et les Turbellaires d'Ehrenberg. Ehrenberg et Siebold ont reconnu que ces mouvements étaient déterminés par la vibration de cils (5). Milne-Edwards a vu que, chez les Beroés, le mouvement des fluides s'effectuait de cette manière (6).

Dans les Méduses, les fluides se distribuent par tout le corps, au moyen des ramifications en forme de vaisseaux du sac digestif. Dans les Planaires et les Trématodes, l'intestin se ramifie comme un vaisseau.

Chez les animaux inférieurs dont la circulation a été étudiée avec le plus grand soin, c'est-à-dire, les Echinodermes et les Hirudinées, le mouvement du sang est effectué par un, deux ou plusieurs troncs vasculaires contractiles. Ces troncs vasculaires, cependant, ne sont, à proprement parler, ni artères ni veines, mais sont en partie des cœurs contractiles qui chassent le sang dans les branches intermédiaires.

Telle paraît être la nature du système vasculaire que Tiedemann a découvert chez les Holothuries. Il est situé sur le canal intestinal et l'organe respiratoire. En outre, le tégument externe est pourvu d'un système particulier de tubes à eau qui servent à l'érection des tentacules (7).

§ 72. — Chez les Annélides, il n'existe pas encore de distinction évidente entre tronc artériel et tronc veineux. On trouve simplement un tronc vasculaire contractile, unique, double ou multiple, qui se remplit et se contracte alternativement, et qui, par ce dernier acte, chasse le sang dans les branches et les réseaux intermédiaires. Les contractions des troncs vasculaires s'opèrent progressivement dans une certaine direction, et, suivant Dugès, poussent le sang dans les gros troncs vasculaires en décrivant un cercle. Le courant a lieu, soit dans la direction horizontale, comme chez les Hirudinées où les troncs principaux sont situés des deux côtés du corps, soit dans la direction verticale, les troncs principaux étant alors situés supérieurement et inférieurement, comme on l'observe chez les Lom-

---

(1) Müller's *Archiv*, 1834, 571. — (2) *Nova act. nat. cur.*, vol. XVI, supplem. — (3) *Philos. Transact.*, 1834. — (4) *Mikrograph. Beitraege*, 1832. — (5) Müller's *Archiv*, 1836; *Jahresbericht*, CXXXVI. — (6) *Nouv. Ann. des scienc. natur.*, t. XIII, 1840, p. 320, — (7) Tiedemann, *Anatomie der Roehrenholothurie, des Pomeranzenfarbigen Seesternes und Steinseeigels*. Landshut, 1816, in-fol.

bries, les Arénicoles et les Naïdes. En même temps, le sang passe alternativement d'un côté à l'autre par les vaisseaux transversaux, c'est-à-dire qu'un tronc se remplit pendant que l'autre se contracte, comme on le voit sur l'*Hirudo vulgaris* (1). Il en résulte que ces animaux présentent à la fois une circulation incomplète (par les troncs) et une fluctuation alternative. Un phénomène fort remarquable est celui que j'ai vu dans l'*Hirudo vulgaris* : c'est l'alternance dans la direction de la contraction, de telle sorte qu'un seul et même cœur en forme de vaisseau se contracte quelque temps dans une direction, puis tout à coup se contracte dans la direction opposée. Ce phénomène a été également observé chez les Ascidies.

Les Néréides, d'après les recherches de Rud. Wagner, présentent deux troncs longitudinaux ; l'un, situé à la région dorsale, offre des pulsations et chasse le sang d'arrière en avant ; l'autre, qui occupe le côté abdominal et s'étend sous l'intestin (ou le cordon nerveux), ne présente ni pulsation, ni contraction. Indépendamment de ces troncs, il existe des vaisseaux transversaux supérieurs et inférieurs qui correspondent aux anneaux du corps. Ces derniers, c'est-à-dire, les vaisseaux transversaux inférieurs qui naissent du tronc longitudinal de l'abdomen et se rendent aux pieds (ou branchies) sont le siége de fortes pulsations. Mais les vaisseaux transversaux supérieurs qui naissent des branchies et se terminent dans le tronc dorsal ne présentent pas de pulsations (2).

§ 73. — Dans les animaux chez lesquels il n'existe qu'un seul vaisseau contractile, la circulation est simple, quoique parfaite Il n'y a pas de fluctuation du sang d'un côté à l'autre ; mais il y a des courants artériels et veineux très distincts. Telle est la circulation que Carus a découverte chez les Insectes (3). Le sang décrit un simple cercle ; il est chassé par un vaisseau dorsal contractile, revient en suivant la direction opposée après avoir traversé le corps, et rentre ensuite dans le vaisseau dorsal.

Les courants sont très-simples et ne se ramifient pas. Dans les pattes, par exemple, il n'existe que deux courants simples qui marchent en sens opposé, le courant artériel formant une anse pour se continuer immédiatement avec le courant veineux.

Wagner a confirmé la découverte de Carus d'une circulation visible chez les Insectes, et y a ajouté de nouveaux détails. Il a vu les corpuscules du sang marcher distribués en deux courants veineux très-distincts, placés de chaque côté de l'intestin et du vaisseau dorsal. Ces petits courants paraissent s'opérer dans des canaux dépourvus de parois membraneuses. En même temps, il a vu les globules sanguins charriés par ces courants rentrer dans le vaisseau dorsal par des fentes latérales. Déjà Strauss, avant lui, avait décrit les fentes que présentent les différentes divisions du vaisseau dorsal. Chez le Hanneton, *Melolontha vulgaris*, ce vaisseau, suivant Strauss, se compose de huit chambres ou cellules séparées les unes des autres par de doubles valvules disposées de façon à permettre au sang de les traverser d'arrière en avant (4). J'ai découvert chez la plupart des Insectes, entre le vaisseau dorsal et les oviductes, une communication particulière qui, cependant, me paraît être étrangère à la circulation (5).

§ 74. — D'après les observations de Zenker et de Gruithuisen, la circulation chez les Arachnides et les Crustacés inférieurs, tels que les Daphnies et les Cloportes (*Oniscus*), est presqu'aussi simple que chez les Insectes. Il n'existe pas de

<hr>

(1) *Voy.* J. MÜLLER, dans MECKEL's *Archiv*, 1828, et dans BURDACH's *Physiologie*, Bd. iv; traduct. franç. par JOURDAN, t. vi, p. 163; DUGÈS, *Annales des Sciences naturelles*, t. xv. — (2) Au sujet de la circulation chez les Annélides, comparez MILNE-EDWARDS, dans *Nouvelles Annales des Sciences naturelles*, 1838. — (3) *Entdeckung eines Blutkreislaufes*, etc. Leipsick, 1827; *Nov. Ac . nat. cur.*, t. xv, p. 2. — (4) STRAUSS, *Considérations générales sur l'anatomie des animaux articulés*, etc. Paris, 1829. — (5) Voy. *Nov. Act. nat. cur.*, t. xii, p. 2; WAGNER, dans *Isis*, 1832, p. 320

circulation pulmonaire distincte de la circulation générale chez les Crustacés inférieurs et chez les Arachnides pulmonaires ; une partie du sang est aérée par les organes respiratoires, pendant que ce liquide traverse le système circulatoire général. Chez les Arachnides trachéennes, de même que chez les Insectes, le sang est aéré par les trachées qui se distribuent par des ramifications très-déliées jusque dans toutes les parties du corps.

Chez les Crustacés supérieurs il existe ou bien un cœur long et tubuleux, comme dans les Squilles, ou bien un cœur court et large, comme dans les Décapodes. Le sang est repris dans toutes les parties du corps par les veines, qui le portent aux branchies ; puis les veines branchiales le ramènent au cœur, qui le distribue ensuite dans tout l'organisme. C'est à Milne-Edwards et à Audouin que nous devons la découverte de ce mode de circulation chez les Crustacés. Pendant mon séjour à Paris, je me suis convaincu moi-même, en injectant un Homard, de l'exactitude de leurs observations. Je regarde, avec Meckel, la couverture membraneuse du cœur non comme une oreillette, ainsi que l'a fait Strauss, mais comme un simple sinus veineux, duquel le sang pénètre dans les ouvertures en fente du cœur (1).

§ 75. — Chez les Mollusques la circulation s'opère d'une manière analogue à ce qu'on observe chez les Crustacés. Chez les Acéphales nus ou sans coquille, comme les Ascidies et les Salpes, les veines branchiales entrent immédiatement dans le ventricule. Chez d'autres, au contraire, comme la plupart des Gastéropodes, le sang qui vient des branchies se rend d'abord dans une oreillette, et de là dans le ventricule. Le cœur des Mollusques bivalves est muni de deux oreillettes, qui toutes deux reçoivent le sang des veines branchiales et le versent dans le ventricule unique.

Dans le plus grand nombre des Mollusques la masse tout entière du sang veineux traverse l'appareil branchial avant d'arriver au cœur. Chez les Bivalves, suivant Bojanus (2), c'est seulement la plus grande partie du sang qui, après avoir traversé un organe creux spongieux et pourvu d'un conduit excréteur, organe que cet anatomiste regarde comme un poumon et que d'autres observateurs plus récents regardent comme un rein, passe à travers les branchies et se rend dans le cœur, tandis que le reste de ce fluide se verse dans les oreillettes sans traverser les organes respiratoires. Treviranus (3), au contraire, dit que, chez les Mollusques bivalves, une partie du sang qui vient des branchies traverse encore l'organe spongieux de Bojanus, avant d'arriver au cœur ; de même que chez les Gastéropodes, *Limax* et *Helix*, une partie du sang qui revient des poumons se distribue, avant de se verser dans le cœur, à l'organe qui sécrète l'acide urique ou *saccus calcareus*, puis se réunit de nouveau en un tronc pour pénétrer dans l'oreillette.

Chez les Seiches, il existe trois ventricules séparés. Le ventricule du corps, ou le cœur proprement dit, donne naissance à l'aorte qui distribue le sang au corps tout entier, d'où il est rapporté par les veines aux deux cœurs branchiaux latéraux. Ces derniers le lancent dans les branchies, et les veines branchiales le reportent au cœur aortique.

§ 76. — Sitôt que, en remontant l'échelle animale, on rencontre une véritable circulation, toutes les modifications ultérieures que l'on peut observer dépendent du rapport qui existe entre les vaisseaux de l'appareil respiratoire, (poumons ou branchies) et les vaisseaux du corps, en d'autres termes, entre les vaisseaux

---

(1) *Annales des Sciences naturelles*, 1827, pl. 24 à 32. — (2) Inis, 1819. — (3) *Erscheinungen und Gesetze des organischen Lebens*, I, p. 227.

de la petite circulation et ceux de la grande. Ainsi, deux cas se présentent : 1° le sang est soumis au contact de l'air pendant qu'il circule dans le corps entier ; dans ce cas, il n'y a qu'une partie du sang qui s'aère, et la petite circulation n'est, suivant l'expression de Cuvier, qu'une fraction de la grande. 2° La masse entière du sang doit d'abord traverser les poumons ou les branchies pour s'y artérialiser, avant de se répandre dans tout l'organisme; c'est-à-dire, que la petite circulation doit précéder la grande. Le premier de ces modes de circulation s'observe, parmi les Invertébrés, chez les Crustacés inférieurs, les Arachnides (?), les Annélides, et parmi les Vertébrés, chez les Reptiles. Le second a lieu chez les Mollusques, les Crustacés Décapodes, les Poissons, les Oiseaux, les Mammifères et l'Homme. Si on les envisage uniquement sous ce point de vue, les Poissons paraissent supérieurs aux Reptiles, et ces derniers semblent même inférieurs à la plus grande partie des Mollusques et des Crustacés. Mais Cuvier remarque avec raison, que la respiration aquatique est beaucoup plus imparfaite que la respiration aérienne. Par conséquent, quoique chez les Mollusques, les Crustacés et les Poissons qui respirent dans l'eau, la masse tout entière du sang passe à travers les organes respiratoires, cependant la respiration est imparfaite chez eux ; car ses résultats ne sont pas différents de ceux que donne la respiration pulmonaire beaucoup plus parfaite des Reptiles, chez lesquels la petite circulation ne forme réellement qu'une fraction de la grande circulation. Néanmoins, les Gastéropodes à respiration aérienne, c'est-à-dire, qui respirent au moyen de sacs pulmonaires, semblent occuper dans l'échelle animale un rang plus élevé que les Reptiles à respiration aérienne. En effet, chez ces derniers il n'y a qu'une partie du sang qui s'aère, avant d'entrer dans la circulation générale ; tandis que, chez les premiers, la masse tout entière du sang est aérée, quand elle va se distribuer à toutes les parties de l'organisme. Toutefois, il faut se rappeler que, dans les poumons des Gastéropodes, le nombre des vaisseaux et de leurs ramifications est infiniment moins considérable que dans les poumons des Reptiles, et que, par conséquent, le sang, en passant à travers l'appareil respiratoire, se trouve beaucoup moins exposé au contact de l'air chez ces Mollusques que chez les Reptiles. Il existe une diversité infinie dans la manière dont les artères et les veines des organes respiratoires naissent du système circulatoire général. Toutes les formes qu'il est possible d'imaginer, la nature semble les avoir réalisées. On peut les classer de la manière suivante :

A. — La petite circulation forme une fraction de la grande circulation.

1° La petite circulation fait partie du système vasculaire veineux. Ainsi, par exemple, chez les Bivalves, si la description donnée par Bojanus est exacte, une partie du sang veineux qui revient du corps pénètre immédiatement dans les oreillettes, tandis que la majeure partie de ce fluide traverse préalablement les branchies et revient aux oreillettes.

2° La petite circulation fait partie du système vasculaire artériel. Par exemple, parmi les Reptiles nus, chez les Protéides (*Proteus*), chez les Grenouilles, ainsi que chez les Salamandres à l'état de larves, les artères branchiales naissent sous forme de branches latérales des arcs aortiques, et ces derniers reçoivent les veines branchiales, comme autant de branches latérales.

3° La petite circulation fait partie des systèmes artériel et veineux. Ainsi, par exemple :

a. — Les Salamandres et les Grenouilles arrivées à l'état parfait n'ont plus de branchies, mais des poumons. Les Protéides, au contraire, conservent à la fois des branchies et des poumons, pendant toute la durée de leur vie. Or, dans les deux classes d'animaux, c'est-à-dire, les Protéides et les Batraciens proprement dits, les artères pulmonaires sont des branches des arcs aortiques, et les veines pulmonaires se terminent dans l'oreillette gauche, tandis que les veines du corps versent leur sang dans l'oreillette droite. Nous devons la découverte de ces faits à J. Davy, Martin-Saint-Ange et M. Weber.

b. — Chez les vrais Reptiles ou Reptiles écailleux, l'artère pulmonaire naît, comme les autres artères du corps, directement du ventricule unique du cœur. Les veines branchiales se vident dans l'oreillette gauche, et les veines du corps dans l'oreillette droite.

B. — La petite circulation forme antagonisme à la grande.

1o La petite circulation naît des veines du corps et se termine au cœur. Exemple : les Mollusques et les Crustacés supérieurs.

2o La petite circulation commence avec les artères branchiales qui partent du tronc artériel ou bulbe de l'aorte, et se continue par les veines branchiales, qui se réunissent pour former un nouveau tronc artériel, lequel distribue ensuite le sang dans tout le corps. Ici viennent se ranger les Poissons qui ont une oreillette où aboutissent les veines du corps, et un ventricule.

3o La petite circulation part du ventricule pulmonaire et retourne au ventricule de la grande circulation.

a. — Chez les Seiches, le cœur aortique et les deux cœurs branchiaux sont séparés les uns des autres et dépourvus d'oreillettes.

b. — Chez les Oiseaux, les Mammifères et l'Homme, il existe un ventricule aortique et un ventricule pulmonaire, chacun avec une oreillette. Ces quatre cœurs réunis constituent un cœur divisé en quatre compartiments

Les veines pulmonaires se déchargent dans l'oreillette du ventricule aortique, c'est-à-dire, dans l'oreillette gauche, et les veines du corps ou veines caves versent le sang qu'elles rapportent dans l'oreillette du ventricule pulmonaire, c'est-à-dire, dans l'oreillette droite.

§ 77. — Le cœur des Poissons se compose simplement d'une oreillette et d'un ventricule : l'oreillette reçoit le sang qui revient par les veines du corps ; le ventricule donne naissance au tronc artérieux (*truncus arteriosus*) avec son bulbe contractile. Le tronc artérieux se divise pour produire les artères branchiales. Les veines branchiales se réunissent ensuite pour former l'aorte abdominale qui est située à la partie antérieure de la colonne vertébrale, et de laquelle naissent les artères qui distribuent le sang à tout le corps.

§ 78. — Un phénomène physiologique d'un haut intérêt que présentent certains animaux Vertébrés est celui de la métamorphose de la circulation branchiale en circulation pulmonaire. On observe cette transformation dans la classe des Reptiles.

Les *Reptiles nus* dans leur premier âge, c'est-à-dire, lorsqu'ils respirent au moyen de branchies, ressemblent beaucoup aux Poissons sous le rapport de la circulation ; mais, après leur métamorphose, leur cœur est pourvu de deux oreillettes, comme celui des Reptiles écailleux.

Tous les Reptiles nus ont deux oreillettes séparées seulement par une cloison interne ; cette division n'est pas visible à l'extérieur. Ils n'ont qu'un seul ventricule. On remarque, en outre, chez ces animaux deux condyles occipitaux, l'absence d'articulation rotatoire entre l'atlas et l'axis, de limaçon, de fenêtre ronde, de pénis, et de vraies côtes. Tous les Reptiles écailleux, à savoir les Chéloniens, les Sauriens et les Ophidiens ont deux oreillettes dont la séparation est visible même à l'extérieur, mais il n'ont également qu'un seul ventricule. On trouve chez ces animaux un condyle occipital unique. L'articulation de l'atlas et de l'axis est en général une articulation trochoïde, comme chez les animaux supérieurs ; ils possèdent une fenêtre ronde, un limaçon, de vraies côtes, un pénis distinct ; enfin, ils ne subissent pas de métamorphoses.

Les Reptiles nus comprennent :

1° Les Cæcilies, qui, ainsi que je l'ai découvert, possèdent, dans leur premier âge, des fentes branchiales sans branchies.

2° Les Dérotrèmes avec des fentes branchiales permanentes sans branchies, (*Amphiuma, Menopoma.*)

3° Les Protéides avec des fentes branchiales permanentes, des branchies et des poumons (*Sirene, Siredon, Proteus, Menobranchus.*)

4° Les Salamandres.

5° Les Batraciens proprement dits, ou les Grenouilles et les Crapauds.

Parmi ces Reptiles, les Salamandres et les Batraciens proprements dits sont ceux qui subissent les métamorphoses les plus remarquables, tant dans la forme générale de leur corps que dans leur mode de circulation.

Les Salamandres, dans la première période de leur état de larve, ont des branchies extérieures et des fentes branchiales, pas de membres, mais une queue. Dans la seconde période, indépendamment de leur queue, elles possèdent quatre membres. En même temps, elles présentent des branchies extérieures en forme d'aigrette, des fentes branchiales et des rudiments de poumons. Par conséquent, à cette époque, elles ressemblent parfaitement aux Protéides arrivés à leur état permanent. Lorsque les Salamandres ont atteint leur plus haut degré de développement, elles conservent encore leur queue ; mais les branchies ainsi que les fentes branchiales disparaissent, dès que ces animaux sortent de leur état de larve.

Les Grenouilles et les Crapauds, dans la première période de leur état de larve, n'ont point de membres ; mais ils possèdent une queue, des fentes branchiales avec des branchies extérieures en forme d'aigrette. A la deuxième partie de cet état, ces animaux perdent leurs branchies extérieures et offrent des branchies internes attachées aux arcs branchiaux. Ces branchies nouvelles sont recouvertes par une membrane qui ne présente qu'une seule ouverture au côté gauche (Grenouille). Ces animaux ont encore une queue et sont en même temps dépourvus de membres. En subissant leur dernière métamorphose, ils acquièrent des membres, leurs branchies, et leur queue disparaît par l'effet de la résorption.

Chez les Protéides (*Proteus*), le tronc artérieux qui part du ventricule unique se divise immédiatement en plusieurs arcs aortiques de chaque côté, arcs qui correspondent aux arcs branchiaux. Ces arcs aortiques se réunissent de nouveau en arrière pour former l'aorte abdominale. De ces arcs aortiques partent les grandes artères branchiales, et les veines branchiales aboutissent également aux arcs aortiques.

Chez les larves de Salamandres, le tronc artérieux se divise, comme chez le Protée, principalement pour former les artères branchiales qui s'anastomosent avec les veines branchiales, lesquelles constituent, à proprement parler, les racines du système artériel du corps. Pendant la métamorphose, la circulation cesse graduellement dans les branchies et se limite aux arcs aortiques permanents (1).

Lorsque la Grenouille est dans la première période de son état de têtard, c'est-à-dire, lorsqu'elle a des branchies externes, la circulation branchiale s'opère chez elle comme dans les larves de Salamandres. Durant la seconde période, époque à laquelle la Grenouille a des branchies internes couvertes, et où ses poumons commencent à se développer, la distribution de ses vaisseaux offre, sui-

____

(1) Rusconi, *Amours des Salamandres.* Milan, 1821.

vant Huschke, plus d'analogie avec celle des Poissons. Le tronc artérieux se divise en artères branchiales pour les quatre arcs branchiaux. Les veines branchiales. marchent parallélement aux artères et se réunissent dans une direction opposée. Cependant, au commencement de chaque arc branchial, il existe une courte anastomose entre l'artère et la veine, ce qui n'a pas lieu chez les Poissons. La métamorphose achevée, il ne reste plus de chaque côté qu'un seul arc artériel qui, après avoir donné en arrière l'artère branchiale, va se réunir à l'arc artériel du côté opposé pour former l'aorte abdominale. Les artères pulmonaires et celles de la tête, quoiqu'elles semblent réellement naître du commencement des deux arcs aortiques, ne sont pas, comme on le croit généralement, des branches de ces arcs. En effet, lorsqu'on examine avec soin les deux troncs divergents formés par la division du tronc artérieux, on reconnaît que chacun d'eux est composé de trois tubes qui semblent constituer un tronc unique, mais qui sont séparés les uns des autres par de minces cloisons. Ces trois tubes représentent les restes des artères des arcs branchiaux. Le tube médian se continue avec l'aorte; l'inférieur donne l'artère pulmonaire et une seconde artère qui se rend à l'occiput, tandis que le tube supérieur se continue avec le tronc artériel qui va distribuer le sang à la tête de l'animal. Après la métamorphose complète, le sang veineux du corps se verse dans l'oreillette droite, le sang veineux du poumon se rend dans l'oreillette gauche, et de là tous deux passent dans le ventricule unique qui les lance dans le système artériel.

§ 79. — Chez les Vertébrés à sang chaud, la circulation pulmonaire ou petite circulation ne fait plus partie de la grande. En effet, la masse tout entière du sang doit traverser l'appareil pulmonaire avant de se distribuer dans le reste du corps. Il existe pourtant chez les animaux supérieurs, ainsi que chez tous les autres Vertébrés, une circulation plus petite encore, qui n'est qu'une simple dépendance de la grande, nous voulons dire la circulation portale. De même que la circulation branchiale des Reptiles nus pourvus de branchies n'est qu'une simple dépendance de la circulation artérielle, car elle commence par les artères et revient aux artères, de même la circulation portale constitue une simple dépendance de la circulation veineuse. Ici, c'est tout simplement une portion du sang veineux qui fait un détour avant de se réunir au reste du sang veineux qui revient des diverses parties du corps pour se jeter dans l'organe central de la circulation. Il existe chez les animaux Vertébrés deux circulations accessoires de ce genre, celle du foie et celle des reins. Celle-ci ne s'observe que chez les Poissons et les Reptiles; la première a lieu chez tous les Vertébrés, comme chez l'Homme.

Chez tous les Mammifères, y compris l'Homme, les veines qui rapportent le sang de la rate, de l'estomac, du canal intestinal, du mésentère, de la vésicule biliaire et du pancréas, se réunissent pour former la veine porte, laquelle se ramifie dans le foie à la manière d'une artère. Le sang veineux, après s'être ainsi distribué dans les vaisseaux capillaires du foie, est repris par les veines hépatiques qui le versent dans la veine cave inférieure, où il se mêle avec le reste du sang veineux. Dans les autres classes de Vertébrés, c'est-à-dire, chez les Oiseaux, les Reptiles et les Poissons, la veine porte du foie reçoit une partie du sang veineux qui revient des extrémités inférieures, de la queue et du bassin; chez les Poissons même elle reçoit quelquefois le sang de la vessie natatoire et celui des organes génitaux. (JACOBSON, NICOLAÏ ET RATHKE.)

Chez les Reptiles, les reins, ainsi que l'a découvert Jacobson, reçoivent, indépendamment des artères rénales, des veines portes qui versent dans ces organes une partie du sang veineux provenant des extrémités postérieures et de la queue. Le sang qui revient des extrémités postérieures, des muscles abdominaux et de la queue, se rend en partie à la veine porte du foie, en partie aux veines portes des reins. Chez quelques Reptiles même, tels que la Grenouille et la Salamandre, le sang veineux qui vient de ces parties se rend exclusivement à ces viscères, tandis que, chez d'autres Reptiles, le Crocodile, par exemple, une partie de ce sang est versé dans la veine cave.

Chez certains Poissons, le *Gadus*, par exemple, le sang de la queue et de la partie moyenne du corps se rend en totalité dans les reins. Chez la Carpe, le Brochet, la Perche et un grand nombre d'autres espèces, au contraire, le sang veineux des parties postérieures du corps se distribue aux reins, au foie et à la veine cave (1).

CHAPITRE II. — *Phénomènes généraux de la circulation.*

§ 80. — Dans la période moyenne de la vie de l'Homme adulte, le cœur se contracte de soixante-dix à soixante-quinze fois par minute. Mais le nombre de ses contractions est plus considérable encore pendant la jeunesse, tandis qu'il diminue chez les vieillards. Ainsi, par exemple :

Dans l'embryon, le nombre des battements est de 150	par minute.
Immédiatement après la naissance, il est de. .	140 à 130
Pendant la première année.	130 à 115
Pendant la seconde.	115 à 100
Pendant la troisième.	100 à 90
Vers la septième.	90 à 85
Vers la quatorzième.	85 à 80
Dans la période moyenne de la vie.	75 à 70
Dans la vieillesse.	65 à 50

Le cœur bat un peu plus fréquemment chez les individus à tempérament sanguin que chez ceux à tempérament phlegmatique, chez les Femmes que chez les Hommes.

§ 81. — Le nombre des pulsations varie dans les différentes espèces d'animaux.

Dans les Poissons, le nombre des battements est de	20 à 24 par minute.
Chez la Grenouille.	60 environ
Chez les Oiseaux.	100 à 140
Chez le Lapin	120
Chez le Chat.	110
Chez le Chien.	95
Chez le Mouton.	75
Chez le Cheval.	40

§ 82. — Les mouvements du cœur s'accélèrent après le repas, et surtout pendant qu'on se livre à de violents exercices corporels; ils diminuent de fréquence durant le sommeil.

Suivant Parrot (2), la fréquence du pouls augmente, à mesure qu'on s'élève au-dessus du niveau de la mer.

Lorsque le pouls au niveau de la mer est à	70.
A 1000 mètres au-dessus, il monte à . .	75
1500.	82
2000.	90
2500.	95
3000.	100
4000.	110

(1) Jacobson, dans Meckel's *Archiv.*, 1817, 147; Nicolai, dans *Isis,* 1826, 404. — (2) Froriep's *Notizen*, 212: comp. Nick, *Ueber die Bedingungen der Haeufigkeit des Pulses*, Tübingen, 1826.

Dans les maladies inflammatoires et pendant la fièvre, le pouls est beaucoup plus fréquent qu'il ne l'est à l'état normal. Lorsque les forces vitales déclinent, il devient fréquent et faible. Dans les affections nerveuses, où il existe plutôt oppression qu'épuisement des forces, le pouls bat souvent avec une lenteur remarquable.

§ 83. — Lorsque l'on met à nu le cœur d'un Mammifère ou d'un Oiseau vivant, on voit les deux ventricules se contracter simultanément : les deux oreillettes, le commencement des veines pulmonaires, celui des veines caves se contractent aussi tous en même temps ; mais il n'y a pas synchronisme entre la contraction des oreillettes et celle des ventricules. Chez les animaux à sang chaud, la contraction des oreillettes précède immédiatement celle des ventricules. Les animaux à sang froid n'ont qu'un ventricule et deux oreillettes ; mais les Reptiles nus, de même que la plupart des Poissons, à l'exception des Cyclostomes, possèdent une partie qui n'existe pas chez les autres animaux, à savoir, un bulbe contractile de l'aorte. Chez la Grenouille, les contractions des troncs veineux, des oreillettes, du ventricule et du bulbe de l'aorte, me paraissent suivre l'ordre dans lequel je viens d'énumérer ces parties. Les intervalles qui séparent l'une de l'autre chacune de ces quatre contractions sont à peu près égaux. Ainsi, il y a le même intervalle entre la contraction des oreillettes et celle du ventricule, qu'entre la contraction du ventricule et celle du bulbe de l'aorte. Des observations répétées m'ont convaincu que les contractions des oreillettes et du ventricule n'ont pas lieu, ainsi que le prétend OEsterreicher (1), à des intervalles égaux, comme les oscillations d'un pendule. Car le temps qui sépare la contraction des oreillettes de celle du ventricule est moindre que celui qui s'écoule entre la contraction du ventricule et celle des oreillettes ; et c'est précisément dans le plus grand de ces intervalles, c'est-à-dire, entre la contraction du ventricule et celle des oreillettes, que s'opère la contraction du bulbe de l'aorte et celle des troncs veineux. Chez les animaux à sang chaud, j'ai quelquefois vu les contractions des oreillettes manquer quelques instants, phénomène qui dépendait sans doute de l'opération exécutée sur l'animal pour observer les mouvements du cœur. Dans les circonstances ordinaires, la contraction auriculaire consiste en un mouvement très-rapide qui précède immédiatement celle du ventricule, de sorte que l'intervalle compris entre la contraction des oreillettes et celle des ventricules est toujours extraordinairement plus court que la période qui s'écoule depuis la contraction des ventricules jusqu'à celle des oreillettes.

§ 84. — Il n'y a que la contraction du cœur ou *systole* qui soit un état véritablement actif, la dilatation ou *diastole* est le moment de repos. Pendant ce repos, les fibres se relâchent, et les cavités du cœur attirent le sang contenu dans les troncs contigus, afin de remplir le vide qui résulte du relâchement des fibres cardiaques ; les valvules du cœur sont d'ailleurs disposées de façon à permettre l'introduction du sang qui vient des grosses veines. Bichat et quelques autres physiologistes français ont prétendu que la dilatation du cœur était un mouvement actif ; mais OEsterreicher (2) a réfuté leur opinion au moyen d'une expérience très-ingénieuse. Il prit le cœur d'une Grenouille et plaça dessus un poids assez lourd pour l'aplatir, mais pas assez volumineux pour empêcher d'observer cet organe. Il vit alors que le poids n'était soulevé que pendant la contraction du cœur, tandis que, pendant la dilatation, le cœur restait aplati. Il résulte de là que la dilatation du cœur qui suit sa contraction n'est pas un acte musculaire. Cependant les parois du cœur ne peuvent pas, pendant la diastole, quoiqu'alors cet

(1) *Lehre vom Kreislauf des Blutes*. Nürnb., 1826. — (2) Loc. cit., p. 33.

organe ne soit pas rempli de sang, se relâcher autant que dans une expérience faite sur un cœur enlevé au corps d'un animal. En effet, chez l'animal vivant, les vaisseaux capillaires de la substance charnue du cœur se trouvent, au moment du relâchement, gorgés de sang, qui, ensuite, en est chassé par l'effet de la compression qu'exerce sur eux la contraction.

§ 85. — La contraction des ventricules chasserait le sang tout aussi bien dans les oreillettes et les veines que dans les artères, si leurs orifices n'étaient pas constamment munis de valvules construites et attachées de façon à ne permettre l'expulsion et l'introduction du sang que dans certaines directions déterminées. Il est vrai qu'à l'orifice des veines caves il n'existe pas de valvules pour empêcher que les oreillettes, en se contractant, ne fassent refluer le sang dans les veines. Mais, comme le courant du sang veineux a lieu dans la direction du cœur, ce courant suffit pour arrêter tout mouvement rétrograde. Quant au passage du sang de l'oreillette dans le ventricule, il est tout-à-fait libre ; car la valvule située à l'orifice auriculo-ventriculaire est attachée de manière à permettre au sang de couler librement dans le ventricule. Cette même valvule empêche, au moment de la contraction ventriculaire, le reflux du sang dans l'oreillette ; alors, en effet, la pression du sang redresse la valvule et ferme ainsi l'orifice.

A l'instant de la systole ventriculaire, le sang s'échappe sans aucun obstacle du ventricule dans l'artère, parce que les valvules *sigmoïdes* ou *semi-lunaires* situées à l'orifice artériel du ventricule sont écartées les unes des autres par la colonne sanguine chassée dans l'artère et s'appliquent, en ce moment, contre la paroi même du vaisseau. Lorsque la contraction du ventricule cesse, le reflux des artères ne peut avoir lieu ; car le sang lui-même rabat les valvules et les redresse de manière à fermer l'orifice. Grâce à la disposition et au jeu de ses valvules, le cœur constitue une espèce de pompe semblable à la pompe ordinaire. Celle-ci, en effet, est munie de deux soupapes, dont l'une laisse pénétrer l'eau quand on relève le piston, et se referme quand le piston redescend ; tandis que précisément, au moment où le piston redescend, la seconde soupape s'ouvre pour laisser échapper l'eau, et quand on relève le piston, se referme, au contraire, afin d'empêcher le reflux du liquide qui vient de la traverser.

§ 86. — On doit se représenter le système circulatoire tout entier comme constamment rempli de sang. Les cavités cardiaques sont les seules parties du système, qui, chaque fois qu'elles se contractent, expulsent presque tout leur contenu ; mais il est démontré par un grand nombre d'observations que les ventricules eux-mêmes ne se vident pas complétement pendant leur contraction. Les vaisseaux, au contraire, depuis l'origine des artères jusqu'aux capillaires, et de là jusqu'à l'insertion des troncs veineux au cœur, sont également remplis de sang, soit durant la contraction des ventricules, soit au moment de leur repos ; il n'existe jamais ni air ni vide dans aucune partie du système vasculaire. Par conséquent, la contraction du ventricule gauche ou aortique ne peut faire marcher le sang dans les artères qu'en poussant avec force dans la colonne sanguine artérielle les deux à trois onces de sang qu'il contient. La progression de la colonne sanguine est donc proportionnée à l'espace qu'occupe, à l'origine de l'aorte, la quantité de sang chassée à travers l'orifice aortique par chaque contraction des ventricules, quantité qui, comme nous venons de le dire, varie de deux à trois onces. Dès que la contraction du ventricule est achevée, la cause du mouvement du sang cesse également ; mais l'élasticité des artères surmonte la résistance que le frottement oppose à la progression de ce liquide dans les petits vaisseaux, et cette élasticité détermine ainsi la continuation du mouvement circulatoire. Il existe donc un courant sanguin continu depuis les valvules aortiques jusqu'aux vaisseaux capillaires, courant qui s'accélère, quand le ventricule gauche se contracte de nouveau et chasse encore dans l'aorte à la base de la colonne sanguine deux à trois nouvelles onces de sang. Il résulte de cette série régulière d'actions successives que, dans un espace de temps donné, les veines versent dans les oreillettes une quantité de sang précisément égale à celle que les ventricules envoient dans les artères. En effet, la masse entière du sang décrit un grand cercle unique qui part du cœur et revient au cœur, cercle à un point quelconque duquel il doit, en un temps donné, passer la même quantité de sang que dans tout autre point. La contraction des ventricules devrait produire un vide dans leur cavité ; mais cette vacuité ne se réalise jamais, car le liquide sanguin poussé par la *vis à tergo* passe immédiatement des veines et des oreillettes dans les ventricules, et prévient la formation du vide : il en est de même pour les oreillettes.

§ 87. — La pression que la colonne de sang exerce, à chaque contraction du ventricule, sur les parois des artères, produit ce qu'on appelle le pouls. Dans un instant, nous étudierons ce phénomène d'une manière particulière. Ici, nous nous contenterons de remarquer que le pouls artériel est synchronique à la contraction du ventricule. Dans les très-petits vaisseaux et dans les veines il n'existe pas de pulsation appréciable.

Le cœur, en se contractant, imprime une secousse manifeste aux parois de la poitrine dans la région de la cinquième à la sixième côte ; cette impulsion résulte du choc de la pointe de l'organe pendant la contraction ventriculaire. Ce mouvement dépend de la torsion du cœur sur son axe durant cette contraction, ainsi que l'ont observé Haller, Greeves et Kürschner. Quand les ventricules se contractent, la pointe du cœur se porte davantage à droite, puis elle se reporte à gauche au moment de la diastole (1).

§ 88. — Les mouvements cardiaques sont appréciables au toucher et parfois même à la simple vue ; mais ils s'accompagnent, en outre, d'un phénomène de la plus haute importance. Lorsqu'on applique l'oreille nue ou armée d'un stéthoscope sur la région précordiale, on entend distinctement, à chaque battement du cœur, deux bruits différents. On peut quelquefois, ainsi que je l'ai constaté sur moi-même, entendre les bruits de son propre cœur, lorsque, la nuit, on est couché sur le côté gauche. Ces deux bruits se succèdent rapidement et accompagnent chaque pulsation du cœur. Quand on a entendu ce double bruit, on observe un silence qui correspond au temps de repos de l'organe. L'intervalle qui sépare les deux bruits, comparé au temps de repos, d'après les recherches auxquelles je me suis livré, est à ce dernier comme 1 est à 3 ; c'est-à-dire que cet intervalle est à peu près le quart du temps de repos entre deux battements, et peut s'évaluer à un cinquième de seconde ou douze tierces. De nombreuses observations longtemps continuées m'ont démontré que le premier bruit est synchronique à l'impulsion cardiaque, et presque synchronique avec le pouls de l'artère faciale : car je ne trouve entre le pouls de cette artère et l'impulsion du cœur qu'un intervalle de deux tierces ou d'un trentième de seconde. Chez une femme en bonne santé, l'étendue dans laquelle j'entendais distinctement le premier bruit était limitée à la région où je percevais l'impulsion cardiaque ; mais j'entendais le second dans presque toute l'étendue de la poitrine et jusqu'à la hauteur des clavicules. Chez les femmes enceintes, les deux bruits du cœur du fœtus se distinguent très-bien à travers les parois abdominales.

§ 89. — Laennec attribuait le premier bruit à la contraction des ventricules,

<hr>

(1) Kürschner, dans Müller's *Archiv.*, 1841, p. 105.

et le deuxième à celle des oreillettes, théorie évidemment fausse, attendu que la contraction des oreillettes précède immédiatement celle des ventricules. D'autres physiologistes ont supposé que le premier bruit était dû à la contraction des oreillettes, et le second à la contraction des ventricules (1). Mais le pouls artériel est tellement synchronique à l'impulsion cardiaque ou la suit si immédiatement, qu'ils ne sont séparés l'un de l'autre que par un intervalle de deux tierces, tandis que le second bruit est séparé du premier par un intervalle de douze tierces ou le quart du temps qui s'écoule entre deux impulsions du cœur. Il est donc évident que le deuxième bruit ne peut dépendre de la contraction des ventricules.

D'après les expériences plus récentes de Magendie (2), les bruits cessent chez un animal dont on vient d'ouvrir la poitrine, mais reparaissent, quand on remplace la paroi précordiale par un corps solide qui puisse recevoir les chocs du cœur. Par conséquent, cet expérimentateur attribue le premier bruit au choc de la pointe de l'organe contre les parois thoraciques, choc qui accompagne la contraction ventriculaire; suivant lui, le second bruit résulte du choc que la face antérieure du cœur imprime à ces mêmes parois pendant son mouvement de dilatation.

Les expériences du comité nommé par la section médicale de l'Association Britannique (3) prouvent que, malgré l'ablation du sternum et des côtes, et, par conséquent, malgré l'absence de choc du cœur contre une paroi solide, on distingue néanmoins parfaitement, à l'aide du stéthoscope, les deux bruits réguliers. Après avoir exécuté cette expérience sur un Veau et constaté la présence des deux bruits, on procéda de la manière suivante. On introduisit une aiguille fine et recourbée dans l'aorte de l'animal, et une seconde aiguille dans l'artère pulmonaire; on les abaissa jusqu'au-dessous du point d'insertion des valvules semi-lunaires; puis on amena ces aiguilles un peu en haut, et on les fit repasser de dedans en dehors à travers les parois artérielles, à environ un demi pouce au-dessus, de manière que, dans chaque vaisseau, une valvule se trouvait comprise entre l'aiguille et la paroi; cela fait, lorsqu'on appliqua le stéthoscope sur l'origine des vaisseaux, on n'entendit plus le second bruit. D'après ces expériences, il semble qu'on doive se ranger à l'opinion du Dr Williams, et admettre avec lui que le premier bruit est uniquement dû à la contraction des ventricules et constitue, par conséquent, un bruit musculaire, tandis que le second dépend du choc en retour de la colonne sanguine qui opère la tension des valvules sigmoïdes de l'aorte et de l'artère pulmonaire. Néanmoins ces bruits doivent naturellement être beaucoup plus évidents, lorsque la pointe du cœur vient frapper les parois thoraciques pendant la systole, et que sa face antérieure les frappe pendant la diastole (4).

§ 90. — Nous allons passer maintenant à la description de la grande et de la petite circulation. On appelle grande circulation le circuit que parcourt le sang qui part du côté gauche du cœur, traverse les artères du corps, et revient par les veines au côté droit de l'organe. La petite circulation est le trajet que décrit le sang, lorsqu'il se rend du cœur droit aux poumons par les artères pulmonaires et revient au cœur gauche par les veines de même nom. Il n'existe donc pas, à proprement parler, deux circulations. Le sang ne fait en réalité qu'un seul circuit, mais ce circuit présente deux divisions. Dans chacune d'elles, ce liquide traverse un réseau de vaisseaux capillaires, pour passer du système artériel dans le système veineux.

(1) Voy. BURDACH, Physiol., Bd. IV, p. 225; traduct. franç. de JOURDAN, t. VI, p. 254. — (2) Ann. des Sc. nat., 1834. — (3) Lond. med. Gaz., oct. 1777. — (4) Pour les expériences de HOPE et de WILLIAMS, voy. Lond. med. Gaz., oct. 774.

ARTICLE PREMIER. — *Petite circulation ou circulation pulmonaire.*

§ 91. —L'oreillette droite, dans un temps donné, reçoit des veines caves supérieure et inférieure et des grandes veines coronaires, une quantité de sang égale à celle que, dans le même laps de temps, le ventricule gauche chasse dans les artères du corps. Quand l'oreillette se contracte, le sang qui vient des veines cesse immédiatement d'y pénétrer; mais, à l'instant de la diastole auriculaire, ce liquide s'y précipite, et de là passe dans le ventricule droit, dès que cesse la contraction de ce dernier. Ainsi, la contraction de l'oreillette précède immédiatement celle du ventricule. Dans mes vivisections, j'ai fréquemment observé deux contractions de l'oreillette pour une du ventricule. Quelquefois, au contraire, l'oreillette ne se contractait pas du tout. Ces deux phénomènes constituaient évidemment des anomalies. L'oreillette, en se contractant, force le sang qu'elle contient à s'échapper par l'orifice auriculo-ventriculaire qui seul reste libre. En effet, ce fluide ne peut pas refluer dans les veines caves, à cause du courant de sang veineux qui est incessamment poussé vers le cœur par la *vis à tergo*. En outre, l'orifice des veines coronaires est fermé par la valvule de Thebesius, qui s'applique contre lui par l'effet de la pression qu'exerce sur elle le sang contenu dans l'oreillette. Par conséquent, le sang que contient l'oreillette s'écoule dans le ventricule droit, qui, pendant la contraction de l'oreillette elle-même, s'est déjà dilaté en partie, et se trouve alors au plus haut degré de distension possible. Au moment où l'oreillette droite se dilate de nouveau pour recevoir le sang que lui apportent les veines, le ventricule droit se contracte. Le sang pressé par cette contraction redresse la valvule *tricuspide*, ferme ainsi l'orifice auriculo-ventriculaire, écarte, au contraire, les valvules semi-lunaires qui garnissent l'orifice de l'artère pulmonaire, et va s'artérialiser dans le poumon. Tel est le mécanisme par lequel le sang veineux, qui revient de toutes les parties du corps, passe dans la circulation pulmonaire. C'est le cœur droit qui est chargé de cette fonction.

§ 92. —Cependant la contraction de l'oreillette ne chasse pas dans le ventricule tout le sang qu'elle contient. Elle en fait refluer une partie dans les veines caves supérieure et inférieure, ou, tout au moins, arrête un instant le cours du sang des troncs veineux vers le cœur, cours qui sans cela continuerait sans interruption. Dans les vivisections, on voit les grandes veines se gonfler à chaque contraction de l'oreillette; et, chez les larves du Triton, j'ai observé que le sang avance seulement par saccades périodiques dans la veine cave inférieure et les veines hépatiques. Quand une cause pathologique, telle qu'une lésion organique de l'artère pulmonaire, l'ossification des valvules semi-lunaires, un obstacle quelconque à la circulation pulmonaire ayant son siége dans les poumons, etc., empêche tout le sang du ventricule de passer dans l'artère pulmonaire, le reflux veineux dont nous parlons doit nécessairement augmenter. Ce reflux, ou mieux cet arrêt périodique du sang dans les grands troncs veineux, s'appelle *pouls veineux.* Il ne peut pas s'étendre bien loin, grâce à la facilité avec laquelle la veine cède à la pression; il n'affecte donc que la portion seule du système veineux qui avoisine le cœur.

§ 93. —Le sang, une fois dans l'artère pulmonaire, ne peut rentrer dans le ventricule, lorsque celui-ci se dilate de nouveau, parce que la réaction de la colonne sanguine redresse les valvules semi-lunaires situées à l'orifice de cette artère. La petite circulation, c'est-à-dire, le cours du sang depuis le ventricule droit jusqu'au côté gauche du cœur, en traversant les poumons, ne forme pas réellement un cercle, puisque, à la fin de ce trajet, le sang n'est pas revenu à son point de départ. La petite circulation n'est qu'une partie de la circulation totale;

on devrait la nommer de préférence circulation pulmonaire, par opposition à la circulation du reste de l'organisme. Les deux prises ensemble constituent la circulation générale. Le sang veineux arrivé dans l'artère pulmonaire est incessamment poussé par de nouvelles quantités de sang que lance continuellement le ventricule droit. Il parvient ainsi dans les branches de l'artère pulmonaire, et de là, dans les vaisseaux capillaires des poumons. En traversant ces capillaires, il devient rouge vermeil et s'artérialise; puis, il est rapporté au cœur par les veines pulmonaires, qui le versent dans l'oreillette gauche.

Les vaisseaux capillaires forment dans le poumon, comme dans toutes les autres parties, un réseau vasculaire très-délié situé entre les plus petites ramifications des artères et les radicules des veines; mais ici les mailles du réseau sont extraordinairement fines. Les innombrables capillaires des poumons sont renfermés et s'étalent dans la membrane délicate qui forme les cellules pulmonaires, dans lesquelles se terminent les dernières ramifications des bronches, et qui, par conséquent, est une continuation de la muqueuse de la trachée. Comme cette membrane délicate, qui va formant successivement chaque cellule, constitue un tout continu, on doit, abstraction faite des bronches, des artères et des veines, se représenter l'intérieur des poumons comme une surface immense réalisée dans un petit espace au moyen des replis celluliformes que présente une membrane contenant un réseau très-serré de vaisseaux capillaires. Ainsi donc, la respiration consiste en ce que le sang est soumis au contact de l'air, qui pénètre par les bronches et traverse les parois de ces cellules, pendant que les particules liquides divisées autant que possible circulent dans le réseau capillaire qui tapisse les parois des cellules.

§ 94. — Chez les Reptiles nus, les poumons sont constitués par de simples sacs munis de replis internes en forme de cellules. La seconde forme d'organes respiratoires, c'est-à-dire, les branchies, offre aussi pour caractère essentiel un très-grand développement de surface dans un fort petit espace; mais, dans les branchies, le développement de la surface respiratoire a lieu vers l'extérieur, tandis que, dans les poumons, au contraire, il est tourné vers l'intérieur, soit sous la forme de vésicules, soit sous la forme de tubes ramifiés. Dans les branchies, le sang se distribue sur une surface fort étendue, au moyen de vaisseaux capillaires réticulés contenus dans les feuillets et les lamelles branchiales. Chaque lamelle a sa petite artère, qui, à son extrémité, se recourbe pour aboutir à une petite veine correspondante. Il existe, en outre, entre ces deux vaisseaux, dans toute la largeur de la lamelle branchiale, une multitude d'anastomoses capillaires transversales. On peut, à l'aide du microscope, observer, chez les Grenouilles et les Salamandres, le mouvement du sang circulant dans les vaisseaux capillaires des poumons vésiculeux de ces animaux (1). D'après mes propres observations, dans la circulation capillaire du poumon, les courants sanguins sont séparés par de petites îles distribuées avec une régularité parfaite, et dont le diamètre est à peine plus considérable que celui des courants eux-mêmes. On aperçoit d'une manière encore plus distincte le mouvement du sang dans les vaisseaux capillaires des branchies chez les larves de Salamandres (2). Nous devons à Marshall-Hall des observations extrêmement exactes sur la circulation pulmonaire de la Grenouille, de la Salamandre et du Crapaud (3). D'après lui, chez ces animaux, les branches des artères et des veines pulmonaires marchent

(1) *Voy.* les figures données par Cowper, dans *Philos. Transact. abridged,* vol. v, p. 531; les dessins du poumon de la Salamandre, par Prévost et Dumas, dans Magendie, *Précis élémentaire de Physiologie,* ii. — (2) Rusconi, *Della circolazione delle Larve delle Salam. aquat.,* Pavia, 1817; *Amours des Salam, aquat.,* Milan, 1821; Steinbuch, *Analecten für Naturkunde,* Fürth, 1802. — (3) *A critical and experimental essay on the circulation of the blood.* London, 1831. Plat., 5—8.

toujours parallèlement. Dans l'angle formé par deux branches artérielles, il existe constamment une branche veineuse, et dans l'angle formé par deux branches veineuses on trouve toujours une branche artérielle. Dans les cloisons qui séparent les cellules pulmonaires et qui font saillie à l'intérieur du poumon, les branches artérielles et veineuses se distribuent de telle sorte que les ramuscules veineux marchent le long du bord interne de la cloison. Les dernières ramifications des artères et des veines se terminent brusquement dans un réseau capillaire intermédiaire, tandis que, dans tous les autres organes, les vaisseaux vont toujours en se ramifiant, et de cette manière se confondent insensiblement avec le réseau capillaire. Ainsi, les dernières branches des artères et des veines pulmonaires sont partout perforées comme un crible pour livrer ou recevoir le sang des vaisseaux capillaires. Les dessins du docteur Marshall-Hall, qui représentent avec fidélité la circulation capillaire dans les différentes parties du corps, sont extrêmement intéressants, mais surtout la huitième planche.

§ 95. — La destruction, soit du réseau capillaire des cellules pulmonaires, soit des cellules pulmonaires elles-mêmes, par l'inflammation, la suppuration ou une dégénérescence organique quelconque, entraîne avec elle deux conséquences fort importantes : premièrement, la diminution de la surface respiratoire, d'où peut résulter une hématose imparfaite, et enfin le dépérissement de l'individu ; secondement, la diminution du nombre de canaux perméables au sang, et, par conséquent, un obstacle à son passage du cœur droit au cœur gauche, pour de là se distribuer dans le reste de l'organisme. Chez les animaux à sang chaud, où la totalité du sang doit traverser le système capillaire des poumons avant d'arriver à la grande circulation aortique, toute diminution de l'étendue du réseau capillaire pulmonaire doit, en général, gêner plus ou moins la circulation. C'est pour cela que, chez les malades atteints d'affections pulmonaires, il existe ordinairement de l'accélération dans les mouvements du cœur, de la disposition aux congestions sanguines ou aux inflammations du poumon, et, enfin, une excitation fébrile habituelle. Tout autre organe peut être détruit entièrement, sans que la circulation dans le reste de l'économie en souffre le moins du monde ; mais la perte d'une portion du poumon constitue un obstacle général à la circulation. Il est donc évident que les personnes, chez lesquelles cet organe est malade, doivent éviter tout ce qui peut augmenter la gêne ou l'activité de la circulation. D'après cela, il est aisé d'expliquer pourquoi d'énormes pertes de substance ne déterminent pas toujours de la fièvre, quand elles portent sur d'autres parties du corps et ne s'accompagnent pas d'une incessante déperdition de liquides ; tandis qu'au contraire, la fièvre hectique est la suite ordinaire des lésions organiques de l'organe pulmonaire. Les désorganisations qui surviennent dans d'autres organes ne produisent, en général, que des obstacles locaux à la circulation, par exemple, des stases sanguines et une effusion de sérosité sous forme d'hydropisie locale. Telle est l'ascite qui s'observe dans les cas de dégénérescence du foie, etc. Les lésions du poumon déterminent beaucoup plus rarement des épanchements aqueux. Lorsque les capillaires pulmonaires sont obstrués par des substances étrangères qui y ont pénétré par la voie de la circulation, lorsque, par exemple, on injecte dans les veines d'un animal vivant de l'huile, du mucus, du mercure coulant, du charbon ou du soufre en poudre, la mort est inévitable et survient très-promptement, ainsi que le démontrent les expériences de Gaspard.

§ 96. — La circulation pulmonaire serait tout-à-fait indépendante de celle du reste du corps, si les artères bronchiques ne communiquaient pas avec les plus petites branches de l'artère pulmonaire. Lorsque cette dernière ou ses branches se trouvent retrécies, les anastomoses qui existent entre elles et les artères bronchiques prennent un développement plus considérable.

ARTICLE II. — *Grande circulation.*

§ 97. — Le sang, après avoir repris sa couleur vermeille ou artérielle dans les capillaires du poumon, est transmis par les veines pulmonaires au ventricule gauche. Alors commence la grande circulation, ou, pour parler plus correctement, la portion de la circulation générale qui a lieu dans le reste de l'organisme. Par la contraction du ventricule aortique, le sang artériel est chassé dans les artères, de là, dans le système capillaire du corps, où il devient veineux et acquiert une couleur noirâtre; il est ensuite rapporté par les veines au côté droit du cœur. Au moment où l'oreillette gauche se dilate (la diastole des deux oreillettes est simultanée), le sang des veines pulmonaires s'y précipite, et une partie entre déjà dans le ventricule gauche sitôt que cesse sa contraction. En se contractant, l'oreillette pousse le sang dans le ventricule dilaté qui se trouve alors rempli autant que possible. Pendant la contraction du ventricule gauche, laquelle succède immédiatement à celle de l'oreillette, la *valvule mitrale* forme l'orifice auriculo-ventriculaire, et le sang pénètre dans l'aorte en écartant les *valvules semi-lunaires* dont est muni l'orifice de ce vaisseau. Grâce à ces valvules, la colonne sanguine ne peut refluer de l'aorte dans le ventricule, car la réaction qu'elle exerce sur les valvules les redresse et ferme ainsi l'orifice de l'artère. Le ventricule gauche se contracte avec beaucoup plus de force que le ventricule droit, et personne n'ignore que, chez l'adulte, ses parois sont trois fois plus épaisses que celles de celui-ci. Il était, en effet, nécessaire que le ventricule aortique possédât une puissance supérieure à celle du ventricule pulmonaire, attendu que la grande circulation parcourt un cercle beaucoup plus étendu que la circulation pulmonaire, et que la résistance à vaincre est naturellement beaucoup plus considérable dans la première, à cause des nombreux frottements que le sang éprouve en traversant les vaisseaux capillaires de toutes les parties du corps.

De l'aorte, le sang, incessamment poussé plus loin par les nouvelles masses de fluide que lance le ventricule à chaque battement du cœur, va se distribuer dans le corps entier, à l'exception des poumons, traverse les vaisseaux capillaires de tout l'organisme, et de là passe dans les veines pour revenir au côté droit du cœur.

§ 98. — Les muscles nombreux qui se contractent constamment, lorsqu'on se livre à de violents efforts, interrompent, dans une grande partie du corps, la circulation capillaire, par l'effet de la compression que ces contractions musculaires exercent sur les vaisseaux. Plus cet obstacle agit d'une manière générale, plus les phénomènes qui en résultent ressemblent à ceux que détermine la gêne de la circulation, qui est causée par une obstruction même légère du poumon. Dans les deux cas, il se produit des faits analogues. La colonne sanguine offre une plus grande résistance qu'à l'ordinaire à la force impulsive du cœur; le sang ne circule ni assez librement, ni assez vite à travers le poumon, et s'y accumule. Il en résulte que l'aération du sang ne s'opère plus qu'imparfaitement, et qu'ainsi la respiration, quand on se livre à de violents efforts, devient pénible et laborieuse, phénomène que l'on attribue alors, mais sans aucun fondement, à un besoin plus grand de sang artériel, besoin déterminé par l'augmentation du mouvement musculaire.

§ 99. — Dans chaque organe du corps les petites artères, avant de se confondre avec les capillaires, s'unissent entre elles par des anastomoses répétées, ainsi qu'il est facile de s'en convaincre en examinant une membrane injectée. Un grand nombre de parties du corps reçoivent leur sang par de larges artères qui procèdent de parties très-différentes du système vasculaire. Ainsi, par exemple, le sang que reçoit le cerveau lui vient des carotides internes et des artères vertébrales. Tout le monde connaît la communication qui existe entre les artères épigastrique, mammaire et intercostale. Comme des anastomoses semblables se rencontrent dans toutes les parties de l'organisme, et comme le système des capillaires est partout continu, tous les vaisseaux, soit artères, soit veines, se trouvent étroitement unis entr'eux dans toute l'étendue de l'économie, de sorte que, si l'artère d'une partie vient à s'oblitérer, une autre artère peut facilement la suppléer. Les vaisseaux capillaires du corps entier et les anastomoses des artères forment, par conséquent, un réseau non interrompu qui reçoit le sang d'innombrables artères, et ce sang peut lui arriver directement ou indirectement de sources tout-à-fait différentes. Il résulte de cette disposition anatomique que, si le vaisseau qui porte ordinairement le sang à une partie vient à s'oblitérer, le sang peut encore se distribuer dans cette partie sans qu'il y ait formation de nouveaux vaisseaux. Il suffit pour cela d'une simple augmentation dans le calibre des anastomoses vasculaires déjà existantes. Telle est la manière dont s'explique le phénomène de la circulation collatérale, ou le rétablissement de la circulation dans une partie, après l'oblitération de son principal vaisseau. Un certain nombre de branches anastomotiques se dilatent d'abord, et ensuite quelques unes de ces mêmes branches se développent graduellement de façon à constituer de véritables troncs artériels. Chez les animaux, on peut lier l'aorte abdominale elle-même, sans que cette opération entraîne nécessairement la mort. Sur l'Homme, on n'a pratiqué que deux fois cette ligature, et toujours le résultat en a été fatal. Cependant on a pu, dans certains cas d'absolue nécessité, lier avec succès, sur l'Homme, toutes les autres grosses artères accessibles à la main du chirurgien. Toutefois, il existe dans l'histoire de la science des observations qui prouvent que l'oblitération même de l'aorte immédiatement au-dessous de l'origine des artères de la partie supérieure du corps peut encore, quand elle s'effectue avec lenteur, permettre le développement d'une circulation collatérale. Dans ce cas, le sang se fraie une voie détournée pour rejoindre l'aorte au-dessous de l'oblitération, et y parvient au moyen de la dilatation des anastomoses qui existent entre l'artère mammaire interne, la première intercostale et les branches intercostales de l'aorte (1). Dans un cas analogue décrit par Reynaud (2), les communications principales entre l'artère sous-clavière de chaque côté et la partie de l'aorte située au-dessous de l'oblitération s'effectuaient au moyen des anostomoses de l'artère cervicale profonde, de la cervicale transversale et de la première intercostale avec les artères intercostales de l'aorte thoracique; de plus, les artères sous-clavière et crurale communiquaient l'une avec l'autre au moyen de l'abouchement direct de la mammaire interne avec l'artère épigastrique.

§ 100. — Le sang qui remplit les artères est incessamment poussé par les nouvelles quantités de liquide que le ventricule gauche lance dans l'aorte. Le sang parcourt toutes les ramifications du système artériel, passe dans le réseau capillaire, puis dans les petites veines, et de là dans les gros troncs veineux qui le ramènent au cœur droit. On peut étudier la circulation capillaire en examinant, à l'aide du microscope, certaines parties transparentes. Par conséquent, la circulation capillaire est un objet d'observation directe, et l'on ne conclut pas

____

(1) *Voy.* le cas observé par A. MECKEL, dans MECKEL'S *Archiv*, 1827, tab. v. —(2) FRORIEP'S *Notizen*, n° 537.

à son existence uniquement du fait que le sang passe du système artériel dans le système veineux. La membrane natatoire de la patte de la Grenouille, la queue des jeunes Poissons et des larves de Salamandres, de Grenouilles et de Crapauds, le mésentère de tous les animaux Vertébrés, les ailes de la Chauve-Souris, la membrane germinative de l'œuf des Ovipares sont des parties parfaitement appropriées à l'étude de ce phénomène (1). On voit très-distinctement les globules sanguins passer des dernières ramifications artérielles dans un réseau de vaisseaux capillaires dont le diamètre est presque le même partout. De ce réseau, ils se portent dans les radicules des veines, et celles-ci, par leur réunion successive, vont former des troncs plus volumineux. Dans les vaisseaux capillaires les plus déliés, les globules sanguins ne circulent qu'un à un, et souvent le courant est un instant interrompu. Lorsque les globules marchent ainsi isolément, ils paraissent presque incolores; réunis en certain nombre, ils semblent jaunâtres; plus nombreux encore, ils sont rouges ou rouges jaunâtres.

Chez les animaux encore plein de vie, les globules du sang coulent d'une manière continue, sans que le courant éprouve jamais d'accélération. Lorsque, au contraire, les animaux sont faibles et que le mouvement du sang s'effectue avec plus de lenteur, on observe des saccades dans la progression du liquide; c'est-à-dire, que le courant est bien encore continu, mais qu'il présente de temps en temps une plus grande rapidité. Mais, si l'animal est tout-à-fait affaibli, les corpuscules sanguins n'avancent qu'au moment de la contraction du cœur, et même ils rétrogradent un peu dans l'intervalle des deux battements. Quand plusieurs petits courants artériels se rencontrent dans une anastomose, il y en a toujours un qui l'emporte sur les autres; celui-là seul pénètre dans l'anastomose, pour mêler le sang qu'il contient avec celui des autres courants. Les petits courants se réunissent et se divisent aussi de cette manière dans les vaisseaux les plus déliés du réseau, jusqu'à ce qu'ils se rassemblent pour former les radicules veineuses. Parfois un courant change de direction, lorsqu'un second courant devient plus fort que lui et que la cause qui détermine le premier vient à s'affaiblir. C'est ce qui arrive, quand on exerce une compression sur la partie que l'on examine. Tous les globules sanguins passent des artères dans les veines, et l'on ne voit jamais un globule isolé s'arrêter et s'unir à la substance propre du tissu.

§ 101. — Pendant son passage à travers le système des vaisseaux capillaires, la couleur rouge du sang devient noirâtre. Dans les veines, le mouvement du sang est uniformément continu et non pulsatoire, comme il l'est dans les artères. Les veines, qui sont exposées à la pression des muscles, sont munies de valvules ou soupapes en forme de godet qui empêchent la rétrogradation du sang dans la direction des capillaires. En conséquence, aucune compression exercée sur les veines ne saurait interrompre la progression du sang vers le cœur; loin de là, cette compression la favorise. Il n'existe pas de valvules dans les veines des parties qui sont à l'abri de toute pression extérieure. Mayer a découvert des valvules incomplètes dans les veines pulmonaires, et E. H. Weber a constaté dans la veine

---

(1) *Voy.* les dessins des vaisseaux capillaires afférents de l'*Area vasculosa* de l'œuf, dans PANDER's *Entwickelungs-geschichte des Hühnchens im Ei*; de jeunes Poissons, dans DOELLINGER's *Denkschrift. der Akad. der Wissenschaft. zu München*, Bd. VII; de la membrane natatoire de la patte de la Grenouille, dans SCHULTZ's *Lebens prozess im Blute*, Berlin, 1822; et dans MARSHALL-HALL's, *Essay on the circulation*, tab. III; de différentes parties de la Grenouille et des Mammifères, dans KALTENBRUNNER, *Exp. circà statum sanguin. et vas. in inflammatione*, Monach, 1826; du mésentère de la Grenouille, REICHEL, *De sanguine ejusque motu*, Lips, 1767; MARSHALL-HALL, loc. cit., tab. IV; de la queue de l'Épinoche, MARSHALL-HALL, loc. cit., tab. I; des embryons et larves de Poissons, de Grenouilles et de Salamandres, BAUMGAERTNER, *Ueber Nerven und Blut*, Freiburg, 1830; SCHULTZ, *System der Circulation*.

porte du Cheval la présence de valvules que l'on ne rencontre pas chez l'Homme.

ARTICLE III. — *Circulation de la veine porte.*

§ 102. — Le sang de la rate, du canal intestinal, de l'estomac, du pancréas et du mésentère ne retourne pas immédiatement à la veine cave. Les veines de ces organes s'unissent pour former la veine porte, qui verse le sang veineux qui provient de ces diverses sources dans les vaisseaux capillaires du foie, lesquels reçoivent aussi le sang de l'artère hépatique (§ 79). Cependant, le professeur Retzius, de Stockholm, m'a annoncé qu'il avait découvert chez l'Homme l'existence de quelques communications très-déliées entre les veines du canal intestinal et les branches de la veine cave inférieure. Après avoir finement injecté la veine cave et la veine porte avec des matières froides et diversement colorées, il trouva que le mésocolon et le colon gauche avaient reçu les deux injections, et que les veines appartenant aux deux systèmes s'anastomosaient en plusieurs endroits. Les veines du colon et du mésocolon, qui appartenaient au système de la veine cave et aboutissaient à la veine rénale gauche, étaient situées superficiellement; tandis que celles qui dépendaient de la veine porte étaient pour la plupart plus rapprochées de la membrane muqueuse. La surface externe du duodénum avait reçu aussi l'injection de la veine cave. Breschet a rempli la veine mésentérique inférieure par les branches de la veine cave inférieure, et Schlemm a découvert, aux environs de l'anus, des communications manifestes entre la veine mésentérique inférieure et les branches de la veine cave inférieure. Cette disposition anatomique nous démontre que, dans les stases et les congestions sanguines, peut-être même dans les inflammations du canal intestinal, les émissions sanguines pratiquées à la région anale peuvent être d'une grande utilité.

Avant d'atteindre le cœur, le sang de la veine porte, chez tous les Vertébrés, et celui des veines afférentes rénales, chez les Poissons et les Reptiles, doivent donc surmonter une seconde fois la résistance que lui offrent les parois des canaux déliés du système capillaire. Sur les larves de Salamandres, on peut étudier la circulation hépatique avec le seul secours du microscope simple, en faisant tomber la lumière sur l'objet (1). Il n'existe aucune différence appréciable de coloration entre le sang de la veine cave, celui de la veine porte et celui des veines hépatiques.

§ 103. — Après avoir décrit d'une manière générale la circulation, il nous reste à étudier la rapidité de la progression du sang, et à calculer combien il lui faut de temps pour parcourir le cercle entier du système vasculaire et revenir à son point de départ. On ne peut pas juger de la vitesse de la circulation du sang par la rapidité avec laquelle il s'échappe d'un vaisseau divisé. En effet, dans ce dernier cas, la vitesse résulte de la pression totale à laquelle la masse entière du sang est soumise dans le système vasculaire, ce liquide, au point de l'incision du vaisseau, ne rencontrant plus aucune résistance. Dans les vaisseaux intacts, au contraire, une nouvelle quantité de sang ne peut avancer qu'en poussant devant elle la masse tout entière du liquide, et qu'après avoir vaincu la résistance qui résulte du frottement des petits vaisseaux.

Nous devons à Hering des recherches extrêmement intéressantes sur le temps

---

(1) J. MÜLLER, dans MECKEL'S *Archiv*, 1828. *Voy.* la figure que j'en ai donnée dans mon ouvrage intitulé : *De gland. penil. struct.*, tab. X, fig. 10.

que met le sang à parcourir le cercle entier de la circulation (1). Dix-huit expériences exécutées sur des Chevaux ont donné à cet observateur les résultats suivants. Le temps nécessaire à une solution plus ou moins forte de cyanure de potassium et de fer, introduite dans une des veines jugulaires et mêlée immédiatement avec le sang du cheval, pour passer dans la veine jugulaire opposée, en traversant le côté droit du cœur, la circulation pulmonaire, les cavités gauches du cœur et la circulation générale, varie de vingt à vingt-cinq ou trente secondes. Il fallait à la même subtance vingt secondes pour aller de la veine jugulaire à la grande saphène, et quinze à trente pour passer de la veine jugulaire dans l'artère massétérique. Pour arriver jusqu'à l'artère maxillaire externe, il fallut, dans une première expérience, dix à quinze secondes, et dans une autre, vingt à vingt-cinq secondes. La transmission de cette substance de la veine jugulaire à l'artère métatarsienne demandait vingt, trente et quelquefois plus de quarante secondes pour s'accomplir. Le résultat était à peu près le même, quelle que fût la fréquence des battements du cœur.

Il existe encore une autre méthode pour évaluer la vitesse de la circulation. Elle consiste à calculer la quantité de sang que le cœur chasse dans les artères à chacune de ses contractions, et à diviser par cette somme la masse totale du sang que l'on suppose en général contenue dans l'organisme. Burdach (2) a rassemblé tous les faits que possède la science sur la quantité de sang qui existe chez l'homme. Suivant Wrisberg, une Femme aurait perdu dans une hémorrhagie mortelle vingt-six livres de sang, et après la décapitation d'une Femme pléthorique, on en recueillit vingt-quatre livres. Si l'on admet qu'à chacune de ses contractions, le cœur de l'Homme lance dans les artères deux ou trois onces de sang, il faut cent trente-trois, ou deux cents battements pour faire circuler une masse de sang du poids de vingt-cinq livres. D'après ce calcul, on peut admettre que la circulation complète chez l'Homme, exige cent trente-trois à deux cents battements du cœur. Cependant le résultat obtenu par la méthode de Hering nous paraît beaucoup plus positif.

§ 104. — Le temps que met une certaine quantité de sang à passer d'un côté du cœur à l'autre, ou à accomplir la moitié de la circulation, varie suivant l'organe qu'il a à traverser. Le sang qui va du ventricule gauche au côté droit du cœur, en traversant les vaisseaux coronaires, met infiniment moins de temps pour accomplir sa course, que celui qui descend du côté gauche du cœur jusqu'aux pieds et revient ensuite au côté droit ; ainsi, la circulation depuis le cœur gauche jusqu'au cœur droit forme une multitude d'arcades dont l'étendue varie à l'infini. La plus petite de ces arcades est celle que décrivent les vaisseaux coronaires destinés à la nutrition du cœur lui-même. Le trajet que le sang a à parcourir pour se rendre du cœur droit au cœur gauche à travers les poumons est plus court que la plupart des arcades qu'il est obligé de suivre dans la circulation aortique. Ici, en outre, la vitesse du sang est beaucoup plus considérable, toutes choses étant égales d'ailleurs, que dans la majeure partie des vaisseaux qui appartiennent à la grande circulation.

§ 105. — Quoique la quantité de sang contenue dans cette dernière se trouve, vu son extrême étendue, de beaucoup supérieure à la quantité que contient le système circulatoire pulmonaire, cependant on peut se représenter qu'il passe, dans un temps donné, par un point quelconque de l'artère pulmonaire, précisément autant de sang que par un autre point imaginaire pris dans la longueur de l'aorte. En effet, dans les troncs principaux, toute quantité de sang qui

(1) *Zeitschrift für Physiologie*, iii, p. 85. — (2) *Physiologie*, iv, 101, 253; trad. franç. de Jourdan, vi, 118; comp. Herbst, *De Sang. quantitate*, Goetting., 1822.

quitte un point doit nécessairement trouver place dans un autre point, pourvu, toutefois, que le cercle soit fermé, c'est-à-dire, que le sang ne puisse s'échapper par une lésion pratiquée à un vaisseau quelconque. Dans les capillaires, au contraire, la circulation est sujette à de grandes variations.

Enfin, il est à remarquer que la rapidité du mouvement du sang doit nécessairement être moindre dans les petites branches que dans les troncs en général, attendu que le calibre réuni des petites branches est supérieur au calibre du tronc lui-même. Par conséquent, si nous supposons toutes les branches vasculaires d'un organe réunies en un seul tronc, et le sang circulant dans ce tronc de manière à revenir au point de départ, et à décrire ainsi un cercle parfait et fermé de toutes parts, le mouvement des particules du sang sera plus rapide dans les portions du cercle où le tube se trouvera rétréci, et plus lent dans celles où il sera plus large ; malgré cela, il devra, dans un même espace de temps, passer par chaque point du cercle une quantité de sang tout à fait égale

CHAPITRE III. — *Du cœur considéré comme cause de la circulation du sang.*

§ 106. — De même que les autres organes musculaires, le cœur se contracte quand on l'excite mécaniquement ou à l'aide du galvanisme. Sœmmering, Behrends et Bichat nient l'influence du galvanisme sur le cœur ; mais j'ai souvent répété les expériences de Humboldt et de Fowler, et j'ai obtenu les mêmes résultats que ces observateurs sur des Grenouilles, et même sur des Chiens dont le cœur avait cessé de battre. J'ai déterminé des contractions de cet organe avec le stimulus d'une simple paire de plaques, ou d'une faible pile galvanique. Néanmoins, le cœur, ainsi que plusieurs autres organes doués de mouvements involontaires, le canal intestinal, par exemple, se distingue des muscles volontaires en ce que les irritations n'excitent pas une simple convulsion instantanée, mais une série de contractions rhythmiques.

§ 107.—Pour expliquer le caractère rhythmique des contractions cardiaques, on a dit que la systole, c'est-à-dire, l'acte par lequel le cœur chasse le sang, son stimulus naturel, dans les artères, est elle-même la cause qui détermine cet organe à se remplir d'une nouvelle quantité de liquide amené par les veines. On explique de la même manière pourquoi la contraction des oreillettes et celle des veines s'opèrent alternativement ; les oreillettes, en se contractant, déterminent la réplétion des ventricules, *et vice versâ.*

Mais, quoique une certaine quantité de sang et une certaine distension des cavités du cœur soient nécessaires à cet organe pour la conservation de son activité, quoique toute dilatation mécanique intérieure du cœur ait pour effet de provoquer ses contractions, cependant la présence du sang dans ses cavités ne saurait être la cause du rhythme de ses battements. En effet, le cœur vide de sang continue de se contracter, mais, à la vérité, moins énergiquement. La cause de cette périodicité doit donc être plus profonde et résider dans le conflit des nerfs du cœur avec la substance musculaire de cet organe. Au reste, nous reviendrons sur cette question quand nous traiterons des mouvements involontaires.

ARTICLE PREMIER. — *Influence de la respiration sur l'action du cœur.*

§ 108. — Sitôt que les changements chimiques que le sang éprouve dans les poumons s'interrompent, soit que cette interruption résulte de l'arrêt des mouvements respiratoires par suite de la lésion des nerfs dont ils dépendent, soit qu'elle provienne d'obstacles mécaniques aux mouvements respiratoires, ou de l'inhalation de gaz non respirables, l'activité vitale de tous les organes du corps s'affaiblit à la fois, et, chez les animaux supérieurs, elle s'éteint même rapidement. Quoique le sang noir, ainsi que l'ont démontré Bichat et Emmert (1), continue pendant quelque temps de circuler dans les artères, et quoique, chez les animaux à sang chaud eux-mêmes, le cœur continue quelquefois d'exécuter de lents et faibles battements pendant plus d'une demi-heure, néanmoins la suspension de la respiration affaiblit à un tel degré l'action de cet organe, que la circulation cesse bientôt. D'autre part, quel que soit l'animal sur lequel on expérimente, si, après avoir, par une lésion de l'encéphale et surtout de la moelle alongée, ou par l'empoisonnement, aboli les mouvements respiratoires, on entretient artificiellement la respiration, la circulation peut persister plus longtemps. Sur un Chien qu'il avait décapité, après avoir lié les vaisseaux cervicaux, et chez lequel il entretint artificiellement la respiration, Brodie vit les battements du cœur continuer encore deux heures et demie, à raison de trente-cinq pulsations par minute; chez un autre Chien, ils persistèrent une heure et demie, à raison de trente pulsations par minute (2). Cependant, chez les animaux à sang froid, l'influence de la respiration ou du sang artérialisé sur le cœur est beaucoup moins évidente. Des Grenouilles, auxquelles j'avais lié et enlevé les poumons, survécurent trente heures à cette mutilation, le cœur ne cessant pas de se mouvoir. En effet, si l'on place une Grenouille dans un milieu tel que la respiration ne puisse s'effectuer, ni par les poumons, ni par la peau, comme lorsqu'on les plonge dans de l'hydrogène pur, elles vivent encore plus de douze heures, ainsi que j'en ai fait moi-même l'expérience. La destruction du cerveau et de la moelle épinière sur une Grenouille anéantit l'action du cœur beaucoup plus promptement, c'est-à-dire, au bout de six heures. Les nerfs exercent donc sur le cœur une influence beaucoup plus immédiate que le sang rouge. Par conséquent, il est possible que la suppression définitive des mouvements du cœur, dans le cas où la respiration est interrompue, dépende principalement du changement qui s'opère dans le système nerveux, dès que celui-ci ne reçoit plus de sang artériel.

Goodwyn attribuait l'affaiblissement et la cessation de la circulation qui, chez les animaux supérieurs, suivent l'abolition de la respiration, à ce que le ventricule gauche cesse de recevoir du sang artériel, et il supposait, par conséquent, que la présence du sang rouge était absolument nécessaire à l'entretien de l'activité des cavités gauches du cœur. Bichat (3), au contraire, a établi et prouvé que chacune des deux moitiés du cœur ne jouit pas d'une irritabilité spécifique, la gauche pour le sang rouge, la droite pour le sang noir, et qu'elles sont toutes deux susceptibles d'être excitées par le sang rouge que leur apportent les artères coronaires. Chez le fœtus, où les deux oreillettes communiquent au moyen du trou ovale, il n'y a pas de respiration pulmonaire; seulement, le sang éprouve une modification particulière dans son passage à travers le placenta, et les moitiés droite et gauche du cœur ne contiennent qu'une seule et même espèce de sang.

ARTICLE II. — *Influence du système nerveux sur l'action du cœur.*

§ 109. — Quelqu'évidentes que soient les modifications que les passions et les autres affections du système nerveux impriment aux battements du cœur, cependant plusieurs physiologistes, Haller à leur tête, prétendent que les mouve-

(1) Reil's *Archiv.*, v, 401. — (2) *Ibid.*, xii, 140. — (3) *Recherches physiologiques sur la vie et la mort.*

ments du cœur sont complétement indépendants de toute influence nerveuse. Haller se fonde sur ce que le cœur arraché de la poitrine d'un animal vivant continue encore de se contracter, et sur ce que l'irritation des nerfs cardiaques ne détermine pas de convulsions dans cet organe, comme le fait tout stimulus appliqué sur les nerfs des autres muscles.

Soemmering et Behrends, dans leur ouvrage sur les nerfs du cœur, publié en 1792, s'efforcèrent de prouver que la substance du cœur ne reçoit pas de nerfs, et que toutes les fibres nerveuses qu'on y peut rencontrer appartiennent aux tuniques des vaisseaux cardiaques. Ce travail parut confirmer la doctrine Hallérienne sur la contractilité musculaire. D'après Haller, en effet, la motilité des muscles est une faculté inhérente à la fibre musculaire elle-même, et ne dépend pas de son conflit avec la fibre nerveuse; par conséquent, les nerfs ne sont, comme les stimulus mécaniques, électriques, chimiques, etc., que de simples excitateurs du mouvement musculaire.

Mais Scarpa a démontré que la substance charnue du cœur tout entière reçoit un fort grand nombre de filets nerveux. Humboldt (1) a déterminé des contractions du cœur, chez des Mammifères, en galvanisant les nerfs cardiaques. Burdach (2) a vu, sur un Lapin mort, les battements du cœur devenir plus forts, lorsqu'il appliquait les deux fils de la batterie sur la portion cervicale du nerf sympathique, ou sur le ganglion cervical inférieur. Pour que les expériences qui ont pour but l'étude de la force motrice des nerfs soient concluantes, il faut que les nerfs seuls soient armés et que l'action galvanique soit très faible. En effet, de fortes décharges se transmettent à travers les conducteurs humides, et par conséquent à travers les nerfs, jusqu'à des parties très-éloignées ; elles peuvent donc de cette manière arriver jusqu'au cœur. C'est pour cela que les expériences dans lesquelles Burdach ranimait les mouvements du cœur sur un Lapin mort, en touchant le nerf grand sympathique avec de la potasse ou de l'ammoniaque caustique, sont extrêmement intéressantes. Une autre circonstance ajoute à la certitude du résultat, c'est que, chez un Lapin mort, l'action du cœur ne saurait être modifiée par les sensations de douleur qu'éprouve un animal vivant sur lequel on expérimente. Aussi les expériences de Brachet (3) et d'autres physiologistes sur des animaux vivants, dans le but de déterminer l'irritabilité des nerfs, ne peuvent avoir aucune valeur par rapport au mouvement du cœur, attendu que l'action de cet organe est vivement affectée par toutes les impressions douloureuses.

Un phénomène particulier, qui distingue le cœur des autres muscles, c'est la persistance de ses contractions rhythmiques et régulières, après qu'il a été arraché de la poitrine d'un animal vivant, et que, par conséquent, il se trouve tout-à-fait vide de sang. On observe cette persistance alors même qu'aucun stimulus extérieur n'agit sur lui : elle est surtout très longue chez les animaux à sang froid. On ne peut expliquer ce fait qu'en admettant que les filets nerveux distribués dans la substance du cœur exercent encore sur cet organe retranché du corps et vide de sang une influence toute spéciale , qui est la cause immédiate de ses contractions.

D'autre part , il existe des faits qui établissent qu'une lésion de continuité affectant les nerfs du cœur peut suspendre l'action de cet organe. Sous ce rapport un cas pathologique décrit par Heine (4) présente beaucoup d'intérêt. Il s'agit d'un Homme chez lequel il manquait quelquefois quatre à six battements de

<hr>

(1) *Ueber die gereizte Muskel und Nervenfaser*, I, 342. — (2) *Physiol.*, IV, 464; trad. franç. de JOURDAN, VII, p. 74.—(3) *Recherches sur le système nerveux ganglionaire.*—(4) MÜLLER'S *Archiv.* 1841, 234.

suite : l'autopsie fit découvrir une nodosité de la grosseur d'une noisette, située sur le trajet du grand nerf cardiaque.

§ 110. — L'influence que les nerfs du cœur exercent sur l'action de cet organe dépend-elle immédiatement du nerf grand sympathique, ou bien dépend-elle du cerveau et de la moelle épinière par l'intermédiaire de ce même nerf? Ceci est une autre question. C'est surtout Bichat qui a appelé l'attention des physiologistes sur ce problème. Bichat a distingué plus exactement qu'on ne l'avait fait avant lui, les fonctions des diverses espèces de troncs nerveux, c'est-à-dire, des nerfs cérébro-spinaux et du nerf grand sympathique. Les nerfs cérébro-spinaux, qui ont la faculté de déterminer les mouvements volontaires lorsqu'ils se distribuent aux muscles, sont dans une dépendance étroite du cerveau et de la moelle épinière. Quand ils cessent de communiquer avec les centres nerveux, ils perdent le pouvoir qu'ils avaient de mettre en jeu les masses musculaires. Les nerfs rachidiens sont également paralysés, si la communication qui existe entre eux et le cerveau vient à se trouver détruite par une lésion quelconque de la moelle épinière. Néanmoins, un nerf ainsi isolé du cerveau et de la moelle épinière conserve encore, pendant quelque temps, le pouvoir de déterminer dans les muscles auxquels il se distribue, des contractions involontaires, lorsqu'on l'irrite à l'aide d'un stimulus mécanique ou galvanique.

Les parties, au contraire, qui reçoivent leurs nerfs du grand sympathique, comme le cœur, le canal intestinal, l'utérus, etc., ne peuvent exécuter que des mouvement involontaires. Bichat donne le nom de *système nerveux de la vie animale* au cerveau, à la moelle épinière et aux nerfs cérébro-spinaux ; il appelle le système du grand sympathique *système nerveux de la vie organique.* Il attribue à ce dernier une certaine indépendance du cerveau et de la moelle épinière, et considère les ganglions et les plexus du nerf sympathique comme les centres de ce système nerveux.

Depuis que Ch. Bell a distingué les racines des nerfs cérébro-rachidiens en racines motrices et racines sensitives, Scarpa (1) s'est efforcé de prouver que le nerf grand sympathique n'avait de connexions qu'avec les racines postérieures ou sensitives des nerfs spinaux, et non avec les racines antérieures ou motrices. Par conséquent, d'après lui, le nerf sympathique ne peut pas être déterminé par la moelle épinière à exciter les mouvements du cœur, et ne possède par lui-même aucune puissance motrice. Mais les recherches de Wutzer, aussi bien que celles de Retzius, de Mayer et les miennes propres, démontrent que l'opinion de Scarpa est mal fondée, et que les rameaux de communication entre le nerf grand sympathique et les nerfs rachidiens reçoivent également leurs fibres des racines motrices antérieures et des racines postérieures sensitives des nerfs spinaux (2).

Les observateurs qui se sont occupés d'une manière spéciale de déterminer expérimentalement l'influence de la moelle épinière et du cerveau sur les mouvements du cœur sont Legallois, Philip, Treviranus, Nasse, Wedemeyer, Clift et Flourens.

§ 111. — Legallois (3) prétend que le principe de l'activité du cœur réside exclusivement dans la moelle épinière. Lorsqu'on désorganise, sur un animal, la portion cervicale de la moelle épinière et la moelle alongée, la respiration cesse, parce qu'on détruit ainsi la partie des centres nerveux de laquelle les nerfs respiratoires tirent leur origine, c'est-à-dire, la moelle alongée et le cordon

---

(1) SCARPA, *De gangliis nervorum, deque origine et essentiâ nervi intercostalis;* ad E.-H. WEBER. *Annal. univers. d. medicina.* Magg. e Giugn., 1831. — (2) *Voy.* MECKEL's *Archiv.,* 1831, I, p. 85 et 260. — (3) *Expériences sur le principe de la vie.* Paris, 1812.

rachidien. Les battements du cœur persistent encore, mais bientôt ils sont trop faibles pour pouvoir entretenir la circulation, et l'on ne peut plus, au moyen de la respiration artificielle, redonner aux contractions cardiaques l'énergie nécessaire à l'accomplissement de leur fonction. La circulation du sang cesse également quand on désorganise la portion inférieure de la moelle épinière : dans ce cas aussi, la circulation ne se rétablit pas sous l'influence de la respiration artificielle.

De ces expériences Legallois conclut que la puissance nerveuse du cœur à sa source dans la moelle épinière, non pas dans une portion déterminée de cette moelle, mais dans sa totalité. Si cette conclusion est exacte, dit Legallois, après la désorganisation d'une partie de la moelle épinière, l'influence nerveuse provenant de la portion intacte ne suffira plus pour donner au cœur la force de faire circuler la masse entière du sang; mais elle sera certainement suffisante, pourvu qu'on entretienne artificiellement la respiration, pour chasser le sang dans une portion seulement du système vasculaire. Ainsi donc, ajoute Legallois, si, après avoir désorganisé une portion de la moelle épinière, on lie certains vaisseaux pour diminuer l'étendue du système vasculaire perméable au sang, la circulation pourra persister, et si l'on place la ligature de plus en plus près du cœur, de façon à diminuer proportionnellement le champ circulatoire, on pourra détruire des portions de plus en plus considérables de la moelle épinière, sans interrompre la circulation. En conséquence, Legallois lia, sur des Lapins, l'aorte à la région lombaire, et détruisit la portion lombaire de la moelle épinière. Dans d'autres expériences, après avoir lié les artères carotides et les veines jugulaires de l'animal, il le décapita et désorganisa la portion cervicale de la moelle. Il est superflu de dire que, dans tous ces cas, Legallois avait soin d'établir une respiration artificielle. Enfin, dans des expérimentations encore plus barbares, il retrancha toute la partie postérieure du corps, après avoir lié les gros vaisseaux. Dans toutes ces expériences, la circulation entre le cœur et les ligatures persista plus ou moins longtemps, et même dans plusieurs cas, au dire de Legallois, pendant plus de trois quarts d'heure.

Legallois conclut de ses expériences : 1° que le grand sympathique, loin d'être un nerf indépendant, non-seulement dépend de la moelle épinière, mais encore provient de cette dernière ; 2° que le nerf sympathique a pour caractère propre de placer toutes les parties auxquelles il se distribue sous l'influence motrice de la moelle épinière tout entière. La commission nommée pour examiner le travail de Legallois crut que ces expériences résolvaient toutes les difficultés qu'avait jusqu'alors présentées le problème des mouvements du cœur; qu'elles expliquaient, par exemple, l'influence des passions sur cet organe, son indépendance de la volonté et la persistance de la circulation dans les monstres anencéphales ou acéphales jusqu'au moment de leur naissance.

§ 112. — Cependant, le Dr Wilson Philip (1) a démontré que les expériences de Legallois n'expliquent pas tous les rapports qui existent entre le cerveau, la moelle épinière et le nerf grand sympathique. Lorsqu'on frappe violemment l'animal sur l'occiput, de façon à le priver de mouvement et de sentiment, la respiration cesse, mais l'action du cœur n'est pas anéantie et peut durer encore longtemps, si l'on a le soin d'entretenir artificiellement la respiration. Après l'ablation complète du cerveau et de la moelle épinière, le cœur continue encore de battre, quoique plus faiblement qu'à l'ordinaire. En général, alors même que l'on détruit le cordon rachidien et le cerveau à l'aide d'un stylet rougi au feu, les mouve-

____

(1) *Inquiry into the Laws of the vital functions; Untersuchungen über die Gesetze der Functionen des Lebens,* Stuttg., 1822.

ments du cœur persistent encore quelque temps. De ces expériences, Wilson Philip a tiré une conclusion tout-à-fait opposée à celle de Legallois. Il pense donc que l'activité du cœur est essentiellement indépendante du cerveau et de la moelle épinière. Toutefois, d'après les expériences même de Philip, ces deux organes, c'est-à-dire, le cerveau et le cordon rachidien, exercent une grande influence sur les affections sympathiques du nerf grand sympathique et du cœur.

Wilson Philip a fait voir, en outre, que l'influence exercée par la destruction du cerveau et de la moelle épinière sur le nerf grand sympathique et sur les viscères auxquels il se distribue varie singulièrement, suivant la manière dont cette destruction a été opérée. En effet, quand on enlève le cerveau couche par couche, ou tout entier à la fois ; quand on désorganise lentement la moelle épinière au moyen d'un stylet rougi au feu, le cœur continue de battre pendant longtemps, quoique plus faiblement qu'à l'ordinaire ; mais il s'arrête sur-le-champ, si l'on détruit brusquement les centres nerveux, si on les écrase, par exemple. Ainsi, lorsqu'on écrase d'un coup de marteau le cerveau d'une Grenouille vivante, le cœur exécute immédiatement quelques contractions vives mais faibles, reste pendant une demi-minute tout-à-fait immobile, puis se meut de nouveau faiblement et lentement. Si alors on détruit la moelle épinière d'une manière brusque et violente, les mouvements cardiaques se suspendent de nouveau pendant quelque temps, mais ensuite le cœur recouvre sa faculté contractile. Clift a vu, chez une Carpe, les battements du cœur durer encore onze heures après la destruction du cordon rachidien.

Quant aux expériences que Flourens a faites sur les Poissons, voici les conclusions qu'il en a tirées : l'action du cœur dépend exclusivement de la respiration ; elle cesse, lorsqu'on abolit les mouvements respiratoires par la lésion de la moele alongée, de laquelle dépendent ces mouvements ; chez les Poissons, où les mouvements respiratoires dépendent uniquement de la moelle alongée, la circulation peut continuer après la destruction de toutes les autres parties du cordon rachidien. Cependant le Dr Marshall-Hall (1) a vu la circulation persister très longtemps chez les Poissons, malgré la destruction de la moelle alongée ; il admet néanmoins que les mouvements du cœur sont jusqu'à un certain point sous la dépendance de la moelle épinière et du cerveau (2).

§ 113. — Si nous rapprochons, d'une part, les expériences de Legallois, de Wilson Philip et autres physiologistes, et, d'autre part, les faits que nous connaissons déjà, à savoir : que le cœur séparé du corps continue encore de battre pendant longtemps, comme on l'observe surtout chez les Reptiles et les Poissons ; que les affections déprimantes du système nerveux diminuent l'énergie de l'action du cœur, enfin, que la faiblesse de la circulation accompagne les défaillances nerveuses ; il nous semble que nous sommes en droit de déduire de cette comparaison les conclusions suivantes :

1° Le cerveau et la moelle épinière exercent une grande influence sur le mouvement du cœur : ainsi, ils peuvent accélérer ou ralentir les battements de cet organe, diminuer ou augmenter leur énergie.

2° Le cœur continue encore de se contracter pendant un certain temps, après

<hr>

(1) *Essay on the circulation*, London, 1831. — (2) Consultez sur ce sujet TREVIRANUS, *Biologie*, IV, 644 ; CLIFT, *Philos. Trans.*, 1815 ; WEDEMEYER, *Physiol. Untersuch. über das Nervensystem und die Respiration*, Hannov., 1817 ; NASSE, dans HORN's *Archiv.*, 1817, 189 ; FLOURENS, *Versuche über die Eigenschaften und Verrichtungen des Nervensystems* ; Leipz., 1824 : NASSE, *Untersuch. zur Lebensnaturlehre* ; Halle, 1818. Cet ouvrage contient un examen consciencieux des expériences de Legallois, et une exposition lumineuse de toute cette controverse. *voy.* aussi LUND, *Physiol. Resultate des Vivisect. neuerer Zeit*, Kopenh., 1825, 162.

la simple ablation de la moelle épinière et du cerveau. (Flourens a vu, dans ce cas, la pulsation des carotides durer plus d'une heure chez des Lapins dont il entretenait artificiellement la respiration). Mais alors les mouvements du cœur sont beaucoup plus faibles, et la circulation ne s'exécute pas longtemps d'une manière complète

3° Les contractions du cœur ne cessent pas immédiatement, alors même que cet organe a été enlevé de la poitrine de l'animal, et par conséquent se trouve isolé de la plus grande partie du nerf grand sympathique.

Le cœur n'est pas tellement dépendant de l'influence du cerveau et de la moelle épinière, que l'ablation de ces organes puisse abolir immédiatement sa contractilité. Les nerfs cardiaques conservent, dans ce cas, une certaine quantité du principe moteur; et, dans les expériences même où le cœur est arraché du corps, les petites portions de nerf que contient ce viscère conservent une quantité de force motrice suffisante pour déterminer encore pendant quelque temps de faibles contractions. Cependant, on doit considérer le cerveau et la moelle épinière comme la source principale de l'influence nerveuse; car leur destruction affaiblit tellement l'action du cœur que, malgré la longue persistance de ses battements, il n'a plus assez de force pour entretenir la circulation. S'il existe un moyen d'évaluer le degré d'influence que les centres nerveux exercent sur l'action du cœur, c'est celui que Nasse a employé. Cet observateur mesura la hauteur d'un jet de sang qui s'échappait d'une artère coupée, chez un animal bien portant. Ensuite, il détruisit la moelle épinière par portions successives, et trouva qu'au bout de quelques minutes la hauteur du jet avait diminué proportionnellement à l'étendue de la lésion.

Chez les monstres anencéphales et amyélencéphales, la circulation semble encore plus indépendante du cerveau et de la moelle épinière. Chez les hémicéphales, le cerveau est le plus souvent détruit par une hydropisie, et cette même affection peut également faire disparaître la moelle épinière (1).

La source constante des contractions du cœur est donc *primo loco* la puissance motrice du nerf sympathique; mais ce sont les centres nerveux, c'est-à-dire, le cerveau et la moelle épinière, qui entretiennent et déterminent cette puissance. Les centres nerveux, à leur tour, peuvent être déterminés par tous les organes du corps. De là vient qu'une affection locale peut causer un sentiment général de malaise dans l'organisme entier, et que toute maladie locale violente modifie les contractions du cœur et par conséquent le pouls.

La moelle épinière peut déterminer de deux manières l'activité du cœur, 1° à la suite de sensations, 2° immédiatement. Des sensations peuvent être transmises à la moelle épinière par tous les nerfs rachidiens, et là, mettre à leur tour en jeu les fibres motrices qui partent de la moelle. Dans ce sens, il est donc exact de dire que toutes les parties de la moelle peuvent agir sur le cœur. Quant aux influences motrices immédiates qui émanent de la moelle épinière, il paraît qu'il existe entre certaines portions déterminées de la moelle et le cœur un rapport déterminé, comme il en existe entre chaque organe et l'endroit de la moelle d'où il reçoit ses nerfs. D'après les recherches de Valentin (2), le nerf accessoire et les nerfs cervicaux supérieurs, c'est-à-dire, les racines antérieures de ces derniers, agissent sur les mouvements du cœur. Suivant Budge (3), la source de l'influence motrice du cœur réside dans la portion supérieure du cordon rachi-

---

(1) *Voy.* Eschricht, dans Müller's *Archiv.*, 1834, 268. — (2) *De functionibus nervorum cerebralium et nervi sympathici.* Bernæ, 1839. — (3) *Untersuchungen über das Nervensystom.* Frankf., 1841.

dien depuis la quatrième ou troisième vertèbre cervicale jusqu'à la fin de la moelle alongée. C'est la partie des cordons antérieurs la plus rapprochée de la ligne médiane qui tient le cœur sous sa dépendance. En effet, selon cet auteur, quand on irrite cette partie à l'aide d'aiguilles, même sur des animaux morts, les battements du cœur deviennent beaucoup plus vifs. Budge prétend que l'influence cesse à cette limite, et que l'irritation de toute autre partie de la portion céphalique de la moelle ne provoque aucun mouvement du cœur, lorsque toutefois il n'existe déjà plus de sensibilité.

Les nerfs cardiaques, qui transmettent au cœur ces influences, proviennent, en partie, du nerf vague auquel est réuni l'accessoire, en partie, des ganglions cervicaux et des premiers ganglions thoraciques du grand sympathique, qui lui-même tire sa source des nerfs rachidiens. Le tronc du nerf sympathique au cou n'exerce aucune influence essentielle sur l'action du cœur. Dans treize expériences exécutées par Pommer (1), la section du sympathique au cou ne détermina pas en général de phénomènes importants.

CHAPITRE IV. — *Des diverses parties du système vasculaire.*

ARTICLE PREMIER. — *Des artères.*

§ 114. — Le sang forme un courant continu dans les artères, mais la rapidité de ce courant s'accroît à chaque contraction du cœur. On s'assure que les choses se passent ainsi, soit en étudiant la circulation à l'aide du microscope, soit en observant le jet de sang que lance une artère que l'on vient de couper. La vitesse de la circulation serait égale dans toutes les portions du système artériel, si la voie circulatoire présentait constamment la même dimension. Mais, comme le calibre des branches l'emporte sur celui du tronc, la vitesse du mouvement du sang doit diminuer dans la direction des ramifications artérielles, parce que la force propulsive étant invariablement égale, un tube plus étroit est traversé plus rapidement par une quantité donnée de liquide, que ne le serait un tube plus large. En effet, si un tube large, dans un segment quelconque, contient une quantité déterminée de liquide, il faudra, si le tuyau est plus étroit, un segment plus long pour contenir la même quantité de fluide.

On croyait anciennement que les angles obtus et aigus que forment les artères en se divisant exerçaient une grande influence sur la rapidité de la circulation, et que les angles obtus surtout mettaient obstacle au mouvement du sang. Mais, lorsqu'un liquide renfermé dans un système de tubes clos de toutes parts se trouve partout poussé par une pression égale, il tend avec une force égale à se distribuer dans toutes les directions.

En revanche, une circonstance qui influe essentiellement sur le mouvement du sang, c'est le frottement et l'adhérence de ce liquide contre les parois vasculaires. Cette influence est tellement prononcée, qu'au milieu de l'artère le sang coule beaucoup plus rapidement que près des parois, comme on peut le constater en examinant les petites artères à l'aide du microscope. Chez les Grenouilles, on voit les globules sanguins marcher rapidement dans la partie moyenne du vaisseau, tandis que les petits globules lymphatiques du sang cheminent avec beaucoup de lenteur le long de la paroi artérielle (2).

(1) POMMER'S *Beitraege zur Natur -und Heilkunde.* Heilbronn., 1851. — (2) ASCHERSON, dans MÜLLER'S *Archiv.*, 1857, 452. Les nouvelles observations de E.-H. Weber, dans MÜLLER'S *Archiv.*, 1838, 450, confirment celles d'Ascherson.

A. *Élasticité des artères.*

§ 115. — Les artères possèdent un degré extraordinaire d'élasticité. Elles le conservent même lorsqu'on les a fait bouillir, ou lorsqu'on les a laissées pendant des années plongées dans l'alcohol. Elles doivent cette propriété à une couche épaisse de faisceaux de fibres annulaires élastiques qui est immédiatement située au-dessous de la tunique celluleuse externe. Cette couche ressemble sous tous les rapports au tissu jaune élastique que l'on rencontre dans d'autres parties du corps; mais elle diffère complétement, ainsi que l'a démontré Berzélius, de la substance musculaire.

La substance musculaire est molle, lâche, et contient plus des trois quarts de son poids d'eau. Étudiée au point de vue chimique, la substance musculaire se comporte comme la fibrine du sang. Elle est soluble dans l'acide acétique et se dissout difficilement dans les acides minéraux, avec lesquels elle forme des composés difficilement solubles. La fibre élastique des artères est insoluble dans l'acide acétique, mais elle se dissout aisément dans les acides minéraux, et n'est précipitée de sa dissolution, ni par les alcalis, ni par le cyanure de potassium et de fer, ce qui devrait avoir lieu, si elle contenait de la fibrine. Cette considération chimique est importante pour l'étude du mouvement du sang dans les artères.

Lauth, Schwann et Eulenburg ont examiné, à l'aide du microscope, la texture du tissu élastique des artères, ainsi que de celui qui existe dans d'autres parties du corps. Il se compose de fibres d'épaisseur variable, qui donnent évidemment des branches et offrent un contour net et obscur. Cependant le tissu élastique ne se présente pas toujours sous cette forme. Parmi les Poissons, par exemple, je ne trouve dans la tunique élastique artérielle des Cyclostomes que des faisceaux composés de fibres parallèles constamment égales, ne donnant point de branches, et absolument semblables aux fibres du tissu cellulaire, dont elle ne se distinguent que par leur couleur jaune.

Le tissu élastique ne se trouve pas exclusivement dans la tunique élastique des artères. Schwann a constaté la présence de quelques fibres élastiques dans la tunique celluleuse externe. Suivant Henle, on rencontre aussi des fibres élastiques isolées dans la troisième tunique, qui est contigue à la tunique élastique. Plus loin nous parlerons au long de cette troisième tunique, quand nous traiterons de la tonicité des artères (Pl. I. fig. 2).

Les veines ne possèdent qu'un fort petit nombre de fibres élastiques. Il existe, d'après Schwann, dans la veine crurale du Bœuf, une couche moyenne épaisse de fibres transversales, qui ne sont pas des fibres de tissu cellulaire, et une seconde couche tout-à-fait interne et extrêmement mince formée de fibres élastiques longitudinales (1).

§ 116. — Le sang contenu dans les artères ne reçoit que de temps en temps l'impulsion du cœur, mais la pression qu'exerce sur lui la tunique élastique des artères rend son mouvement continu. Si les artères n'étaient pas élastiques et ne réagissaient pas contre leur contenu, la progression du sang n'aurait lieu que par saccades; il ne s'avancerait que pour faire place à celui que le ventricule gauche lance dans l'aorte à chacune de ses contractions. Mais, grâce à la tunique élastique des artères, le sang continue de se mouvoir dans les intervalles qui séparent les battements du cœur; car pendant le repos de cet organe la masse

---

(1) *Voy.* SCHWANN, dans *Encycl. Wœrterb. d. med. Wissensch.*, artik. *Gefaesse*; et EULENBURG *De teld elasticâ*, Berol., 1836.

du sang est soumise à la pression générale de la tunique élastique du système artériel tout entier. Ainsi donc, le sang coule dans les artères d'une manière continue, comme on le voit, à l'aide du microscope, ou lorsqu'on a divisé une artère : seulement il s'accélère par saccade à chaque contraction du ventricule (1).

Weber remarque que le cœur offre une certaine analogie avec la pompe à feu, et qu'il chasse le liquide par une série d'impulsions rhythmiques. Ces machines ont toutes deux pour but de déterminer un écoulement continu de liquide; elles produisent ce résultat de la manière suivante. Non-seulement le liquide est lancé de temps en temps par la machine, mais encore un fluide élastique en se dilatant continue d'agir sur le liquide et de le comprimer, lorsque ce dernier n'est plus pressé par le piston. Le rôle que jouent dans la circulation les parois élastiques des artères est rempli dans la pompe à feu par l'air contenu dans le réservoir situé au-dessus de l'eau. Il en est de même pour le régulateur des soufflets. Lorsqu'elles s'ossifient, les artères perdent leur élasticité et déterminent en conséquence une prédisposition à l'apoplexie, à la gangrène, etc.

§ 117.—En vertu de leur élasticité, les artères possèdent la faculté remarquable de se rétrécir quand elles contiennent moins de sang. Ainsi, par exemple, lorsqu'une artère est divisée, le volume du jet va constamment en diminuant. Sur un Cheval que Hunter avait saigné jusqu'à ce que la mort s'ensuivît, il observa que le diamètre de l'aorte était diminué de plus d'un dixième, celui de l'artère iliaque d'un sixième, celui de la crurale d'un tiers. Enfin, celles des artères de cet animal, dont le calibre était égal à celui de la radiale de l'Homme, se trouvaient dans un état complet d'occlusion (2). Plus le cœur se contracte avec énergie. plus les artères se dilatent, et plus elles contiennent de sang comparativement aux veines; au contraire, plus les battements cordiaques sont faibles, plus l'élasticité artérielle peut résister à l'impulsion du sang. Dans ce cas, les artères sont moins distendues et contiennent moins de sang en comparaison du système veineux. Ce phénomène devient surtout évident peu de temps avant la mort, et c'est une des causes de la vacuité des artères que l'on remarque sur les cadavres. Ces vaisseaux ne sont pas, il est vrai, entièrement vides; car la plupart d'entr'eux renferment encore autant de sang qu'ils peuvent en contenir dans le plus grand rétrécissement possible.

B. Détermination de la pression à laquelle le sang est soumis dans le système artériel.

§ 118. — La force de la pression à laquelle le sang est soumis dans les artères se détermine d'après la hauteur de son ascension dans un tube que l'on met en communication avec une artère coupée en travers, ou mieux, d'après la hauteur d'une colonne de sang ou de mercure qui fait équilibre à cette pression. Hales s'était déjà occupé de la solution de ce problème (3). Il observa que le sang de l'artère crurale du Cheval s'élevait dans le tube à une hauteur de huit à neuf pieds; celui de l'artère temporale, de six pieds et demi, chez un Mouton, et de quatre à six pieds, chez un Chien; tandis que le sang de la veine jugulaire ne montait que de douze à vingt et un pouces, chez le Cheval, de cinq pouces et demi, chez le Mouton, et de quatre à cinq pouces et demi, chez le Chien.

---

(1) *Voy.* E.-H. WEBER, *Adnot. anat. et physiol. prolus,* 1; *Anatomie,* III, p. 69. — (2) ABERNETHY, *Physiol. Lectures,* 224. — (3) HALES., *Hæmastatik. Statik des Geblüts.* Halle, 1748.

Mais sur ce sujet nous devons spécialement citer les ingénieuses recherches que Poiseuille (*) a exécutées à l'aide d'un instrument de son invention.

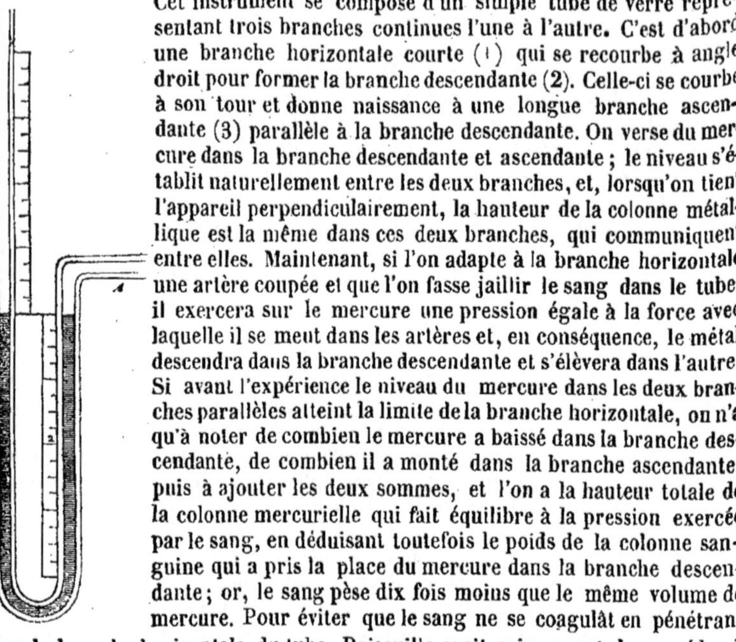

Cet instrument se compose d'un simple tube de verre représentant trois branches continues l'une à l'autre. C'est d'abord une branche horizontale courte (1) qui se recourbe à angle droit pour former la branche descendante (2). Celle-ci se courbe à son tour et donne naissance à une longue branche ascendante (3) parallèle à la branche descendante. On verse du mercure dans la branche descendante et ascendante ; le niveau s'établit naturellement entre les deux branches, et, lorsqu'on tient l'appareil perpendiculairement, la hauteur de la colonne métallique est la même dans ces deux branches, qui communiquent entre elles. Maintenant, si l'on adapte à la branche horizontale une artère coupée et que l'on fasse jaillir le sang dans le tube, il exercera sur le mercure une pression égale à la force avec laquelle il se meut dans les artères et, en conséquence, le métal descendra dans la branche descendante et s'élèvera dans l'autre. Si avant l'expérience le niveau du mercure dans les deux branches parallèles atteint la limite de la branche horizontale, on n'a qu'à noter de combien le mercure a baissé dans la branche descendante, de combien il a monté dans la branche ascendante, puis à ajouter les deux sommes, et l'on a la hauteur totale de la colonne mercurielle qui fait équilibre à la pression exercée par le sang, en déduisant toutefois le poids de la colonne sanguine qui a pris la place du mercure dans la branche descendante ; or, le sang pèse dix fois moins que le même volume de mercure. Pour éviter que le sang ne se coagulât en pénétrant dans la branche horizontale du tube, Poiseuille avait soin, avant de procéder à ses expériences, de la remplir d'une solution de sous-carbonate de potasse. D'après cet observateur, la pression qu'éprouve une molécule de sang dans les diverses artères est toujours la même, peu importe que l'artère soit plus voisine ou plus éloignée du cœur, qu'elle soit un peu plus ou un peu moins volumineuse ; peu importe, par exemple, que ce soit la carotide ou l'aorte, la carotide ou la crurale. Ainsi, la hauteur de la colonne de mercure déplacée par le sang était la même pour toutes les artères du même animal. Suivant Poiseuille, le sang d'une artère fait équilibre, chez le Chien, à une colonne de mercure de 151 millimètres, ou à une colonne d'eau de 6 pieds 4 pouces ; chez le Bœuf, à une colonne de mercure de 161 millimètres, ou à une colonne d'eau de 6 pieds 9 pouces ; chez le Cheval, à une colonne de mercure de 159 millimètres, ou à une colonne d'eau de 6 pieds 8 pouces ; ce qui donne, pour la moyenne, une colonne de mercure de 157 millimètres, ou une colonne d'eau de 6 pieds 7 pouces.

Comme ses expériences semblent prouver que la force avec laquelle le sang se meut est la même dans les artères les plus différentes, Poiseuille en conclut que, pour mesurer la force de la pression du sang dans une artère dont le calibre est déterminé, il s'agit tout simplement de prendre son diamètre : ainsi « le poids d'un cylindre de mercure, dont la base serait le cercle donné par ce diamètre, et la hauteur celle de la colonne de mercure obtenue, sera *la force statique totale avec laquelle le sang se meut dans cette artère.* » Le poids de la colonne de mer-

(*) Dans *Journal de Physiologie de* MAGENDIE, t. VIII, p. 272.

cure que l'on aura obtenu par cette méthode représentera la pression exercée par la colonne sanguine. Ainsi, par exemple, Poiseuille estime que le diamètre de l'aorte pris à son origine, chez un Homme de vingt-neuf ans, est de 34 millimètres. En conséquence, l'aire de ce vaisseau est de 908,2857 millimètres carrés. Maintenant, en supposant que la hauteur de la colonne de mercure, à laquelle le sang de l'aorte de l'Homme peut faire équilibre, doive être la moyenne entre la plus grande et la plus petite hauteur de la colonne de mercure qui faisait équilibre à la pression du sang chez des animaux différents, il prend la moyenne entre 180 et 140 millimètres, c'est-à-dire, une colonne de mercure de 160 millimètres de hauteur. Or, 160 millimètres multipliés par 908,2857 = 145325,72 millimètres cubes de mercure, dont le poids égalent 1971,77936 gram. = 1,971779 kilog. ou 4 livres 3 gros, 43 grains, évaluation de la force totale statique du sang dans l'aorte, au moment où le cœur se contracte. En procédant de la même manière, Poiseuille a trouvé que la force avec laquelle s'opérait la circulation, chez une Jument qui fut l'objet de sa douzième expérience, était égale à 5,24636 k. ou 10 livres, 10 onces, 7 gros, 61 grammes, pour l'aorte; pour l'artère radiale, elle était de 15,35 grammes ou 4 gros.

§ 119. — Au moyen de son instrument, Poiseuille a constaté un fait que Haller et Magendie avaient déjà remarqué, c'est-à-dire, que la force de l'impulsion du sang augmente durant l'expiration. Pendant cet acte, la poitrine se contracte et, par conséquent, les grands vaisseaux sont comprimés; aussi la colonne de mercure s'élève-t-elle un peu à chaque expiration, et retombe-t-elle au moment de l'inspiration. L'élévation et l'abaissement du mercure étaient les mêmes pour les diverses artères, malgré la différence de leur distance au cœur. Lorsque la respiration était tranquille, il y avait 10 à 20 millimètres de différence entre les deux hauteurs.

L'augmentation de l'impulsion du sang par l'expiration est si considérable chez quelques personnes, que le pouls de l'artère radiale devient imperceptible, quand elles exécutent une très-longue inspiration et retardent autant que possible le moment où elles sont forcées d'expirer. Je suis moi-même dans ce cas. Lorsque j'inspire profondément et retiens ensuite ma respiration, on ne sent plus de pulsation dans mon artère radiale. Ce phénomène explique peut-être l'origine du conte populaire, d'après lequel certains individus jouissent du pouvoir de suspendre à volonté les battements de leur cœur.

Pendant le court instant de repos qui suit chaque battement du cœur, la pression à laquelle est soumis le sang contenu dans les artères est, à la vérité, un peu moins considérable. Mais comme la réaction élastique des parois du système artériel tout entier le presse de toutes parts, cette différence ne saurait être très grande. Hales a constaté que le sang ne s'élevait que d'un pouce ou guère plus dans le tube adapté à une artère, au moment de chaque contraction du cœur.

C. *Pouls des artères.*

§ 120. — Le sang ne peut pas , à cause de la résistance que lui offrent les capillaires, s'échapper de ces tubes étroits avec une vitesse égale à celle de son mouvement dans les artères. C'est pourquoi, au moment de la contraction du ventricule, il réagit contre les parois élastiques du système artériel, comme fait tout fluide qui cherche, quand on le comprime, à s'échapper dans toutes les directions. Cette pression du sang contre les parois artérielles a reçu le nom de *pouls*. Les pulsations des artères, par conséquent, sont en général synchroniques avec la contraction ventriculaire : cette dernière est la cause du pouls artériel.

§ 121. — Par suite de la réaction ou pression exercée par le sang contre les parois élastiques des artères, celles-ci se distendent à chaque systole du cœur, tandis que, durant la diastole, elles reviennent sur elles-mêmes en vertu de leur élasticité. Cette distension peut porter à la fois sur la longueur et sur la largeur des artères. Elle a réellement lieu dans les deux directions; mais l'extension en longueur est de beaucoup la plus considérable des deux. C'est pour cela qu'au moment du pouls, les artères se déplacent et deviennent sinueuses. Mais sitôt que la contraction ventriculaire a cessé, elles se redressent et reprennent leur situation première. A l'instant du pouls, les artères éprouvent également une légère augmentation de diamètre. Dans tous les cas, l'ampliation en largeur de l'artère doit être peu considérable. Plusieurs physiologistes, en effet, n'ont pu l'apercevoir; mais cependant elle existe réellement, ainsi qu'il est facile de s'en assurer en examinant les ramifications de l'artère pulmonaire chez la Grenouille. Ici l'on aperçoit très-distinctement non-seulement la courbure, mais encore la dilatation des branches artérielles. Poiseuille (1), à l'aide d'une expérience fort ingénieuse, est parvenu à mesurer le degré de cette dilatation. Après avoir mis à nu, sur un Cheval vivant, la carotide primitive dans une étendue de trois décimètres, il prit un tube de fer-blanc ouvert à ses deux extrémités et présentant, en outre, une rainure ouverte dans toute sa longueur, le glissa derrière l'artère et fit entrer cette dernière dans l'intérieur du tube par la rainure dont nous venons de parler. Alors il ferma son tube et le compléta en ajustant sur la rainure une autre morceau de fer-blanc; puis il ferma également les deux extrémités du même tube avec de la cire et de la graisse. Ces préparatifs une fois terminés, il remplit d'eau l'intérieur du tube tout autour de l'artère, à l'aide d'un autre tube de verre large de 3 millimètres, qu'il adapta au tube métallique. A chaque battement du cœur, l'eau monta d'environ 70 millimètres dans le tube de verre, puis, à chaque pause, retomba au même point qu'auparavant. Le segment d'artère compris dans le tube de métal avait 180 millimètres de longueur et occupait un espace de 11440 millimètres cubes. Or, comme à chaque battement du cœur ce segment d'artère éprouvait une augmentation de capacité égale à une colonne d'eau de 3 millimètres de diamètre et de 70 millimètres de hauteur, ou d'environ 494 millimètres cubes, il s'ensuit que la capacité de l'artère augmentait à peu près d'un vingt-troisième.

L'expérience exécutée par Flourens est plus simple. Il entoura un gros tronc artériel d'un anneau métallique très-mince et élastique, fendu dans un point de sa circonférence, et il observa de combien la fente s'élargissait au moment du pouls. Pour répéter cette expérience, un ressort de montre est l'instrument le plus commode dont on puisse se servir.

§ 122. — On admet généralement que le pouls est synchronique dans toutes les artères, quelle que soit leur distance de l'organe central de la circulation. Mais Weitbrecht, Liscovins et E. H. Weber (2) ont démontré qu'il n'en est pas ainsi, et l'on peut aisément se convaincre que les choses se passent d'une manière tout-à-fait différente. Dans le voisinage du cœur, les pulsations des artères sont synchroniques à la contraction du ventricule. La *contraction* ventriculaire constitue, en effet, le *pouls du cœur*, et le *pouls artériel* n'est autre chose que la dilatation des artères résultant de l'impulsion du sang lancé par le ventricule. Mais, à une certaine distance du cœur, le pouls des artères n'est plus parfaitement synchronique à la contraction ventriculaire; l'intervalle qui sépare l'impulsion du cœur du pouls artériel varie, selon Weber, d'un sixième à un septième de seconde. Ainsi, par exemple, le pouls de l'artère radiale a déjà lieu un peu plus tard que

(1) Magendie, *Journal de Physiol.*, ix, 41. — (2) *Adnotationes anatomicæ,*

celui de la carotide primitive. Le pouls de l'artère maxillaire externe, qui est à peu près à la même distance que l'artère axillaire, est isochrone au pouls de cette dernière, tandis que l'artère métatarsienne située à la face dorsale du pied bat un peu plus tard que l'artère maxillaire externe et que la carotide primitive.

E. H. Weber nous a fait connaître la cause de cette différence. Si le sang circulait dans des tubes parfaitement solides et parois à tout-à-fait inextensibles, l'impulsion du sang lancé par le ventricule dans les artères se communiquerait jusqu'à l'extrémité de la colonne sanguine avec une vitesse égale à celle du son qui se propage à travers un liquide, c'est-à-dire, beaucoup plus rapidement que dans l'air atmosphérique. La pression du sang se transmettrait donc alors aux extrémités les plus déliées, sans aucune perte de temps appréciable. Mais, comme les artères sont extensibles en largeur et surtout en longueur, l'impulsion que le ventricule gauche imprime au sang distend d'abord simplement celles qui sont le plus rapprochées du cœur. Ces artères, en vertu de leur élasticité, se contractent alors et déterminent ainsi la distension de la portion la plus voisine du système artériel, laquelle, se contractant à son tour, cause la distension de la portion qui suit immédiatement, et ainsi de suite. Ainsi donc, il s'écoule un certain intervalle de temps, quoique fort court, avant que l'ondulation, c'est-à-dire, la compression successive du sang, la dilatation et le rétrécissement des tubes artériels n'atteigne les parties les plus éloignées du système. Ce phénomène est tout-à-fait analogue aux ondes qui parcourent une corde tendue, à partir du point où on l'a frappée. Mais, à partir du point de l'ébranlement, la corde ne se distend que dans une seule direction, tandis que les tubes artériels se distendent dans toute leur périphérie. La propagation de cette onde à toute l'étendue du système artériel doit naturellement être beaucoup plus rapide que le mouvement du sang, de même que les ondulations de l'eau à la surface d'un fleuve se propagent beaucoup plus rapidement que ne marche le courant lui-même. Lorsqu'une onde progressive se propage à la surface de l'eau, les molécules liquides s'élèvent et s'abaissent, mais elles restent à la même place, tandis que l'onde va affecter d'autres parties de la surface du courant.

Le nombre des pulsations artérielles doit naturellement être absolument égal à celui des contractions du cœur, et le pouls des artères, qui sont situées à une égale distance de cet organe, doit nécessairement être à peu près synchronique. De temps à autre, on a vu des auteurs prétendre que l'expérience prouvait la possibilité du contraire; mais, comme sous tous les rapports le pouls n'est que la suite de la contraction ventriculaire, il doit nécessairement coïncider avec elle. L'impossible, d'ailleurs, ne saurait être un objet d'expérience. Le pouls peut, il est vrai, présenter des différences sous le rapport de sa force, de sa dureté, etc. ; mais ces variations dépendent évidemment du degré d'élasticité des vaisseaux, d'obstacles locaux à la circulation, etc.

D. *De la tonicité ou de la contractilité organique des artères.*

§ 123. — Indépendamment de leur élasticité, les artères possèdent encore une contractilité vitale. Cette contractilité, au reste, appartient à tous les vaisseaux sanguins en général. Son mode d'action est tout-à-fait différent de celui du cœur. Ainsi, au lieu de se manifester par des contractions brusques, elle agit graduellement et lentement, de sorte qu'il est difficile de la constater par l'observation directe et qu'elle ne peut jamais suppléer le cœur dans ses fonctions.

On a bien, il est vrai, comparé les artères au vaisseau dorsal pulsatoire des

Insectes et aux troncs vasculaires pulsatoires de la Sangsue et d'autres Annélides, mais ces vaisseaux représentent réellement le cœur de ces animaux, chez lesquels il existe également des troncs vasculaires non-contractiles, comme le vaisseau abdominal du Lombric terrestre ou Ver de terre. Les monstres dépourvus de cœur, comme les acéphales, etc., ne prouvent pas davantage en faveur de l'opinion qui prétend que les artères agissent de la même manière que le cœur et peuvent suppléer cet organe. En effet, dans tous les cas de ce genre qui ont été examinés avec soin, les vaisseaux du monstre privé de cœur n'étaient que des branches provenant des vaisseaux ombilicaux d'un second fœtus bien conformé, et le fœtus anormal se nourrissait absolument comme s'il eût été tout simplement un organe surnuméraire de l'enfant bien conformé, ainsi qu'on l'observe dans la classe des monstres par duplicité, où une portion d'embryon se trouve implantée dans un autre embryon normalement développé (*Duplicitas per implantationem*). Dans le cas rapporté par Ruysch (1), une extrémité acéphale était suspendue au placenta d'un fœtus bien conformé. Rudolphi a décrit (2) un monstre consistant simplement en une tête dont les vaisseaux étaient des branches provenant du cordon ombilical d'un autre fœtus normal. Il en était de même dans le cas que j'ai observé et dont Nicholson a donné les détails (3).

Quand on enlève le cœur d'un animal, on ne trouve plus dans aucune de ses artères la moindre trace de mouvement rhythmique. Cependant il faut ici faire une exception pour les endroits du système artériel qui sont pourvus de petits cœurs accessoires, comme le bulbe de l'aorte des Grenouilles et des Poissons, et les cœurs axillaires des Chimères. Dans des conditions anatomiques analogues, les veines elles-mêmes sont le siége de pulsations rhythmiques particulières ; tel est, chez l'Anguille, le cœur caudal de la veine caudale. A cette catégorie appartient également la pulsation rhythmique vitale des troncs des veines pulmonaires et de l'extrémité cardiaque des veines caves chez tous les animaux. Mais ces derniers vaisseaux ne se contractent que parce que la substance musculaire du cœur se prolonge dans leurs parois. Les cœurs accessoires des artères dont nous venons de parler contiennent aussi, comme le cœur proprement dit, des faisceaux musculaires à stries transversales ; mais dans nulle autre partie du système circulatoire on ne rencontre une couche de fibres de même nature que celle du cœur.

A en croire Flourens, tous les troncs veineux de l'abdomen de la Grenouille se contractent. Mais cette assertion est inexacte. En effet, on ne remarque les pulsations dont parle Flourens que dans la partie déjà désignée de la veine cave inférieure, et dans le voisinage des cœurs lymphatiques postérieurs ; elles dépendent ici de ce que les cœurs lymphatiques aspirent la lymphe dans les veines iliaques. Nous en dirons autant de la prétendue artère contractile que Marshall-Hall a signalée chez la Grenouille et qui passe sur le prolongement transversal de la troisième vertèbre. La pulsation de ce vaisseau, qui est une veine, dépend tout simplement de l'aspiration de la lymphe par le cœur lymphatique antérieur dans une branche de la veine jugulaire.

L'électricité, qui, ainsi que nous l'avons déjà remarqué, agit sur le cœur d'une manière si évidente, est incapable de produire des contractions brusques dans les artères. Nysten (4) a souvent appliqué le stimulus galvanique sur l'aorte de criminels que l'on venait de décapiter, et n'a jamais observé la plus légère trace de contraction. Il n'a pas été plus heureux dans ses expériences galvaniques sur

<hr>

(1) *Thesaurus anatomicus*, ix, p. 17. — (2) *Abhandl. d. Akad. zu Berlin*, 1816. — (3) MULLERS *Archiv.*, 1837. 528. — (4) *Rech. de Physiol. et de Pathol. chimiques.* Paris, 1811.

l'aorte des Poissons. Avant Nysten, Bichat avait également échoué dans ses tentatives. Wedemeyer aussi a essayé de déterminer des contractions dans les carotides et dans l'aorte thoracique chez un grand nombre d'animaux ; il employait une pile de cinquante paires de plaques, mais il n'a pas mieux réussi que les expérimentateurs précédents. J'ai moi-même exécuté un grand nombre d'expériences, à l'aide du galvanisme, pour résoudre ce problème ; mais jamais je n'ai obtenu la moindre trace de contraction, ni sur les Grenouilles, soit que le stimulus galvanique fût faible, soit qu'il fut énergique, ni sur les Mammifères, principalement les Lapins, aux artères desquels j'appliquais les fils d'une pile de soixante à quatre-vingt paires de plaques.

De tous ces faits, il résulte que la circulation ne dépend en aucune manière de contractions musculaires périodiques qu'exécuteraient les artères. et que la diminution du diamètre de ces vaisseaux, qui suit leur dilatation par l'impulsion du sang, tient uniquement à leur élasticité.

§ 124. — Mais, suivant Parry (1), Tiedemann, E. H. Weber, Schwann, Henle, il faut soigneusement distinguer l'élasticité des artères de leur contractilité insensible ou tonicité. Un fait connu de toute antiquité, c'est l'action qu'exerce sur une artère coupée de l'eau froide que l'on y laisse tomber goutte à goutte. Certains agents chimiques diminuent également le diamètre des petits vaisseaux (2). Quant aux expériences où l'on applique des agents chimiques sur des artères capillaires qu'on observe à l'aide du microscope, le résultat en est moins sûr : car, en vertu des lois de l'endosmose, l'agent externe peut agir sur le contenu des vaisseaux à travers leurs parois, et attirer au dehors ce contenu, comme il arrive pour tous les fluides de densité différente, lorsqu'ils sont séparés par une simple membrane.

Plusieurs physiologistes avaient déjà observé que les petites artères se contractaient sous l'influence du froid. Les expériences de Schwann sur les artères du mésentère de la Grenouille et du *Bufo igneus* ont définitivement démontré la réalité de ce phénomène. Après avoir étalé le mésentère d'une Grenouille sous le microscope, Schwann versait sur cette membrane quelques gouttes d'eau dont la température était un peu inférieure à celle de l'atmosphère. Bientôt les vaisseaux commençaient à se rétrécir, et la constriction augmentait graduellement, pendant l'espace de dix à quinze minutes, à tel point que le diamètre de la lumière d'une artère, qui était d'abord de 0,0724 de ligne anglaise, se trouvait réduit à 0,0276 ; par conséquent, son diamètre était de deux à trois fois plus petit , et la lumière du vaisseau était de quatre à neuf fois plus petite qu'avant l'expérience. Celle-ci achevée , les artères se dilataient de nouveau, et au bout d'une demi-heure étaient presque revenues à leur volume primitif. La constriction vitale recommençait, lorsqu'on renouvelait l'application de l'eau froide ; et l'on pouvait ainsi répéter plusieurs fois l'expérience sur la même artère. Quant aux veines, leur diamètre ne changeait pas. J'ai souvent observé moi-même ce phénomène et constaté qu'il est tel que Schwann l'a décrit.

§ 125. — Nous ignorons encore de quel tissu dépend cette espèce de contractilité. Plusieurs parties qui ne sont nullement musculaires ont pour caractère de se contracter sous l'influence du froid et d'être insensibles à l'action de l'électricité : nous pouvons, sous ce rapport, comparer le tissu contractile des artères au tissu contractile du dartos, qui donne de la colle à l'ébullition. Cependant, d'après des recherches récentes, il paraît que ces deux tissus diffèrent l'un de l'autre.

(1) *On the arterial pulse*, Bath., 1816. — (2) Voy. HASTINGS, *On inflammation of the mucous membranes*. London, 1820

Henle, en effet, a découvert dans les parois des artères une tunique particulière, qu'on doit évidemment considérer comme le siège de cette contractilité organique (1). Elle est situé en dedans de la couche élastique entre celle-ci et la membrane interne des artères. On y rencontre aussi des fibres élastiques, mais qui sont seulement juxtaposées comme un réseau qui enveloppe des faisceaux de fibres d'une espèce particulière. Cette tunique est composée de plusieurs couches de faisceaux transversaux pâles qui tranchent vivement sur la couleur sombre des fibres élastiques. On saisit encore plus aisément la différence de ces deux espèces de fibres, lorsqu'on traite par l'acide acétique un fragment de cette tunique, en même temps qu'on l'examine à l'aide du microscope. L'acide acétique dissout les faisceaux pâles sans altérer les fibres élastiques. Dans les gros troncs veineux, on trouve, immédiatement en dehors de la tunique interne, une couche parfaitement semblable de fibres transversales ; mais cette couche est toujours extrêmement mince, et elle peut même manquer tout-à-fait. Il existe, au contraire, dans la tunique interne des veines une couche de fibres longitudinales de ce genre, qui est en général très développée, tandis qu'elle est plus mince ou même manque complétement dans les artères.

Les faisceaux dont nous parlons diffèrent du tissu du dartos, dont les fibres ressemblent tout-à-fait à celles du tissu cellulaire. Henle compare ces faisceaux aux faisceaux musculaires organiques du canal intestinal. Sous le rapport chimique, ils paraissent également différer du tissu du dartos. Le docteur Retzius, en effet, a observé que la dissolution acétique de la membrane des artères est précipitée par le cyanure de potassium et de fer. Ce phénomène tient vraisemblablement à la présence du tissu en question, attendu, du moins, que le tissu cellulaire et le tissu élastique ne se comportent pas de cette manière. Si cette réaction dépend du tissu contratile des artères, il diffère donc également du dartos sous le point de vue chimique.

Les faisceaux d'un rouge-pâle qui existent entre les veines dans le corps caverneux de la verge en général, et qui, dans le pénis du Cheval, sont d'une force extraordinaire, paraissent analogues au tissu dont il s'agit. Ces faisceaux ne donnent pas de colle à l'ébullition, et leur dissolution acétique est précipitée par le cyanure de potassium et de fer. Hunter regardait les trabécules rouges-pâles qui marchent longitudinalement et forment de fréquentes anastomoses dans la verge du Cheval comme un tissu musculaire, et, en conséquence, il les croyait contractiles. Cependant je n'ai pu, au moyen d'une pile galvanique, déterminer, chez un Cheval vivant, aucune contraction des fibres du corps caverneux. Néanmoins le docteur Hr. Stanley, à Londres, m'a assuré que ce tissu jouissait d'une contractilité insensible et qui ne se déployait que fort lentement. Il est donc à souhaiter que cette question devienne l'objet de nouvelles recherches (Pl. I. fig. 2.).

§ 126. — La contractilité insensible des artères cesse avec la vie. C'est pour cela que les vaisseaux présentent alors moins de résistance à la pénétration des fluides. Ainsi, par exemple, le sérum du sang, qui, pendant la vie, ne sort pas de ses vaisseaux, traverse, au contraire, très aisément les parois vasculaires dans le cadavre. Néanmoins cette transsudation s'observe quelquefois pendant la vie, lorsque les vaisseaux se trouvent dans un état prononcé de relâchement.

Cette contractilité vitale paraît encore être une des causes de la vacuité relative des artères après la mort. Chez les mourants, les artères se rétrécissent, soit en vertu de leur élasticité, soit en vertu de leur contractilité organique,

(1) *Wochenschrift für die gesammte Heilkunde*, 1840, no 21; p. 329.

jusqu'à ce que leur diamètre se trouve réduit à son minimum. Il résulte nécessairement de là que le sang s'accumule dans les veines. Après la mort absolue, la contractilité organique cesse et les artères se dilatent de nouveau en vertu de l'élasticité qui leur est propre. Cependant il arrive fréquemment que les artères des cadavres contiennent du sang ; c'est ce qu'on observe, par exemple, chez les individus qui périssent par strangulation, submersion, asphyxie par la vapeur du charbon, et chez ceux qui meurent à la suite de maladies inflammatoires, ou dont les artères sont ossifiées (1).

Article II. — *Des vaisseaux capillaires.*

A. *Structure des vaisseaux capillaires.*

§ 127. — Dans tous les tissus organiques, la transmission du sang des ramifications artérielles les plus déliées aux radicules veineuses a lieu par l'intermédiaire d'un réseau de vaisseaux microscopiques, entre les mailles duquel se trouve la substance propre du tissu. On peut observer ce phénomène dans des préparations finement injectées, et même, pendant la vie, en examinant, à l'aide du microscope, certaines parties transparentes, telles que la membrane interdigitale, les poumons et la vessie urinaire de la Grenouille, la queue des Têtards, l'œuf incubé, les jeunes Poissons, les branchies des larves de Salamandres, les ailes de la Chauve-Souris et le mésentère de tous les Vertébrés. Enfin, on peut même, avec le secours du microscope simple, étudier la structure de ces vaisseaux intermédiaires dans certains tissus opaques des larves de Salamandres. Les ramifications des plus petites artères forment entre elles des anastomoses de plus en plus fréquentes, et ces anastomoses se confondent enfin avec un réseau continu duquel naissent les radicules des veines. On a donné, à cause de leur ténuité, le nom de vaisseaux capillaires au réseau qui unit les dernières ramifications artérielles aux plus petites racines des veines. On ne peut déterminer exactement le point où les artères se terminent et où commencent les petites veines, la transition d'un système à l'autre étant graduelle. Néanmoins le réseau intermédiaire offre cette particularité, que les petits vaisseaux qui le composent conservent partout le même diamètre et ne diminuent pas dans une direction donnée comme le font les artères et les veines. Aussi, dès qu'on voit un petit vaisseau, dont le calibre va en augmentant graduellement, résulter de la réunion de capillaires, ce vaisseau ne représente plus un capillaire proprement dit, mais constitue une ramification artérielle ou une radicule veineuse. Cependant ces considérations ne nous autorisent pas à admettre avec Bichat que les capillaires constituent un système particulier de vaisseaux.

§ 128. — Le calibre des capillaires est proportionné à celui des globules rouges du sang, et il est facile, sur des parties finement injectées, de mesurer le diamètre de ces vaisseaux. Il varie de 1/1000 à 1/4000 et même 1/5000 de pouce. Les éléments des tissus sont pour la plupart beaucoup plus déliés ; telles sont, par exemple, les fibres du tissu cellulaire, les fibres musculaires, etc.

§ 129. — La forme du réseau capillaire est, en général, très simple et ne varie guère que sous le rapport de la largeur ou de la longueur des mailles. Nous devons à Sœmmering et à Dœllinger, mais surtout à Berres (2), qui a étudié avec le plus grand soin les différences que présentent les plus petits vaisseaux dans les divers tissus, des observations fort exactes. Néanmoins leurs remarques ne

---

(1) Otto, *Pathol. Anat.*, 1, 315. — (2) *Med. Jahrb. d. Oesterr. states.* Bd. 14.

concernent pas précisément les réseaux capillaires eux-mêmes, mais la forme qu'affectent les dernières ramifications artérielles et veineuses avant de former le réseau capillaire proprement dit. D'après Sœmmering, les dernières ramifications vasculaires ressemblent, dans l'intestin grêle, à un arbre dépourvu de feuilles ; dans le placenta, à une houppe ; dans la rate, à un goupillon ; dans les muscles, à un faisceau de branchages ; dans la langue, à un pinceau de poils ; dans le foie, à un étoile ; dans le testicule et dans le plexus choroïde du cerveau, à une boucle de cheveux ; dans la membrane olfactive ou de Schneider, à un grillage. Dans les branchies, les artères et les veines suivent la direction des lamelles branchiales ; le courant artériel monte d'un côté, et le courant veineux descend de l'autre. Dans les tendons, suivant E.-H. Weber, les vaisseaux en se divisant affectent la forme dendritique sans s'unir directement aux vaisseaux du tissu musculaire, qui ressemblent, ainsi que nous l'avons dit, à des faisceaux de branchages alongés. Dans la substance corticale du rein on observe, au milieu du réseau capillaire, des pelotons particuliers ou *glomérules* composés de vaisseaux sanguins. Ces corpuscules arrondis ou corps de Malpighi représentent des pelotons formés par une branche artérielle et qui paraissent suspendus à cette branche comme un fruit à son pédicule. A l'extrémité de chacune des villosités du placenta humain, ainsi que le démontrent les belles recherches de E.-H. Weber (1), il existe une artère capillaire qui se recourbe et se continue en une veine capillaire.

Les branches les plus déliées des vaisseaux sanguins marchent longitudinalement entre les fibrilles musculaires et nerveuses ; mais les véritables vaisseaux capillaires forment un réseau autour des fibres parallèles, comme ils le font dans le testicule autour des tubes séminifères enroulés. Dans les branchies des larves de Salamandres les petites artérioles suivent les divisions des lamelles branchiales, et, arrivées à l'extrémité de chaque lamelle, s'unissent par inosculation directe avec les veinules branchiales descendantes ; mais, jusque sur les plus petites lamelles, il existe entre les deux vaisseaux, c'est-à-dire, l'artère ascendante et la veine descendante, un réseau capillaire (Pl. I. fig. 3, 4, 5.).

§ 130. — Les poumons et la choroïde de l'œil sont les parties où le réseau capillaire est le plus dense, et où les mailles sont les plus petites. L'iris et le corps ciliaire viennent ensuite, et après eux le foie, les reins, les membranes muqueuses et le corion. Dans la choroïde du Coq d'Inde, les îles de substance ont le même volume, et sont quelquefois plus petites que le diamètre des capillaires eux-mêmes. Dans le poumon de l'Homme, les îles sont peut-être plus petites que les vaisseaux qui forment le réseau (2). Dans le rein de l'Homme et dans celui du Chien le diamètre des vaisseaux injectés, comparé au diamètre longitudinal des mailles, est à celui-ci comme un est à quatre ou comme un est à trois. Le cerveau reçoit, il est vrai, une très grande quantité de sang ; mais, comme les capillaires, au moyen desquels le sang se distribue dans la substance centrale, sont très déliés, et moins nombreux que dans d'autres parties, il doit les parcourir et passer dans les veines plus rapidement qu'il ne le fait dans la plupart des autres organes. D'après E. H. Weber, le diamètre des capillaires du cerveau est au diamètre longitudinal des mailles comme un est à huit ou comme un est à dix. En comparant le diamètre des capillaires cérébraux au diamètre transversal de ces mêmes mailles, cet anatomiste a trouvé que le premier était au second comme un est à quatre, ou comme un est à six.

Dans les membranes muqueuses, la conjonctive palpébrale, par exemple, ainsi

(1) HILDEBRANDT's *Anatomie*, IV. — (2) *Ibid.*, IV, 205.

que dans le corion cutané, le même observateur a constaté que les vaisseaux capillaires eux-mêmes sont beaucoup plus larges qu'au cerveau, mais que les îles de substance sont plus étroites, c'est-à-dire, ne sont que trois à quatre fois plus larges que les vaisseaux. Dans le périoste les mailles étaient beaucoup plus grandes (1). Les os, les cartilages, les ligaments et les tendons sont les tissus qui contiennent le moins de vaisseaux sanguins et de capillaires La grande différence de vascularité qui existe entre les tissus musculaire et tendineux est surtout évidente lorsqu'on les examine tous deux aux endroits où ils se trouvent contigus l'un à l'autre. Arrivés à ce point, suivant Doellinger, la plupart des vaisseaux sanguins du tissu musculaire se réfléchissent, et n'ont pas de communication immédiate avec les rares vaisseaux du tissu tendineux. Prochaska (2) a observé qu'il existait la même différence entre la portion libre de la membrane synoviale et celle qui recouvre les cartilages articulaires.

§ 131. — Dans certains tissus on ne trouve ni capillaires, ni aucune espèce de vaisseaux sanguins. A cette catégorie appartiennent le tissu corné, le tissu dentaire et le cristallin. Il n'existe pas non plus de vaisseaux sanguins dans les divers épitheliums, et par conséquent aussi dans la couche la plus interne des membranes séreuses, tandis que toutes les autres parties de ces dernières en contiennent. Bleuland et Schroeder van der Kolk ont réussi à injecter les vaisseaux sanguins des membranes séreuses. On ne rencontre dans les cartilages que de rares vaisseaux sanguins. Sur des cadavres d'enfants finement injectés on peut suivre ces vaisseaux depuis le périchondre jusque dans l'intérieur du cartilage. Longtemps avant de s'ossifier, la rotule est traversée par des canaux qui contiennent des vaisseaux. Sur des cartilages permanents, par exemple, sur les cartilages costaux et auriculaires d'un enfant finement injecté, j'ai vu des vaisseaux sanguins, remplis par la matière de l'injection, pénétrer profondément çà et là dans le tissu cartilagineux, mais sans y produire de réseau vasculaire. Pour suivre ces vaisseaux, il fallait couper transversalement le cartilage.

Dans les éditions précédentes de ce livre, j'ai cité, à propos des vaisseaux sanguins des cartilages, une préparation que j'avais vue à Utrecht. C'était un Renard sur lequel les cartilages de la trachée, du larynx et des côtes étaient recouverts d'un réseau vasculaire dense. Mais il est possible que ces vaisseaux injectés appartinssent tout simplement au périchondre. Cependant le professeur Valentin m'a écrit qu'il existe des cartilages injectés dans le muséum de Bleuland à Utrecht.

Plusieurs des parties transparentes de l'œil contiennent aussi des vaisseaux sanguins ; telles sont la cornée et la capsule du cristallin. La couche profonde de la cornée, qui est un cartilage, n'a pas encore été injectée : mais une observation que j'ai faite à plusieurs reprises, c'est que chez les Veaux à terme la conjonctive de la cornée possède des vaisseaux qui contiennent du sang, et que l'on peut, à l'aide d'une loupe, les suivre jusqu'à plus d'une ligne du bord de la cornée. Henle a injecté et dessiné ces vaisseaux. Retzius a même réussi à les injecter sur l'animal adulte (3)

La paroi postérieure de la capsule du cristallin contient encore, chez les animaux adultes, des vaisseaux qui charrient du sang et qui proviennent d'une branche de l'artère centrale, laquelle traverse le corps vitré pour atteindre la capsule postérieure. J'ai quelquefois vu ces vaisseaux encore pleins de sang sur des yeux frais de Veaux et de Bœufs. Zinn a fait la même observation.

<hr>

(1) WEBER, dans HILDEBRANDT'S *Anat.*, III, Bd., p. 45. — (2) *Disquisitio anatomico-physiologica organismi humani.* Viennæ, 1812, p. 96; WEBER, loc. oit., III, 43. — (3) HENLE, *De membrand pupillari aliisque membranis oculi pellucentibus.* Bonnæ, 1832; voy. aussi ROEMER, dans AMMON'S *Zeitschr. f. Ophthalmol.*, V, 21.

§ 132.—Quoique nous prétendions que, même dans les membranes transparentes, il existe des vaisseaux qui charrient du sang, nous n'affirmons pas en même temps que tous les vaisseaux de ces parties soient réellement assez forts pour admettre les globules rouges du sang. Au contraire, il est vraisemblable que, précisément dans ces parties, la plupart de leurs vaisseaux les plus fins sont trop étroits pour recevoir autre chose que la portion fluide du sang, c'est-à-dire, la liqueur sanguine, *liquor sanguinis*. Il se peut encore que, dans d'autres tissus, il existe également des vaisseaux capillaires extrêmement déliés ayant en général pour fonctions de porter des artères aux veines la liqueur sanguine. Ces vaisseaux ont reçu le nom de vaisseaux séreux, *vasa serosa*.

§ 133. — Les vaisseaux capillaires ne sont pas de simples rigoles creusées dans la substance propre des organes; ils possèdent des parois membraneuses. En effet, dans certains tissus, la substance propre, qui existe entre les capillaires, se laisse dissoudre par la macération, et il ne reste plus que le réseau vasculaire qui n'a pas été altéré par ce traitement. C'est ce qui arrive aux capillaires des reins et à ceux de la membrane vasculaire du limaçon des Oiseaux (1). Sur des parties fraîches et avec le secours du microscope, on parvient quelquefois à distinguer la paroi des vaisseaux capillaires, comme membrane propre. En examinant ainsi les capillaires de la queue de têtards de Grenouille, Schwann a vu que les courants capillaires sont entourés d'une membrane propre très mince, mais distinctement perceptible. Il a pu même, sur des capillaires un peu plus gros, reconnaître des fibres circulaires semblables à celles qu'on remarque dans les artères. Une autre particularité découverte par Schwann, c'est que, de distance en distance, on aperçoit des noyaux de cellules dans les parois des vaisseaux capillaires. La présence de ces noyaux dépend de ce que les vaisseaux sont primitivement constitués par des cellules qui se soudent à la suite les unes des autres, et dont les cloisons intérieures disparaissent (2).

B. *Mouvement du sang dans les capillaires.*

§ 134. — Quand on examine au microscope quelque partie transparente d'un animal vivant, on remarque que le sang, en circulant dans les artères les plus petites ou dans les vaisseaux capillaires, ne présente pas de mouvement pulsatoire ou d'accélération rhythmique, et que ce liquide y forme un courant uniformément continu : c'est du moins ce qui a lieu chez les animaux adultes. Quand l'animal est affaibli, le courant sanguin est bien encore continu, mais il cesse d'être uniforme, et l'on voit que dans les petites artères et dans les capillaires le mouvement des corpuscules sanguins s'accélère à chaque contraction du ventricule. Ce phénomène s'observe également chez les animaux très jeunes, alors même qu'ils ne se trouvent pas précisément dans un état de faiblesse. Si la force d'impulsion du cœur diminue encore, les globules sanguins ne marchent plus d'une manière continue, ni dans les artères les plus déliées, ni dans les capillaires; alors ils avancent uniquement par saccades, et, quand la faiblesse de l'animal est portée à sa dernière limite, on voit les globules du sang avancer d'abord, puis rétrograder un peu dans ces vaisseaux. Ces faits prouvent jusqu'à l'évidence que la circulation du sang dans les capillaires dépend de l'impulsion que lui communique l'organe central de la circulation. Plus les animaux sont faibles, plus le phénomène du mouvement par saccades est distinct et prononcé. En effet, plus la force du cœur

<hr>

(1) WINDISCHMANN, *De penitiori auris structura in Amphibiis*, cùm tab. 5. Bonnæ, 1831. —
(2) SCHWANN, *Mikroskopische Untersuchungen*. Berlin, 1838, p. 185.

diminue, moins les artères sont dilatées ; dans ce cas, par conséquent, elles reviennent sur elles-mêmes en vertu de leur élasticité, et leur calibre se réduit presque à son minimum. Dès qu'elles cessent d'être dilatées, la réaction élastique cesse également.

§ 135. — Le degré de résistance que les vaisseaux capillaires offrent à la circulation du sang a été calculé par Hales et par Keill. La méthode adoptée par Keill consistait à comparer les diverses quantités de sang qui, dans un temps donné, coulent de l'artère crurale et de la veine crurale toutes deux divisées sur un Chien vivant. La quantité de sang que donnait l'artère crurale était à celle donnée par la veine comme 7 1/2 est à 3. La conclusion à tirer de cette expérience est que la résistance éprouvée par le sang dans les capillaires neutralise les neuf quinzièmes de la force avec laquelle se meut le sang artériel.

Hales soumit l'intérieur de l'artère mésentérique d'un animal mort à la pression d'une colonne d'eau de quatre pieds et demi de hauteur ; mais préalablement il avait divisé les intestins le long de la ligne opposée à l'insertion du mésentère. La quantité de liquide qui s'écoulait par les capillaires divisés n'était que le tiers de celui que Hales obtenait dans le même espace de temps, quand il avait divisé des branches artérielles plus fortes. Ainsi donc, dans cette expérience, la résistance que présentait le système capillaire était égale aux deux tiers de la force avec laquelle l'eau était poussée dans les artères.

§ 136. — Différents écrivains ont cru que la force du cœur est insuffisante pour faire circuler le sang dans les capillaires, et qu'il faut nécessairement admettre quelque force particulière pour expliquer sa progression dans ces vaisseaux. Mais cette supposition est complétement renversée par une excellente expérience due à Magendie. Ce physiologiste appliqua une ligature à la patte d'un Chien, mais sans y comprendre ni l'artère crurale, ni la veine de même nom ; puis il lia isolément cette dernière, qui se trouva bientôt distendue audessous de la ligature par le sang qui retournait au cœur. Les choses étant en cet état, quand Magendie piquait la veine, le sang formait un jet continu ; dès qu'il comprimait l'artère crurale, la veine cessait de donner du sang, mais celui-ci recommençait de couler aussitôt que l'artère n'était plus comprimée. Poiseuille ayant, au moyen de son instrument que nous avons déjà décrit, mesuré la pression qu'exerce le sang dans la portion périphérique d'une veine, a trouvé que cette pression est exactement proportionnelle à celle du sang dans les artères, c'est-à-dire, qu'elle augmente ou diminue dans le système veineux, selon qu'elle s'accroît ou s'affaiblit dans le système artériel (1).

D'après Kielmeyer, le sang est doué de la faculté de se mouvoir spontanément, et c'est en vertu de cette faculté qu'il circule dans les vaisseaux capillaires jusqu'aux radicules des veines. Cette force propre au sang se déploie durant la vie, indépendamment de l'action du cœur, et, par conséquent, continue encore d'agir lorsque les mouvements de cet organe sont suspendus. Cette théorie a été adoptée par Treviranus, Carus, Dœllinger et Oesterreicher. Mais le sang ne peut pas avoir par lui-même une direction déterminée ; ou bien il faudrait qu'il fût attiré par la substance propre des vaisseaux capillaires, ainsi que Baumgærtner et Koch semblent l'admettre. Si le sang était réellement attiré par les vaisseaux capillaires et la substance vivante, il en pourrait résulter des congestions sanguines locales. Ainsi, nous ne saurions comprendre comment une attraction de ce genre pourrait aider la circulation du sang ; car, au contraire, elle tendrait à rendre le sang stationnaire dans les capillaires, à moins de supposer que les

(1) MÜLLER's *Archiv.*, 1834, p. 366.

capillaires n'attirent le sang qu'autant qu'il conserve son caractère artériel, et n'ont plus d'affinité pour lui dès qu'il est converti en sang veineux. C'est de cette façon seulement qu'on pourrait concevoir dans les parois mêmes des capillaires l'existence d'une force qui aidât la circulation du sang à travers cet ordre de vaisseaux. La turgescence dont certaines parties sont le siége dans certains moments, ne prouve absolument rien en faveur de cette prétendue force auxiliaire : car ici il y a toujours accumulation de sang dans l'organe érectile.

Les auteurs qui supposent que le sang jouit d'une vie propre et concourt par lui-même à la circulation ont invoqué, en faveur de leur hypothèse, l'observation suivante de Wolff et Pander. Ces physiologistes, en étudiant le developpement embryonnaire du Poulet, ont observé que le sang se forme dans l'*area vasculosa* et marche de la périphérie de l'*area vasculosa* vers le cœur, avant que cet organe soit le siége d'aucune pulsation. Malheureusement, la seconde partie de cette assertion n'est nullement prouvée : car ni Baer, ni aucun des observateurs plus récents n'ont pu confirmer la réalité de ce fait.

Les autres arguments sur lesquels on se fonde pour admettre dans le sang une force propulsive spontanée reposent uniquement sur cette assertion, que les mouvements du sang persistent encore, quand le cœur a cessé de battre. Lorsque, l'œil armé d'un microscope, on étudie le sang dans les vaisseaux capillaires d'une partie séparée du corps vivant, on ne le voit se mouvoir que dans les deux cas suivants :

1° Aussi longtemps que les troncs vasculaires divisés donnent du sang, cet écoulement doit exercer une certaine influence sur celui qui est contenu dans les vaisseaux capillaires. Ainsi, dix minutes après avoir amputé la patte d'une Grenouille, j'ai vu le sang des petits vaisseaux se mouvoir encore, mais lentement, dans la direction des gros vaisseaux, c'est-à-dire, vers les ouvertures des troncs vasculaires dont j'avais opéré la section. Selon moi, ces mouvements dépendent simplement de l'écoulement de sang qui s'opère par les vaisseaux divisés, attendu qu'en vertu de l'élasticité de leurs parois ces vaisseaux reviennent d'avantage sur eux-mêmes qu'ils ne le pouvaient faire auparavant, à cause de leur état de dilatation forcée. On peut même, à l'aide du microscope, voir ce rétrécissement s'effectuer sous ses yeux. Si l'on élève la surface divisée d'où s'échappe le sang, l'écoulement cesse plus tôt, et au bout de cinq à six minutes on n'aperçoit plus le moindre mouvement dans les capillaires (1).

2° Le second cas s'observe lorsqu'on fait tomber directement les rayons solaires sur une partie humide séparée du corps. La surface de cette partie se dessèche et se plisse si vivement, que ce changement est perceptible à l'œil. Ce phénomène détermine une prompte déplétion des vaisseaux capillaires, ce qui, joint à l'effet de l'illumination par les rayons solaires directs, produit une apparence d'oscillations. Ainsi, dans une aile de Chauve-Souris détachée du corps de l'animal on aperçoit encore, au bout de plusieurs heures, quelques traces de ce mouvement vibratoire dans les vaisseaux les plus déliés, mais seulement aux endroits où les rayons solaires sont le plus brillants. Même à l'œil nu on peut voir la surface de cette membrane se froncer avec une rapidité extraordinaire. Si l'on humecte de nouveau la partie ainsi ratatinée, elle cesse pendant quelques instants de se crisper, et en même temps de présenter un mouvement vibratoire dans l'intérieur des vaisseaux ; mais ce mouvement ainsi que le froncement reparaissent, sitôt que l'évaporation et la dessication recommencent. J'ai

(1) Comp. WEDEMEYER, *Ueber den Kreislauf des Blutes*. Hannover, 1828, p. 233.

même pu, après un intervalle d'un jour et demi, en humectant une aile de Chauve-Souris, apercevoir encore de légères oscillations à l'intérieur des capillaires, lorsque je faisais tomber directement sur eux les rayons solaires.

Lorsque le cœur, soit par suite de la destruction de sa vitalité par la potasse caustique, soit par suite de la ligature des artères, ne peut plus exercer la moindre influence sur une partie du corps vivant, le mouvement du sang persiste encore, jusqu'à ce que l'élasticité des parois artérielles ait réduit ces vaisseaux à leur minimum de diamètre.

Si le sang se mouvait en vertu d'une espèce d'attraction exercée sur lui par les capillaires, les corpuscules sanguins joueraient incontestablement le principal rôle dans la circulation. Dans les cas où le courant sanguin se trouve subitement et complétement interrompu par quelque obstacle mécanique, le sang, au lieu de rester immobile dans ses vaisseaux, devrait obéir à l'attraction des capillaires et, par conséquent, continuerait son mouvement de progression. Or, c'est ce qui n'a pas lieu. En effet, quand on observe la circulation dans la membrane natatoire interdigitale de la patte de la Grenouille, si l'on vient à comprimer tout-à-coup le membre de l'animal, on voit immédiatement le mouvement de la masse du sang cesser tout-à-fait, ainsi que celui même des globules sanguins.

§ 137. — Tous les arguments que nous avons rapportés jusqu'ici contre la supposition du concours actif du sang à la circulation militent également contre la théorie qui attribue aux nerfs une influence sur le mouvement du sang dans les capillaires.

Treviranus et Baumgaertner sont les deux principaux champions de cette hypothèse. Mais, quoiqu'il soit certain que la turgescence des tissus et l'attraction qu'ils exercent sur le fluide nourricier dépendent de l'influence des nerfs, on ne doit pas conclure de là que cette influence soit capable d'aider en rien la circulation. Les nombreuses expériences de Baumgaertner sur ce sujet ne prouvent nullement que les nerfs coopèrent à la circulation dans les vaisseaux capillaires. Il confesse lui-même avec une admirable bonne foi que plusieurs de ses expériences ne sont pas rigoureusement concluantes. Mais quand les preuves sont imparfaites, le nombre n'y fait rien et ne suffit pas à établir la réalité d'un fait. Lorsque Baumgaertner (1) dirigeait sur le nerf sciatique et la patte d'une Grenouille un courant galvanique assez fort pour abolir l'irritabilité du nerf, la circulation s'arrêtait ordinairement dans ce membre. Mais, dans ce cas, en détruisant la force nerveuse de la partie, on détruit aussi l'influence qui empêche la coagulation du sang. En outre, on doit se rappeler que le galvanisme détermine la coagulation de l'albumine du sang. Baumgaertner a vu le mouvement du sang dans les capillaires se ralentir après la destruction de la moelle épinière et du cerveau, quoique le cœur continuât encore à battre. Mais, dans cette expérience, les mouvements eux-mêmes du cœur sont affaiblis. Au reste, toutes les expériences qui reposent sur des *plus* ou des *moins* ne sauraient jamais constituer une preuve incontestable.

Treviranus affirme que la section du nerf sciatique chez la Grenouille fait immédiatement cesser la circulation dans la membrane interdigitale. Mais, d'un autre côté, Baumgaertner prétend que ce phénomène n'a pas lieu, lorsque la membrane se trouve dans un état convenable d'humidité.

Malgré leur nombre, les expériences de Wilson Philip (2) ne démontrent nullement que les nerfs exercent une influence sur la circulation dans les vais-

---

(1) *Beobachtungen über die Nerven und das Blut.* Freiburg, 1830. — (2) *An experimental inquiry into the laws of the vital functions.* London, 1817

seaux capillaires. Si le mouvement du sang dans les capillaires se ralentissait, lorsque cet observateur appliquait des narcotiques, c'est-à-dire, de l'opium ou une infusion de tabac sur le cerveau et la moelle épinière; si la circulation capillaire cessait, lorsqu'il désorganisait brusquement les parties centrales du système nerveux, ces phénomènes n'avaient lieu que . par l'intermédiaire du cœur.

Koch (1) a exécuté une expérience aussi simple qu'ingénieuse, afin de résoudre la question qui nous occupe. Il amputa la patte d'une petite Grenouille et observa que le mouvement du sang dans la membrane interdigitale cessait au bout de trois minutes. Il prit alors une autre Grenouille dont il coupa une des cuisses de façon à ce qu'elle ne tint plus au tronc que par le nerf siatique. Dans ce cas, il vit le sang continuer de se mouvoir dans les capillaires pendant un quart d'heure ou une demi-heure. J'ai répété moi-même cette expérience, mais je suis loin d'avoir obtenu les mêmes résultats. Ainsi, chez de grosses Grenouilles le mouvement du sang dans les vaisseaux capillaires durait dix minutes après l'amputation complète du membre; mais je ne remarquais aucune différence sous le rapport du temps, lorsque je laissais le membre encore attaché au corps par le nerf sciatique. Néanmoins une circonstance particulière peut, dans cette seconde expérience, donner lieu à une erreur : comme la Grenouille conserve encore le pouvoir de produire des contractions musculaires volontaires dans le membre, aussi longtemps que le nerf sciatique continue d'être en communication avec les centres nerveux, on aperçoit toujours, après chaque contraction de ces muscles, un léger mouvement des globules sanguins dans les vaisseaux capillaires; mais évidemment la cause de ce phénomène est tout-à-fait mécanique.

Parfois cependant il survient dans les vaisseaux capillaires d'une partie dont on a depuis longtemps coupé le tronc nerveux une espèce de décomposition avec inflammation et gangrène. Ainsi, par exemple, j'ai vu, sur un Lapin dont j'avais divisé le nerf sciatique, la partie du talon sur laquelle s'appuyait l'animal se mortifier et s'ulcérer. Mais évidemment on ne peut rien conclure de ces faits par rapport à la question que nous discutons.

On doit également rapporter ici le phénomène observé par Stilling (2). Ce physiologiste a remarqué qu'il se formait des moisissures aux doigts des pattes postérieures des Grenouilles chez lesquelles il avait détruit la portion postérieure de la moelle épinière. Le même observateur a vu encore le sang stagner dans la membrane natatoire de ces animaux, et il attribue cette stagnation à l'abolition de la contractilité ou à la paralysie des vaisseaux capillaires. Mais les phénomènes qui se développent alors sont extrêmement complexes. Dans ce cas-ci, en effet, il y a à la fois altération dans la nutrition et altération dans la contractilité des vaisseaux capillaires. La simple dilatation des capillaires dans une partie quelconque ne saurait déterminer une stase sanguine; mais, lorsque la contractilité organique des artères est détruite dans la totalité d'un membre, la pression constante à laquelle est soumis le sang contenu dans les artères diminue : car alors l'artère ne réagit plus qu'en vertu de son élasticité, et, par conséquent, une des causes qui, dans les intervalles de repos du cœur, contribuent à la propulsion du sang, c'est-à-dire, la contractilité organique des artères, est complétement anéantie. Ainsi donc, le courant sanguin, par l'abolition de la contractilité des vaisseaux, perd une partie de la force qui le rendait uniformément continu, et il tend à ne plus marcher que par saccades.

(1) Meckel's *Archiv.*, 1827, p. 443. — (2) Müller's *Archiv.*, 1841.

C. De la turgescence.

§ 138.— Les phénomènes de la turgescence dépendent de l'attraction du liquide sanguin par les parties vivantes. La turgescence est très évidente dans les plantes ; car chez elles il n'existe pas d'organe dont l'impulsion puisse déterminer la circulation des liquides, comme le cœur détermine celle du sang chez les animaux. Ainsi, par exemple, dans les végétaux on remarque un afflux considérable de liquides vers l'ovaire qui contient l'œuf fécondé. *Ubi stimulus, ibi affluxus.* On observe aussi des phénomènes analogues chez les animaux.

Cette accumulation locale et active de sang, qui est tout-à-fait indépendante du cœur et qui ne résulte pas non plus d'un obstacle au retour du sang par les veines, a reçu en général le nom de *turgescence, turgor vitalis, orgasme* (1).

§ 139. — L'action réciproque que le sang et la substance exercent l'un sur l'autre, ou l'affinité organique qui existe entre le sang et les tissus, affinité qui est nécessaire et essentielle à l'accomplissement de la nutrition, s'accroît singulièrement dans un grand nombre de circonstances et détermine alors une accumulation de sang dans les vaisseaux dilatés de l'organe. C'est ce qu'on remarque, par exemple, dans l'appareil génital pendant l'excitation sexuelle, dans l'utérus, pendant la grossesse, dans l'estomac, pendant la digestion, et dans les tubérosités des os crâniens sur lesquels reposent les andouillers du Cerf, au moment de la régénération de ces parties. Ce phénomène est tout-à-fait analogue à l'ascension de la sève dans les plantes : car auparavant ces parties étaient pauvres de sang comparativement à leur état actuel. C'est chez l'embryon qu'on observe le plus fréquemment des congestions sanguines locales, des dilatations et des formations de nouveaux vaisseaux, à l'époque où la force organique créatrice produit successivement les divers tissus et organes nécessaires au tout. D'autre part, certains organes, comme les branchies des larves de Salamandres et de Grenouilles, ainsi que la queue des Têtards, s'atrophient et disparaissent dès que cesse l'affinité vitale qui existe entre le sang et ces parties.

§ 140. — Pour expliquer ces phénomènes on a supposé que, dans ces circonstances, les artères se contractent avec plus d'énergie qu'à l'ordinaire. Lorsque ces phénomènes se manifestent soudainement et disparaissent de même, comme on l'observe quand une personne rougit de honte, ou quand la face toute entière s'illumine sous l'influence d'une passion violente, on peut réellement alors attribuer aux vaisseaux un rôle essentiel dans leur production. On conçoit que les phénomènes dont nous parlons doivent nécessairement se produire, s'il y a contraction simultanée non-seulement des artères, mais encore des veines ; car une semblable contraction détermine naturellement l'afflux et l'accumulation du sang dans les vaisseaux capillaires. Toutefois on ne saurait expliquer de cette manière les congestions sanguines actives et persistantes. Pour expliquer l'augmentation de la quantité de sang qui se porte à l'utérus pendant toute la durée de la grossesse, aux poumons et à d'autres organes, à différentes périodes de leur développement, il faut nécessairement admettre que l'affinité entre le sang et la substance propre de ces organes se trouve réellement accrue. Peut-être doit on ranger ici la rubéfaction de la peau que provoquent des frictions faites avec une brosse ou l'application des médicaments dits rubéfiants, tels que le raifort, le daphne gnidium, la moutarde, etc. On peut également classer dans la même catégorie les congestions sanguines actives dont deviennent le

---

(1) Hebenstreit, *De turgore vitali.* Lipsiæ, 1795. On ne rencontre dans l'ouvrage de cet auteur aucun aperçu exact sur cette question.

siége les organes qui se trouvent dans un état de surexcitation, le cerveau, par exemple (1).

Schwann a proposé une autre explication de ces phénomènes. Dans sa théorie, il n'est pas besoin d'admettre l'existence d'une attraction particulière entre le sang et les vaisseaux. Il suppose, en effet, que la contractilité vitale des vaisseaux capillaires cesse momentanément d'agir et éprouve une véritable rémission, ce qui permet au sang de les dilater plus qu'à l'ordinaire et, par conséquent, de s'accumuler dans l'organe en quantité beaucoup plus considérable (2). Mais les phénomènes de turgescence qui suivent l'application des rubéfiants indiquent bien plutôt un déploiement qu'une rémission d'activité de la part du tissu.

Nous devons à Thomson, Wilson Philip, Hastings, Kaltenbrunner, Wedemeyer et Koch des observations intéressantes au sujet de l'action qu'exercent les agents chimiques sur les vaisseaux capillaires. Certaines substances déterminent promptement une dilatation notable des capillaires; nous citerons pour exemple le sel de cuisine ou chlorure de soude. D'autres substances, au contraire, provoquent le rétrécissement de ces vaisseaux : telle est l'application du froid. Enfin, il en est quelques unes qui produisent d'abord la contraction, puis, secondairement, la dilatation des capillaires. Cependant, nous devons l'avouer, les expériences que les auteurs ont faites sur chacun de ces agents en particulier sont loin de s'accorder entre elles.

D. *De l'inflammation.*

§ 141. — Il faut distinguer avec soin l'inflammation de la turgescence : car celle-ci est un phénomène normal. C'est également à l'aide du microscope qu'on doit étudier la marche de l'inflammation (3).

La quantité de sang contenu dans les petits vaisseaux et les capillaires d'un organe enflammé est, dans toutes les périodes de l'inflammation, supérieure à celle qu'ils contiennent à l'état normal; mais à chacune des époques de la maladie on observe des différences considérables dans le mouvement des globules sanguins. Au commencement de l'inflammation il arrive plus de sang dans les capillaires de l'organe, mais il retourne dans les veines sans grande difficulté. A mesure que la maladie fait des progrès, la circulation s'embarrasse, se suspend dans quelques capillaires, puis dans un plus grand nombre; enfin, au plus haut degré de l'inflammation, tous les vaisseaux capillaires sont remplis de sang vraisemblablement coagulé, mais, dans tous les cas, ayant subi une certaine décomposition. Lorsque la congestion inflammatoire a son siége dans une membrane dont la surface est libre, et qu'elle a atteint son maximum d'intensité, la fibrine dissoute du sang accumulé dans les capillaires s'épanche à la surface de cette membrane, s'y coagule et y forme une pseudo-membrane. Si, au contraire, l'inflammation a lieu dans un organe où il n'existe pas de surface libre sur laquelle cette exsudation puisse s'effectuer, la matière coagulée doit nécessairement s'accumuler dans les capillaires eux-mêmes. Lorsque la circulation n'est suspendue que dans quelques capillaires isolés, et peut encore s'accomplir, quoiqu'imparfaitement, dans les autres, le tissu de l'organe devient plus dense. Cet état a reçu le nom spécial d'hépatisation, quand il affecte les poumons. On l'appelle induration, quand il a son siége dans les autres organes.

---

(1) Comp. Bonorden. dans Meckel's *Archiv.*, 1827. 557; Wedemeyer, loc. cit., 412. — (2) *Encyclop. Woerterb. d. med. Wissensch..* XIV, 255. — (3) Thomson, *Traité de l'inflammation,* trad. par Jourdan. Paris, 1820 ; Kaltenbrunner, *Experimenta circâ statum sanguinis et vasorum in inflammatione,* Monach., 1826; Koch, dans Meckel's *Archiv. f. Anat. u. Physiol,* VI.

§ 142. — Le travail inflammatoire, alors même qu'il n'a lieu que dans un point particulier de l'organisme, modifie cependant, comme par l'effet d'un ferment, la masse tout entière du sang. Nous voyons, en effet, dans les maladies inflammatoires, que le sang devient plus riche en fibrine; souvent même la proportion de fibrine que contient le fluide sanguin augmente d'une manière extraordinaire. C'est un fait qui avait déjà été remarqué plusieurs fois par d'anciens observateurs, et qui, tout récemment, a été démontré par Andral et Gavarret (1).

§ 143. — Si la violence de l'inflammation est telle que la circulation dans l'organe affecté s'arrête complétement, non-seulement le sang se coagule dans les vaisseaux capillaires, mais encore il se décompose totalement. La substance même du tissu se décompose également. La partie se sphacèle ; en d'autres termes, elle est frappée de mort.

Enfin, si l'inflammation se prolonge, soit par la survenance de nouvelles causes, soit par la persistance des anciennes, la substance de l'organe subit une décomposition d'un genre particulier. Il se forme un liquide nouveau qui se sépare du tissu malade et contient une multitude de cellules pourvues de noyaux; ce liquide est le *pus*, et ces cellules sont les globules du pus. Nous traiterons plus tard la question de la formation du pus; nous nous contenterons de citer ici les travaux de Güterbock (2), de Wood (3), de Vogel (4) et de Henle (5).

§ 144. — Les phénomènes qu'on observe au début de l'inflammation offrent, à la vérité, beaucoup d'analogie avec ceux de la turgescence vitale. Ainsi, l'organe affecté semble attirer une plus grande quantité de sang qu'à l'ordinaire et le laisser échapper avec plus de difficulté. Mais on doit se garder de considérer comme une augmentation de l'activité vitale ce qui est essentiellement un trouble fonctionnel. Aussi, dans l'inflammation, la nature fait-elle effort pour faire disparaître les changements matériels produits dans l'organe malade par le stimulus inflammatoire, et pour le remettre en état d'accomplir la fonction qui lui est dévolue. Si l'inflammation n'était qu'une surexcitation vitale, on n'observerait jamais les phénomènes qui constituent les divers modes de terminaison des phlegmasies. Dans la reproduction des andouillers, dans le phénomène de l'érection, dans l'énorme développement matériel qu'éprouve l'utérus durant la grossesse, il existe une turgescence réelle liée à un accroissement local de la force organique. Ici, l'excitement et la force augmentent simultanément et marchent, pour ainsi dire, d'un pas égal, tandis que, dans l'inflammation, il n'y a que le changement matériel qui aille en augmentant. Or, dans ce dernier cas, le changement qui s'opère n'est pas homogène au tissu affecté; dans la simple turgescence d'un organe quelconque, il y a, au contraire, homogénéité entre la substance de cet organe et le changement qui s'y produit. C'est ainsi que, dans la turgescence de l'utérus rempli par le produit de la conception, il se forme de nouvelle substance musculaire, tandis que, dans l'inflammation de l'utérus, il ne se produit pas de nouvelle substance homogène à l'utérus, mais seulement de la fibrine. Or, cette matière altère le tissu enflammé du poumon, des nerfs, etc. Enfin, lorsqu'un organe est enflammé, il devient incapable de remplir ses fonctions; dans le cas de turgescence normale, au contraire, l'activité de l'organe s'accroit. C'est de cette façon seulement que l'on comprend que le changement matériel qui survient dans l'inflammation puisse déterminer la mort locale.

§ 145. — L'inflammation dépend de l'irritation des vaisseaux capillaires, mais

<hr>

(1) *Ann. des Sc. nat.*, t. XIV, 1840, p. 561. — (2) *De pure et granulatione.* Berol., 1857. — (5) *De puris naturâ et formatione.* Berol., 1857. — (4) *Ueber Eiter, Eiterung und die damit verwandten Vorgaenge.* Erlangen. 1858. — (5) Hufeland's *Journal*, LXXXVI.

elle ne consiste ni en une augmentation, ni en une diminution de la vitalité. L'inflammation n'est ni sthénie, ni asthénie : c'est un état tout particulier qui peut se développer, soit lorsque les forces générales de la vie sont encore intactes, soit lorsqu'elles sont déjà déprimées. Mais, toutes les fois que l'inflammation occupe un organe important, à mesure qu'elle fait des progrès, elle brise les forces vitales, quand bien même, au début de la maladie, ces forces n'auraient encore subi aucune atteinte. L'inflammation consiste essentiellement en un conflit anormal entre le sang et la substance organique, conflit qui est déterminé par un changement matériel. Elle se compose de plusieurs éléments, savoir : d'une lésion locale, d'une tendance locale à la décomposition et d'une activité organique qui s'efforce de lutter contre cette tendance. Tantôt cette activité l'emporte, comme on l'observe dans la guérison d'une plaie, par exemple; tantôt, au contraire, elle est vaincue.

ARTICLE III. — Des veines.

§ 146. — Comme la force du cœur suffit non-seulement pour faire parcourir au sang les artères, les vaisseaux capillaires, mais encore, malgré tous les obstacles, pour le faire revenir au cœur par les veines, le système veineux, en un temps donné, verse dans le cœur droit une quantité de sang égale à celle que le cœur gauche chasse dans le système artériel durant le même espace de temps. Quoique la progression du sang dans les veines soit déterminée par la seule force d'impulsion du cœur, cependant elle se trouve encore facilitée par la présence des valvules qui font saillie à l'intérieur de la plupart des veines. Ces vavules sont, en effet, tellement disposées, que toute compression qui agit d'une manière intermittente sur les veines favorise le mouvement du liquide sanguin vers le cœur. Aussi, le défaut d'exercice physique ou corporel convenable devrait déjà, ne fût-ce que par cette seule raison, rendre la circulation moins active.

§ 147. — Plusieurs écrivains modernes, tels que Zugenbühler (1) et Schubarth (2), attribuent au cœur une puissance d'aspiration ou de succion qui jouerait un certain rôle dans le phénomène de la circulation. Suivant ces auteurs, les cavités cardiaques, après s'être contractées, reviennent à un état moyen entre la dilatation et la contraction, de façon à produire un vide relatif. Carus (3) a combattu cette théorie. Wedemeyer et Günther, après avoir lié la veine jugulaire sur un Cheval, ouvrirent ce vaisseau entre la ligature et le cœur, puis y introduisirent un cathéter auquel était soudé un tube de verre recourbé. La plus longue branche du tube de verre, c'est-à-dire, la branche descendante, plongeait par son extrémité inférieure dans un verre rempli d'eau. Wedemeyer et Günther remarquèrent alors que le liquide montait de quelques pouces dans le tube à chaque pulsation du cœur, par conséquent, au moment même de la dilatation de l'oreillette, et qu'il retombait ensuite à son niveau ordinaire.

Toutefois cette force de succion ou d'aspiration ne saurait être regardée comme la cause principale de la progression du sang dans les veines. Le fait que des troncs veineux divisés continuent de verser du sang par le bout qui est opposé au cœur et qui ne communique plus qu'avec les vaisseaux capillaires et les artères prouve, d'une manière péremptoire, que l'impulsion imprimée à la colonne sanguine par la contraction du ventricule s'étend jusqu'aux veines.

§ 148. — L'inspiration de l'air dans la poitrine détermine également l'afflux

<hr>

(1) Diss. de motu sang. per venas, dans Archiv. der Med. und Chir. Schweiz. Aerzte, 1816. — (2) Dans GILBERT'S Annalen, 1817. — (5) Dans MECKEL'S Archiv., IV, 412.

du sang veineux dans les oreillettes, comme l'a fait voir Barry. En effet, pendant que nous inspirons, c'est-à-dire, que notre cage thoracique se dilate, il se forme dans sa cavité un vide partiel, et, par conséquent, les fluides tant extérieurs qu'intérieurs doivent tendre à remplir ce vide. Ainsi, d'un côté, l'air atmosphérique se précipite dans les poumons et les distend en proportion de la dilatation qu'éprouve le thorax. D'un autre côté, les liquides contenus dans les vaisseaux du corps doivent, par l'effet de la pression atmosphérique extérieure, se porter plus vivement vers la poitrine et distendre les troncs des grands vaisseaux. Lorsque les oreillettes se dilatent, le même phénomène se produit (1). Barry lia la veine jugulaire d'un animal, et, par une ouverture pratiquée à ce vaisseau au-dessous de la ligature, il introduisit dans son intérieur un tube recourbé dont l'extrémité inférieure plongeait dans un vase contenant un liquide coloré. Il constata alors qu'à chaque inspiration le liquide coloré s'élevait dans le tube, tandis qu'à chaque expiration il reprenait son niveau.

Poiseuille a fait aussi quelques expériences sur ce sujet. Il s'est servi pour cela de l'instrument de son invention que nous avons déjà décrit (I. § 118.) Après avoir adapté cet instrument à la veine jugulaire externe d'un Chien, il observa que le liquide s'élevait dans la longue branche perpendiculaire au moment de l'inspiration. Au commencement de l'expérience l'élévation était de 85 millimètres et l'abaissement de 90; plus tard le liquide ne montait plus que de 60 millimètres, et baissait de 70. Lorsque l'animal exécutait de violents mouvements musculaires, l'ascension qui avait lieu pendant l'expiration mesurait 140 à 155 millimètres, et l'abaissement qui correspondait à l'inspiration était de 240 à 250 millimètres.

Le Dr Barry a exagéré l'influence de l'inspiration sur le mouvement du sang. Cette influence ne s'exerce que sur les gros troncs veineux voisins du thorax et, dans tous les cas, se trouve neutralisée par l'obstacle que l'expiration oppose à la circulation. Poiseuille, en effet, n'a pas vu changer le niveau de son instrument, lorsqu'il expérimentait sur des veines éloignées du cœur, par exemple, sur les veines des extrémités. L'inspiration vide les gros troncs veineux de la poitrine et, par conséquent, le sang qui revient au cœur par les autres veines éprouve moins de résistance; mais l'influence qu'exerce l'inspiration n'est pourtant pas la cause principale de la progression du sang dans le système veineux. Chez les Reptiles qui respirent en exécutant des mouvements de déglutition, chez les Poissons et chez le fœtus, il n'existe pas de mouvements inspiratoires, et cela n'empêche pas que le sang veineux ne revienne au cœur.

§ 149. — Les modifications qu'éprouve la circulation du sang par l'effet de la contraction du thorax pendant l'expiration déterminent dans certaines parties une espèce de tuméfaction. Comme les troncs vasculaires se trouvent, pendant l'expiration, comprimés par le resserrement de la cage thoracique, le sang artériel s'échappe plus vivement de la poitrine, en même temps que le courant sanguin vers l'oreillette droite se trouve arrêté. Il résulte de là que non-seulement les veines jugulaires se distendent, mais encore que le cerveau contient une plus grande quantité de sang au moment de l'expiration. Aussi, lorsqu'au moyen du trépan on a enlevé sur un Homme ou sur un animal une portion de la boîte osseuse du crâne, on voit le cerveau s'élever pendant l'expiration et s'abaisser pendant l'inspiration. Magendie pense que la moelle épinière présente le même phénomène, et il dit l'avoir constaté expérimentalement; mais à l'état normal, c'est-à-dire, lorsque la boîte crânienne est intacte, la solidité de ses parois ne

____

(1) Froriep's *Notizen*, no 260, 374, 393, 394.

saurait permettre de pareils mouvements du cerveau : le volume de cet organe reste constamment le même. Tous les arguments avancés en faveur de l'hypothèse qui admet que le cerveau éprouve, même à l'état normal, une augmentation de volume correspondant aux mouvements expiratoires, sont réfutés par cette seule considération que le fait est physiquement impossible.

§ 150. — Lorsque la circulation à travers les grands troncs veineux est gênée par un obstacle mécanique quelconque, une certaine quantité des parties aqueuses et albumineuses du sang s'épanche dans les cavités des membranes séreuses et dans le tissu cellulaire. En général, il ne se fait pas d'effusion de fibrine. Néanmoins, dans un cas d'ascite observé par A. Magnus, le liquide évacué par l'opération de la paracentèse se coagula complétement peu de minutes après sa sortie du corps.

ARTICLE IV. — De quelques particularités que présente le système vasculaire.

A. Cœurs accessoires.

§ 151. — Chez certains animaux on rencontre des cœurs accessoires qui appartiennent soit au système artériel, soit au système veineux. Le plus anciennement connu de ces organes est le cœur aortique ou bulbe musculeux qui existe à l'origine de l'aorte chez les Poissons et les Reptiles nus. Cet organe manque chez les Reptiles écailleux, les Oiseaux et les Mammifères ; c'est seulement dans les premiers temps de la vie fœtale que le cœur de ces trois dernières classes d'animaux présente une division analogue. Quant aux Poissons, on trouve un cœur aortique, soit chez les Poissons cartilagineux, soit chez les Poissons osseux. Parmi les premiers on l'observe, par exemple, chez les Chimères, les Esturgeons, les Squales et les Raies. C'est ce qui rend d'autant plus remarquable l'absence complète de ce bulbe musculeux chez les Cyclostomes. En effet, je me suis convaincu qu'il manquait dans le *Petromyzon marinus*, l'*Ammocoetes*, ainsi que dans les Myxinoïdes.

On rencontre parmi les Poissons cartilagineux quelques espèces pourvues de cœurs axillaires, c'est-à-dire, de renflements musculeux situés sur les artères axillaires. Duvernoy a découvert ces organes chez les Chimères, et J. Davy chez les Raies électriques (*Torpedo*); ils n'existent pas dans la Raie proprement dite (*Raia*).

§ 152. — En fait de cœurs veineux on ne connaît encore que le cœur caudal de l'Anguille. Il est situé à l'extrémité de la veine caudale, reçoit les veines de l'extrémité des nageoires caudales et décharge dans la veine caudale le sang que ces vaisseaux lui rapportent. Leeuwenhoeck, qui le premier a reconnu qu'il existait sur ce point du système veineux de l'Anguille de vives pulsations, n'en a pas reconnu la cause. C'est à Marshall-Hall que nous devons la découverte de ce cœur accessoire. Au reste, cet organe est double et consiste en un cœur droit et en un cœur gauche. Il paraît exister également chez d'autres espèces d'Anguilles : du moins, on en trouve un tout-à-fait semblable dans la *Murœnophis*; mais il manque dans la très grande majorité des Poissons.

Il paraît qu'il existe aussi un cœur accessoire analogue dans les organes externes auxiliaires des parties génitales mâles des Squales et des Raies. Du moins, J. Davy y a observé un organe pulsatoire qui contenait du sang.

B. Corps vasculaires érectiles.

§ 153. — Les organes sexuels érectiles sont essentiellement constitués par des vaisseaux sanguins qui présentent une disposition particulière. Leur intérieur est en grande partie formé par un labyrinthe de veines anastomosées entre elles, qui, pendant l'érection, regorgent de sang, mais qui, dans l'état ordinaire de flaccidité, conduisent ce liquide aussi facilement que le font les autres parties du système veineux. De ce labyrinthe veineux le sang passe dans une multitude de veines qui perforent la tunique fibreuse des corps caverneux, en partie dans les veines profondes du pénis, lesquelles sortent entre les racines divergentes des corps caverneux de la verge, en partie dans la veine dorsale qui reçoit également le sang du corps caverneux ou spongieux de l'urèthre et du gland. La veine dorsale et les veines profondes du pénis versent leur contenu dans un labyrinthe veineux qui est situé derrière la symphyse pubienne et qui se décharge dans les plexus vésicaux et honteux (1). Nous avons déjà, à l'occasion de la contractilité des artères (I. § 125.), parlé de la substance d'apparence musculeuse dont sont formés les faisceaux qui existent entre les veines à l'intérieur des corps caverneux.

Les artères présentent, à l'intérieur des corps caverneux du pénis, tant chez l'Homme que chez plusieurs Mammifères, une particularité que j'ai découverte. Les artères profondes de la verge se divisent, comme dans les autres parties, en ramifications de plus en plus déliées, et se transforment enfin en vaisseaux capillaires qui sont contenus dans les parois des vaisseaux plus volumineux, et spécialement dans les parois des plexus veineux. En outre, les branches des artères profondes donnent naissance à de petits diverticules en forme de vrilles, que l'on peut reconnaître à l'aide d'une loupe : ce sont les *artères hélicines* (Pl. 1. fig. 6, 7, 8.). Tantôt chaque artère est isolée; tantôt elles naissent plusieurs à la fois d'un petit tronc de manière à représenter un bouquet. Ces diverticules sont creux et ordinairement courbes. Il est plus rare de les voir présenter la forme d'une grappe, disposition qui s'observe cependant dans le corps spongieux de l'urèthre du Cheval. Ils ne s'ouvrent pas dans l'intérieur des cellules veineuses où ils se projettent et constituent de simples dilatations du système artériel. Des côtés ou même des extrémités arrondies de ces diverticules partent quelquefois des artères capillaires qui se ramifient dans le tissu trabéculeux de la verge (2).

§ 154. — En sortant des vaisseaux capillaires de la verge, le sang passe dans les cellules des plexus veineux et de ceux-ci dans les veines efférentes. C'est pour cela que, sur les cadavres, on rencontre constamment du sang dans les cellules veineuses des corps caverneux. Pendant l'érection, des obstacles mécaniques forcent le sang de séjourner dans ces parties. Les muscles ischio-caverneux, par suite de la détermination du système nerveux pour produire l'érection, se contractent violemment et d'une manière continue. Or, en se contractant, ils compriment les racines des corps caverneux et les tirent contre les ischions. Tel est, ainsi que l'a démontré Krause (3), le mécanisme qui empêche au sang accumulé dans les veines profondes des corps caverneux de continuer sa marche dans la direction du cœur. Quand à la veine dorsale du pénis, ces muscles n'exercent sur elle aucune action directe.

§ 155. — Quelle est la force de pression nécessaire pour donner au pénis, dans les corps caverneux duquel le sang s'accumule, la rigidité convenable à l'exercice de ses fonctions? Pour résoudre cette intéressante question, j'employai le procédé suivant. Après avoir, sur un cadavre, pratiqué une ouverture à l'un des

<hr>

(1) Cuvier, *Vergl. anat.*, iv, 468; Moreschi, dans Meckel's *Archiv.*, v, 403; Ribés, ibid., v, 447; Tiedemann, ibid., ii, 95; Panizza, *Osservazioni antropo-zootomiche-fisiologiche*, Pavia. 1830; Mayer, dans Froriep's *Not.*, n° 885; Müller, dans *Encyclop. Woerterb. d. med. Wissensch.*, xi, 462. — (2) J. Müller, dans Müller's *Archiv.*, 1834, 202, Tab. 13; Valentin, ibid., 1838, 182; Erdl, ibid., 1841, tab. 15, fig. 1. 2. — (3) Müller's *Archiv.*, 1857.

corps caverneux de la verge, j'y fixai un tube de verre de six pieds de longueur; puis je le tins perpendiculairement et le remplis d'eau, en même temps que l'on empêchait le reflux du liquide dans les veines hypogastriques, en comprimant les racines des corps caverneux à l'intérieur du bassin. Lorsque la colonne d'eau arriva à la hauteur de six pieds, je trouvai la verge dans un état d'érection et de rigidité complètes. Par conséquent, le sang accumulé dans les corps caverneux pendant l'érection est soumis à une pression égale à celle qu'exerce une colonne d'eau de six pieds d'élévation. C'est à peu près la pression à laquelle est soumis le sang qui circule dans le système artériel (I. § 118.).

§ 156.—L'influence nerveuse qui détermine l'érection part du cerveau et de la moelle épinière. Néanmoins elle peut encore être excitée par l'état d'irritation des organes génitaux, attendu que l'action centripète des nerfs sensoriels détermine la moelle épinière à déployer sa puissance motrice sur les muscles qui agissent dans le phénomène de l'érection. Günther a observé que la division des nerfs de la verge du Cheval rend l'érection impossible chez cet animal (1). Les nerfs qu'on rencontre dans l'intérieur de la verge sont composés de branches appartenant au système nerveux de la vie animale et de nerfs ganglionnaires provenant du plexus hypograstique (2).

§ 157. — Le redressement du lobe mobile situé sur la tête du Coq d'Inde, redressement qui a lieu toutes les fois que l'animal éprouve l'influence de quelque passion, offre une certaine analogie avec l'érection de la verge, mais s'en distingue cependant sous le rapport de la cause interne qui détermine ce phénomène. En effet, Schwann a découvert qu'il existe dans cette espèce de crête un fort faisceau de véritable tissu musculaire. Hyrtl, au contraire, a observé que le réseau capillaire situé dans la peau de cet organe envoie à la périphérie une multitude de prolongements en forme de culs-de-sac qui rappellent les artères hélicines (3).

On doit se garder de confondre avec le phénomène de l'érection le redressement du mamelon de l'Homme et de la Femme, qui a lieu à la suite d'une irritation mécanique. Chez l'Homme, cet organe se redresse immédiatement, quand on le manie brusquement. Dans ce cas, le mamelon s'alonge et devient en même temps plus mince. Ainsi, les femmes qui allaitent manient quelquefois rudement leur mamelon pour le faire ériger, lorsqu'il est affaissé. Ce phénomène dépend vraisemblablement de la présence, dans le mamelon, de cette espèce de tissu contractile qui se trouve disséminé dans un grand nombre de points de la surface sous-cutanée du corps. C'est ce même tissu contractile qui existe dans le dartos, entre les lames du prépuce, et qui parait entourer les follicules cutanés, où son action détermine le phénomène particulier connu vulgairement sous le nom de chair de poule (*cutis anserina*).

C. *Réseaux admirables, artériels et veineux.*

§ 158 —Les plexus vasculaires doivent, sans contredit, être rangés parmi les faits les plus intéressants, sous le rapport physiologique, que nous ait fait connaître l'anatomie comparée. On donne le nom de plexus ou de réseaux admirables, *retia mirabilia*, à la brusque division d'une artère ou d'une veine qui se sépare tout à coup en une touffe de ramifications plus petites, ou en une multitude de branches qui s'anastomosent entre elles. Tous ces rameaux, une fois partis

(1) Meckel's *Archiv.*, 1828, 564; Günther, *Untersuchungen aus dem Gebiete der Anatomie, Physiologie, und Thierarzneikunde*, Hannover, 1837. — (2) *Voy.* J. Müller, *Ueber die organischen Nerven der erecklen maennlichen Geschlechtsorgane.* Berlin, 1836. — (3) *Oesterreich. Jahrb.*, xix, 349.

de leur tronc commun, peuvent continuer à marcher isolément, ou bien se réunir de nouveau en un tronc unique. Dans le premier cas, on dit que le plexus est monocentrique ou diffus; dans le second, on l'appelle plexus amphicentrique. Parmi ces plexus, les uns sont purement artériels ou purement veineux; d'autres, au contraire, sont doubles, en ce sens qu'ils sont composés de vaisseaux artériels et veineux, c'est-à-dire, que le plexus monocentrique ou amphicentrique se répète, mais sans qu'il y ait communication entre les vaisseaux d'une espèce et ceux de l'autre.

§ 159. — Les réseaux les plus remarquables sont les suivants :

1° Ceux que présentent les artères et les veines des extrémités de la queue de quelques Mammifères tardigrades, par exemple, des genres *Bradypus, Myrme-cophaga, Manis, Stenops* (1).

2° Le *rete mirabile caroticum* que l'on trouve chez les Ruminants et chez le Cochon. Ce plexus est formé par les branches cérébrales de la carotide commune, qui ensuite se réunissent toutes de nouveau pour produire la carotide cérébrale. Rapp (2) a fait voir que, chez ces animaux, l'artère vertébrale ne va pas au cerveau, mais se réunit à la carotide externe, comme dans la Chèvre et le Veau, ou bien que l'artère vertébrale, tout en s'unissant au réseau admirable, va se distribuer principalement aux muscles du cou, ainsi qu'on l'observe chez le Mouton. Parmi les Reptiles, les Grenouilles présentent un petit plexus artériel au tronc de la carotide (3).

3° Suivant Rapp et Barkow (4), on trouve un réseau artériel semblable dans la cavité orbitaire des Oiseaux, des Ruminants et du genre Chat, parmi les Carnassiers. Ici, les artères du globe oculaire naissent de ce réseau.

4° Les plexus formés par les artères intercostales et les veines iliaques du Dauphin offrent une étendue extraordinaire (5).

5° Quelques uns des plexus les plus volumineux que l'on connaisse ont été découverts par Eschricht et par moi dans certaines espèces de Poissons. Ils sont composés à la fois de veines et d'artères (6).

Dans le Thon (*Thynnus vulgaris* et *brachypterus*), la grande artère des viscères abdominaux donne au foie ses branches hépatiques, et produit en ce même endroit plusieurs plexus très forts et en forme de touffes, composés de quelques centaines de branches qui ensuite se réunissent de nouveau en troncs, lesquels vont se distribuer aux diverses parties de l'appareil digestif. En outre, le sang qui revient du canal intestinal et de la rate, avant d'arriver au foie, a à traverser des plexus semblables formés par la veine porte. Chez le *Squalus (Lamna) cornubicus* et le *Squalus (Alopias) vulpes* j'ai trouvé des réseaux admirables dans d'autres parties. Chez le *Squalus cornubicus* ils sont situés au-dessus du foie de chaque côté de l'œsophage. Ils sont formés par l'artère viscérale et les veines hépatiques, de sorte que le sang qui revient du foie doit traverser la partie veineuse de ces réseaux pour arriver au cœur. Chez le *Squalus vulpes* les vaisseaux de l'intestin, de l'estomac et de la rate donnent également naissance à des plexus. Chez d'autres individus de la famille des Squales on ne découvre aucun réseau de ce genre. Chez le Cochon on trouve un réseau admirable produit par les vaisseaux intestinaux.

6° Les réseaux admirables de la choroïde sont tantôt diffus ou monocentriques,

(1) CARLISLE, dans *Phil. Transact.*, 1800; VROLIK, *De peculiari art. extremitatum in nonnullis animalibus dispositione*, Amst., 1826. — (2) Dans MECKEL's *Archiv.*, 1827. — (3) HUSCHKE, dans TIEDEMANN's *Zeitschrift*, IV, 1. — (4) MECKEL's *Archiv.*, 1829. — (5) BRESCHET, *Hist. anat. et physiol. d'un organe de nature vasculaire découvert dans les Cétacés.* Paris, 1836; BAER, *Nov. Act.*, XVII. — (6) ESCHRICHT und MÜLLER, *Ueber die Arteriocen und Wenoesen Wundernetze an der Leber des Thunfisches.* Berlin, 1836.

et tantôt amphicentriques. On rencontre des réseaux monocentriques dans la choroïde des Mammifères, des Oiseaux, des Reptiles et des Poissons cartilagineux; dans les Poissons osseux , les plexus sont amphicentriques. La prétendue glande choroïdale (*glandula choroïdalis*) constitue un véritable plexus. Ici , le sang artériel traverse des milliers de tubes capillaires et se rassemble ensuite de l'autre côté dans les artères de la choroïde. Les veines de la choroïde se divisent également dans cet organe en milliers de tubes qui se réunissent de nouveau en un tronc veineux qui sort de l'œil. Dans les Poissons osseux, la grande artère de la glande choroïdale provient de la branchie accessoire ou pseudobranchie, organe qui est étranger à la respiration, et qui cependant est quelquefois recouvert par la membrane des cavités branchiales et même par les muscles. Cet organe reçoit du sang artériel et donne du sang veineux ; or, c'est précisément l'inverse qui a lieu dans les véritables branchies. Mais ce qu'il y a de très remarquable, c'est que sa veine, comme une veine porte, se transforme en l'artère de la glande choroïdale. On doit donc aussi ranger le système vasculaire des branchies accessoires dans la catégorie des plexus vasculaires (1).

7° Les réseaux admirables de la vessie natatoire sont ou monocentriques, comme chez les Cyprins et les Esoces, ou amphicentriques. Dans ce dernier cas, ils forment les corps rouges de la vessie natatoire, dont les artères et les veines se ramifient de nouveau dans cet organe, ainsi qu'on le voit dans l'Anguille, la Perche, le *Gadus*, etc. Au reste, ces réseaux s'observent dans la vessie natatoire, soit qu'il existe un canal de communication entre cet organe et le pharynx, soit qu'il n'en existe pas. Ainsi, on trouve un canal aérien ou excréteur chez les Cyprins, les Brochets, les Anguilles, tandis qu'on n'en découvre point chez les Gadoïdes, les Percoïdes, etc. Beaucoup de Poissons dont la vessie natatoire est pourvue d'un canal aérien ne présentent point de plexus vasculaires ; tels sont les Esturgeons, les Silures, les Clupes, les Saumons.

§ 160. — Ces réseaux admirables dont la disposition est si remarquable doivent nécessairement exercer sur le sang une influence quelconque, soit mécanique, soit chimique. Le passage du sang à travers un nombre infini de canalicules déliés qui se réunissent ensuite en troncs plus volumineux parait n'avoir pour but que de ralentir localement la circulation, effet nécessaire des nombreux frottements auxquels le liquide sanguin est soumis dans ces plexus. Cette explication peut s'appliquer également à toutes les formes de réseaux admirables. Tout le monde sait que le sang qui revient des organes digestifs est obligé, chez tous les Vertébrés, de traverser deux systèmes de vaisseaux capillaires, celui du canal intestinal et celui du foie. Or, si cette disposition anatomique semble déjà destinée à ralentir la marche du courant sanguin, les réseaux admirables qu'on observe chez les Poissons dont nous venons de parler doivent nécessairement diminuer encore davantage la vitesse de son mouvement.

On a supposé que ces plexus impriment au sang une modification chimique quelconque ; mais, jusqu'à présent, il n'existe aucun argument en faveur de cette hypothèse, si ce n'est la comparaison de ces réseaux avec les ganglions lymphatiques : car ces derniers représentent de véritables plexus amphicentriques de vaisseaux lymphatiques. Quant aux réseaux admirables artériels et veineux mêlés ensemble, où les canaux vasculaires sont d'une ténuité capillaire, peut-être l'une des espèces de tubes exerce-t-elle sur l'autre une action particulière qui modifierait le sang en vue de la sécrétion gazeuse qui a lieu à l'intérieur de la vessie natatoire.

(1) *Voy.* J. MÜLLER, dans *Abhandl. d. Acad. der Wiss., a. d. J.* 1839.

CHAPITRE V. — *Rôle des vaisseaux sanguins dans l'absorption et l'exhalation.*

ARTICLE PREMIER. — *De l'absorption.*

§ 161. — Avant la découverte des vaisseaux lactés par Asellius, en 1622, on regardait les veines comme les agents de l'absorption ; mais après cette découverte, et lorsqu'on eut reconnu la présence de vaisseaux lymphatiques dans le plus grand nombre des organes, on supposa que cette fonction était exclusivement dévolue à cet ordre de vaisseaux. Cette croyance était si enracinée, qu'il a fallu un temps fort long et des expériences variées de toutes les manières pour prouver que certaines substances passent immédiatement dans le sang, sans parcourir préalablement le système lymphatique. Magendie, Emmert, Mayer, Lawrence, Coates, Tiedemann, Gmelin et Westrumb se sont particulièrement distingués dans ces recherches.

A. *Preuves de l'absorption immédiate par les vaisseaux sanguins.*

§ 162. — Magendie et Delille ouvrirent un Chien auquel ils avaient donné à manger quelque temps auparavant, afin de rendre plus visibles les vaisseaux lymphatiques de l'appareil digestif. Ils saisirent une anse intestinale et y appliquèrent deux ligatures à une certaine distance l'une de l'autre. Ils appliquèrent encore deux ligatures sur les vaisseaux lactés de cette anse intestinale et les divisèrent ensuite. Ces observateurs s'assurèrent ainsi qu'il n'y avait plus de vaisseaux lactés qui partissent de l'anse intestinale, de sorte que celle-ci ne communiquait plus avec le système circulatoire que par une artère et une veine. Alors ils injectèrent dans l'intestin deux onces de décoction de noix vomique et l'y retinrent au moyen d'une ligature. Six minutes après, ils virent se manifester tous les symptômes de l'empoisonnement (1).

Magendie, après avoir mis à nu sur un jeune Chien de six semaines une des veines jugulaires, l'isola dans toute sa longueur des parties environnantes, de façon à pouvoir passer une carte derrière elle. Cela fait, il appliqua sur ce vaisseau une dissolution aqueuse d'extrait alcoholique de noix vomique. Quatre minutes ne s'étaient pas encore écoulées qu'on aperçut des symptômes d'empoisonnement. Lorsque Magendie faisait cette expérience sur des Chiens adultes, les symptômes ne se manifestaient qu'au bout de dix minutes (2).

Ségalas a répété ces expériences, mais en opérant d'une manière différente (3). Il liait les vaisseaux sanguins ou simplement les veines d'une anse d'intestin, en laissant les vaisseaux lymphatiques intacts ; mais, dans ce cas, le poison introduit dans l'intestin ne faisait périr le Chien qu'au bout d'une heure.

Les résultats des expériences de Mayer (4), dans lesquelles il injectait dans les poumons une dissolution de prussiate de potasse, méritent d'être exposés plus en détail. Deux à cinq minutes après avoir été injecté dans les poumons, ce sel se retrouvait dans le sang. On l'y découvrait au moyen du précipité bleu ou vert que produisait dans le sérum l'addition de muriate ou de sulfate de fer. La rapidité avec laquelle le prussiate de potasse pénètre dans le sang est beaucoup trop grande pour qu'il n'y arrive que par l'intermédiaire de la lente circulation lymphatique. On reconnaissait la présence du sel dans le sang bien avant qu'on

(1) MAGENDIE, *Précis de Physiologie*, II, 205; MECKEL's *Archiv.*, II, 1816. — (2) MAGENDIE, loc. cit., II, 279. — (5) Dans *Journal de Physiologie* de MAGENDIE, II, p. 117. — (4) MECKEL's *Archiv.*, t. III, 1817, p. 485.

pût l'apercevoir dans le chyle. On constatait également sa présence dans les cavités gauches du cœur, avant qu'on en pût trouver la moindre trace dans les cavités droites. Si, au contraire, l'absorption se fût effectuée au moyen des lymphatiques, le sel absorbé se serait retrouvé d'abord dans le chyle, puis dans les cavités droites, attendu que les vaisseaux lymphatiques versent leur contenu directement dans le système veineux. L'urine contenait déjà du prussiate de potasse huit minutes après l'injection de ce sel dans les poumons. Mayer retrouva également ce sel dans la peau, dans la sérosité des cavités articulaires, dans la cavité abdominale, dans la cavité thoracique, dans le péricarde, dans la graisse, dans les membranes fibreuses, par exemple, la dure mère, dans les aponévroses, dans l'arachnoïde, dans les ligaments latéraux et capsulaires, dans les ligaments internes des articulations, les ligaments de l'articulation du genou et le ligament rond de la cavité cotyloïde, par exemple, dans le périchondre et dans les valvules du cœur.

Quelques unes des expériences instituées par l'Académie de médecine de Philadelphie (1) ont donné des résultats tout-à-fait opposés à ceux qu'ont obtenus Mayer et les observateurs que nous venons de citer. Elles semblent militer en faveur de l'opinion opposée, qui veut que l'absorption s'accomplisse principalement au moyen des vaisseaux lymphatiques ; mais ces expériences ne sont nullement concluantes. Ainsi, après avoir injecté dans le péritoine ou dans l'intestin une dissolution de prussiate de potasse, les membres de l'Académie trouvèrent que, si, trente-cinq minutes après, on traitait le chyle de l'animal par un sel de fer, on déterminait ordinairement dans ce liquide une coloration bleue très distincte, tandis qu'au contraire, le sérum du sang et l'urine traités de la même manière ne se coloraient que fort légèrement. Mais un intervalle de trente-cinq minutes est beaucoup trop considérable. Il aurait fallu, comme le faisait Mayer, examiner le sang et l'urine peu de minutes après l'introduction du prussiate de potasse. Par la manière dont ces expériences ont été exécutées, elles démontrent tout simplement que les agents chimiques peuvent-être absorbés par les vaisseaux lymphatiques aussi bien que par les veines. Dans l'une des expériences de l'Académie (n° 36), on fit avaler à un Chat une once de dissolution de prussiate de potasse, et deux minutes après on saigna l'animal jusqu'à la mort ; on découvrit alors le sel dans son urine ; mais on n'en trouva ni dans le sérum du sang, ni dans le chyle. Cependant, pour arriver dans la vessie, ce sel avait dû nécessairement traverser le système vasculaire sanguin. Plusieurs fois les commissaires de l'Académie lièrent la veine porte qui reçoit le sang du canal intestinal, et pourtant de la noix vomique introduite dans une anse intestinale causa le tétanos au bout de vingt-trois minutes ou davantage, tandis que, dans d'autres expériences, il suffisait de lier la veine porte pour déterminer également la mort ; mais alors on n'observait pas de symptômes tétaniques. Ces expériences semblent démontrer que les vaisseaux lymphatiques de l'intestin avaient porté le poison dans le sang, et qu'il leur avait fallu vingt-trois minutes pour cela; mais elles ne prouvent nullement que les veines n'absorbent pas, et même beaucoup plus rapidement que ne le font les lymphatiques. D'ailleurs, nous avons vu plus haut (1. § 102) qu'il existe des anastomoses entre la veine cave et certaines branches des veines intestinales.

Westrumb (2) a retrouvé du prussiate de potasse dans l'urine, deux minutes après l'avoir injecté dans l'estomac, tandis que la lymphe et le chyle ne contenaient aucune trace de ce sel. Pour faire cette expérience, cet observateur

(1) *Philadelph. Journ.*, n° 6; Froriep's *Not.*, n° 49. — (2) Meckel's *Archiv*, VII, 525, 540.

avait divisé les uretères et y avait fixé des tubes dans lesquels l'urine était reçue.

Tiedemann et Gmelin ont fait de nombreuses expériences avec une matière colorante et des sels qui se reconnaissent facilement à l'aide des réactifs. En examinant le chyle plusieurs heures après avoir fait avaler des substances colorantes à un animal, ils trouvaient ce liquide incolore, quoique les substances colorantes se reconnussent dans le sang et dans l'urine, et qu'elles eussent déjà passé de l'estomac dans l'intestin. Sur un très grand nombre d'expériences, il ne leur arriva que fort rarement de rencontrer dans le chyle les sels qu'ils avaient introduits dans l'estomac des animaux sur lesquels ils expérimentaient. Ainsi, par exemple, chez un Cheval auquel ils avaient fait prendre du sulfate de fer ils retrouvèrent ce sel dans le chyle. Chez un Chien, ils reconnurent dans le chyle la présence du prussiate de potasse qu'ils lui avaient administré. Mais, en répétant cette expérience une seconde fois, ils échouèrent complétement. Enfin, ils découvrirent une fois du sulfocyanate de potasse dans le chyle d'un Chien. On ne peut objecter ici que les substances étrangères se trouvaient déjà absorbées en totalité. Une pareille objection serait insoutenable : car dans ces expériences, l'intestin contenait toujours une quantité considérable de la substance introduite dans l'estomac. Ces résultats sur lesquels, vu le soin et la méthode avec lesquelles ont été faites ces expériences, on peut compter, s'accordent d'ailleurs avec ceux qu'ont donnés celles qui ont été exécutées par Hallé (1) et Magendie (2). D'un autre côté, ils se trouvent en opposition avec ceux qu'ont obtenus Martin Lister et Musgrave (3), Hunter, Haller, Blumenbach, Viridet et Mattei. Ces deux derniers observateurs affirment avoir constaté que le chyle était coloré en jaune ou en rouge, lorsqu'ils avaient fait manger à l'animal des jaunes d'œuf ou de la betterave rouge.

Fodéra (4) remplit une anse intestinale d'un animal vivant avec une dissolution de prussiate de potasse ; il lia cette anse à ses deux extrémités, et, après l'avoir plongée dans une dissolution de sulfate de fer, il vit les vaisseaux lymphatiques et veineux se colorer en bleu. Schroeder van der Kolk répéta cette expérience et reconnut cette couleur bleue dans les lymphatiques, mais non dans les veines. Au bout d'une demi-heure, une solution de prussiate de potasse renfermée dans une anse intestinale n'avait pas encore changé de couleur ; par conséquent, le sulfate de fer n'avait pas encore pénétré à travers toutes les tuniques de l'intestin. Mais tous ces résultats négatifs ne prouvent nullement que les substances ne passent pas immédiatement dans le sang. En effet, les petites quantités de sel qui pénètrent dans le sang sont immédiatement entraînées par le courant circulatoire, tandis que, le mouvement du chyle dans les vaisseaux lactés étant comparativement beaucoup plus lent, les réactifs peuvent encore déceler la présence des sels dans ces vaisseaux, lorsqu'ils ne le peuvent plus dans les veines. D'ailleurs, il est excessivement difficile de découvrir une teinte bleuâtre dans le sang, et c'est dans le sérum seulement qu'on peut la reconnaître avec certitude. Lawrence et Coates n'ont pas pu découvrir dans le sang le sel étranger avant qu'il ne fût perceptible dans la partie supérieure du canal thoracique (5).

Brodie, Magendie, Delille et Ségalas ont exécuté un grand nombre d'expériences dans le but de déterminer l'influence de la ligature du canal thoracique sur l'absorption. Dans ses expériences, Brodie (6) a vu l'alcohol et le poison worara causer la mort même après la ligature du canal thoracique.

(1) Fourcroy, *Système des connaissances chimiques*, x, 66. — (2) Loc. cit., 1re éd., 11, 157. — (3) *Phil. Trans.*, 1701, 819. — (4) *Recherches expérim. sur l'exhalation et l'absorption*. Paris, 1824. — (5) *Froriep's Not.*, no 77; *London med. and phys. Journal*, 1825, v, 49, p. 15. — (6) *Phil. Transact.*, 1811; *Reil's Archiv.*, xii.

Comme il existe quelquefois des communications entre le canal thoracique et les veines chez certains animaux, par exemple, chez le Cochon, où des branches parlant du canal thoracique aboutissent à la veine azygos, comme, en outre, on rencontre parfois à droite un second canal thoracique et que les vaisseaux absorbants ont de fréquentes communications entre eux, l'application d'une ligature sur ce canal ne peut pas empêcher d'une manière absolue le passage de la lymphe empoisonnée dans le sang.

Emmert a fait voir que les substances étrangères passent immédiatement dans le sang, en prouvant que, les vaisseaux sanguins une fois liés, elles ne pénétrent plus dans la circulation. Aprés avoir pratiqué la ligature de l'aorte abdominale, Emmert introduisit dans différentes plaies faites au pied d'un animal du prussiate de potasse et une décoction d'angusture vireuse. Le prussiate de potasse fut absorbé et retrouvé dans l'urine, mais l'angusture ne provoqua aucun de ses symptômes toxiques ordinaires. Dans une autre expérience, le même observateur, après avoir également lié l'aorte abdominale, introduisit de l'acide prussique dans une plaie faite au pied; soixante-dix heures après, aucun signe d'empoisonnement ne s'était encore manifesté; mais au bout de ce temps, il enleva la ligature, et alors l'animal périt en moins d'une demi-heure (1). Enfin, Jacobson (2) a démontré que, chez les Mollusques qui sont dépourvus de vaisseaux lymphatiques, le prussiate de potasse, quelle que soit la surface sur laquelle on l'applique, pénètre aisément dans le sang et en est éliminé par les organes sécrétoires, les poumons, le foie et le sac calcaire (3).

B. *Perméabilité des membranes animales aux gaz et aux liquides.*

§ 163. — On a supposé jusqu'ici que le passage dans le sang des matières introduites dans l'économie dépendait d'une faculté absorbante propre aux veines. Mais aujourd'hui, l'on sait que les matières fluides peuvent pénétrer dans le sang des vaisseaux capillaires, sans le secours de cette propriété imaginaire dont on avait gratifié les veines. Les substances étrangères qui ont pénétré dans les capillaires passent nécessairement dans les veines d'abord, puis de là vont au cœur; car telle est la marche du courant sanguin. Le phénomène primordial que l'on ait à considérer, lorsqu'une substance en dissolution passe immédiatement dans le sang, c'est la *perméation* des fluides à travers les tissus animaux morts ou vivants. La propriété qu'ont les tissus d'être perméables aux fluides, même après la mort, dépend de leur porosité invisible et s'appelle imbibition. L'absorption organique suppose toujours cette condition physique, c'est-à-dire, la porosité.

Les gaz et les liquides, ainsi que les matières que ces derniers, tiennent en dissolution, traversent les tissus animaux humides. Lorsque deux espèces de gaz sont mis en contact avec les deux surfaces d'une vessie animale humide, l'un de ces gaz étant en dedans et l'autre en dehors, chacun d'eux traverse la membrane jusqu'à ce qu'ils soient distribués également de chaque côté, c'est-à-dire,

(1) Meckel's *Archiv.*, i, 1815, 178. — (2) Froriep's *Notiz.*, xiv, p. 200. — (3) Au sujet de l'absorption, on peut consulter Westrumb, P**h**ysiolog. *Untersuch. über die Einsaugungskroft der Venen*, Hannover, 1825; Tiedemann und Gmelin, *Versuche über die Wege, auf welchen Substanzen aus dem Magen und Darmkanal ins Blut gelangen*, Heidelberg, 1820; Seiler und Ficinus, dans *Zeitschrift für Natur und Heilkunde*, ii, 578; Jaeckel, *De absorptione venosa*, Vratislaviæ, 1819; Lebkuchner, *Diss. utrùm per viventium adhuc animalium membranas atque vasorum parietes materiæ ponderabiles illis applicatæ permeare queant, nec ne.* Tübingen, 1819; Wedemeyer, *Ueber der Kreislauf*, Hannover, 1828, 421; Schabel, *De effectibus veneni radicis veratri albi et hellebori nigri*, Tubing., 1819; Schnell, *Diss. sistons historiam veneni upas antiar*, Tubing., 1817; *Tubing. Blaetter*, 5, i, 1817.

qu'ils soient parfaitement mêlés ensemble. Un gaz traversera une vessie humide pour être absorbé par le fluide qu'elle contient. C'est ce qui explique comment des fluides gazeux peuvent pénétrer dans le sang pendant la respiration, sans que pour cela les globules sanguins puissent s'échapper hors de leurs vaisseaux. Les fluides gazeux traversent la membrane pulmoñaire et se dissolvent dans le sang qui circule dans les innombrables vaisseaux capillaires qui couvrent cette membrane.

Le passage des gaz et leur dissolution dans le liquide sanguin dépend de la porosité des tuniques vasculaires, qui cependant ne présentent pas d'orifices dont le diamètre soit assez large pour admettre les globules rouges du sang. Si l'on attache un morceau de vessie humide sur l'orifice d'un vase plein d'eau, de manière à ce que cette membrane se trouve en contact avec la surface du liquide, puis qu'on répande un sel soluble quelconque sur la surface externe de la vessie, il est bientôt dissous par l'eaù qui pénètre à travers les pores de la paroi membraneuse, et ensuite il va se mélanger au liquide qui remplit le vase.

§ 164. — Ainsi donc, la cause première de l'imbibition ou perméabilité des tissus animaux est la tendance qu'ont les substances à se répandre uniformément dans le fluide où elles sont dissoutes. Un sel à l'état de dissolution tend à se distribuer également dans un autre fluide avec lequel il peut se mélanger. Ainsi, par exemple, de l'eau salée et de l'eau ordinaire mises en contact se mêlent uniformément l'une avec l'autre. C'est aux fluides aqueux qu'ils contiennent et qui remplissent leurs pores que les tissus animaux doivent la mollesse qui les caractérise. En conséquence, une substance quelconque à l'état de dissolution et mise en contact avec ces tissus tend à se répandre, non-seulement dans les fluides qui remplissent les pores, mais encore, par l'intermédiaire de ces pores, dans les fluides qui se trouvent en contact avec la surface opposée de la membrane, jusqu'à ce qu'il y ait équilibre de distribution entre les deux liquides séparés par cette simple membrane.

§ 165. — Cependant il existe des circonstances particulières dans lesquelles l'imbibition se trouve accélérée soit par la capillarité, soit par une attraction d'une nature particulière. Le premier cas a lieu lorsqu'on humecte une partie animale desséchée, car alors la capillarité des pores vides doit favoriser la pénétration des substances liquides. Le second cas s'observe quand deux fluides différents sont mis simultanément en contact avec une même membrane.

C. *De l'endosmose.*

§ 166. — Si dans un tude de verre préalablement fermé à sa partie inférieure par un lambeau de vessie on verse une dissolution de sucre ou d'un sel quelconque, et qu'ensuite on plonge l'extrémité de ce tube ainsi rempli dans un vase contenant de l'eau distillée, on voit le niveau du liquide monter graduellement dans le tube et même à la hauteur de plusieurs pouces. Or, dans ce cas, on reconnaît aussi à l'aide des réactifs que, pendant ce temps, une portion de la dissolution a passé dans le vase extérieur. Le niveau du liquide contenu dans le tube ne cesse de s'élever que lorsque les deux fluides ne forment plus qu'un liquide homogène soit à l'intérieur du tube, soit dans le vase extérieur. Quand on fait l'expérience inverse, c'est-à-dire, quand on remplit le tube d'eau distillée, tandis que l'on verse la dissolution saline dans le vase extérieur, le niveau de l'eau, au lieu de monter comme tout-à-l'heure, baisse, au contraire, dans le tube. Lorsque chacun de ces deux vaisseaux contient une dissolution d'un sel différent, mais d'égale densité, les deux liquides salins se mêlent également. Une anse intestinale d'un jeune Poulet, à moitié remplie par une dissolution de gomme, de sucre ou de sel de cuisine, liée à ses deux extrémités et placée dans une soucoupe contenant de l'eau, se distend par l'effet de la pénétration de l'eau extérieure : mais elle perd, au contraire, une partie de son contenu, si elle est remplie d'eau pure et si c'est la soucoupe qui contient l'eau sucrée. On observe encore le même phénomène, lorsque, à la place d'un tissu animal humide, on se sert d'un corps minéral poreux.

§ 167. — On a donné deux explications différentes de ce phénomène. La première est due à Magnus et à Poisson. Suivant ces physiciens, il existe entre les molécules d'une solution saline une attraction composée qui résulte, d'une part, de l'attraction mutuelle des molécules hétérogènes du sel et de l'eau, d'autre part, de l'attraction réciproque des molécules homogènes de l'eau entre elles, ainsi que de l'attraction également réciproque des molécules salines les unes pour les autres. On suppose que cette attraction composée est plus puissante que l'attraction simple des molécules de l'eau.

Voici maintenant la seconde théorie qu'on a proposée pour expliquer le phénomène dont nous parlons. La vessie animale étant poreuse, on peut la considérer comme un système de tubes capillaires qui exercent une attraction sur les fluides qui tendent à traverser les pores de la membrane pour se mêler ensemble. Or, si maintenant on admet que l'un de ces fluides est plus fortement attiré que l'autre par le tissu de la vessie, il doit naturellement mettre plus de temps que l'autre à traverser les pores de cette membrane : il en résulte donc que le niveau du liquide qui passe plus rapidement à travers le tissu baissera nécessairement dans le vaisseau qui le contient. Quant au liquide qui traverse la vessie avec lenteur, son niveau s'élèvera, au contraire, jusqu'à ce que la pression toujours croissante de la colonne de liquide qui s'élève contrebalance l'effet que produit l'attraction plus puissante de la membrane (1).

§ 168. — En général, le fluide le plus dense attire le moins dense plus fortement que celui-ci n'attire le premier ; mais cette règle n'est pas sans exception. En effet, dans le cas de fluides gazeux on observe quelquefois le contraire. Mais la constitution chimique du fluide, ainsi que la manière dont il se comporte chimiquement et physiquement à l'égard de la membrane animale qu'il pénètre, paraissent jouer un rôle important dans le phénomène dont il s'agit. Lorsqu'on remplit une vessie avec de l'alcohol étendu d'eau, l'évaporation de cette dernière rend l'alcohol beaucoup plus concentré (2). Quand on remplit à moitié une anse intestinale avec une dissolution aqueuse de gomme arabique et de rhubarbe, et qu'après l'avoir liée on la place dans un vase qui contient de l'eau, on voit l'anse intestinale se distendre en même temps que la rhubarbe s'échappe à travers les tuniques de l'intestin. Une anse semblable remplie d'une légère dissolution de sulfate de fer et plongée dans une dissolution de cyanure de potassium et de fer se distend par l'effet de la pénétration de l'eau extérieure à l'intérieur de l'anse ; mais en même temps le liquide extérieur se colore en bleu par l'effet de l'exosmose du sel de fer, tandis que l'absence de toute coloration à l'intérieur de l'intestin prouve que le sel de potasse de la dissolution extérieure n'a pas passé à travers la membrane. L'endosmose des gaz, sur lesquels Faust a fait de

(1) Biot, *Experimental-Physik, übersetzt von* Fechner, I, p. 384; *voy.* aussi Poisson, dans Poggendorff's *Annalen*, XI, p. 134; Fischer, ibid., p. 126; Magnus, ibid., X p 155; Wach, dans Schweigger's *Journal*, 1830, p. 20; Dutrochet, *l'Agent immédial du mouvement vital*, Paris, 1826 ; *Nouvelles recherches sur l'endosmose*, Paris, 1828. — (2) Comparez les expériences de Staples, dans Kastner's *Archiv. für Chemie*, Bd. III; H. I-III, p. 282.

nombreuses expériences (1), présente des phénomènes très-remarquables. Si l'on place une vessie à moitié pleine d'air atmosphérique sous une cloche remplie d'acide carbonique, on la voit se distendre plus qu'elle ne l'était auparavant. Mais si la vessie placée dans le gaz acide carbonique contient du gaz hydrogène, sa distension augmente jusqu'à ce qu'elle éclate. Quand, au contraire, c'est la cloche qui contient le gaz le plus léger, et que la vessie est remplie du gaz le plus dense, on voit cette dernière s'affaisser sur elle-même.

D. *Rapidité avec laquelle s'effectuent l'absorption et la distribution des substances dissoutes dans le sang.*

§ 169. — Je désirais déterminer avec quelle rapidité une substance quelconque peut pénétrer par imbibition jusque dans la couche la plus superficielle des capillaires d'une partie dépouillée de son épiderme, et, par conséquent, avec quelle rapidité elle passe dans le torrent de la circulation. La membrane extrêmement délicate qui forme les villosités intestinales chez le Veau ou chez le Bœuf contient des vaisseaux sanguins capillaires, quoique les villosités elles-mêmes n'aient que 0,00174 de pouce de diamètre. D'après cette donnée, il est facile de se faire une idée de la profondeur à laquelle doit pénétrer une substance quelconque à l'état de dissolution, pour arriver jusque dans la première couche de capillaires d'une membrane dépourvue d'épiderme. Pour résoudre la question, je versai une dissolution de prussiate de potasse dans une fiole de verre à col très étroit; j'attachai sur l'orifice de la fiole une vessie de Grenouille; dans une seconde expérience je pris le poumon du même animal. Cela fait, avec un pinceau de poils j'appliquai sur la surface externe de la membrane humide un peu d'une dissolution d'un sel de fer (muriate de fer). Au même instant je renversai la fiole de manière à ce que la dissolution de prussiate de potasse se trouvât en contact avec la surface interne de la membrane. En moins d'une seconde il se forma une tache d'un bleu pâle, qui devint bientôt plus foncée. Il résulte donc de cette expérience qu'il ne faut pas une seconde à une substance à l'état de dissolution pour traverser, en quantité appréciable, une membrane ayant l'épaisseur de la vessie d'une Grenouille. Or, la membrane qui constitue la vessie de la Grenouille est formée de plusieurs couches et est infiniment plus épaisse que la membranule vasculaire qui forme les villosités intestinales de 0,00174 de pouce. En conséquence, nous pouvons admettre comme une chose possible qu'il ne faut pas même une seconde aux substances à l'état de dissolution pour traverser, en quantité appréciable aux réactifs, une membrane dépourvue d'épiderme, et pour se mêler au sang qui circule dans la couche la plus superficielle des vaisseaux capillaires. Nous avons vu plus haut (1. § 103) que, pour parcourir le cercle circulatoire tout entier, le sang ne met qu'une demi-minute, d'après les calculs du Dr Hering, et une à deux minutes, suivant d'autres observateurs. Nous pouvons donc admettre qu'une petite quantité d'une substance quelconque à l'état de dissolution, qui vient à se trouver en contact avec une membrane dépouillée de son épiderme, peut se distribuer dans le système circulatoire tout entier en fort peu de temps, c'est-à-dire, dans l'espace d'une demi-minute à deux minutes au plus.

§ 170. — Les poisons narcotiques agissent, il est vrai, en anéantissant la force nerveuse, mais, quand on les applique directement sur les nerfs, les effets qu'ils produisent sont purement locaux. Lorsque je plongeais un instant dans une dissolution aqueuse d'opium l'extrémité supérieure du nerf sciatique d'une Gre-

---

(1) FRORIEP's *Notizen*, no 646.

nouille dont la cuisse était séparée du tronc, la portion de nerf qui se trouvait en contact avec le narcotique perdait son irritabilité, c'est-à-dire, la propriété d'exciter, quand on l'irritait, des convulsions dans les muscles de la jambe de l'animal; mais, au-dessous de la partie que le poison avait touchée, le nerf conservait toujours son irritabilité. Il résulte de là que l'opium détermine un changement matériel dans la substance nerveuse elle-même; mais l'effet narcotique reste local et ne se propage pas le long des fibres nerveuses de façon à produire un empoisonnement général. Ainsi, par exemple, les Grenouilles sont extrêmement sensibles à l'action de l'opium; et cependant, si l'on sépare du tronc une cuisse de Grenouille, mais sans diviser le nerf, de manière à ce que le membre ne communique plus au tronc que par son intermédiaire, et si ensuite on laisse la jambe plongée pendant plusieurs heures dans une dissolution d'opium, l'animal ne sera pas empoisonné, pourvu toutefois qu'il soit attaché de façon à ne pouvoir, dans ses efforts, faire jaillir sur son corps quelques gouttes du liquide narcotique. Ces expériences, ainsi que nombre d'autres exécutées par des physiologistes distingués, prouvent que les poisons narcotiques doivent nécessairement pénétrer dans le système circulatoire, avant de produire leurs effets généraux sur le système nerveux.

La rapidité d'action de la plupart des poisons narcotiques s'explique très bien par les faits que nous avons rapportés plus haut au sujet de l'absorption par imbibition (I. § 153). Au reste, de tous les poisons connus l'acide prussique est celui qui agit le plus rapidement. L'action de la noix vomique est aussi excessivement prompte. Une petite quantité de dissolution alcoholique de ce poison introduite dans la bouche d'un jeune Lapin le tue presque immédiatement, tandis que, si l'on l'applique sur un nerf situé à quelque distance du cerveau, le nerf sciatique par exemple, il ne produit pas de symptômes généraux. D'après les obervations de Wedemeyer, l'acide prussique concentré lui-même n'exerce pas d'action toxique générale, quand on se contente de l'appliquer sur un nerf mis à nu. Mais, lorsqu'on le met en contact avec une membrane muqueuse, l'acide prussique, suivant les expériences de Christison, tue dans l'espace de trente à quarante secondes. Or, ainsi qu'il résulte des faits que nous avons cités plus haut (I. § 103. 169.), cet espace de temps est suffisant pour que des traces d'acide prussique pénètrent dans le réseau capillaire et se répandent dans le système vasculaire tout entier.

§ 171. — La rapidité avec laquelle les substances, à l'état de dissolution, pénètrent dans les vaisseaux capillaires et se distribuent dans le corps tout entier par l'intermédiaire de la circulation, explique parfaitement comment il se fait que certaines substances ingérées dans l'estomac avec les aliments se retrouvent aussi promptement dans l'urine. Il n'est donc nullement nécessaire de recourir à l'hypothèse absurde et barbare de voies secrètes de communication qui existeraient entre l'estomac et les reins. Suivant Westrumb, des sels solubles introduits par l'estomac ne mettaient que deux à dix minutes pour passer de ce viscère dans l'urine. En effet, lorsqu'il avait administré du prussiate de potasse à un animal, il le retrouvait déjà, au bout de ce temps si court, dans l'urine qui suintait de l'uretère et qu'il recueillait directement. Mais cependant, d'après les expériences de Stehberger, il faut en général beaucoup plus de temps que cela pour que les substances introduites dans l'estomac puissent se retrouver dans l'urine.

§ 172. — Les substances qui, après avoir été introduites dans le canal intestinal, passent dans le courant circulatoire en pénétrant à travers les tuniques des vaisseaux capillaires, ne sont pas portées directement à la veine cave par les veines intestinales. Ces substances doivent, avant d'entrer dans la circulation générale, traverser un organe particulier, c'est-à-dire, le foie. Magendie a observé que dans leur passage à travers ce viscère certaines substances se trouvaient modifiées dans leurs propriétés. Ainsi, par exemple, lorsque cet expérimentateur injectait dans la veine crurale d'un animal un gramme de bile ou une quantité considérable d'air atmosphérique, la mort était immédiate ; quand, au contraire, il faisait cette injection dans la veine porte, l'animal paraissait n'en souffrir aucunement. Certaines substances éprouvent une modification remarquable dans les intestins eux-mêmes. Ainsi, d'après les observations de Redi et Mangili (1), et les expériences de Stevens (2), le poison de la Vipère qui, appliqué sur une plaie, produit des effets toxiques, n'en détermine aucun, lorsqu'il est pris à l'intérieur. Selon Coindet, la salive d'un animal atteint d'hydrophobie perd sa puissance de contagion, quand elle est absorbée par les voies digestives (3).

§ 173. — Magendie a observé que la distension des vaisseaux sanguins par la présence d'un excès de liquide diminue l'activité de l'absorption. Lorsqu'il injectait de l'eau dans les veines d'un animal, l'absorption des substances étrangères par les membranes animales avec lesquelles il les mettait en contact ne pouvait plus s'effectuer ; mais, dès qu'il pratiquait une saignée déplétive, l'absorption s'effectuait parfaitement bien. Elle était même, après la section de la veine, plus rapide qu'à l'ordinaire : car les phénomènes qui, en général, ne se produisaient qu'au bout de deux minutes, se manifestaient dans ce cas en une demi-minute.

§ 174. — Les veines exercent-elles sur les substances qui ont pénétré par imbibition dans les capillaires une attraction particulière résultant de l'action aspirante du cœur au moment où cet organe se dilate ? C'est une question qui n'est pas encore résolue. Dans tous les cas, le mouvement circulatoire du sang favorise nécessairement l'imbibition en tant qu'il entraine plus loin ce qui vient d'être absorbé. En effet, si c'était toujours la même quantité de sang qui se trouvât en contact avec le point du tissu où s'opère l'imbibition, celle-ci se suspendrait au bout de quelques temps, c'est-à-dire, dès l'instant que cette quantité de sang se trouverait saturée.

§ 175. — C'est à la surface des membranes muqueuses, des membranes séreuses et des plaies que l'absorption s'opère avec le plus de rapidité. Elle est, au contraire, beaucoup plus lente à la surface de la peau, lorsque celle-ci est recouverte de son épiderme. Certaines substances ne sont pas absorbées par la peau, parce qu'elles sont insolubles. Ainsi, la matière colorante des grains de poudre qui, en faisant explosion, se logent dans les plis de la peau, y demeure pendant toute la durée de la vie de l'individu, sans se dissoudre et sans être absorbée. Il est d'autres substances qui colorent d'une manière indélébile la surface cutanée, parce qu'elles se combinent chimiquement avec elle. Ainsi, chez les malades qui ont été longtemps soumis à l'usage interne du nitrate d'argent, la peau se bronze et conserve pour toute la vie cette coloration foncée. Comme le tégument extérieur se trouve constamment en contact avec des substances étrangères, comme, en outre, on peut y appliquer divers agents thérapeutiques, il est de la plus haute importance de déterminer jusqu'à quel point il jouit de la faculté d'absorber (4). Toutes les préparations métalliques avec lesquelles on fait des frictions sur la peau agissent comme si elles étaient administrées à l'intérieur, mais seulement avec moins d'énergie. Le mercure appliqué de cette manière guérit la syphilis et détermine la salivation ; le tartre stibié, suivant Letsom et Brera, provoque le vomissement ;

---

(1) Meckel's *Archiv.*, iii, 1817, p. 639. — (2) *On the blood*, p. 137. — (3) Frorief's *Notizen*, 1825, *sept.* 170. — (4) *Voy.* Westrumb, dans Meckel's *Archiv*, 1827 ; Sewall, ibid., ii, 146

l'arsenic produit de même ses effets toxiques habituels. Les substances végétales qui sont à l'état de dissolution, ou qui du moins sont solubles, agissent comme à l'ordinaire, quand on les applique à la surface cutanée. D'après Haller, l'hellébore blanc appliqué sur l'abdomen excite le vomissement, et, lorsqu'on lave les pieds d'une personne avec une décoction d'hellébore blanc ou noir, on détermine une véritable superpurgation. Lentin a vu les semences de sabadille causer des convulsions très-violentes et produire un effet purgatif, lorsqu'on en frictionnait l'abdomen. L'application des Cantharides à la surface de la peau cause la strangurie, et celle des narcotiques est suivie des phénomènes morbides particuliers à cette espèce de médicament. On peut, selon Magendie, découvrir le camphre dans la vapeur exhalée par les poumons. L'essence de térébenthine communique à l'urine une odeur de violette; le prussiate de potasse, la rhubarbe, la garance se reconnaissent dans le sang, l'urine, etc., quand on les a appliqués à la surface cutanée. Mais l'action de tous ces médicaments ou poisons est beaucoup plus énergique, quand, au moyen d'un emplâtre vésicant, on a préalablement dépouillé la peau de son épiderme (*méthode endermique*).

§ 176. — On a longtemps discuté la question de savoir si la peau recouverte de son épiderme jouit de la faculté d'absorber l'eau. C'est un point difficile à déterminer, parce que la peau perd de l'eau par l'évaporation. Il est certain que l'épiderme est hygroscopique et se gonfle dans l'eau. Les expériences exécutées par Falconer, Alexander et autres physiologistes, expériences qui consistaient à peser comparativement le corps et l'eau dans le bain, n'ont, à mon avis, aucune valeur. Seguin (1) et Currie (2) n'ont pu découvrir aucune augmentation de poids, lorsque le corps était plongé dans l'eau en totalité ou en partie. Quand on fait dissoudre dans l'eau d'un bain une matière colorante ou du prussiate de potasse, et qu'on retrouve ces substances dans l'urine, ce fait ne prouve aucunement que la peau absorbe l'eau elle-même. En effet, les sels peuvent pénétrer toute membrane animale qui se trouve par ses deux faces en contact avec un liquide, sans que pour cela le niveau du liquide de chaque côté de la membrane éprouve le moindre changement.

Abernethy a constaté que les gaz étaient absorbés par la surface cutanée.

E. Phénomènes vitaux de l'absorption par les vaisseaux sanguins.

§ 177. — Ni l'imbibition ni l'endosmose ne sont capables d'expliquer l'absorption des liquides; nous ne parlons pas ici du simple mélange des substances à l'état de dissolution. De l'eau introduite dans l'estomac tend toujours à se distribuer dans le sang des vaisseaux capillaires, et les globules sanguins, en vertu de leur grande affinité pour l'eau, contribuent à son absorption, pendant qu'ils circulent dans les capillaires. Mais l'absorption de dissolutions plus concentrées est complétement inexplicable par l'endosmose; ainsi, par exemple, cette théorie ne rend pas compte de l'absorption des liquides que contiennent les cavités dans les hydropisies, absorption qui est le moyen curatif employé par la nature. Ici donc nous sommes obligés d'admettre que les vaisseaux lymphatiques ou même sanguins exercent sur eux une attraction organique particulière.

§ 178. — Les vaisseaux sanguins sont, dans certaines circonstances, capables d'absorber comme les lymphatiques, c'est-à-dire, d'exercer une attraction spéciale sur certains liquides. Ce qui le démontre, c'est le passage des fluides nourriciers de la mère à l'enfant par la voie des vaisseaux capillaires du placenta fœtal. Il

<hr>

(1) *Ann. de Chimie*, XC, 185; XCII, 55; MECKEL'S *Archiv.*, III, 585. — (2) *Med. Reports*, ch. XIX.

n'existe pas de communication entre les vaisseaux de la mère et ceux du fœtus. Les artères utérines ne communiquent qu'avec les veines de même nom, et les artères du fœtus se continuent dans le placenta exclusivement avec les veines du fœtus. Weber (1) a donné une description très-intéressante de la manière dont le placenta et l'utérus se comportent à l'égard l'un de l'autre. Les ramifications les plus déliées des vaisseaux placentaires se distribuent dans les prolongements villeux du chorion. Ces villosités sont closes à leur extrémité et forment des touffes pénicillées. Les dernières ramifications artérielles, arrivées au bout de chaque villosité, y forment une anse et se continuent par inosculation directe avec les radicules les plus déliées des veines placentaires. Ces touffes de villosités, avec les ramifications artérielles et veineuses qu'elles contiennent, se projettent dans les sinus veineux à tunique excessivement mince, qui appartiennent au système vasculaire maternel et se trouvent ainsi baignées de toutes parts par le sang veineux de la mère. Il est vraisemblable que, grâce à cette disposition anatomique toute particulière des villosités et à la ténuité des tuniques des veines utérines, le sang du fœtus, en circulant à travers les vaisseaux capillaires du placenta, exerce une certaine attraction sur le sang de la mère, et que ces deux fluides font un échange de matériaux. Sans doute il s'opère ici, entre le sang de la mère et celui de l'enfant, une espèce d'endosmose dans laquelle le sang du fœtus reçoit, à travers les délicates parois de ses vaisseaux, plus de matières qu'il n'en cède; mais cette endosmose organique et vitale est tout-à-fait différente de l'endosmose physique.

Chez les Ruminants, les villosités des cotylédons de l'œuf ne plongent pas dans les veines utérines, mais elles pénètrent dans les enfoncements vaginiformes de l'utérus, à la manière de racines qui s'enfoncent dans le sol. Tous ces enfoncements que présente l'utérus sont revêtus par des vaisseaux capillaires appartenant au système vasculaire maternel, tandis que les capillaires propres du fœtus se distribuent uniquement dans les villosités des cotylédons et n'ont aucune communication avec les capillaires de la mère. Ici, les substances qui doivent être absorbées par les vaisseaux capillaires de l'enfant doivent d'abord être sécrétées par les capillaires de la mère.

§ 179. — Dans une espèce de Squale, *Mustelus*, chez lequel les œufs se développent complétement dans l'utérus, le jaune entouré d'un peu de blanc est logé dans une membrane extrêmement délicate et présentant une multitude de plis. Pendant le développement du germe le blanc attire à travers cette membrane certains liquides provenant de l'utérus, et bientôt cette membrane se trouve distendue par les fluides ainsi absorbés. Mais ce phénomène ne s'observe que dans les œufs qui contiennent un jaune et un germe. Il n'est pas rare, en effet, de trouver dans l'utérus de ces animaux, au milieu des autres œufs, quelques œufs stériles qui ne contiennent sous leur enveloppe qu'un blanc dépourvu de jaune. Alors ce blanc n'exerce aucune attraction sur les liquides et reste tel qu'il était dans le principe, tandis que les œufs voisins, aptes à se développer, contiennent dans leur enveloppe une quantité de fluide qui va toujours en augmentant.

ARTICLE II. — *De l'exhalation*, exsudatio.

§ 180. — Un grand nombre de subtances dissoutes dans les fluides animaux, surtout de substances étrangères, après avoir pénétré dans le torrent de la circulation et s'être distribuées avec le sang dans tout l'organisme, soit qu'elles aient conservé leur état primitif, soit qu'elles aient été plus ou moins altérées,

---

(1) HILDEBRANDT's *Anatomie*, Bd. IV, 496.

sont ensuite éliminées au moyen de l'imbibition et de l'endosmose. Le prussiate de potasse, après être entré dans la circulation par endosmose, pénètre, en vertu de la même loi, à travers les membranes animales et va se mêler avec les fluides les plus divers que sécrètent les différents appareils sécrétoires. C'est ainsi que, d'après les observations de Westrumb, on peut découvrir des traces de ce sel dans l'urine, au bout de deux à dix minutes après son introduction dans l'organisme. Le même phénomène s'observe dans la jaunisse. Presque tous les organes internes, ainsi que les divers liquides sécrétoires, l'urine, par exemple, sont alors imprégnés par la matière colorante de la bile qui est dissoute dans le sérum du sang.

Ceux des éléments naturels du sang et celles des substances étrangères accidentellement mêlées à ce liquide, qui sont capables de prendre la forme gazeuse, peuvent se vaporiser à la surface libre des membranes animales, à moins qu'ils ne soient retenus par quelque attraction spéciale du tissu.

Lorsque la pression favorise leur passage à travers les pores des membranes animales, les liquides doivent, en vertu des lois physiques, se frayer une voie dans les espaces libres remplis de gaz ou de vapeurs. C'est ce qui a lieu après la mort par le simple effet de la pesanteur. On voit alors le sérum du sang, et plus tard la matière colorante dissoute pénétrer les tissus et s'accumuler dans les espaces libres. La bile transsude de la vésicule biliaire et va colorer les parties voisines. Pendant la vie, l'absorption, d'une part, et, de l'autre, la contractilité organique, voilà les forces qui contrebalancent la tendance des fluides à transsuder à travers les membranes du corps; mais, dans l'état de maladie, différentes causes détruisent cet équilibre : une fois qu'il est rompu, l'eau, avec les substances animales et les sels qu'elle tient en dissolution, s'accumule dans les diverses cavités et dans le tissu cellulaire. C'est alors que surviennent les hydropisies de toute espèce, et que se manifestent les phénomènes qui caractérisent l'albuminurie. L'exsudation de la liqueur du sang ou de la fibrine, qui a lieu dans l'inflammation, doit être précédée par la paralysie de la contractilité organique des petits vaisseaux. A la suite de l'oblitération des grands troncs veineux des viscères ou des extrémités on observe une effusion de sérosité albumineuse qui s'opère dans les cavités séreuses les plus voisines ou dans le tissu cellulaire, principalement dans celui des membres inférieurs. Ainsi, l'on peut, comme l'a fait voir Bouillaud, déterminer artificiellement une hydropisie du tissu cellulaire en appliquant une ligature sur un des grands troncs veineux. Les hydropisies consécutives à certaines dégénérescences des viscères résultent peut-être en partie de l'oblitération des voies circulatoires, qui a lieu dans ces organes.

§ 181. — D'après ce qui précède, il semblerait que les exhalations (fluides vaporisables) et les exsudations (liquides) dont le corps vivant est le siége dépendent uniquement des lois purement physiques de l'imbibition, de l'endosmose et de la pression. Cependant il n'en est pas ainsi. D'après les lois de la physique, toute substance à l'état de dissolution devrait pouvoir pénétrer à travers les tissus. Or, dans l'organisme vivant, tout ce qui est dissous ne passe pas à travers les membranes animales; bien au contraire, ce qui s'échappe par exhalation ou exsudation ne représente en général qu'une partie des substances que le sang contient à l'état de dissolution. Ainsi, par exemple, dans les hydropisies il ne se fait pas d'effusion de fibrine comme dans l'inflammation. Dans les hydropisies, en général, la matière organique que contient la sérosité ne se coagule pas spontanément; elle ne se précipite que lorsqu'on traite le liquide par les réactifs chimiques, et ce précipité est simplement de l'albumine du sang. Il résulte de là que, dans les hydropisies, il existe une force particulière qui empêche à la fibrine dissoute dans le sang de s'échapper de ses vaisseaux, et que cette force se trouve, au contraire, paralysée dans le cas d'inflammation. Cette force doit consister en une affinité ou attraction entre la fibrine dissoute et le tissu vivant, tandis que ce même tissu se laisse, dans l'hydropisie, pénétrer par l'albumine à l'état de dissolution. Au début d'une inflammation, comme, par exemple, à la suite d'une blessure ou de l'application d'un vésicatoire, on a observé que c'est le sérum seulement qui s'épanche au dehors; mais, quand l'inflammation est devenue plus violente, la partie fibrineuse du sang transsude également.

§ 182. — Les hémorrhagies supposent encore certaines conditions particulières. Dans la menstruation la surface interne de l'utérus est le siége d'une excrétion véritable de sang, qui ne se distingue du sang qui circule dans les vaisseaux qu'en ce qu'il ne contient pas de fibrine, ou du moins en contient fort peu. Cependant on aurait complétement tort d'admettre, avec Brande, que le sang menstruel n'est qu'une dissolution concentrée de la matière colorante des globules sanguins; car, en examinant le sang menstruel, j'y ai trouvé de véritables globules rouges qui n'étaient aucunement altérés. Ce fait suppose qu'au moment de la menstruation les parois des vaisseaux capillaires utérins se trouvent dans un tel état de relâchement, qu'elles se laissent traverser par les globules sanguins.

Lorsque le sang s'échappe avec lenteur à la surface d'une membrane, ce qu'on appelle en pathologie *diapedesis* (*per secretionem*), il y a là autre chose qu'un simple fait de transsudation. En effet, les parois des vaisseaux doivent subir une certaine modification dans leur texture; et, si non dans tous les cas, du moins dans quelques uns, comme, par exemple, dans l'hémoptysie et l'expectoration sanguinolente qui accompagne la pneumonie, il y a certainement rupture des petits vaisseaux ou des capillaires. Néanmoins les observations de Wedemeyer (1) rendent probable que, dans certaines circonstances particulières, la matière colorante des globules du sang peut, même chez des animaux vivants, se dissoudre dans le sérum et donner lieu à une exsudation colorée. Après avoir injecté une quantité considérable d'eau chaude dans les veines d'un Cheval, ce physiologiste trouva qu'il s'était opéré un épanchement de sérum rougeâtre par les narines et dans la cavité abdominale. Or, tout le monde sait parfaitement que la matière colorante des globules sanguins a la propriété de se dissoudre dans l'eau. C'est ainsi que, dans le scorbut, le *purpura* ou *morbus maculosus*, et après la morsure de Serpents venimeux (2), le sérum semble contenir de la matière colorante du sang à l'état de dissolution.

Quand on rencontre des globules dans les liquides sécrétoires, on doit supposer qu'ils se sont formés au moment même où ces liquides se sont séparés du sang : car il est impossible que les globules traversent les parois des vaisseaux capillaires. Les globules de pus, par exemple, sont plus volumineux que ceux du sang, et souvent même, suivant Weber, deux fois aussi gros. Ils ne peuvent donc provenir des globules sanguins, et consistent simplement en particules détachées de la surface suppurante. En conséquence, il est absolument impossible que des globules de pus, qui, par une cause quelconque, se trouveraient contenus dans le sang, soient éliminés par la voie des reins. Il n'y a que les éléments immédiats du pus, quand ils sont à l'état de dissolution, qui puissent être éliminés du sang.

---

(1) *Ueber den Kreislauf.* Hannover, 1828, p 465. — (2) Autenrieth's *Physiol.*, ii, 154.

SECTION III. — DE LA LYMPHE ET DES VAISSEAUX LYMPHATIQUES.

CHAPITRE PREMIER. — *De la lymphe.*

§ 183. — La lymphe est le fluide contenu dans les vaisseaux lymphatiques. Elle est transparente, d'un jaune pâle, et n'offre pas en général de teinte rougeâtre, à moins que sa couleur naturelle ne soit altérée accidentellement par la présence de globules sanguins. Chez les Reptiles et les Poissons la lymphe est d'une transparence parfaite et n'est jamais jaunâtre. Elle est inodore, a une saveur salée et une faible réaction alcaline. La lymphe et le chyle contiennent de l'albumine et de la fibrine à l'état de dissolution. La fibrine de la lymphe se prend en gelée dans l'espace de dix minutes.

§ 184. — Les occasions d'examiner la lymphe de l'Homme sont fort rares. Pendant l'hiver de 1831 à 1832 il s'en présenta une à Bonn. Un jeune homme qui avait reçu quelque temps auparavant une blessure sur la face dorsale du pied se trouvait dans le service chirurgical du professeur Wutzer. Malgré toutes les tentatives faites pour le guérir, il lui restait encore une petite plaie par laquelle il s'opérait un écoulement continu de lymphe. Toutes les fois qu'on passait le doigt le long du gros orteil, en remontant vers la petite plaie, on voyait sortir une certaine quantité d'un liquide parfaitement transparent qui parfois même s'échappait en formant un jet. Ce liquide était de la lymphe : en effet, au bout de dix minutes environ, elle déposait un caillot de fibrine semblable à une toile d'araignée. Ici l'on pouvait obtenir une quantité assez considérable de lymphe (1). On a observé à Halle un cas analogue, qui a fourni à Marchand et à Colberg l'occasion de faire l'analyse chimique de la lymphe (2).

Quand on veut étudier la lymphe, il est très aisé de s'en procurer sur des Grenouilles et des Poissons. La peau de la Grenouille, comme on sait, adhère fort peu aux couches musculaires sous-cutanées. La nature du fluide qu'on trouve entre la peau et les muscles suffit pour montrer qu'il doit exister au-dessous du tégument externe des cavités considérables contenant de la lymphe. Lorsqu'on divise la peau de la cuisse sur une grosse Grenouille, mais en prenant la précaution de ne pas léser les gros vaisseaux sanguins, et qu'ensuite on détache la peau de la couche musculaire dans une certaine étendue, on voit ordinairement, mais pas toujours, s'exhaler un liquide transparent, incolore et doué d'une saveur salée : quelquefois la quantité de ce fluide est très considérable. Or, ce fluide est de la lymphe. Ce qui le prouve, c'est que, au bout de quelques minutes, il dépose un caillot abondant, d'abord extrêmement limpide, mais qui ensuite se contracte peu à peu en un tissu fibreux et blanchâtre. Si l'on recueille ainsi la lymphe d'un certain nombre de grosses Grenouilles, on en peut obtenir une quantité suffisante pour l'étudier plus minutieusement. En faisant sécher le caillot fibreux d'une quantité connue de lymphe, et en le pesant après la dessiccation, j'ai trouvé que quatre-vingt-une parties de lymphe de Grenouille donnaient une partie de fibrine desséchée, proportion de fibrine qui me paraît fort élevée. Chez les Poissons qui ne sont pas gras il est également facile de recueillir la lymphe contenue dans les espaces lymphatiques de l'orbite.

§ 185. — Dans les circonstances ordinaires, la lymphe paraît être incolore dans la plupart des organes du corps; mais parfois elle offre une teinte rougeâtre. Magendie, Tiedemann et Gmelin ont remarqué cette coloration de la lymphe

---

(1) Comp. H. NASSE, dans TIEDEMANN's *Zeitschrift*, v. — (2) MÜLLER's *Archiv.*, 1838, 154.

chez des animaux qu'ils avaient fait jeûner; mais il n'est pas rare de voir un fluide rougeâtre dans les vaisseaux lymphatiques de la rate. Hewson, Fohmann, Tiedemann et Gmelin ont observé ce phénomène. Seiler ne l'a vu que fort rarement, et Rudolphi le croit accidentel. Quant à moi, j'ai fréquemment examiné dans les abattoirs la rate du Bœuf, et, parmi les lympathiques nombreux et volumineux qui marchent à la surface de cet organe, j'en ai toujours trouvé un certain nombre contenant une lymphe d'un rouge sale.

Le chyle est presque toujours plus opaque que la lymphe considérée dans le même animal. Cette opacité du chyle dépend de la graisse qu'il contient. Chez les Mammifères, tant herbivores que carnivores, le chyle est blanc, tant qu'ils sont nourris par le lait de la mère. Chez les Herbivores, au contraire, le chyle ressemble davantage à la lymphe. Chez les petits Chats qui tétent encore, la graisse que contient le chyle donne quelquefois même au sang une couleur jaune rougeâtre, et une couleur blanchâtre au sérum du sang. Il n'est pas besoin de dire que, pour observer cette particularité, il faut examiner les animaux immédiatement après la digestion (1). Dans le canal thoracique du Cheval le chyle présente une teinte rougeâtre qu'on ne voit que rarement chez les autres animaux. Lorsque cette coloration existe, le caillot du chyle rougit encore davantage au contact de l'air.

Nous avons parlé plus haut (I. § 61.) des globules de la lymphe et du chyle; ainsi, nous ne reviendrons pas sur ce sujet.

§ 186. — Quant aux proportions des divers éléments qui entrent dans la composition de la lymphe, nous possédons plusieurs analyses de ce liquide. Nous les devons à Gmelin, Lassaigne, Chevreul, Bergmann, Marchand et Colberg. D'après ces derniers chimistes, la lymphe humaine est composée de :

Eau.	96,926
Fibrine	00,520
Albumine..	00,434
Osmazôme et perte.	0,312
Huile grasse..	} 0,264
Matière grasse cristalline.	
Chlorure de soude..	
Chlorure de potasse.	
Carbonate et lactate alcalins.	} 1,544
Sulfate de chaux.	
Phosphate de chaux et oxyde de fer.	
	100,000

CHAPITRE II. — *Du mode d'origine et de la structure des vaisseaux lymphatiques.*

ARTICLE PREMIER. — *Des formes qu'affectent les vaisseaux lymphatiques les plus déliés.*

§ 187. — Les recherches les plus importantes faites par les anciens anatomistes sur la structure des vaisseaux lymphatiques sont consignées dans la collection des écrits de Mascagni, Cruikshank et quelques autres, qui a été rassemblée et publiée par Ludwig. Dans ces dernières années, la question d l'ana-

____

(1) SCHLEMM, FRORIEP's *Not.*, n° 836; comp. MAYER, ibid., 865.

tomie de ces vaisseaux a fait des progrès remarquables, grâce aux travaux éminents de Fohmann (1), de Lauth (2) et de Panizza (3).

Lorsqu'on injecte avec du mercure les vaisseaux lymphatiques, leurs radicules se présentent à l'observation sous deux formes différentes.

1° Elles se présentent sous la forme d'un réseau dont les mailles sont tantôt alongées et tantôt plus symétriques. Il arrive fréquemment que les mailles sont plus petites que le diamètre même des lymphatiques les plus déliés qui constituent le réseau. Si, dans les endroits où ce dernier est extrêmement dense, le volume des vaisseaux est en même temps irrégulier, ce réseau présente à un observateur superficiel l'apparence d'une aggrégation de cellules; cependant, ce qui lui donne cet aspect celluleux, ce sont tout simplement les inégalités et les légères dilatations des vaisseaux. Dans les parties où les mailles sont plus larges on reconnait sur-le-champ que les lymphatiques affectent véritablement la forme d'un réseau (Pl. I, fig. 9, 10). Le diamètre des vaisseaux qui constituent les réseaux offre des différences considérables; néanmoins ils ne sont jamais aussi déliés que les vaisseaux capillaires sanguins. Quant à moi, je ne connais point de vaisseaux absorbants qui ne soient visibles à l'œil nu. Les lymphatiques les plus déliés doivent être ceux qui existent dans les branchies, et dont Fohmann a donné de très beaux dessins.

2° Dans d'autres cas, les radicules des lymphatiques ne présentent pas la forme de réseau, mais celle de petites cellules qui sont plus ou moins régulières et qui communiquent toutes les unes avec les autres. Telle, du moins, m'a paru être la structure des lymphatiques injectés du cordon ombilical et de ceux de la cornée. Toutefois la nature de ces derniers est encore douteuse. On obtient cette espèce d'injection, en suivant une méthode vicieuse qui consiste à injecter directement les lymphatiques en introduisant au hasard la canule dans la peau ou de la substance des organes. C'est également l'aspect que m'ont offert les vaisseaux chylifères d'un Veau, que j'injectai par un des troncs qui sortaient des intestins et qui étaient remplis de chyle. Pour pratiquer cette injection, je poussai avec une seringue d'acier le mercure dans le sens opposé à la marche du chyle, avec assez de force pour surmonter la résistance présentée par les valvules. Le grand nombre de petites cellules qui se remplissent de mercure suggère naturellement l'idée que les lymphatiques naissent des cellules du tissu cellulaire lui-même. Suivant Fohmann (4), ce que nous appelons tissu cellulaire est uniquement composé de vaisseaux lymphatiques. Mais c'est ce qui ne me paraît nullement vraisemblable. Il suffit pour cela de comparer les véritables réseaux de vaisseaux lymphatiques avec les extravasations celluliformes qui s'observent dans une seule et même partie, par exemple, dans l'intestin d'une Tortue. Après avoir comparé des vaisseaux lymphatiques où l'injection avait parfaitement réussi avec d'autres où le succès avait été moins complet, je me trouve porté à croire que les prétendues origines celluliformes des lymphatiques ne sont pas en réalité de véritables lymphatiques, et que la forme sous laquelle se présentent les radicules, même dans le cas où elles sont extrêmement nombreuses et pressées les unes contre les autres, est, en général, celle d'un réseau régulier.

En injectant la substance du cordon ombilical, d'après la méthode de Fohmann (5), j'ai réussi à remplir de mercure de petites cellules transparentes

<hr>

(1) *Das Saugadersystem der Wirbelthiere*, 1, Heft. Heidelberg, 1827, fol. — (2) *Essai sur les vaisseaux lymphatiques*, Strasb., 1824; *Ann. des Sci. natur.*, t. III. — (3) *Osservazioni antropozootomico-fisiologiche*, Pavia, 1830; et *Sopra il sistema linfatico dei rettile ricerche zootomiche*, Pavia, 1833. — (4) Tiedemann's *Zeitschrift für physiologie*, IV, 2. — (5) Ibid.

d'un quart à un dixième de millimètre de diamètre. Ces petites cellules sont presque toutes de même grandeur, et le mercure passe de l'une dans l'autre sans s'extravaser. La plus grande partie du tissu du cordon ombilical qui entoure les vaisseaux sanguins est composée de cellules de ce genre. C'est seulement au point même où le cordon s'insère à l'ombilic que j'ai trouvé plusieurs petits canaux parallèles très courts qui étaient remplis de mercure.

Les vaisseaux lymphatiques ou chylifères du canal intestinal naissent dans l'intestin grêle, non-seulement dans les villosités, mais encore sur la surface tout entière de la muqueuse du canal intestinal.

ARTICLE II. — *Villosités intestinales.*

§ 188. — Les villosités intestinales sont des filaments courts d'un quart de ligne à une ligne, ou au plus d'une ligne et deux tiers de longueur. Elles s'élèvent à la surface de la membrane muqueuse et donnent à cette membrane, quand on l'examine sous l'eau et à l'aide du microscope, l'aspect d'une fourrure. Ces villosités sont tantôt cylindriques, tantôt lamelliformes et souvent pyramidales.

Tel est le caractère que présentent, en général, les villosités chez l'Homme, chez la plupart des Mammifères et chez un grand nombre d'Oiseaux (1). On observe parfois quelque chose d'analogue chez quelques Poissons (*Tetrodon, Orthagoriscus*). Retzius a décrit, chez un Serpent, le *Python bivittatus*, les prolongements villiformes qui existent à la surface de la membrane interne de l'intestin, et qu'il serait difficile de ne pas considérer comme de véritables villosités, quoique Rudolphi refuse de vraies villosités aux Poissons et aux Reptiles. Alb. Meckel (2) a tort de ne vouloir regarder comme villosités que les lamelles larges à leur base et étroites à leur extrémité libre. Il est vrai qu'elles sont aplaties chez la plupart des Mammifères, tels que le Lapin, le Chien et le Cochon ; cependant, on remarque chez le Veau, le Bœuf et le Mouton, un très grand nombre de villosités cylindriques ; quelquefois même, comme chez le Mouton et le Bœuf, les villosités aplaties sont plus nombreuses dans une partie des intestins, et dans une autre partie, ce sont, au contraire, les villosités cylindriques. Parfois même les villosités cylindriques et aplaties se trouvent mêlées et confondues ensemble. Chez les deux derniers animaux que nous venons de nommer, mais surtout chez le Mouton, on rencontre en plusieurs endroits du canal intestinal des villosités larges et aplaties, et cependant terminées par une pointe cylindrique. Lorsque les villosités s'élargissent à leur base et s'unissent les unes avec les autres de manière à produire de petits plis, elles forment la transition graduelle entre les villosités des Mammifères et les plis qui dans un grand nombre d'Oiseaux et dans les Reptiles remplacent les villosités ; quelquefois même on observe cette forme intermédiaire dans les intestins d'animaux chez lesquels il existe des villosités proprement dites. Ainsi, par exemple, chez le Lapin, les villosités pyramidales de la portion supérieure de l'intestin grêle se réunissent par leurs bases, de façon à représenter des plis, tandis que dans la portion moyenne du même intestin elles sont plus séparées les unes des autres. L'extrémité libre des villosités est tantôt arrondie, tantôt assez effilée, et quelquefois même elles semblent tronquées. Cette dernière forme s'observe chez le Chien (Pl. 1, fig. 11, 12).

§ 189. — Les villosités possèdent un réseau de vaisseaux capillaires, des ramifications artérielles et veineuses. Non-seulement ces vaisseaux se laissent très bien injecter, mais encore, sur des Veaux et des Chiens que j'examinais immédiatement après la mort et avant de laver l'intestin, j'ai vu, à l'aide d'une

---

(1) Rudolphi, *Anat. physiol. Abhandl.* — (2) Meckel's *Archiv,* v.

simple loupe et même sans ce secours, les vaisseaux déliés des villosités intestinales encore remplis de sang. Doellinger, Seiler et Lauth, ont décrit et dessiné ces vaisseaux après les avoir injectés (Pl. 1, fig. 13).

§ 190. — La plupart des anciens anatomistes croyaient que les villosités intestinales présentaient une ouverture à leur extrémité libre. Rudolphi a réfuté cette opinion. Les villosités cylindriques sont creuses intérieurement ; leur extrémité libre est fermée par le même tissu délicat qui revêt toute la superficie de la villosité. Sur un intestin de Veau que j'examinai immédiatement après la mort, et dont les vaisseaux lymphatiques contenaient un chyle blanc, j'ai vu l'intérieur des villosités rempli de haut en bas par la même substance blanche et opaque. Une autre fois les villosités ne contenaient pas de liquide blanchâtre; je les trouvai, au contraire, vides et évidemment creuses, ainsi que Rudolphi l'avait déjà observé sur un Cochon de lait. En soumettant à l'examen microscopique les villosités intestinales du Veau et du Bœuf, j'ai réussi à ouvrir, à l'aide d'une aiguille, cette enveloppe délicate. Les villosités lamelliformes et un peu larges du Lapin m'ont paru creuses également. J'évalue, par comparaison, à 0,00174 de pouce l'épaisseur de la membranule qui constitue les villosités intestinales du Veau. Cependant cette membrane est parcourue par des vaisseaux capillaires qui charrient du sang, et que j'estime avoir de 0,00025 jusqu'à 0,00050 de pouce de diamètre.

Il n'y a pas longtemps qu'à l'amphithéâtre d'anatomie de Berlin l'occasion se présenta d'examiner les villosités sur un Homme dont les lymphatiques intestinaux se trouvaient remplis de chyle blanc. Chaque villosité formait une cavité simple de haut en bas. C'est ce que démontrèrent les observations microscopiques de Henle et les injections mercurielles de Schwann; celui-ci poussa le mercure par voie rétrograde, c'est-à-dire, par les lymphatiques de la membrane muqueuse, qui étaient distinctement visibles. Le métal remplit les villosités jusqu'à leur extrémité libre et close.

J'ai pu facilement me convaincre de l'existence d'une cavité dans les villosités intestinales du Veau, du Bœuf, du Mouton et du Lapin, non-seulement dans celles qui sont effilées et cylindriques, mais encore dans celles qui sont aplaties et plus larges. Toutefois il m'a été impossible de m'assurer si les villosités étaient creuses aussi chez le Chat, le Cochon et le Chien. Les replis qui existent dans le canal intestinal des Poissons, comme l'Anguille, la Carpe, l'Alose (*Glupea Alosa*), ne sont nullement creux, mais sont constitués par des duplicatures qui adhèrent solidement l'une à l'autre. Les villosités larges et aplaties qu'on rencontre sur certains points du canal intestinal du Mouton ne sont évidemment pas composées d'une cavité simple. Il en est de même des villosités très larges que présente l'intestin du Lapin. En général, dans toutes les villosités larges et aplaties, il semble que l'origine des vaisseaux lymphatiques ne consiste pas en une cavité simple.

Lorsqu'on injecte du lait dans l'intérieur d'une anse intestinale de Mouton, de manière à ce que les vaisseaux lymphatiques se remplissent tout à coup de liquide, ce qui dépend sans doute de la rupture de la membranule la plus interne, on aperçoit bien, il est vrai, çà et là quelques villosités pleines de lait ; néanmoins il faut répéter très souvent l'expérience pour réussir à injecter par cette méthode quelques villosités; et, quand on y parvient, il est probable que le lait pénètre dans les villosités, non directement par leur surface intestinale, mais par voie rétrograde, c'est-à-dire, en déterminant une rupture du réseau capillaire lymphatique, et en marchant ensuite vers les radicules de ces vaisseaux. Ces villosités une fois remplies de lait, il semble, quand on les examine au microscope, que celles que sont effilées et cylindriques contiennent une cavité simple. Celles, au contraire, qui sont larges et plates, paraissent renfermer plusieurs canaux irrégulièrement anastomosés, qui sont ordinairement dirigés de la base à l'extrémité libre de la villosité, et s'y terminent en cul-de-sac, ou bien se continuent dans les prolongements digitiformes des villosités aplaties. Les canaux de ces villosités aplaties sont très serrés les uns contre les autres, et forment un réseau très irrégulier ; leur diamètre est de beaucoup supérieur au diamètre ordinaire des vaisseaux capillaires.

§ 191. — La surface entière de la muqueuse du tube digestif est recouverte d'une couche mince et non vasculaire d'épithélium. Cet épithélium revêt également les villosités intestinales. Rudolphi a constaté son existence sur les villosités du Blaireau; mais ce phénomène est général. Souvent même il arrive qu'on peut détacher cet épithélium des villosités, absolument comme un gant qu'on retire des doigts de la main. Sa texture intime est tout-à-fait semblable à celle de l'épithélium du reste de la muqueuse intestinale. Ainsi, d'après les observations de Henle, il est composé de cellules parfaitement cylindriques, qui sont pressées les unes contre les autres, et dont l'axe est perpendiculaire à la surface de la muqueuse. Chaque cellule cylindrique est pourvue de son noyau (*nucleus*), tout comme les cellules plates de l'épithélium des autres portions du système des membranes muqueuses (1).

§ 192. — Lorsque, après avoir bien lavé un lambeau d'intestin grêle pris sur un Mammifère, on examine, à l'aide d'un microscope simple, la texture de la membrane qui unit les villosités à leur base, on découvre sans beaucoup de difficulté un nombre immense d'orifices extrêmement petits, qui sont à peu près deux à trois fois aussi larges que les globules rouges du sang de la Grenouille, et huit à douze fois plus forts que ceux du sang des Mammifères.

Chez les Mammifères ces petits orifices sont quelquefois si nombreux et si serrés les uns contre les autres, que les portions de membrane qui les séparent sont à peine aussi larges que ces ouvertures elles-mêmes. En général, cependant, ces orifices sont plus espacés. Dans ce dernier cas ils donnent à la membrane la plus interne du canal intestinal un aspect spongieux et velouté. Chez les Moutons et les Bœufs la base même des villosités semble toute perforée de cette manière. Ces petits trous sont les orifices des glandes ou follicules microscopiques de Lieberkühn (2).

L'opinion qui fait naître les réseaux de vaisseaux lymphatiques par des ouvertures visibles au microscope est renversée par les importantes observations de Fohmann. Cet anatomiste, dans ses plus belles injections mercurielles du réseau lymphatique de l'intestin des Poissons, n'a jamais vu le métal s'échapper à la surface interne de l'intestin. Nous rappellerons encore ici, en confirmation des recherches de Fohmann, que Schwann, comme nous l'avons déjà dit, a réussi à injecter quelques villosités intestinales sur l'Homme même, en poussant le mercure par les vaisseaux lymphatiques de la membrane muqueuse.

Sur des lambeaux d'intestin de Mouton et de Bœuf que j'avais lavés avec soin j'ai cru remarquer aux parois des villosités, et même dans toute leur surface, de petits enfoncements tout-à-fait confus.

ARTICLE III. — *Des glandes ou ganglions lymphatiques.*

§ 193. —Chez les Reptiles et les Poissons il n'existe pas de glandes lympha-

---

(1) Henle, *Symbolæ ad anatomiam villorum intestinalium.* Berol., 1837. — (2) *Voy.* Boehm, *De gland. intestinal. struct.* Berol. 1835.

tiques. Chez les Oiseaux on n'en trouve qu'à la région du cou; elles manquent dans le mésentère. Chez les Mammifères elles se comportent, en général, comme chez l'Homme : mais dans le mésentère de plusieurs Carnivores, ainsi que dans celui du Chien, de la Taupe, du Phoque, ils forment par leur agglomération une masse considérable qui a reçu le nom de *Pancréas d'Asellius.*

Les vaisseaux lymphatiques afférents d'une glande lymphatique se divisent, au moment ou ils y pénètrent, en petites branches, puis ces petites branches, en se réunissant de nouveau, donnent naissance aux vaisseaux efférents qui sont moins nombreux et un peu plus volumineux que les afférents. Or, comme dans l'intérieur de la glande les deux ordres de vaisseaux s'anastomosent librement et produisent ainsi le réseau lymphatique qui constitue la glande elle-même, on peut, en poussant l'injection mercurielle par les vaisseaux afférents, remplir de mercure non-seulement la glande, mais encore les vaisseaux efférents. Les simples glandes lymphatiques ressemblent à de véritables plexus de vaisseaux lymphatiques; une grosse glande, au contraire, quand elle est remplie de mercure, présente une apparence celluleuse. Cependant cet aspect particulier parait résulter tout simplement des petites dilatations qu'éprouvent les vaisseaux enroulés. Déjà nous avons vu (I, § 187) que, dans d'autres parties, le réseau des vaisseaux lymphatiques ressemble fréquemment à une agglomération de petites cellules, quand on ne fait pas assez attention aux petites mailles que forment ces vaisseaux. Le fait que, lorsqu'on injecte les lymphatiques qui se rendent à un ganglion, le mercure traverse ce dernier, est encore un argument en faveur de l'opinion qui considère toutes les glandes lymphatiques comme étant de véritables plexus lymphatiques. Au reste, il est facile de concilier les idées opposées de Cruikshank, qui admettait l'existence de cellules dans ces glandes, et celles de Meckel, de Hewson et de Mascagni, qui regardaient ces prétendues cellules comme des dilatations des vaisseaux lymphatiques enroulés (1).

En comparant les ganglions lymphatiques avec les formations vasculaires sanguines analogues, on trouve qu'ils présentent absolument la même structure que les réseaux admirables amphicentriques dans lesquels un vaisseau sanguin se résout en une multitude de canaux déliés, pour plus tard se réunir de nouveau, de manière à former un tronc simple (I. § 158—160). Cette disposition anatomique a évidemment pour but, dans les ganglions lymphatiques, d'augmenter l'étendue de la surface qui se trouve en contact avec la lymphe, et, par conséquent, d'augmenter l'influence que la paroi exerce sur le contenu, influence qui s'exerce déjà dans les vaisseaux lymphatiques simples.

§ 194.—Il est certain que, dans les glandes lymphatiques, les parois des vaisseaux qui les constituent sont parcourues par des réseaux vasculaires sanguins. Les vaisseaux chylifères de l'intestin même possèdent, d'après les recherches de Fohmann, une tunique interne qui s'étend jusqu'au réseau, et, ainsi que nous l'avons dit tout à l'heure (I. § 189—180), les villosités elles-mêmes contiennent de nombreux capillaires sanguins.

§ 195. — Plusieurs anatomistes ont admis l'existence de communications entre les petites veines et les vaisseaux lymphatiques, soit à l'intérieur, soit en dehors des ganglions (2). Fohmann admet l'existence de communications entre les petites veines et les vaisseaux lymphatiques chez les Oiseaux, les Reptiles et les Poissons; tandis que, chez l'Homme et les Mammifères, on ne rencontre, suivant cet ana-

(1) Consultez, sur cette controverse, WEBER, dans HILDEBRANDT's *Anatomie*, III, p. 109-113. — (2) LIPPI, *Illustrazioni fisiologiche e pathologiche del sistema linfatico-chilifero*, Firenze, 1825; FOHMANN, *Das Saugadersystem der Wirbelthiere*, Heidelberg, 1827.

tomiste, de communication entre les veines et les lymphatiques qu'à l'intérieur des ganglions. Telle était déjà l'opinion de J. Fr. Meckel l'ancien et de Ph. Fr. Meckel, qui avaient observé ce fait dans leurs injections mercurielles des vaisseaux lymphatiques. Le mercure, en effet, passe très facilement des glandes lymphatiques dans les veines. Ainsi, quand on injecte les vaisseaux efférents d'un ganglion, on voit souvent les veines qui partent de ce ganglion se remplir de mercure beaucoup plus rapidement que les vaisseaux lymphatiques efférents eux-mêmes. C'est ce fait qui a induit Fohmann en erreur. En injectant sur un Phoque les lymphatiques afférents de cette masse de ganglions mésentériques qui a reçu le nom de *pancréas d'Asellius*, il a vu les veines seules se remplir de mercure, tandis que le métal ne pénétrait pas dans les lymphatiques efférents. Il conclut donc de là que cette agglomération de ganglions ne possède pas d'autres vaisseaux efférents que les veines (1). Rosenthal (2) a rectifié cette erreur. Cet anatomiste a découvert que, chez le Phoque, tous les lymphatiques de l'intestin grêle se rendent dans cette glande, mais qu'il n'en sort qu'un seul vaisseau lymphatique volumineux, *ductus rosenthalianus*, tandis que, dans le Chien et dans le Dauphin, cette masse ganglionnaire donne naissance, suivant Rudolphi, à une multitude de vaisseaux lymphatiques efférents (3). Les observations de Rosenthal ont été confirmées par Knox (4).

Quoi qu'il en soit de cette controverse, il résulte de tout cela un fait positif, c'est que le mercure passe avec un extrême facilité des lymphatiques dans les veines des ganglions. Schroeder van der Kolk a vu, lorsqu'il injectait les glandes lymphatiques par leurs vaisseaux afférents, le mercure injecté remplir les veines efférentes de ces glandes, sans qu'aucune portion du métal passât dans le canal thoracique (5). Panizza (6) injecta sur un Cochon une glande lymphatique par deux vaisseaux afférents, et remarqua que le mercure poussé par l'un de ces vaisseaux passa entièrement dans les veines efférentes de la glande, et qu'au contraire le mercure poussé par l'autre vaisseau afférent passa dans le vaisseau lymphatique efférent. Gerber et Alb. Meckel (7) ont aussi remarqué la facilité avec laquelle l'injection poussée par les lymphatiques pénètre dans les veines. Cependant A. Meckel, aussi bien que Rudolphi et E. H. Weber, est d'avis que ces exemples ne prouvent nullement l'existence d'une communication réelle entre les deux ordres de vaisseaux. A. Meckel même cite comme argument contre cette hypothèse le fait que, quand on injecte le canal séminal de l'épididyme d'un Chien, les veines se trouvent ordinairement remplies par la matière de l'injection. On réussit également quelquefois à remplir les vaisseaux lymphatiques en injectant les canaux excréteurs des glandes, par exemple, les conduits galactophores et le canal hépatique. C'est ainsi que Cruikshank, J.-Fr. Meckel l'ancien et Panizza ont injecté les lymphatiques en poussant l'injection par les conduits galactophores. J'ai fait aussi la même observation.

Plus il existe de circonstances diverses où l'on voit les injections passer d'un organe quelconque dans les lymphatiques, plus il y a lieu de douter de l'exactitude des conclusions qu'on tire de ces faits. Dans tous les cas, il est difficile de vérifier comment le métal injecté a passé d'une espèce de vaisseaux dans une autre; car cette pénétration peut dépendre de la rupture des parois

(1) Fohmann, *Anat. Untersuchungen über die Verbindung der Saugadern mit den Venen.* Heidelberg, 1821. — (2) Froriep's *Not.*, no 2, p. 5. — (3) Comparez Rudolphi, *Physiologie*, 2 Bd., 2 Abth , p. 241-250. Les dessins que Rosenthal a donnés de ces organes se trouvent dans *Nov. Act. nat. cur.* xv, 2. — (4) *Edinb. med. surg. Journal*, 1 july 1824; Froriep's *Not.*, no 158. — (5) Lucht-mans, *De absorptionis sanæ et morbosæ discrimine.* Traject. ad Rhen., 1829. — (6) Loc. cit., p. 56. — (7) J.-F. Meckel's *Archiv.*, 1828, p. 172.

délicates des vaisseaux. Ainsi donc, les résultats de ces injections ne sauraient être regardés comme une preuve suffisante de l'existence d'une communication directe (1).

D'un autre côté, on ne doit pas oublier que les radicules les plus déliées du système lymphatique nous sont encore complétement inconnues. Nos procédés d'injection sont trop imparfaits pour résoudre ces questions difficiles. En effet, lorsqu'on veut pousser une injection dans la direction de la périphérie, c'est-à-dire, remplir les radicules des lymphatiques, on rencontre des obstacles insurmontables dans les valvules de ces vaisseaux et ,dans le peu de tendance qu'a le mercure à se diviser en particules très fines sans déchirer ces canaux délicats.

Ainsi donc, en fait de communications entre les systèmes veineux et lymphatiques la seule qui soit positivement démontrée est celle qui existe entre les principaux troncs lymphatiques et certaines veines. Chez l'Homme et les Mammifères le canal thoracique verse la lymphe qu'il contient dans la veine sous-clavière gauche; des troncs lymphatiques plus petits se déchargent dans la veine sous-clavière droite. Toutes les autres communications qu'on rencontre paraissent des exceptions à la règle générale. Tel est le cas que Wutzer et moi avons observé sur un cadavre. Chez ce sujet un vaisseau lymphatique partait directement du canal thoracique pour se rendre dans la veine azygos (2). Panizza a découvert que, dans le Cochon, il existe régulièrement des communications entre la veine azygos et des branches provenant du canal thoracique (3).

Chez les Oiseaux, suivant Fohmann, Lauth et Panizza, les vaisseaux lymphatiques s'abouchent isolément dans les veines iliaques. Chez les Reptiles la lymphe qui provient de la partie postérieure du corps est aussi versée isolément de chaque côté dans le système veineux, ainsi que le démontrent les observations de Panizza et les miennes propres.

ARTICLE IV. — *Des cœurs lymphatiques des Reptiles.*

§ 196. — Les cœurs lymphatiques des Reptiles ont été découverts en 1832 (4). J'ai décrit à cette époque les cœurs lymphatiques des Grenouilles, des Crapauds, des Salamandres et des Lézards. Un mémoire plus détaillé sur ce sujet a paru dans les *Transactions Philosophiques* (5). Panizza a découvert l'existence de ces organes chez les Serpents et le Crocodile (6). Enfin, j'en ai encore trouvé chez les Tortues (7). Ces cœurs sont de petits sacs musculeux qui poussent la lymphe dans les principaux troncs veineux, antérieurs et postérieurs.

Les Reptiles nus possèdent quatre cœurs lymphatiques, deux antérieurs et deux postérieurs. Chez la Grenouille le cœur lymphatique postérieur de chaque côté est situé à la région ischiatique immédiatement au-dessous de la peau; l'antérieur est placé plus profondément, c'est-à-dire, sur le prolongement transversal de la troisième vertèbre. Les pulsations de ces organes sont tout-à-fait indépendantes de celles du cœur, car elles continuent après l'ablation de ce dernier, et même lorsqu'on a coupé l'animal en morceaux. Les pulsations des deux cœurs cervicaux ne sont pas toujours synchroniques avec celles des deux cœurs de la

---

(1) Comparez E.-H. WEBER, dans HILDEBRANDT's *Anatomie,* III, 113-121. — (2) *Voy.* WUTZER, dans MÜLLER's *Archiv.,* 1834. — (3) Comparez OTTO, *Pathol. Anat.,* 366. — (4) J. MÜLLER, *Ueber. Blut, Lymphe und Chylus,* dans POGGE-DORFF's *Annalen,* 1832, August-Heft. — (5) *Philos. Trans.,* 1833, pt. 1 — (6) *Sopra il sistema linfatico dei rettile.* Pavia, 1833. — (7) *Monatsbericht der Acad. d. Wissensch.,* octobre 1839; *Abhandl. d. Acad. d. Wiss. zu Berlin,* a. d. J. 1839.

région ischiatique; ceux mêmes qui occupent les deux côtés correspondants du corps ne se contractent pas toujours simultanément. Ils se contractent à peu près soixante fois par minute. Ces organes pulsatoires contiennent de la lymphe incolore. On peut, en poussant de l'air par ces cœurs, insuffler les vaisseaux et les espaces lymphatiques des membres. Ainsi, lorsqu'on injecte de l'air dans le cœur lymphatique supérieur ou cervical, on voit se gonfler les espaces lymphatiques de l'aisselle. Les cœurs lymphatiques inférieurs versent leur lymphe dans une branche de la veine sciatique, et les cœurs supérieurs dans une branche de la veine jugulaire.

Les Reptiles écailleux paraissent ne posséder que les cœurs lymphatiques postérieurs. Chez les Lézards et les Crocodiles ces organes sont situés aux côtés de la base de la queue, derrière l'os iliaque. Les cœurs lymphatiques de la Tortue de terre sont placés au-dessous de la partie postérieure de la carapace, et chez la Tortue de mer immédiatement derrière l'extrémité supérieure de l'os iliaque. Dans une Tortue de mer (*Chelonia Mydas*) du poids de cent quarante livres ces organes avaient environ un pouce de longueur et se contractaient régulièrement trois à quatre fois par minute. Ces contractions persistèrent même après la décapitation de l'animal, et après qu'on eut divisé le tronc transversalement (1).

Jusqu'à présent mes recherches pour découvrir des cœurs lymphatiques chez les Poissons ont été vaines. Ils manquent également chez les Oiseaux, ou bien nous ne connaissons pas les endroits où il faut les chercher.

La structure intime des cœurs lymphatiques ressemble à celle du cœur sanguin. Ainsi, d'après les observations de Valentin, leurs faisceaux musculaires présentent des stries transversales.

Quant à l'action qu'ils exercent sur la lymphe en tant qu'organes d'aspiration, nous renvoyons à un mémoire que Ed. Weber a publié sur ce sujet (2).

CHAPITRE III. — *Des fonctions des vaisseaux lymphatiques.*

§ 197. — Pendant que le sang traverse les vaisseaux capillaires, c'est-à-dire, passe des artères dans les veines par l'intermédiaire de petits canaux ayant de 0,00025 à 0,00050 de pouce de diamètre, les globules rouges exercent dans leur passage une action vivifiante sur les particules constituantes des organes avec lesquelles ils se trouvent en contact, et deviennent d'un rouge foncé. Mais ils ne sont pas retenus dans les tissus, car on peut les suivre jusqu'à ce qu'ils soient entrés dans le courant veineux. Quant aux éléments tout-à-fait liquides du sang, à savoir, l'albumine et la fibrine dissoutes, ils peuvent, comme toute substance à l'état de dissolution, en parcourant les vaisseaux capillaires, transsuder, du moins en partie, à travers leurs minces parois, et imbiber les molécules organiques situées entre les mailles du réseau capillaire. Lorsqu'ils ont ainsi pénétré jusque dans le parenchyme des organes, les éléments fluides du sang doivent y subir certaines modifications pour servir à la nutrition et aux diverses sécrétions. C'est pourquoi le sang veineux qui revient de tous les organes contient une moindre quantité de fibrine que le sang artériel (I. §.19.) Ainsi que nous venons de le dire, les parties constituantes liquides du sang, l'albumine et la fibrine, imbibent abondamment les plus petites molécules des organes, et servent à la nutrition : après quoi, ce qui se trouve superflu se rassemble dans les réseaux vasculaires lymphatiques qui occupent les interstices du tissu propre des organes.

(1) *Abhandl. d. Akad. d. Wissensch. zu Berlin*, a. d. J. 1839; MÜLLER'S *Archiv.*, 1840, I. —
(2) Dans MÜLLER'S *Archiv.*, 1835, 535.

Les capillaires du système vasculaire sanguin communiquent-ils avec les radicules des lymphatiques par celles de leurs ramifications qui sont trop fines pour admettre des globules sanguins, et qui ne reçoivent que la partie fluide du sang, ou, en d'autres termes, la liqueur sanguine (*vasa serosa*)? Ces vaisseaux séreux font-ils l'office de filtres chargés de séparer les globules rouges d'avec la partie fluide du sang? Ces questions n'ont pas encore reçu de solution positive. S'il existait des communications de ce genre, il serait facile d'expliquer pourquoi les vaisseaux lymphatiques de la rate contiennent assez souvent une lymphe rougeâtre, et pourquoi, dans certains cas rares, comme chez les animaux qu'on a fait longtemps jeûner, on observe une coloration rougeâtre dans les lymphatiques d'autres parties.

§ 198. — La partie de la liqueur sanguine, qui, après avoir pénétré dans les tissus des organes et avoir fourni les matériaux nécessaires à leur nutrition, reste en excès, est reprise par les vaisseaux lymphatiques et reportée par eux dans le torrent de la circulation sanguine. Par conséquent, la lymphe doit, sous le rapport de sa composition, être exactement identique avec la partie fluide du sang ou la liqueur sanguine. Le sang est donc tout simplement, ainsi que nous l'avons déjà dit (I. § 60.), un composé de lymphe (albumine et fibrine) et de globules rouges. Une opération que j'ai faite et qu'il est facile de répéter suffit pour démontrer que le fluide contenu dans les vaisseaux lymphatiques est principalement formé par la partie liquide du sang qui a imbibé les tissus et qui est rapporté à la circulation sanguine, et, en conséquence, n'est pas un fluide parfaitement nouveau. J'ai observé que, lorsque le sang de la Grenouille ne se coagule pas, la lymphe est également incapable de se coaguler. Ainsi, quand, durant les chaleurs de l'été, on tient des Grenouilles hors de l'eau pendant une huitaine de jours ou même davantage, leur sang perd souvent la propriété de se coaguler, tandis que, dans les circonstances ordinaires, il se coagule parfaitement, dès qu'il se trouve hors de ses vaisseaux. Or, la lymphe qu'on recueille des cavités lymphatiques de ces animaux se comporte alors absolument de la même manière. Par conséquent, l'état particulier de la fibrine, ou son absence dans le sang de la Grenouille à certaines époques, détermine dans la lymphe l'incoagulabilité ou l'absence de la fibrine.

Article premier. — *De l'absorption par les vaisseaux lymphatiques.*

§ 199. — La faculté que les vaisseaux lymphatiques ou absorbants possèdent d'absorber réellement a été révoquée en doute de temps à autre, et tout récemment encore par Magendie. Quand aux lymphatiques du canal intestinal ou vaisseaux lactés, on ne peut leur contester cette propriété. Ainsi, la couleur blanche ou la transparence du chyle varie selon l'espèce d'aliment dont l'animal s'est nourri. Cependant tout le monde connaît certains faits qui démontrent que la faculté d'absorber appartient à d'autres lymphatiques qu'à ceux de l'intestin. Non-seulement les lymphatiques deviennent souvent douloureux, mais encore on voit des lignes rouges apparaître sur leur trajet, et les glandes lymphatiques voisines se tuméfier, lorsqu'on a frictionné la surface cutanée avec des substances irritantes. On remarque aussi quelquefois que les lymphatiques qui se trouvent dans le voisinage de certains fluides animaux particuliers se remplissent de ces fluides. Assalini, Saunders, Mascagni et Sœmmering ont vu les lymphatiques qui venaient du foie remplis de bile, dans certains cas d'obstruction des conduits biliaires (1). Tiedemann et Gmelin, après avoir lié le canal cholédoque sur

----

(1) *Voy.* Weber, dans Hildebrandt's *Anal.*, III, p. 123.

plusieurs Chiens, trouvèrent les lymphatiques du foie remplis d'un fluide jaune foncé ; les glandes lymphatiques auxquelles se rendaient ces vaisseaux étaient jaunes également ; enfin, le liquide coloré en jaune qu'ils recueillirent dans le canal thoracique contenait les éléments de la bile (1).

§ 200. — Mais, en revanche, on doit réjéter comme complétement fabuleuse la propriété qu'on a attribuée aux lymphatiques d'absorber les globules de sang ou de pus contenus dans les extravasations sanguines ou les dépôts purulents. Lorsqu'on a trouvé, comme le dit Mascagni, du sang dans les vaisseaux lymphatiques à la suite d'une extravasation sanguine, c'est qu'il y avait pénétré par suite d'une déchirure. Il est, en général, extrêmement rare de voir les vaisseaux lymphatiques situés dans le voisinage d'un abcès remplis de pus (2). Ce n'est que dans certaines circonstances particulières qu'on rencontre du pus dans les lymphatiques : ces circonstances sont également celles où l'on trouve du pus dans les veines. Or, ces cas n'ont lieu que lorsque l'inflammation d'une partie quelconque se propage à l'intérieur des vaisseaux sanguins ou lymphatiques. Ici, le pus s'engendre à la surface interne des vaisseaux. Dans les gros troncs veineux on reconnaît évidemment que c'est l'inflammation qui est la cause de la présence du pus, à la présence d'exsudations et de fausses membranes à l'intérieur des vaisseaux.

Magendie rapporte le cas suivant qui a été observé par Dupuytren : une Femme qui portait une tumeur très volumineuse et fluctuante au côté interne de la cuisse mourut à l'Hôtel-Dieu. Peu de jours avant sa mort, l'inflammation s'était emparée du tissu cellulaire sous-cutané de la cuisse. A l'autopsie, en divisant la peau qui recouvrait la tumeur, Dupuytren aperçut entre les lèvres de l'incision quelques points blancs, et il reconnut dans le tissu cellulaire sous-cutané des lignes blanches qui étaient formées par des vaisseaux lymphatiques pleins de pus. Les glandes inguinales étaient également remplies de matière purulente ; mais on n'en put trouver aucune trace dans les glandes lombaires, non plus que dans le canal thoracique. Magendie mentionne encore un autre cas qui se présenta aussi à l'Hôtel-Dieu. A la suite d'une fracture compliquée il se développa un large abcès, et l'on découvrit du pus dans les veines et dans les vaisseaux lymphatiques qui venaient de la partie malade (3).

Dans la métrite, l'inflammation se propage quelquefois simultanément aux vaisseaux lymphatiques et veineux (4). On doit ranger ici les cas de phlegmasie des veines, qui s'observent assez souvent à la suite des amputations, lorsque le moignon est enflammé. Le pus, qui se produit alors dans les veines, agit comme une matière en état de décomposition, excite de nouvelles inflammations et, par conséquent, détermine la formation de nouveaux abcès dans d'autres parties. C'est ce qu'on remarque assez fréquemment à la suite de grandes suppurations, et lorsque les surfaces amputées viennent à suppurer. Dans ce cas, par exemple, il n'est pas rare de trouver de nombreux abcès disséminés dans le foie, les poumons, les muscles, ou dans un organe quelconque. Ce pus n'a donc nullement été absorbe.

Je tiens pour absolument impossible que les globules de pus contenus dans le sang soient éliminés par les reins. Quant aux éléments du pus qui sont à l'état de dissolution, ils peuvent être absorbés et éliminés. Lorsque, à la suite de la suppuration d'une partie, on voit réellement le rein livrer tout-à-coup passage

(1) Tiedemann und Gmelin, *Die Verdauung nach Versuchen*, II, 40. — (2) Andral, dans Meckel's *Archiv.*, viii, 227. — (3) Magendie, *Précis de Physiologie*, t. II, p. 218. — (4) *Voyez* Cruveilhier, *Anat. pathol.*, livrais. 13, pl. 2.

à des globules purulents, il faut nécessairement admettre que, dans ce cas, le pus s'est frayé une voie jusque dans le système circulatoire, et a provoqué ainsi l'inflammation des reins et la suppuration de ces organes. Mais il arrive souvent qu'un sédiment urinaire, examiné à la légère, est pris pour une sécrétion métastatique purulente.

§ 201. — La graisse qui est contenue dans le chyle et qui le rend plus ou moins trouble, suivant la quantité d'aliments qu'on a prise, ne peut pas être regardée comme une matière solide; elle est fluide et dans un état d'extrême division. Mais comment pénètre-t-elle dans les vaisseaux chylifères? c'est ce que nous ignorons encore.

§ 202. — L'absorption par les lymphatiques de substances étrangères dissoutes ne saurait être contestée; mais elle s'opère beaucoup plus lentement que lorsque ces mêmes substances pénètrent dans le sang.

Hunter avait prétendu que de l'eau colorée injectée dans la cavité intestinale se retrouvait bientôt dans les vaisseaux lymphatiques. Flandrin a répété, mais sans succès, cette expérience sur des Chevaux; Magendie affirme avoir fait, avec Dupuytren, cette expérience plus de cent cinquante fois, et n'avoir jamais trouvé dans les vaisseaux lymphatiques aucune des substances absorbées. D'un autre côté, Meyer et Schrœder van der Kolk ont vu les lymphatiques du canal intestinal absorber évidemment, quoique avec lenteur, certaines substances introduites dans la cavité digestive.

Les membres de l'Académie de Philadelphie, ainsi que Lawrence et Coates, ont constaté que le prussiate de potasse était absorbé par les vaisseaux lymphatiques Mais, d'après les expériences de l'Académie, les matières colorantes végétales n'étaient pas absorbées. Hallé et d'autres physiologistes, après avoir introduit des substances colorantes dans le tube intestinal, ne purent les découvrir dans le canal thoracique, quoiqu'elles eussent évidemment pénétré dans le sang et dans le système circulatoire. Cette question a été également l'objet des recherches de Tiedemann et Gmelin (1). Dans les nombreuses expériences faites par ces auteurs, les matières colorantes sont les seules subtances étrangères qui, introduites dans l'intestin, ne sont pas absorbées par les vaisseaux lymphatiques, quoiqu'on les retrouve plus tard dans le sang et dans l'urine. Les sels sont les seules substances étrangères qu'ils aient pu découvrir dans le chyle, et cela encore fort rarement. Ainsi, sur un grand nombre d'expériences ils ne trouvèrent qu'une seule fois un peu de fer dans le chyle d'un Cheval à qui ils avaient donné du sulfate de fer. En outre, ils découvrirent une fois du prussiate de potasse dans le chyle d'un Chien, et une autre fois du sulfocyanate de potasse dans le chyle d'un Chien également. A ces observations j'en ajouterai une que j'ai faite sur une Grenouille. Je plongeai les extrémités postérieures d'une Grenouille presque jusqu'à l'anus dans un vase contenant une dissolution de prussiate de potasse. Je tins l'animal pendant deux heures dans cette position, puis je le lavai avec soin. Enfin, après avoir séché les membres postérieurs, je recueillis, d'une part, la lymphe que je trouvai sous la peau, et, d'autre part, le sérum du sang de la Grenouille. Cela fait, je traitai ces deux liquides par un sursel de fer, afin de découvrir s'il y avait eu absorption par les vaisseaux lymphatiques. La lymphe prit immédiatement une couleur bleue très belle, tandis que la coloration naturelle du sérum du sang fut à peine affectée par le réactif. Dans une seconde expérience où je ne laissai la Grenouille qu'une heure dans la dissolution, je ne pus découvrir le sel de fer dans la lymphe.

(1) *Versuche über die Wege. auf welchen Stoffe vom Magen und Darmcanal ins Blut gelangen* Heidelberg. 1820.

La conclusion que nous sommes en droit de tirer de l'examen des faits qui précèdent, c'est que les vaisseaux lymphatiques possèdent réellement la faculté d'absorber, mais qu'ils ne peuvent l'exercer que sur certaines substances particulières, vraisemblablement en vertu de quelque affinité spéciale ; c'est que les substances étrangères, les sels, par exemple, pénètrent difficilement et seulement par exception dans les vaisseaux lymphatiques, tandis que d'autres, telles que les matières colorantes, ne peuvent jamais, du moins en règle générale, être absorbées par ces vaisseaux.

§ 203. — Il suffit de comparer le chyle recueilli des vaisseaux lactés avec le chyme qu'on prend dans le canal intestinal, pour être immédiatement convaincu non-seulement que les lymphatiques absorbent, mais encore qu'ils font subir certains changements à la subtance qu'ils ont absorbée. En effet, ce n'est que lorsqu'elle est contenue dans les vaisseaux lymphatiques que la matière nutritive nouvelle acquiert la propriété de se coaguler spontanément, du moins en partie. En outre, cette propriété est d'autant plus prononcée que le chyle se trouve plus loin des radicules des lymphatiques intestinaux. Il est possible que les vaisseaux lymphatiques qui résident dans les autres parties du corps possèdent également le pouvoir de convertir l'albumine en matière coagulable. Dans tous les cas, il est évident que cette action des chylifères sur les matières absorbées distingue essentiellement l'absorption de ces vaisseaux d'avec l'imbibition à travers les capillaires sanguins et la pénétration immédiate dans le sang de toute substance à l'état de dissolution. Il est vraisemblable, ainsi que E. H. Weber s'est efforcé de le démontrer, que les vaisseaux lymphatiques, même quand ils absorbent des matières étrangères, leur font également éprouver certaines modifications. Emmert, par exemple, a observé que, si l'on introduit de l'angusture vireuse dans une plaie pratiquée à la patte d'un animal dont on a préalablement lié l'aorte abdominale, ce poison ne produit aucun de ses effets toxiques ordinaires. L'acide prussique lui-même, appliqué de cette manière, après la ligature de l'aorte abdominale, n'empoisonne pas l'animal. Or, dans ces deux cas, ces poisons ont pu, du moins par simple imbibition, pénétrer dans les lymphatiques aussi bien que dans les vaisseaux sanguins. Par conséquent, si la circulation sanguine est interrompue par la ligature de l'aorte, celle par les lymphatiques a pu continuer, et l'on doit naturellement attribuer l'absence des effets ordinaires du poison aux changements que ces derniers vaisseaux font subir aux substances étrangères qu'ils absorbent.

§ 204. — Le mécanisme de l'absorption, il faut l'avouer, nous est encore inconnu. La capillarité par laquelle quelques auteurs expliquent si volontiers une multitude de phénomènes dont le corps animal est le siége explique bien, à la vérité, pourquoi les tubes capillaires se remplissent, lorsqu'ils sont vides ou lorsqu'ils ont la faculté de se vider eux-mêmes de temps en temps. Mais elle ne rend nullement compte des mouvements et de l'ascension des fluides organiques. Lorsque, dans une expérience où j'injectai du lait dans l'intestin de manière à distendre ses parois, j'aperçus les vaisseaux lymphatiques du mésentère remplis par le liquide de mon injection, je m'imaginai au premier abord avoir découvert l'explication de l'absorption qui s'opère à la surface du canal intestinal. Mais j'abandonnai sur le champ cette idée, dès que je réfléchis à la faiblesse des contractions de l'intestin qu'on observe quand on vient à ouvrir immédiatement l'abdomen, et à l'état de collapsus dans lequel, en général, l'intestin grêle semble se trouver alors. L'explication que j'avais conçue me parut encore plus inadmissible, lorsque je reconnus que, dans cette expérience, l'injection des lymphatiques était ordinairement, peut-être même toujours, précédée de la lacération de la tunique la plus interne des intestins. Il faut donc nécessairement admettre que, dans le phénomène de l'absorption, il existe une attraction spéciale entre les lymphatiques et les substances qu'ils absorbent. Mais une fois que les radicules des vaisseaux chylifères se trouvent remplis jusqu'au delà de la tunique musculaire, la plus légère contraction de l'intestin, en déterminant la compression des lymphatiques qui marchent entre les fibres de la tunique musculaire, doit naturellement faire cheminer le chyle dans les vaisseaux. En effet, toute compression des lymphatiques, grâce à la disposition de leurs valvules, pousse le chyle dans la direction du réservoir de Pecquet, *cisterna chyli* (Pl. I, fig. 14). Dès que les vaisseaux chylifères se sont vidés et que la contraction de l'intestin vient à cesser, le vide qui s'est produit appelle un nouvel afflux de chyle. Mais, quoique les choses puissent se passer de cette manière dans les intestins, il n'en saurait être de même dans les parties qui sont dépourvues de toute contractilité. En outre, on ne trouve pas de valvules dans les vaisseaux lymphatiques des Poissons. Par conséquent, il est probable qu'il existe ici une espèce particulière d'attraction. Il est certain que cette attraction n'est pas une attraction physique comme l'attraction capillaire, par exemple, mais bien une attraction organique dont nous ne savons rien jusqu'à présent. Je n'ai jamais aperçu le plus léger mouvement dans les villosités intestinales, lorsque j'ouvrais l'intestin sur un Lapin vivant et examinais sa surface interne après l'avoir étalée sous l'eau chaude. Je n'ai jamais vu non plus la moindre apparence de mouvement, soit dans les vaisseaux lymphatiques du mésentère, soit dans le réservoir de Pecquet, soit enfin dans le canal thoracique.

§ 205. — L'absorption par les vaisseaux lymphatiques chez les animaux est aujourd'hui enveloppée d'une telle obscurité, qu'il me paraît utile et même nécessaire d'étudier les lois de l'absorption considérée dans le règne végétal. Le rapport sous lequel les plantes et les animaux offrent le plus d'analogie est peut-être celui de l'ascension des fluides. L'ascension de la lymphe dans les lymphatiques, à partir de leurs radicules, et celle de la sève dans les vaisseaux des plantes se ressemblent singulièrement.

Ainsi que l'a démontré Dutrochet, les organes qui, au printemps, effectuent l'ascension de la sève des plantes, sont les parties terminales des racines; la force unique qui pousse la sève en haute est la *vis à tergo* qui part de celles-ci. Ce physiologiste coupa l'extrémité d'un jet de vigne qui avait deux mètres de longueur, et il reconnut distinctement que la surface de la section continuait à verser la sève sans interruption. En conséquence, l'ascension de la sève n'est pas due à une attraction exercée par la partie supérieure de la plante sur la sève de la partie inférieure du jet. Dutrochet coupa ensuite le jet de vigne près du sol, et en même temps il observa la surface de la section qu'il avait pratiquée à son extrémité supérieure. A l'instant même où la base du jet se trouva divisée, il vit cesser l'effusion du liquide, qui jusque là s'était opérée à la surface qu'il examinait. La cause de l'ascension de la sève ne résidait donc pas non plus dans le tronc de la vigne. Quant à la portion de la tige qui restait en communication avec les racines, elle continuait encore de répandre de la sève par sa surface coupée, et cela sans interruption. Alors Dutrochet écarta la terre qui entourait les racines et les coupa; mais la surface de la section des racines qui demeuraient en communication avec le sol ne cessa pas de verser de la sève. En continuant à enlever successivement de nouvelles portions de racines, Dutrochet vit toujours la sève couler par la portion qui se continuait avec les radicules, jusqu'à ce qu'enfin il eut atteint les dernières extrémités de celles-ci. Ainsi donc, ce sont les portions terminales des racines qui, étant elles-mêmes le siége de l'absorption incessante des fluides, doivent nécessairement, par l'effet de la continuité de l'absorption, déterminer l'ascension des fluides déjà absorbés. Dutrochet plaça dans l'eau l'extrémité inférieure d'un radicule qui se terminait en cône blanchâtre, et observa, à l'aide d'une loupe, que la surface de la section se couvrait de liquide, et que ce liquide sortait de la partie centrale de la radicule (1). Au reste, De la Baisse et Hales avaient déjà démontré que l'absorption des substances chez les végétaux est effectuée par les extrémités des racines. Hales ayant plongé l'extrémité d'une racine d'arbre dans un tube de verre rempli d'eau, observa, au bout de six minutes, une diminution notable dans la quantité du liquide (2).

Les parties terminales des racines sont les organes auxquels De Candolle donne le nom de *spongioles*. Agardh remarque que la structure de ces parties ne diffère pas de celle du reste des racines, si ce n'est que les cellules sont plus petites et par conséquent plus nombreuses. Cependant, suivant cette observateur, ces mêmes cellules qui, lorsqu'elles sont ainsi petites et accumulées ensemble, possèdent la faculté d'absorber, la perdent, quand au bout d'un certain laps de temps elles sont arrivées à leur entier développement. Elles cessent donc alors d'absorber, laissant cette fonction aux cellules plus jeunes et plus petites qui se sont formées après elles et au-dessous d'elles. D'ailleurs, les *spongioles* ou *papilles* n'absorbent que l'eau et les substances qui s'y trouvent à l'état de dissolution.

Agardh explique l'ascension de la sève par l'activité polarique des racines et des feuilles, en vertu de laquelle les premières attirent les liquides, tandis que les secondes exhalent. Il regarde cet acte comme un fait qui n'est pas susceptible d'explication ultérieure, et le met sur la même ligne que l'action polarique de l'aimant. Quoi qu'il en soit, cette explication ne saurait s'appliquer à l'absorption considérée chez les animaux. En effet, chez ces derniers nous n'observons, s'il est permis de s'exprimer ainsi, que la première moitié du phénomène qui a lieu dans les plantes, à savoir, l'absorption par les radicules des lymphatiques; car, d'autre part, ces vaisseaux vont verser dans le sang le fluide spécial qu'ils contiennent. Au reste, la connaissance de ce fait, que l'ascension des fluides dans les plantes dépend uniquement, comme l'ont prouvé De la Baisse, Hales et Dutrochet, de l'action des racines et des spongioles, c'est-à-dire, de l'absorption continue qu'elles exercent, est d'une haute importance pour la physiologie humaine.

§ 206. — Quoique les villosités intestinales ne soient pas des organes absolument nécessaires à l'absorption par les vaisseaux lymphatiques, attendu que, dans la plupart des tissus et des organes, l'absorption lymphatique est accomplie par des réseaux lymphatiques sans villosités, et que, chez un grand nombre d'animaux, l'intestin lui-même est dépourvu de villosités, nous sommes cependant en droit de comparer ces dernières aux spongioles des racines, mais en ayant soin de ne pas oublier que, dans les villosités, les radicules des lymphatiques ne sont pas autrement formées que dans les parties qui ne possèdent pas de villosités. En effet, nous retrouvons les cellules des spongioles dans les cellules épithéliales des villosités intestinales. Ces dernières cellules ont sans doute une signification supérieure aux cellules d'un simple épithélium protecteur. D'après les recherches de Reichert, c'est cette couche de cellules intestinales, qui, dans le développement de la Grenouille, représente primitivement la membrane muqueuse tout entière. Par conséquent, selon cet anatomiste, cette couche, qui se trouve plus tard être la couche la plus externe de la muqueuse, doit être considérée

<hr>

(1) Dutrochet, *L'Agent immédiat du mouvement vital.* Paris, 1826, p. 90. — (2) Agardh, *Allgemeine Biologie der Pflanzen.* Greifswald, 1852, p. 9.

comme le tissu primitif de la muqueuse et comme l'organe assimilateur proprement dit. En outre, comme on retrouve ces cellules primitives dans tous les organes sécréteurs, il est extrêmement vraisemblable qu'elles sont les éléments véritablement actifs, soit dans la fonction de l'absorption , soit dans celle de la sécrétion.

§ 207. — Puisque la force en vertu de laquelle les vaisseaux lymphatiques absorbent est une faculté organique qui leur appartient en propre, elle doit s'accroître ou s'affaiblir sous l'influence des mêmes circonstances qui sont capables d'affecter l'organisation elle-même. L'absorption, par exemple, semble, ainsi que le remarque Autenrieth (1), diminuer d'énergie dans l'inflammation : telle est la cause qui , selon lui, détermine souvent dans ce cas un gonflement œdémateux et persistant au pourtour de la partie phlogosée.

Comment les agents thérapeutiques qui jouissent de la réputation de rendre l'absorption plus active produisent-ils cet effet? C'est ce que nous ignorons. Evidemment ces médicaments doivent posséder jusqu'à un certain point la faculté d'augmenter l'énergie d'action des vaisseaux lymphatiques, lorsque, par exemple, des collections de liquides sont résorbées. En effet, il ne s'agit pas ici de dissoudre et de ramollir certaines substances, mais de faire pénétrer une substance déjà à l'état liquide dans le torrent de la circulation. Dans beaucoup d'autres circonstances, il faut d'abord qu'il s'opère un ramollissement et une dissolution, c'est ce qu'on observe dans le cas de résorption d'une tumeur dont les molécules deviennent susceptibles d'être reprises par les vaisseaux sanguins. Les médicaments dits anti-hydropiques et l'iode nous fournissent des exemples de ce mode d'action.

Néanmoins l'usage des résolutifs est fort limité dans la médecine pratique, parce que parmi les substances qui possèdent la propriété de dissoudre les matières animales hors de l'organisme il en est un grand nombre qui exercent une action destructive sur les tissus animaux vivants.

§ 208. — Certaines parties s'atrophient et disparaissent à des périodes déterminées de la vie; ce phénomène est régulier et tout-à-fait normal. Les molécules constituantes de ces parties se dissolvent, se fondent, pour ainsi dire , dans le fluide nourricier général , sans que nous puissions comprendre comment ce même fluide, qui nourrissait ces parties, devient plus tard pour elles un véritable menstrue. C'est ainsi que nous voyons disparaître la queue des têtards de Grenouilles , la membrane pupillaire, la glande thymus ; c'est ainsi que se forment dans l'enfance les cellules du tissu médullaire des os , cellules qui disparaissent en partie dans la vieillesse, en même temps que les os du crâne s'amincissent. Enfin, c'est ainsi que se produisent et s'agrandissent les cavités aériennes des os, les sinus frontaux, les sinus maxillaires, etc.

Au reste , la fonte ou dissolution des parties qui sont parcourues par des vaisseaux sanguins et lymphatiques est encore plus facile à concevoir que la disparition de celles qui sont totalement dépourvues de vaisseaux , comme les dents. Les racines des dents de lait disparaissent avant que ces dents ne tombent, et elles semblent avoir été corrodées. On ne peut pas admettre, dans ce cas-ci, qu'il s'opère un ramollissement ; car , à la limite même de l'érosion, le tissu dentaire ne présente aucune altération , et offre autant de dureté que dans les autres points. Ici, la substance qui disparaît n'est pas reprise par les vaisseaux propres de l'organe, mais par ceux du sac dentaire de la nouvelle dent, sac qui est riche en vaisseaux, et qui se trouve en contact avec la racine de la dent de lait.

(1) *Physiologie*, ii, 224.

Mais nous ne pouvons nous faire aucune idée d'un menstrue capable de dissoudre à la fois les sels de chaux et le cartilage de la dent au simple contact d'une surface riche en vaisseaux.

Les os que comprime incessamment une tumeur quelconque sont résorbés. Voilà encore un phénomène pathologique qu'il nous est actuellement impossible d'expliquer. Nous ne sommes nullement autorisés à admettre qu'une portion d'os morte, par exemple, nécrosée par le contact d'un organe vivant, soit modifiée par l'absorption (1).

ARTICLE II. — *Changements que les vaisseaux lymphatiques impriment aux liquides qu'ils contiennent.*

§ 209. — Les vaisseaux lymphatiques dont les parois sont parcourues par des réseaux capillaires sanguins paraissent modifier la composition du chyle et de la lymphe. L'action des glandes lymphatiques est la même que celle des vaisseaux; elles servent simplement à augmenter l'étendue de la surface qui agit sur la lymphe. En effet, chez les Vertébrés inférieurs ces glandes sont remplacées par de simples plexus, et, en réalité, ces ganglions ne sont que des plexus à un degré supérieur de développement. Suivant Tiedemann et Gmelin, le chyle des vaisseaux lymphatiques du mésentère ne possède la faculté de se coaguler que lorsqu'il a déjà traversé les ganglions mésentériques. En conséquence, les vaisseaux lymphatiques et leurs glandes paraissent également avoir, par l'action propre de leurs parois sur leur contenu, la faculté de convertir en fibrine une partie de l'albumine du chyle. Dans certaines maladies l'action que les vaisseaux lymphatiques exercent sur la composition de leur contenu se trouve modifiée, ou bien ils souffrent eux-mêmes par suite de l'influence qu'exerce sur eux la présence de fluides qui ne sont pas à l'état normal; c'est ce qui a lieu dans les affections scrofuleuses.

§ 210. — Les vaisseaux lymphatiques sont doués d'une sensibilité particulière à l'égard des matieres étrangères. Quand ils absorbent ces substances, ils deviennent douloureux, quelquefois même ils s'enflamment et se tuméfient. On les distingue alors à travers la peau au moyen des lignes rouges qui se dessinent à l'extérieur. Dans les mêmes circonstances, les glandes lymphatiques situées au voisinage des vaisseaux affectés augmentent de volume et deviennent douloureuses. En général, quand l'absorption de la matière irritante vient à cesser, la tuméfaction disparaît; mais quelquefois les glandes s'enflamment et suppurent. Cette tuméfaction des glandes lymphatiques voisines du point affecté se développe dans des circonstances très différentes. C'est ainsi qu'on l'observe à la suite de l'introduction d'un poison animal sous l'épiderme, de l'application d'un vésicatoire, de la morsure d'un Serpent, d'une coupure ou d'une piqûre faites en ouvrant certains cadavres, de frictions faites avec de la pommade émétisée, ou avec du mercure. On voit quelquefois aussi survenir cette tuméfaction au voisinage d'un apostème ou d'une partie enflammée au moment de la formation du pus. C'est ainsi que les glandes inguinales se tuméfient dans le cas de gonorrhée vénérienne, et dans celui d'infection syphilitique des organes génitaux, alors même qu'il n'existe pas de gonorrhée. Il semble qu'il y ait entre les glandes lymphatiques du mésentère et l'intestin le même rapport qu'entre les ganglions lymphatiques superficiels et la peau; l'inflammation s'em-

(1) Au sujet de l'absorption morbide, consultez SCHROEDER VAN DER KOLK, dans LUCHTMAN'S *De absorptionis sanœ et morbosœ discrimine.* Traj. ad Rhen., 1829.

parc des glandes mésentériques, lorsque les intestins viennent à s'enflammer et
à s'ulcérer, dans le cas, par exemple, de typhus abdominal.

ARTICLE III. — Mouvement de la lymphe.

§ 211. — La cause essentielle qui détermine le mouvement de la lymphe à
l'intérieur des vaisseaux lymphatiques réside dans l'absorption même qu'exercent
incessamment les radicules de ces vaisseaux. C'est pourquoi, lorsqu'on a lié le
canal thoracique, on le voit se distendre au-dessous de la ligature jusqu'à ce
qu'il éclate (1).

Le canal thoracique, de même que les vaisseaux lymphatiques, n'est le siége
d'aucune contraction vermiforme. En étudiant, Schwann et moi, à l'aide du
microscope, les vaisseaux lymphatiques du mésentère du Lapin, nous n'avons
observé ni contraction des parois des lymphatiques, ni mouvement des valvules,
ni même la moindre trace de cils vibratiles à la surface interne de ces vaisseaux.

§ 212. — Les vaisseaux lymphatiques ne se contractent pas d'une manière
perceptible sous l'influence des stimulus. Schreger (2), néanmoins, prétendait
les avoir vus se contracter. Tiedemann n'a jamais pu, au moyen d'irritants
mécaniques et chimiques, déterminer de contraction du canal thoracique ; seulement, il a observé que ce canal expulsait son contenu sous forme de jet, lorsqu'il
le piquait avec une aiguille. En appliquant sur le canal thoracique d'une Chèvre
les deux pôles d'une pile galvanique, je n'aperçus d'abord aucun phénomène de
contraction ; mais au bout de quelque temps je remarquai une constriction à peine
perceptible.

§ 213. — Les valvules des lymphatiques servent dans ces vaisseaux au même
usage que dans les veines : elles annulent l'effet des pressions extérieures qui
tendraient à arrêter la marche de la lymphe.

Les cœurs lymphatiques que j'ai découverts chez les Reptiles doivent singulièrement faciliter le mouvement des liquides dans les vaisseaux lymphatiques de
ces animaux. Ils servent à verser immédiatement la lymphe de la partie inférieure
du corps dans la véine sciatique, et celle de la partie supérieure dans une branche
de la veine jugulaire. Chez les Mammifères et chez l'Homme, c'est seulement
dans les veines sous-clavières que le chyle et la lymphe se mêlent avec le sang,
c'est-à-dire que tout le chyle et la plus grande partie de la lymphe sont versés
par le canal thoracique dans la veine sous-clavière gauche. Il arrive même souvent
de découvrir de la lymphe et du chyle dans le sang de la veine cave supérieure.
Je n'ai jamais réussi à apercevoir la moindre trace de mouvement, soit dans le
canal thoracique et le réservoir de Pecquet, soit dans une partie quelconque du
système lymphatique des Mammifères. Chez les Reptiles, les cœurs lymphatiques
sont les seules parties appartenant à l'appareil lymphatique, qu'on voie se
contracter.

§ 214. — On peut se former une idée approximative de la vitesse avec laquelle
marche le chyle, d'après la quantité de fluide qui s'écoule du canal thoracique.
Dans une de ses expériences, Magendie ayant ouvert le canal thoracique sur un
Chien de moyenne taille, recueillit, dans l'espace de cinq minutes, une demi-once
de chyle. En expérimentant sur un Lapin qui n'avait pas pris de nourriture depuis
vingt-quatre heures, Collard de Martigny obtint en dix minutes neuf grains de
lymphe provenant du canal thoracique. Collard de Martigny ayant, au moyen

____

(1) Autenrieth, *Physiologie*, ii, 115 ; Carus, dans Meckel's *Archiv.*, iv, 420. — (2) *De irritat.
vas. lymph.* Lipsiæ, 1789.

de la compression, vidé le principal tronc lymphatique du cou d'un Chien, vit au bout de sept minutes ce vaisseau encore rempli de nouvelle lymphe. Dans une seconde expérience, le vaisseau se remplit en huit minutes (1).

Dans le cas cité plus haut (I, § 184), où la lymphe s'échappait d'une blessure qu'un jeune homme portait au coude-pied, les vaisseaux lymphatiques de la face dorsale du pied et du gros orteil se remplissaient suffisamment en un quart-d'heure ou une demi-heure, pour qu'on pût recueillir dans un verre de montre une quantité de lymphe assez considérable.

Les cavités lymphatiques des Grenouilles doivent contenir une très grande quantité de lymphe. Si l'on évalue la capacité de chacun des quatre cœurs lymphatiques de ces animaux (les antérieurs sont plus petits, et les postérieurs sont plus amples,) à une ligne cube, la quantité de lymphe qu'ils peuvent lancer dans les veines en une minute, en supposant toutefois qu'ils se vident entièrement à chaque contraction, doit être égale à 4×60, ou 240 lignes cubes, puisqu'ils se contractent à peu près soixante fois par minute. Mais à chaque contraction ces organes n'expulsent qu'une partie de leur contenu.

(1) *Journal de Physiologie* de MAGENDIE, t. VIII.

LIVRE II.

DES CHANGEMENTS ORGANICO-CHIMIQUES QUI S'OPÈRENT DANS LES FLUIDES ORGANIQUES ET DANS LES PARTIES ORGANISÉES.

SECTION PREMIÈRE. — DE LA RESPIRATION.

CHAPITRE PREMIER. — *De la respiration en général.*

§ 1. — Des divers éléments qui entrent dans la composition de l'atmosphère, l'oxygène est celui qui est essentiel à la respiration. Sur cent parties, l'air atmosphérique contient soixante-dix-neuf parties d'azote et vingt et une d'oxygène. L'acide carbonique n'entre qu'en très petite proportion dans la composition de l'air atmosphérique. Suivant de Saussure, dix mille volumes d'air atmosphérique contiennent seulement 4,15 d'acide carbonique. A la campagne, le maximum de l'acide carbonique était de 5,74, et le minimum de 3,15 sur mille parties l'air. Dans la ville de Genève l'air atmosphérique, sur dix mille parties contenait 0,31 parties d'acide carbonique de plus qu'à la campagne (1). L'atmosphère renferme, en outre, des substances qui en altèrent la pureté, de la matière organique, par exemple, qui, avec le concours de la lumière, rougit une dissolution d'argent. On trouve également de la matière organique dans l'eau de pluie (2). L'air dans lequel respirent les hommes et les animaux perd une certaine quantité de son oxygène, et acquiert un volume presque égal d'acide carbonique. La respiration dans de l'oxygène pur donne le même résultat. Quoique nous ne devions pas considérer la respiration comme une véritable combustion, il nous est cependant impossible de méconnaître l'extrême analogie qui existe entre les changements que la respiration produit dans l'air et ceux que la combustion y détermine. Dans la respiration, ainsi que dans la combustion, l'azote se comporte comme un corps indifférent, et son mélange avec l'oxygène semble ne servir qu'à modérer la trop grande activité de ce dernier gaz.

§ 2. — Lorsqu'on étudie les diverses espèces de gaz sous le rapport de la respiration et des organes respiratoires, on doit faire une distinction entre les gaz qui sont simplement incapables de produire les changements chimiques essentiels de la respiration, sans être toxiques, et ceux qui exercent une action directement toxique. Ainsi l'azote et l'hydrogène paraissent agir d'une manière tout-à-fait indifférente pendant la respiration. Lorsqu'on respire ces gaz purs, ils n'entretiennent pas la respiration, parce qu'il ne s'y trouve pas d'oxygène. C'est pourquoi, si l'on vient à mêler avec de l'hydrogène ou de l'azote une quantité d'oxygène convenable pour la respiration, ces gaz sont alors d'une innocuité complète. Quant aux gaz qui ne sont pas indifférents, mais qui, au contraire, en vertu de leur affinité pour la matière animale, sont décidément délétères, il faut encore les diviser en deux classes.

En effet, parmi les gaz toxiques il en est plusieurs qui, malgré cette propriété funeste, peuvent encore pénétrer dans l'appareil respiratoire. Mais il y en

(1) Berzélius, *Jahrb. übersetzt von* Woehler, XI, 64. — (2) Gmelin's *Chemie*, I, 442.

a d'autres qu'il est impossible d'inspirer en quantité un peu considérable, attendu que leur contact détermine des contractions spasmodiques de l'appareil respiratoire, et principalement l'occlusion de la glotte.

On peut, d'après leurs effets physiologiques, classer les gaz de la manière suivante :

§ 3. — A. *Gaz qui entretiennent les phénomènes chimiques de la respiration.*

1° Gaz qui entretiennent la respiration d'une manière permanente sans nuire à la vie, — l'air atmosphérique ;

2° Gaz qui l'entretiennent pendant un certain temps, mais non d'une manière permanente, — l'oxygène et le gaz oxydule d'azote.

La respiration de l'oxygène peut donner, dit-on, une couleur rouge vermeille même au sang qui est contenu dans les veines ; mais à la fin les effets de ce gaz sont pernicieux. Cependant Allen et Pepys, dans leurs expériences, ont observé que l'inspiration d'oxygène pur ne déterminait aucune espèce de malaise chez l'Homme. Seulement, un Pigeon que ces auteurs placèrent dans du gaz oxygène devint inquiet et lourd dans ses mouvements ; mais il revint à son état normal aussitôt après l'expérience. Lavoisier et Séguin ne remarquèrent pas le moindre trouble fonctionnel chez des Cochons d'Inde qu'ils avaient tenus pendant vingt-quatre heures dans de l'oxygène pur. Allen et Pepys ont observé que, lorsqu'on respirait de l'oxygène pur, le gaz expiré contenait une plus grande proportion d'acide carbonique que dans les circonstances ordinaires; cependant, en expérimentant sur un Pigeon, ils trouvèrent qu'il se formait moins d'acide carbonique que pendant la respiration dans l'air atmosphérique. La respiration de l'oxygène pur est funeste aux malades atteints de phthisie pulmonaire.

Le gaz oxydule d'azote n'entretient la vie que fort peu de temps. En effet, il exerce bientôt une action inébriante et stupéfiante, et détermine de l'exaltation, des phénomènes sensoriels subjectifs, de la confusion dans les idées, enfin, la syncope (1). Une partie de ce gaz est absorbée pendant la respiration et va se dissoudre dans le sang, qui devient alors d'un rouge de pourpre, tandis que la figure et les lèvres du sujet soumis à l'expérience prennent un aspect cadavéreux. Pendant l'expiration les poumons exhalent de l'azote et une quantité à peine appréciable d'acide carbonique.

§ 4. — B. *Gaz qui sont, à la vérité, respirables, mais qui n'entretiennent pas les phénomènes chimiques de la respiration.*

1° Gaz qui n'exercent pas une action directement délétère, mais qui, ne contenant pas d'oxygène, sont par cela même incapables d'entretenir la vie. — Ces gaz sont l'azote et l'hydrogène.

Lavoisier et Séguin firent respirer à des Cochons d'Inde un mélange d'hydrogène et d'oxygène en quantités égales. Ces animaux n'en parurent nullement incommodés. Seulement ces expérimentateurs trouvèrent que l'hydrogène n'était pas absorbé, et que la quantité d'oxygène consumée était égale à celle qui était absorbée dans les cas où le mélange consistait en parties égales d'oxygene et d'azote. Il paraît résulter des recherches d'Allen et Pepys, que le sang exhale de l'azote quand on fait respirer à un animal de l'hydrogène pur. D'après les observations d'Allen et Pépys et de Wetterstedt (2), la respiration de l'hydrogène détermine de la somnolence. Les Grenouilles plongées dans l'hydrogène y vivent ordinairement trois à quatre heures. Il est rare que leur vie

<hr>

(1) H. DAVY, *Researches on nitrous Oxyde ; Untersuchungen über das oxydirte Stickgas.* Lemgo, 1814. — (2) BERZELIUS, *Thierchemie,* 101; *Traité de Chimie,* traduit par ESSLINGER. t. VII, p. 106.

persiste plus longtemps; cependant j'ai vu un de ces animaux vivre encore au bout de douze heures. Dans tous les cas, à la fin de l'expérience ces Grenouilles étaient comme stupéfiées et semblaient oublier de respirer; mais, quand on les frappait ou secouait dans l'intérieur de l'appareil qui les contenait, elles exécutaient encore quelques mouvements respiratoires.

2° Gaz toxiques. — Cette catégorie comprend l'hydrogène carboné, l'hydrogène phosphoré, l'hydrogène sulfuré, l'hydrogène arsénié, l'oxyde de carbone, et le cyanogène. Suivant Thénard, de l'air atmosphérique qui contient 1/1500 d'hydrogène sulfuré fait périr un Oiseau. Lorsqu'il en renferme 1/800, il peut empoisonner un Chien, et 1/250, il produit le même effet sur un Cheval. L'acide carbonique est aussi un gaz délétère. Inspiré même en grande quantité il n'excite pas la toux; mais il narcotise et asphyxie sans accidents de suffocation. L'air atmosphérique qui contient plus de dix pour cent d'acide carbonique tue avec rapidité. Les gaz dont nous venons de parler causent également la mort, quand on les injecte dans le sang même en petite quantité (I, § 56).

§ 5. — C. *Gaz qu'on ne peut inspirer en grande quantité, parce qu'ils déterminent l'occlusion spasmodique de la glotte, et qui excitent de la toux, lorsqu'on les inspire en petite quantité.*

Ces gaz sont tous les gaz acides, à l'exception de l'acide carbonique qui tue, non en produisant simplement l'asphyxie, mais en agissant comme stupéfiant et toxique. Ce sont, en outre, le chlore, le bioxyde d'azote, le gaz fluoborique, le gaz fluosilicique et l'ammoniaque (1).

Tout liquide, l'eau, par exemple, agit sur la glotte comme le fait un corps solide; c'est-à-dire qu'il détermine l'occlusion spasmodique de la glotte, et même produit la suffocation, tandis que la présence de ce même fluide dans les poumons n'y excite qu'une très légère irritation. Ainsi l'on peut, par une ouverture de la trachée-artère, injecter dans le poumon une assez grande quantité d'eau sans provoquer de la toux. Dans le premier cas, la mort est causée par l'occlusion de la glotte. En effet, si l'on pratique la trachéotomie, l'introduction du liquide par cette voie devient tout-à-fait inoffensive.

§ 6.—Parmi les animaux qui vivent dans l'eau, les uns, c'est-à-dire, les Reptiles et les Mammifères aquatiques, viennent à la surface de l'eau pour respirer l'air atmosphérique et l'aspirent dans leurs poumons; d'autres, au contraire, comme les Poissons, sont pourvus de branchies dans lesquelles le sang est aéré par l'eau elle-même, ou plutôt par l'air que ce liquide contient à l'état de dissolution. L'eau des lacs, des rivières et de l'Océan est imprégnée d'air atmosphérique, ou, pour mieux dire, d'oxygène et d'azote dans des proportions déterminées. C'est de l'atmosphère elle-même que l'eau tire ces gaz. Humboldt et Provençal, ayant fait bouillir de l'eau de Seine, obtinrent sur dix mille parties de liquide 0,0264 a 0,0287 parties d'air. Celui-ci contenait 0,306 à 0,314 parties d'oxygène, et 0,06 à 0,11 parties de gaz acide carbonique. Il ne faut pas croire que l'eau subisse le moindre changement pendant la respiration. C'est uniquement le gaz contenu dans l'eau à l'état de dissolution qui éprouve certains changements dans sa composition : l'oxygène est absorbé, et l'eau se trouve contenir, à sa place, une plus grande quantité d'acide carbonique qu'auparavant. Lorsqu'on fait respirer des Poissons dans de l'eau imprégnée d'oxygène et d'hydrogène, l'oxygène est absorbé, mais la quantité d'hydrogène reste constamment la même. Si l'on place des Poissons dans de l'eau qui a été soumise pendant longtemps à l'ébullition, ils y périssent dans l'espace de quatre heures, par suite de l'absence

(1) BERZELIUS, *Thierchemie*, p. 103; GMELIN, *Chemie*, Bd. IV, p. 1827.